高瑞萍　谌小立　编著

化学工业出版社

·北京·

内 容 简 介

酱类制品在人们的饮食生活中占据着重要地位，本书对近几年研发出的各种新型酱类的原料配方、工艺流程、操作要点、相关标准等进行阐述，主要介绍了以豆类、面类、果蔬类、肉类、菌类、坚果类等为主要原料的200余种酱类的生产技术。

本书注重实用性与新颖性，内容丰富，条理清楚，通俗易懂，具有较强的实用性和可操作性，可供从事酱类生产的食品企业技术人员及相关院校食品专业的师生参考，同样也适用于餐馆和家庭制作时参考。

图书在版编目（CIP）数据

酱类制品加工技术 / 高瑞萍，谌小立编著. —北京：
化学工业出版社，2022.10
ISBN 978-7-122-41927-9

Ⅰ．①酱⋯　Ⅱ．①高⋯　②谌⋯　Ⅲ．①调味酱—生产工艺　Ⅳ．①TS264.2

中国版本图书馆 CIP 数据核字（2022）第 137866 号

责任编辑：张　彦　　　　　　　　　　文字编辑：白华霞
责任校对：宋　玮　　　　　　　　　　装帧设计：刘丽华

出版发行：化学工业出版社（北京市东城区青年湖南街13号　邮政编码100011）
印　　装：河北鑫兆源印刷有限公司
710mm×1000mm　1/16　印张19½　字数383千字　2023年1月北京第1版第1次印刷

购书咨询：010-64518888　　　　　　售后服务：010-64518899
网　　址：http://www.cip.com.cn
凡购买本书，如有缺损质量问题，本社销售中心负责调换。

定　　价：79.00元　　　　　　　　　　　　　版权所有　违者必究

前　言

　　酱类制品源于中国，历史悠久，种类繁多，营养丰富，具有多种保健功能，深受人们的喜爱。时至今日，酱类制品已经成为人们餐桌上的必需品之一，在人们的饮食中占据着重要的地位。

　　随着时代的发展和科技的不断进步，我国酱类制品有了很大的发展，不但品种增加，产品的品质也在不断提高。近年来，随着人们健康饮食意识的不断增强，人们更加关注酱类制品对人体的健康作用，对酱类制品的品质、风味及营养保健功能的需求也在不断提高。因此，研究者们不仅致力于对传统豆酱、面酱的工艺和配方进行改良，同时也在致力于以果蔬、花、茶、菌类、坚果等为原料研发满足人们需求的高品质酱类。这使得酱类制品的品种进一步丰富，酱的口感、风味、健康性也进一步得到提高。

　　本书对近几年研发出的各种新型酱类制品的原料配方、工艺流程、操作要点、相关标准等进行全面阐述，主要介绍了以豆类、面类、果蔬类、花类、茶类、肉类、菌类、坚果类等为原料的酱类生产加工技术。本书重点突出了酱类食品的多样化、方便化、高档化及营养保健化。在本书的编写过程中，编者参考了最近几年有关专家和专业技术人员的众多专著和文献报道，在此一并表示衷心的感谢。

　　本书第一章至第四章由重庆工商大学高瑞萍编写，第五章至第七章由遵义医科大学谌小立编写。由于编者水平有限，书中难免存在不足之处，敬请广大同行和读者批评指正。

编者

2022 年 10 月

目录

第一章
酱类的发展史、分类和市场现状

第一节　酱类加工业的发展史 1
第二节　酱的分类 2
　　一、豆酱 2
　　二、面酱 3
　　三、果蔬酱和花、茶类酱 3
　　四、肉、蛋类酱 4
　　五、水产类酱 4
　　六、菌菇、藻类酱 4

　　七、坚果酱 5
第三节　酱类制品的市场现状 5
　　一、调味酱行业发展稳定，产销增长
　　　　较快 5
　　二、调味酱从地域特征明显逐步过渡
　　　　到适应不同地区口味 5
　　三、行业呈现消费升级趋势，多元化
　　　　和健康化是大势所趋 6

第二章
豆类酱的加工技术

第一节　黄豆酱类 7
　　一、大豆酱 7
　　二、东北大曲酱 11
　　三、威宁豆酱 12
　　四、广式黄豆酱 13
　　五、盘酱 14
　　六、黄稀酱 15
　　七、纳豆酱 16
　　八、豆豉 16
　　九、川味豆豉酱 18
第二节　蚕豆酱类 19
　　一、四川豆瓣酱 19
　　二、双菌发酵豆瓣酱 20
　　三、低盐豆瓣酱 20
第三节　杂豆酱类 21
　　一、绿豆酱 21

　　二、黑豆酱 22
　　三、膨化黑豆酱 23
　　四、刀豆酱 24
第四节　豆类复合酱 25
　　一、西瓜豆瓣酱 25
　　二、海带豆瓣辣酱 26
　　三、豌豆芝麻酱 26
　　四、黄藤笋大豆酱 27
　　五、大豆蚕豆酱 28
　　六、红曲香菇黄豆酱 29
　　七、红曲香菇豆瓣酱 30
　　八、油茶籽粕豆酱 32
　　九、蒲公英蚕豆辣酱 33
　　十、油茶籽粕豆粕纳豆酱 34
　　十一、新型紫苏调味豆酱 34
　　十二、紫苏粕豆粕发酵酱 36
　　十三、豆粕豆酱 37
　　十四、苦荞麦豆酱 38

十五、发酵红曲米扇贝豆酱 39
十六、蟹味黄豆酱 40
十七、油辣豆酱 40
十八、板栗蚕豆酱 41

十九、花生粕豆酱 42
二十、黄豆渣酱 42
二十一、豆渣调味酱 43

第三章
面类酱的加工技术

第一节　小麦面酱类 45

一、甜面酱 45
二、浓香型高色度甜面酱 48
三、麦饭石甜面酱 49
四、天然红面酱 50
五、稀甜面酱 51
六、米糠面酱 52
七、韩式面酱 53
八、浓香型高色度甜面酱 55
九、液态发酵面酱 55

第二节　杂面酱 56

一、甜米酱 56
二、薏米保健面酱 57

三、粟米酱 58
四、燕麦酱 59

第三节　面类复合酱 60

一、添加大豆分离蛋白的新型甜面酱 . 60
二、黑麦仁香菇酱 60
三、海带面酱 61
四、双孢蘑菇面酱 63
五、蛹虫草面酱 64
六、扇贝面酱 64
七、添加面粉和大豆的米酱 65
八、银杏面酱 66
九、枸杞面酱 68
十、方便面碎渣酿制甜面酱 69
十一、蘑菇面酱 70

第四章
果蔬、花、茶类酱的加工技术

第一节　水果类酱 71

一、苹果酱 71
二、紫苏油粕苹果酱 72
三、乳酸菌发酵苹果酱 73
四、高纤维带皮苹果酱 74
五、苹果-草莓-胡萝卜复合低
　　糖果酱 74
六、草莓酱 75
七、橘皮草莓复合果酱 76
八、火龙果五叶草莓复合果酱 77
九、低糖颗粒型草莓酱 79
十、黑木耳草莓果酱 80
十一、蓝莓草莓混合果酱 81
十二、草莓、胡萝卜复合低糖果酱 .. 81
十三、猕猴桃果酱 83
十四、猕猴桃低糖复合果酱 83
十五、猕猴桃酒渣复合果酱 84
十六、芒果猕猴桃复合果酱 85

十七、猕猴桃胡萝卜复合果酱 86
十八、猕猴桃黑木耳果酱 87
十九、猕猴桃无籽果酱 88
二十、山楂枸杞胡萝卜果蔬酱 89
二十一、柿子山楂复合果酱 90
二十二、山楂胡萝卜苦瓜低糖
　　　　复合果蔬酱 91
二十三、山楂葡萄复合果酱 92
二十四、低糖山楂山药复合果酱 93
二十五、低糖沙枣山楂复合果酱 94
二十六、树莓山楂复合低糖果酱 95
二十七、低糖毛樱桃圣女果复合果酱 96
二十八、无籽刺梨果酱 98
二十九、雪梨银耳低糖复合果酱 99
三十、雪梨-菠萝保健型低糖
　　　复合果酱 100
三十一、低糖南果梨果酱 101
三十二、低糖杏果酱 101
三十三、木瓜果酱 103

三十四、番木瓜芒果低糖复合果酱..104
三十五、光皮木瓜低糖果酱.......105
三十六、菠萝番茄酱...........106
三十七、焙烤型复合荔枝果酱.....107
三十八、菠萝丁果酱...........108
三十九、低糖柚子皮菠萝复合果酱...108
四十、蓝莓果酱.............109
四十一、蓝莓胡萝卜复合果酱.....110
四十二、果肉型低糖蓝莓果酱.....111
四十三、百香果酱............112
四十四、调味无花果酱.........113
四十五、橘皮番茄复合果酱.......114
四十六、枇杷番茄酱...........115
四十七、低糖保健枣...........116
四十八、柿子山楂复合果酱.......117
四十九、雪梨西瓜复合果酱.......118

第二节 蔬菜类酱............119

一、洋姜酱...............119
二、新型藤椒酱.............120
三、毛酸浆番茄复合调味酱.......121
四、调味番茄沙司............122
五、胡萝卜渣酱.............123
六、南瓜酱...............123
七、低糖南瓜苦瓜酱...........124
八、南瓜山楂红枣复合果酱.......125

九、芥末酱...............126
十、低糖红薯山楂复合果酱.......127
十一、复合保健黑番茄酱........128
十二、胡萝卜鳄梨复合果酱.......129
十三、佛手瓜复配柚子果酱.......130
十四、发酵辣椒酱............132
十五、青花椒酱.............133
十六、洋葱酱..............133
十七、低糖冬瓜黄瓜苹果复合酱...134
十八、发酵韭菜酱............135
十九、黑大蒜酱.............136
二十、风味富硒大蒜酱.........137
二十一、紫山药香菇营养酱.......137
二十二、香椿酱.............138
二十三、芦笋酸辣椒酱.........139
二十四、龙香芋酱............140

第三节 花、茶类酱............141

一、槐花酱...............141
二、多维低糖槐花果酱.........142
三、菊花、洛神花复合果酱.......144
四、玫瑰花山楂复合果酱........145
五、樱花雪梨低糖复合果酱.......146
六、玫瑰花酱..............147
七、低糖型桂花-红心火龙果
　　复合花果酱.............148

第五章
肉、水产、蛋类酱的加工技术

第一节 畜禽肉类酱............150

一、牛肉酱...............150
二、鸡肉酱...............166
三、猪肉酱...............169
四、羊肉酱...............176
五、禽畜肝酱..............178
六、鸡胗酱...............192

第二节 水产类酱............194

一、鱼肉酱...............194

二、籽酱................201
三、虾酱................205
四、蟹酱................218
五、贝类酱...............222

第三节 蛋黄酱............227

一、原味蛋黄酱.............227
二、蒜香蛋黄酱.............228
三、百合鹌鹑蛋黄酱..........229
四、刺梨蛋黄酱.............230
五、黑牛肝菌蛋黄酱..........231

第六章
菌菇、藻类酱的加工技术

第一节 菌菇类酱...........233

一、香菇酱...............233

二、海鲜菇酱 242

三、杏鲍菇酱 243

四、羊肚菌酱 249

五、麻辣平菇酱 250

六、木耳酱 252

七、双孢菇酱 256

八、榆黄蘑酱 257

九、榛蘑酱 259

十、块菌酱 261

十一、黑蒜鸡枞菌酱 262

十二、蛹虫草菌酱 263

第二节　藻类酱 264

一、海带酱 264

二、龙须菜酱 270

三、紫菜酱 272

四、绿藻酱 274

五、裙带菜酱 275

第七章
坚果类酱加工技术

一、核桃酱 277

二、花生酱 279

三、芝麻酱 293

四、板栗酱 295

五、混合型莲子酱 298

六、榛子酱 299

七、亚麻仁酱 301

八、松籽仁酱 301

参考文献 303

第一章
酱类的发展史、分类和市场现状

第一节 酱类加工业的发展史

酱是重要的调味品品类之一。我国酱类生产历史悠久，先秦时代的史籍已经出现酱的记载，距今至少有三千年的历史。《左传》记载夏朝国君孔甲获赠两条龙，让手下刘累蓄养，其中一条龙死了，他将龙肉做成"醢"给孔甲吃，这就是以"醢"命名的"酱"，这是文献中最早记载的酱类物质。

到了西汉之前及西汉时期，关于酱类调味品的记载已经比较多了，《诗经》《周记》《仪礼》《礼记》《论语》等历史文献中记载了各种各样的酱，出现了醯醢、蠃醢、麋醢、蜃蚔醢、兔醢、鱼醢、雁醢等各种肉类加工的酱类，也有用盐量较少而略显酸味的酱，称为"醯"；还有将植物原料加入的，如"芥酱"等。东汉是我国酱生产的第一个重要发展时期，出现第一部介绍"酱"生产的农书——《四民月令》，同时许多阐述酱生产和流通情况的著作也应运而生。该时期酱的生产开始专业化，也有了简单的生产工艺介绍：大豆→挑选→炒豆→去皮→蒸煮→加曲和面粉→加盐水发酵→再加工，同时生产已经有了培养微生物的经验。这个时期的生产性质奠定了我国酱的生产大方向，为以后的发展奠定了基础。

南北朝是酱生产发展的一个高潮期，烹饪方式从以前的"蒸、煮、炖、羹、烹、炮、炙"增加了"炒"。同时有了诸多烹饪加工介绍，推广了豆酱和豆豉的食用，从而广义上酱在生产上又有了进一步的大改变。这个阶段出现了贾思勰的《齐民要术》，是我国古代介绍酱生产工艺最完整的一部著作。隋唐时期酱的生产工艺与南北朝相近，该时期最大的贡献就是"一步制曲"。

宋朝是我国历史上比较繁荣的阶段，尤其宋真宗时期，农业有了巨大发展，也促进了商业的兴旺，酱的使用也开始普及。

元朝定都北京后，经济有所好转，监察官鲁明善重视农事，编写《农桑衣食撮要》时将制酱工艺编入，但工艺基本没有超出《齐民要术》范围。到了明代，李时珍《本草纲目》中将酱列入药物，排在"谷部"，指出各种酱的性味、主治和配方，而且介绍了酱油和各种酱的生产。清代，人们已掌握酱和酱油的发酵规律，可以根据当地原材料来制作不同的酱和酱油。《醒园录》是比较全面的美食专著，书中有"做清酱法""做米酱法"等，也介绍了用糯米、小麦代替豆制酱的方法，还总结出生产上的一些操作规程。

民国时期是酱生产发展的又一个高潮阶段。受西方科学技术的影响，食品工业受到重视，食品也成了学校研究的内容，开始将微生物学、生物化学等科学与酱制品的生产结合起来，几千年的传统工艺有了理论上的研究。民国时期还出现了不少完整介绍酱和酱油生产技术的书籍，如陈驹声的《农产制造》和《高等酿造学》、中央工业试验所的《酿造研究》和《食品工业》、方乘的《农产酿造》、秦含章的《酿造酱油之理论与技术》等。

新中国成立后，随着经济的恢复，调味品市场的日益繁荣和社会主义市场经济体制的建立，促使了中国调味品协会的成立，在协会桥梁和纽带的作用下，中国调味品行业开始步入市场经济，酱的生产和发展形成了百花齐放的新局面。

第二节　酱的分类

酱类产品的分类标准很多，可以按原料分，也可以按酿造工艺、市场定位等进行分类。按照原料来源可分为豆酱、面酱、果蔬酱、花/茶酱、肉蛋类酱、水产类酱、菌菇/藻类酱、坚果酱等；按照工艺可分为发酵工艺酱和非发酵工艺酱；按照市场定位可分为拌面酱、拌饭酱、佐餐酱、素面酱、柠檬酱、休闲酱等。

一、豆酱

豆酱又称为黄酱、大豆酱、大酱，主要是以大豆、面粉、食盐和水为原料，经过制曲和微生物发酵等过程制成的一种风味独特的半固体黏稠状的调味品，其营养丰富、滋味鲜美。豆酱具有浓郁的酱香和酯香，咸甜适口，可用于烹饪各类菜肴，也是制作炸酱面的配料之一。优质的豆酱呈现红褐色或棕褐色，鲜艳有光泽，稀稠适中，味鲜醇厚，咸甜适口，无异味，无杂质。

蚕豆酱也属于豆酱类，是以蚕豆为主要原料，脱壳后经制曲、发酵而制成的调味酱。由于蚕豆酱具有特有的滋味，若再配以辣椒可制成蚕豆辣酱，其色酱红，味鲜美，略有辣味。蚕豆酱生产工艺与大豆酱基本相同，只是蚕豆有皮壳，较粗糙，不宜食用，应先除去皮壳。

杂豆豆酱，是以绿豆、青豆、纳豆、刀豆等为主要原料，经过制曲、发酵制成的调味酱。杂豆豆酱具有丰富的营养物质，能够满足人们对五谷杂粮的需求，具有广阔的市场前景。

二、面酱

面酱也称为甜酱，是以面粉为主要原料经发酵酿制得到的一种咸中带甜、形态黏稠、色泽呈深褐色的调味品。面酱主要产于我国北方，具有悠久的生产历史，其口感独特，营养丰富，含有多种人体必需的氨基酸，深得人们的喜爱。面酱的制作过程是先用水和面后上笼蒸熟，再经伏天日晒加温发酵，秋冬就能吃，酱香味美。面酱经历了特殊的发酵加工过程，它的甜味来自发酵过程中产生的麦芽糖、葡萄糖等物质，鲜味来自蛋白质分解产生的氨基酸。面酱含有多种风味物质和营养物，不仅滋味鲜美，而且可以丰富菜肴营养，增加可食性，具有开胃助食的功效。

与甜酱的做法不同，陈年老酱的做法是先将面用水和好，待其发酵后上笼屉蒸熟，然后再用日光照射升温发酵，经过三个伏天才成为产品。待大部分水分被蒸发后用勺子舀起来能拉成细丝，盛到罐内浮而不流，缸内面酱的表面像漂浮着一层黑色的油绸。陈年老酱红中透黄，味美而富有营养，含有蔗糖的甜味和香油的香味，而且富含氨基酸等营养物质。

三、果蔬酱和花、茶类酱

随着西方的一些饮食习惯在中国的兴起，以果实为原料制作的酱类产品开始大规模出现，其附加值远高于中国的传统酱类制品。现在市场上不但有各种传统的豆瓣酱、面酱、肉酱，各类果酱也开始出现在普通消费者的餐桌上。

果酱是以水果、果汁或果浆和糖为主要原料，经预处理、煮制、打浆（或破碎）、配料、浓缩、包装等工序制成的酱状产品。将水果制作成果酱是长时间保存水果的一种方法。果酱酸甜适中，营养丰富，保质期长，方便携带，是西餐、野餐、旅游等的方便食品，也是糕点、冷饮行业的原料之一。

蔬菜酱一般是以果菜类和根菜类（辣椒、胡萝卜）等为原料，经过多种不同的加工方式制备得到的酱类。其中一种常见的加工方式与果酱类似，如番茄酱、胡萝卜酱等这一类酱是经过打浆、灭酶、浓缩、灭菌等步骤制作得到的酱状产品。另一种是辣椒酱，辣椒酱分为油制辣椒酱和水制辣椒酱。油制辣椒酱是用芝麻油和辣椒制成的，颜色鲜红，风味独特，上面浮着一层芝麻油，容易储存；水制辣椒酱是用鲜辣椒为原料，加入蒜、姜、盐、糖、白酒等，经过发酵或不发酵制成的颜色鲜红的辣椒酱，味道鲜美。辣椒酱不仅赋予食物色香味，还具有丰富的营养价值，含有丰富的辣椒碱、类胡萝卜素、维生素、蛋白质、铁等营养物质。

花、茶酱是在传统酱类基础上的创新产品，以玫瑰花、桂花、绿茶等为原料，加入糖和其他配料熬制而成。花、茶酱具有各种花、茶的香味，同时具有丰富的营养价值，备受消费者欢迎。

四、肉、蛋类酱

肉酱是以各类碎肉（猪肉、牛肉、羊肉等）为主要原料，加入植物油、盐、酱油、八角、茴香等辅料制成的糊状食品。肉酱的生产过程基本是将肉糜炒制后加入各种调味料。

蛋类酱是以鸡蛋、鸭蛋等蛋类为原料，通过加入植物油脂、食醋、果汁、食盐、糖、香草料、化学调味料、酸味料等制成的。

五、水产类酱

水产类酱是以虾、螃蟹、贝壳类、鱼籽等为原料，经过腌制或者发酵后得到的具有独特风味的酱。

虾酱是中国沿海地区、中国香港地区以及东南亚地区常用的调味料之一，是用小虾加入盐，经发酵磨成黏稠状后做成的酱食品。好的虾酱颜色紫红，黏稠，气味鲜香，无腥味，酱质细腻，咸度适中。虾酱是一种储藏发酵食品，在储藏期间，蛋白质会分解成氨基酸，使之具有独特的清香，滋味鲜美，回味无穷。而且小虾所含钙质分解后成为易于人体吸收的钙，脂肪转化为脂肪酸，因此虾酱同时也是优质蛋白质、钙和脂肪酸的丰富来源。

鱼籽酱是鲟鳇鱼卵、鲑鱼卵等的腌制品。狭义上，鱼子酱特指鲟鱼卵，一般认为产于接壤伊朗和俄罗斯里海的鱼子酱质量为佳。鱼子酱呈圆润饱满的颗粒状，色泽乌亮，入口破裂时味道腥咸。在法国，Caviar 专指鲟鱼卵，并与鹅肝酱、黑松露并称世界三大奢华美食，又因其稀少的产量和乌亮的色泽而被誉为"黑色黄金"或"里海黑珍珠"。

六、菌菇、藻类酱

随着科学技术的发展，人们对菌菇、藻类的营养保健功效及医药价值有了更深的理解。我国的菌菇、藻类品种繁多，常见的有蘑菇、香菇、平菇、紫菜、海带、裙带菜等。菌菇、藻类酱是以菌菇、藻类等为主要原料，加入植物油、白砂糖、香辛料等腌制或炒制得到的酱类。经现代药理学研究发现，经常食用菌菇、藻类对多种常见疾病有很好的防治功效。

七、坚果酱

坚果酱是以黑芝麻、亚麻籽、杏仁、核桃、花生等坚果为主要原料，磨成酱状，再加入糖、蜂蜜、植物油等辅料调味制成的酱。

第三节　酱类制品的市场现状

酱类制品与人们的日常生活密切相关，随着人们消费需求的变化以及产品品质的提升，调味酱行业呈现出明显的消费升级趋势，中高端产品受到消费者青睐。我国调味酱行业历经多年的发展，目前产销增长较快，行业整体发展较为稳定。未来，消费者对多元化和健康化产品的需求将为行业带来新的增长点。

一、调味酱行业发展稳定，产销增长较快

传统的调味酱是以豆类、面类等为主要原料，经微生物发酵而制成的一种半固体或半流动状态的黏稠的具有特殊色、香、味的调味品。近年来，随着人们饮食习惯的改变及健康意识的不断提高，新兴的以果实、花、茶、菌菇、坚果等为原料制作的酱类产品开始涌现，其附加值远高于传统调味酱制品。

随着人们消费水平的不断提高，酱类制品的消费主体以及消费理念都在不断发生变化。年轻人逐渐成为消费群体的重要组成部分，催生了新的消费喜好。同时，由于生活方式发生变化，大家更愿意享受"慢生活"，从餐厅回归家庭，青睐 DIY 和新的消费体验。与此同时，人们的消费理念也在发生变化，开始关注天然、健康、环保和营养的食品，而非经济实惠型食品。这些消费趋势的改变都对调味酱产业产生了巨大的影响，如调味酱企业大单品战略向迭代产品战略转变：迭代性产品的研发不断开拓市场的蓝海，调味酱行业消费潜能进一步释放。

二、调味酱从地域特征明显逐步过渡到适应不同地区口味

在我国，酱类制品的种类繁多，产品地域分布广泛，不同地区的调味酱风味截然不同。主要的酱类有东北的熟豆酱；华北的黄豆酱、甜面酱、芝麻酱；华南的广式叉烧酱、海鲜酱、沙茶酱；西南的贵州油辣椒、风味豆豉酱、豆瓣酱；华中的湖南剁椒酱、河南香菇酱等。不同种类的调味酱口味差异较大，根据各地的饮食习惯在不同地区流行。

近年来，随着居民生活水平的提高，饮食习惯的变化以及食品口味的融合，消

费者对调味酱的消费习惯也在改变。一些符合大众口味的酱类产品表现出较好的市场需求，部分调味酱企业不再局限于在某个地区的生产和销售，着手开发出适应不同地区口味的产品，随着渠道的开拓在全国范围甚至海外市场销售。

三、行业呈现消费升级趋势，多元化和健康化是大势所趋

酱类产品的价格从几元到几百元不等，国内产品价位在 30 元以上的品牌数量逐年增多，呈现出明显的高端化发展趋势。调味酱价格的上涨，一部分原因是原材料、生产制造、人工等成本的提高；另一部分原因则是产品品质的提升以及消费需求的变化。居民消费水平的提高，使得消费者对调味酱品牌、质量日益重视，且愿意支付更高价格以获得更好风味的调味酱。目前，高端调味酱消费数量逐渐增加，2020年 12 月线上渠道销售的调味酱产品的主要价格区间是 10～20 元和 20～50 元，远超其他价格区间的调味酱产品，说明中高端调味酱越来越为大多数人接受，调味酱行业内部呈现出产品结构向高端方向升级的趋势。

未来，物质生活的丰富以及消费者对美食的追求将促使消费者对通用型产品的认可度逐渐降低，进而衍生出调味酱类型的多元化发展，以便消费者选用不同类型的调味酱佐餐。此外，随着人们对健康问题越来越重视，为迎合市场的健康化发展趋势，具有健康概念的调味酱产品也将不断被开发出来。随着调味酱行业的多元化和健康化发展，餐饮业和家庭消费双双发力，调味酱行业将以 10%的复合增长率继续稳步增长，预计到 2025 年市场规模将达 135 亿元。

第二章
豆类酱的加工技术

第一节 黄豆酱类

一、大豆酱

(一) 曲法大豆酱

1.原料配方

大豆 1 kg，面粉 0.4~0.6 kg，种曲 1~3 g，14%盐水 0.9 kg，24%盐水 0.4 kg，食盐 0.1 kg。

2.工艺流程

种曲、面粉
↓
选豆、洗豆、浸泡 → 蒸熟 → 冷却 → 接种 → 曲培养 → 发酵 → 自然升温

成品 ← 翻酱 ← 第二次加盐水 ← 酱醅保温发酵 ← 第一次加盐水

3.操作要点

(1) 洗豆、选豆和浸泡 选用颗粒均匀、饱满、皮薄的大豆，倒入盛装 2/3 清水的浸豆池中，将浮在水面的瘪粒、坏豆和杂物清除。为利于豆蛋白的变性以及淀粉的糊化，并利于微生物分解和利用，应加足清水浸泡，使大豆充分吸水。浸泡时间与水温有关，一般夏季浸泡 4~5 h，春秋季浸泡 8~10 h，冬季浸泡 15~16 h。为了避免大豆变质腐烂，在浸泡过程中应换水 2~3 次。浸豆要求大豆充分吸水，一般使其体积增至原豆的 2 倍左右。对于常压蒸煮，浸豆需要使得大豆表面无褶皱、豆内无硬心、易被手指捏为两瓣；而对于加压蒸煮，浸豆时间可以适当缩短。

(2) 蒸豆 将浸泡后的大豆晾至无水滴下时，投入蒸料罐中，采用常压蒸豆或者加压蒸豆。常压蒸豆是将浸泡后的大豆放入蒸锅，通入蒸汽或大火加热至圆汽后，

继续蒸 2.5～3 h，焖 2 h 出料。加压蒸豆一般采用旋转蒸煮锅，开蒸汽加热，尽量快速升温，蒸煮压力为 0.16 MPa 时处理 8～10 min，排气减压后冷却至 40 ℃左右。若蒸煮不熟，豆粒发硬，蛋白质变性及淀粉糊化不充分，不利于米曲霉的生长繁殖；若蒸煮过度，则会产生不溶性的蛋白质，也不利于米曲霉生长，且制曲困难，杂菌易繁衍。因此，应严格控制蒸豆过程，蒸豆的最佳状态是使大豆全部蒸熟、酥软、有熟豆香味，保持整粒不烂，也即用手捻时可使豆皮脱落、豆瓣分开。

（3）制曲

① 种曲选择。种曲一般选用沪酿 3.042 米曲霉或甘薯曲霉 AS3.324 制得的麸曲或曲精，用麸曲作种曲时用量一般为原料用量的 0.3%～0.5%，用曲精作种曲时用量一般为原料用量的 0.1%。

② 接种。接种前应先将种曲与面粉（大豆与面粉的比例约为 9∶1）搅拌均匀，使曲料松散，通气良好，有利于培养菌种。将与面粉混合的种曲倒入蒸熟后并冷却至 40 ℃左右的大豆中，搅拌均匀，使豆粒表面均匀地包裹着一层面粉。

③ 制曲培养。将接种好的大豆粒放在竹匾中，摊成 4～5 cm 厚的薄层，移入曲室培养。也可将接种好的大豆粒放入通风池培养，池中料层厚度为 30 cm 左右。控制培养温度为 32～35 ℃，一般培养 42 h 左右。制曲过程应加强水分和温度管理，待大豆粒表面可见淡黄绿色孢子出现即可出曲。

（4）发酵　大多数工厂目前普遍采用低盐固态发酵法。其操作包括入发酵容器自然升温、第一次加盐水、酱醪保温发酵、第二次加盐水等步骤。

① 自然升温。将制好的大豆曲倒入发酵容器中，为了使表层充分吸足盐水，也能使盐分缓慢渗透，并且利于保温升温，应将表面扒平后稍微压实。在微生物及酶的作用下，温度很快会升至 40 ℃左右。

发酵容器大多采用保温发酵罐和水浴发酵罐，发酵罐用 4 mm 厚的钢板卷制成圆柱形，并设有夹层，外部加保温层，内部用环氧树脂防腐。罐底部开出酱口，罐底为半球形或半椭圆形，上部用木盖盖紧，夹层的相应位置设进水管、进汽管、排水口、溢流管等装置。

② 第一次加盐水。从面层缓慢淋入 60～65 ℃的 14% 的盐水，使曲料与盐水均匀接触。盐水与酱醪进行热交换后刚好能达到 45 ℃的发酵适温。大豆曲加盐水后酱醪含盐量在 9%～10%，当盐水渗透完后，表面盖一层细盐，最后铺上塑料薄膜，加盖保温层进行发酵。盐水浓度对于发酵制品质量也是至关重要的，高盐浓度可抑制腐败微生物或致病菌生长，有利于豆酱风味形成；低盐浓度有利于发酵细菌和真菌生长，符合当下人们对健康低盐膳食的需求。韩国采用 21%～24% 的盐水对曲进行发酵，中国采用 10%～12% 的盐水对酱醪进行发酵。

③ 酱醪保温发酵。酱醪约 10 d 后成熟。在整个发酵期间，每天检查 1～2 次，维持温度在 45 ℃左右，不低于 40 ℃，否则会造成酸败；但温度也不宜过高，否则

会影响大豆酱鲜味和口感。大豆曲中的微生物及酶在适宜的条件下作用于原料中的蛋白质和淀粉，使其降解并生成新物质，从而形成大豆酱特有的色、香、味、体。

④ 第二次加盐水。在成熟的酱醅中加入24%的盐水及约10%的食盐（包括封面盐），充分搅拌使食盐全部溶化，置室温下继续进行4~5 d的后发酵即得成品。若要求色泽较深呈棕褐色，可在发酵后期提高品温至50 ℃以上，同时注意搅拌次数，使品温均匀。为了增加大豆酱风味，也可把成熟酱醅品温降至30~35 ℃，人工添加酵母培养液，再发酵1个月。发酵成熟的豆酱一般不经灭菌而可直接出售。

（二）酶法大豆酱

1.原料配方

大豆10 kg，面粉3.9 kg，种曲1~3 g，水10.6 kg，酶制剂与酒醪适量。

2.工艺流程

大豆 → 压扁 → 润水 → 蒸熟 → 冷却 → 熟豆片 → 拌和（加熟面粉、盐水、
　　　　　　　　　　　　　　　　　　　　　　　　　　酒醪、酶制剂）
　　　　　　　　　　　　　　　　　　　　　　　　　　　　　↓
　　　　　　成品 ← 保温发酵 ← 混合制酱醅

3.操作要点

（1）压扁、润水、蒸料　挑选颗粒均匀、表面光滑、饱满的大豆，将大豆压扁，按大豆用量的45%加入热水，一边搅匀，一边随即落入加压蒸锅中，控制蒸汽压力为0.15 MPa蒸30 min。另外，将97%的面粉加入水中（加水量为面粉质量的30%），搅匀后蒸熟。

（2）酒醪制备

① 将剩下的面粉加水调至20 °Bé，加入0.2%氯化钙，并调节pH值为6.2；加0.3%的α-淀粉酶，将温度升至85~95 ℃进行液化，液化完毕再升至100 ℃灭菌。

② 将醪液迅速冷却至65 ℃，加入7%的甘薯曲霉AS3.324麸曲，糖化3 h；糖化结束后将温度降至30 ℃，接入5%的酒精酵母，常温发酵3 d即成酒醪。

（3）酶制剂的制备

① 配料、蒸料。将豆饼、玉米粉、麸粉按3∶4∶3的比例混合均匀，加入75%的水、2%的碳酸钠溶液，搅拌均匀，蒸料。

② 接种制曲。将熟料进行粉碎并冷却至40 ℃，接入0.3%~0.4%米曲霉AS3.951种曲，混合均匀后制曲。

③ 制粗酶制剂。当曲料呈淡黄色时即可出曲，然后将成曲干燥，再经粉碎制成粗酶制剂。

（4）制酱

将冷却至50 ℃以下的熟豆片、熟面粉、盐水、酒醪及酶制剂充分拌和，入水浴

发酵池发酵。

（5）保温发酵　在发酵前期的 5 d 内，保持品温 45 ℃；发酵中期的 5 d 内，保持品温 50 ℃；发酵后期的 5 d 内，保持品温 55 ℃。发酵期间每 1 d 翻酱 1 次，15 d 后大豆酱成熟。成熟后的大豆酱也可再降温后熟 1 个月，使产品酱香更加浓郁。

（三）复合发酵大豆酱

1.原料配方

大豆 10 kg，面粉 1 kg，种曲 1～3 g，18%盐水。

2.工艺流程

大豆 → 浸泡 → 蒸煮 → 拌面粉 → 制曲 → 加盐水 → 入缸、自然晾晒 → 发酵 → 成品

3.操作要点

（1）浸泡、蒸煮、拌面粉、制曲　将大豆浸泡 24 h，沥干水分放入高压灭菌锅蒸煮 1 h，沥干水分后拌入面粉（黄豆与面粉的比例为 9∶1），冷却至 30 ℃。接入沪酿 3.042 米曲霉种曲，混合均匀，放入恒温培养箱于 30 ℃堆积培养 18 h，翻曲后平铺培养 25 h，制成曲。

（2）加盐水、入缸、发酵　将制成的曲与 100%质量的盐水（浓度为 18%）放入酱缸，每 2 d 自然晒酱 50 min，并打耙 5 min，常温发酵 45 d，制得黄豆酱。

（四）家庭制作大豆酱

1.原料配方

大豆 5 kg，面粉 4 kg，食盐 1.3～1.5 kg，生姜 100 g，小茴香 5 g，橘皮 5 g。

2.工艺流程

大豆 → 浸泡 → 蒸熟 → 搅碎 → 拌面粉 → 发酵 → 晒干 → 入缸，加盐、生姜、
　　　　　　　　　　　　　　　　　　　　　　　　　小茴香、橘皮等
　　　　　　　　　　　　　　　　　　　　　　　　　　　↓
　　　　　　　　　　　　　　　　　　　成品 ← 发酵

3.操作要点

（1）浸泡、蒸料、搅碎　将黄豆清除杂质后，放在清水里洗净浸泡 1 d。待黄豆浸泡发胀后，蒸熟至糊状。捞起滤水，放阴凉处晾凉。然后进一步搅碎，至其中还有半颗的豆瓣即可。

（2）拌面粉、发酵　将面粉与搅碎的大豆搅拌均匀，用手抓起来能基本成型就可以，然后摊到一个底部能透气的竹匾中。将豆料倒在席上，铺成 3 cm 左右厚，盖上布以盖严者为佳。然后放阴凉处发酵。在室温 25～30 ℃的条件下发酵，每天翻动 1 次，约 3～5 d 待表层长大量黄绿色孢子，即长出深黄色的菌，表明发酵成功。

（3）晒干、入缸、发酵　把长毛的黄豆面团放到太阳下晒干即为酱瑛。将酱瑛

放入缸内，加食盐、生姜、小茴香、橘皮等并翻拌均匀，第 2 天进行翻缸，以后间隔一天搅动 1 次。坛口要用干净的纱布蒙住，每天早晚都要搅拌，要 20 d 左右黄豆酱的颜色才能呈现暗红色。

（五）大豆酱的质量指标

（1）感官指标　酱呈红褐色或棕褐色，有光泽；有酱香和酯香味，无不良气味；味鲜醇厚，咸甜适口，无苦、涩、焦煳及其他异味；稀稠适度，允许有豆瓣颗粒，无异物。

（2）理化指标　氨基酸态氮（以氮计）≥0.50 g/100 g，水分≤65.0 g/100 g，铵盐（以氮计）的含量不得超过氨基酸态氮含量的 30%。

（3）安全指标　总砷（以 As 计）≤ 0.5 mg/kg，铅（Pb）≤ 1.0 mg/kg，黄曲霉毒素 B_1≤ 5 μg/kg，大肠菌群≤ 30 MPN/100 g，致病菌（沙门氏菌、志贺氏菌、金黄色葡萄球菌）不得检出。

二、东北大曲酱

大曲酱又称为家常酱。大曲，也就是天然曲，是由曲料加水混合后，利用环境和原料中带入的微生物繁殖而获得的成曲。原料、曲房中霉菌多，制曲场地酵母菌多，空气中细菌多，细菌繁殖能力强，所以制曲前期占有优势。春、秋两季空气中霉菌较多，制成的成曲酶活力较高，因此春、秋两季是制曲的黄金季节。

（一）原料配方

优质大豆 10 kg，面粉 2 kg，食盐 5 kg，水 20 kg。在配料中，如果没有面粉或面粉含量较少，酿制的酱会色泽较浅、鲜味足，但酱香味不足；但是如果面粉比例大，会造成制曲坯困难，曲料黏度大，空隙率小，不利于霉菌的繁殖和酶的积累。

（二）工艺流程

大豆→浸泡→蒸煮→粉碎→加面粉混匀→制曲→成曲→刷曲→发酵→成品

（三）操作要点

（1）清洗、浸泡　选用颗粒均匀、饱满、皮薄的大豆，进行清洗，除去漂浮物和沉积的杂质，用清水浸泡 4～12 h，使大豆的质量增加 2 倍左右。

（2）蒸煮　将已经泡好的大豆加热大约 1 h，直至沸腾，持续温火加热 3～4 h。或者将浸泡好的大豆，放入蒸煮罐中，压力加至 0.1 MPa，蒸煮约 30 min。煮豆时间长，煮豆液会滞留在熟豆中，熟豆黏度大，有利于酱坯成型，煮豆液中的蛋白质也会进入到酱坯中，防止了原料的浪费。熟豆应呈红褐色，软度均匀。

（3）粉碎　把蒸好的大豆放在大豆轧扁机上碾轧，并加入面粉拌匀。

（4）制曲、刷曲　将粉碎并和面粉拌匀的大豆加工成 45 cm×20 cm×20 cm 的酱曲块，表面加上面粉与曲精的混合物，以提高酱坯表面米曲霉的数量，并防止干皮现象，降低表面水含量，抑制毛霉的生长和繁殖。放入间距约 1 m 的多层培养室曲架上，酱坯入室时要在酱坯下面垫上稻草，防止酱坯底面粘连在曲架上。在酱坯培养的前期（有裂缝时）把酱坯掰开，防止死心曲，抑制厌氧细菌的繁殖。死心曲是形成大曲酱臭味的主要原因。培养时间 20 d。前 7 d，上霉，见黄，酱坯手感软；当形成裂缝时，掰开，再形成裂缝，再掰开；当直径为 5cm 时，把小块的曲料，放入培养室内，堆积曲料厚度为 25~30 cm，在上面盖上湿纱布，于 32~35 ℃下培养，待曲霉菌长满曲料时，即为成熟酱曲。大曲制曲时间要 20 d 以上，成曲表面会粘一些草席上的碎末，通风时曲室内会进入灰尘等杂物，所以在大曲成熟后要刷曲，用刷曲机刷去成曲表面的杂质和菌丝。

（5）发酵　将刷好的大曲 10 kg 放入缸中，加入食盐 5 kg 和水 20 kg。大曲入缸后，每天用耙搅动，促使成曲逐渐软碎，然后过筛，搓开块状大曲，筛去杂质。每天早、中、晚各打耙一次，将表面产出的沫状物彻底除净。每天打耙使酱变得很细，1~3 个月大曲酱即成熟。

三、威宁豆酱

威宁豆酱是经过特殊的工艺自然发酵而成的，以其滋味醇厚、风味饱满、口感细腻、香辣可口等特点，深受消费者的喜爱。威宁豆酱的发酵工艺与传统豆酱发酵工艺有所不同，主要体现在原料的处理和制曲方面。

（一）原料配方

优质大豆 10 kg，食盐 1.1 kg，五香粉 0.1 kg，辣椒粉 0.6 kg，水 6 kg。

（二）工艺流程

大豆精选 → 炒豆 → 去皮 → 磨豆 → 加水捏团 → 制曲发酵 → 成曲 → 加入辅料
　　　　　　　　　　　　　　　　　　　　　　　　　　　　　　　　　　↓
　　　　　　　　　　　　　　　　　　　　　　　　成品 ← 后发酵

（三）操作要点

（1）大豆精选、炒豆　选用颗粒完整、均匀、饱满的大豆，在 140 ℃条件下烘焙 1.5 h，将大豆去皮后磨粉，过 60 目筛子。

（2）加水捏团、制曲发酵　加水捏成团状制成酱粑，加水不能过多，能捏成团即可。将酱粑置于通风、潮湿、恒温（34 ℃左右）的发酵室自然发酵制曲，40 d 左右，待曲块表面长出毛霉即可成曲。豆酱发酵过程中控制好制曲时间非常重要。发酵时间不够对豆酱风味和后发酵速度影响很大，由于制曲时间过短，酶系分泌不足，原料中成分物质分解不彻底，会影响豆酱风味和发酵周期；发酵时间过长，不仅延长发酵周期，而且酱曲会出现发黑、干燥、结块、污染杂菌等情况。

(3) 成曲粉碎、加辅料、后发酵 刷去曲块表面的毛霉，将酱曲粉碎后，加入辅料（辣椒、食盐、混合香料），再加入清水（物料与水的比例为5：3），搅拌均匀，形成稀酱后装入酱缸中发酵。酱缸放置于通风、阳光充足的地方，在露天环境进行后发酵，经日晒夜露（雨天加盖），后发酵时间约为6个月，发酵期间要定期搅拌翻缸。

四、广式黄豆酱

广式黄豆酱的特点是保持了黄豆的整粒性，颜色金黄至红棕，光泽好，味道鲜，咸甜适口，香气浓郁。广式黄豆酱既保持了传统酿造豆酱的风味和特点，又符合现代饮食的要求。

（一）原料配方

优质大豆10 kg，种曲10～20 g，面粉，白砂糖0.8 kg，17°Bé盐水15 kg，水0.8 kg。

（二）工艺流程

种曲、面粉   白糖、水 → 熬制 → 糖浆
↓ ↓
选豆、洗豆、浸泡 → 蒸熟 → 冷却 → 接种 → 制曲 → 成曲 → 拌盐水、发酵 → 成熟酱醅煮制
↓
成品 ← 包装 ← 冷却

（三）操作要点

(1) 选豆、浸泡 选用颗粒饱满、均匀、无杂质、无霉变的精选黄豆。将表面灰层清洗，浸泡时间控制在2.5～4 h，将豆浸泡至表面基本无皱褶，用手轻捏豆粒能分成两瓣。

(2) 蒸豆 浸泡好的大豆用1 kgf/cm² （1 kgf/cm²=98.0665 Pa）的蒸汽压力蒸煮45 min，使豆粒完整、变为黄褐色，手稍微用力能搓成粉，但无夹生。

(3) 冷却、接种、制曲 将豆冷却至45 ℃左右即可接种。接种前先用适量的面粉与种曲混匀，再和冷却好的豆拌匀。将接种后的曲料薄厚均匀（厚度约为20～25 cm）地铺在曲床上，进行通风制曲。制曲过程控制室温在26～28 ℃，品温控制在30～32 ℃。整个制曲过程需要22～24 h，12～14 h进行第一次翻曲，16～18 h进行第二次翻曲。广式黄豆酱对品质外观要求较高，因此成曲不能过老，当曲料生长至表面呈淡黄绿色孢子时便可出曲。

(4) 发酵 将成曲放入发酵缸中，加入17°Bé的盐水，混合后进行露晒发酵。

发酵时间为 40 ~ 45 d，发酵期间每 3 ~ 5 d 进行一次翻醅。成熟的酱醅颜色为淡红棕色，光泽好，具有浓厚的酱香。

（5）煮制　先将水和白砂糖加热溶解，边加热边搅拌，使其慢慢浓缩变成糖浆。把发酵好的酱醅加进锅内与糖浆混合并继续加热。当温度至 85 ℃时保温 15 ~ 20 min 即可。

（四）成品的质量指标

（1）感官指标　优质的广式豆酱应浓稠能滑动，豆粒完整或分瓣；具有正常的豆酱香气，气味香浓，无异味；颜色为金黄色至红棕色，光泽好；味道鲜美，咸甜适口。

（2）理化指标　总酸（以乳酸计）≤2.0 g/100 mL，氨基酸态氮（以氮计）≥0.6 g/100 mL，总糖（以葡萄糖计）≥12.0 g/100 mL，食盐（以氯化钠计）≥8 g/100 mL。

（3）安全指标　砷含量≤0.5 mg/kg，铅含量≤1 mg/kg，黄曲霉毒素 B_1≤5.0 μg/kg，大肠菌群≤30 MPN/100 g，致病菌不得检出。

五、盘酱

（一）原料配方

新黄豆 10 kg，玉米粉 2 kg，食盐 3 kg，水 20 kg，茴香 10 g，大料 10 g，花椒 20 g，花生粉 0.5 kg。

（二）工艺流程

选豆 → 洗豆 → 炒豆 → 磨豆 → 制酱块 → 发酵 → 下酱 → 成品

（三）操作要点

（1）选豆、洗豆　精选上好的黄豆，最好是当年生产的新黄豆，将杂质、瘪豆以及坏豆挑出。将黄豆用清水洗净后沥干。

（2）炒豆、磨豆　将黄豆用火炒熟，或用烤箱烤熟，注意先用大火，再用中火，最后用小火。炒熟的豆子出锅晾凉后，用磨磨成粉，或用粉碎机粉碎，注意不要太碎，稍微有一些小豆瓣更好。

（3）制酱坯　将粉碎好的豆粉用开水搅拌均匀，将玉米粉加水后熬成粥状，然后趁热倒在豆粉里一起和成干湿适宜的豆酱泥，最后做成长 50 cm、宽 30 cm、高 20 cm 的长方体酱块。酱泥应干湿适宜，过干则难以团聚成坯，影响正常发酵；水分过多则酱坯过软难以成型，坯心易伤热、生虫、臭败。

（4）发酵　将做好的酱坯先放在室内阴凉通风处晾至酱坯外面干燥（约 3 ~ 5 d），然后在酱坯外裹一层牛皮纸或报纸包好（防止蝇虫滋生、灰尘沾污等）。放在温度较高且通风较好的地方进行发酵。大约 3 ~ 4 个月后，酱坯彻底发酵、干裂，待酱坯里面都长出长长的白色菌丝或绿色菌丝，即表明发酵结束。把发酵好了的酱坯洗刷干净，掰开成小块，于太阳下暴晒，这样做的目的是为了消毒杀菌。这时酱坯发酵好了，里面会有油泛出。

(5) 下酱　将发酵好的酱坯上面的霉菌用刷子刷掉或用刀刮掉，然后再一次进行粉碎，把粉碎后的酱粉倒入瓷坛或瓷缸中。在盐水中放包着茴香、大料和花椒粒的纱布包，再把酱粉和盐水混合均匀即可。下酱时，酱块和盐的比例为 3∶1。再把熟花生粉加入酱中，然后把上口用盖盖好，约 7 ~ 14 d 即可。

六、黄稀酱

(一) 原料配方

大豆 7 kg，面粉 3 kg，黑曲霉 (As3.350, *Aspergillus niger*) 和米曲霉 (沪酿 3.042, AS3.951, *Aspergillus oryzae*) 的混合菌 (2∶8) 3 g，浓度为 12% 的盐水 10 kg，10^8 个/mL 的酵母液 0.5 L。

(二) 工艺流程

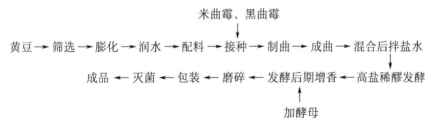

米曲霉、黑曲霉

黄豆 → 筛选 → 膨化 → 润水 → 配料 → 接种 → 制曲 → 成曲 → 混合后拌盐水

成品 ← 灭菌 ← 包装 ← 磨碎 ← 发酵后期增香 ← 高盐稀醪发酵

加酵母

(三) 操作要点

(1) 挑选、膨化　挑选颗粒饱满、成熟的黄豆，用膨化机气流膨化处理，加热温度 350 ℃，加热时间为 2 ~ 3 min，气压为 4×10^4 Pa。豆粒裂口即为膨化成功。

(2) 润水、配料、制曲　将膨化大豆用水浸泡后，与面粉按质量比为 3∶7 的比例混合均匀。米曲霉和黑曲霉混合菌 (米曲霉和黑曲霉的比例为 8∶2) 的接种量为 0.3% ~ 0.5%。制曲室温度控制在 28 ~ 30 ℃；曲料温度控制在 32 ℃，最高不超过 36 ℃。曲室相对湿度在 90% 以上，曲料含水量控制在 50%。制曲时间为 2 ~ 3 d。

(3) 高盐稀醪发酵、加酵母　发酵方式对酱的色泽影响较大，稀醪发酵酱的颜色较浅，为黄褐色，接近于传统发酵酱的酱色。酱醪含盐量为 12%，含水量为 60%，发酵前 10 d，温度控制在 42 ~ 45 ℃；第 10 天按 5% 比例添加增香酵母，发酵温度变为 32 ℃，再发酵 5 ~ 10 d，酱醪成熟。发酵后期添加增香酵母，有利于酱的香气形成。增香酵母采用的是鲁氏酵母，耐高渗，在高盐含量的酱中能生长并产香，添加量为酵母液的 5%（酵母数为 10^8 个/mL 酵母液）。

（4）磨粉、灭菌　将成熟酱醪磨碎，保温灭菌，灭菌要求酱醅中心达 80 ℃，维持 20 min，并防止焦煳。

七、纳豆酱

（一）原料配方

大豆 10 kg，水 30 kg，12%盐水 30 kg，纳豆芽孢杆菌 0.8 kg。

（二）工艺流程

精选黄豆 → 浸泡 → 蒸煮 → 冷却 → 种曲接种 → 制曲 → 拌曲 → 发酵 → 研磨 → 成品

（三）操作要点

（1）选豆、浸泡、蒸煮　选取均匀、饱满的黄豆，按照黄豆与水质量比为 1∶3 加水，浸泡 18 h。将泡好的黄豆蒸煮 30 min，冷却至室温。

（2）接种　在冷却的黄豆中加入黄豆质量 4%的纳豆芽孢杆菌，混匀，于 35 ℃恒温制曲 80 h，成曲有纳豆特有的香味，且有很长的拉丝现象。

（3）拌曲、发酵　用冷却至室温的 12%盐水按曲料与盐水比为 1∶1.5 拌曲，进行 45 ℃恒温发酵，每天搅拌一次，至酱呈深褐色，带有浓郁酱香即可。

八、豆豉

我国的豆豉可分为霉菌型豆豉和细菌型豆豉两大类。霉菌型豆豉有根霉型豆豉、米曲霉型豆豉及毛霉型豆豉；细菌型豆豉则是利用枯草芽孢杆菌（*Bacillus subtilis*）发酵蒸熟大豆，借助其蛋白酶生产出的风味独特的大豆制品。

（一）细菌型豆豉

1.原料配方

黄豆 10 kg，食盐 0.2 kg。

2.工艺流程

菌种 → 扩大培养 → 种子液
↓
选豆、洗豆、浸泡 → 蒸熟 → 冷却 → 接种 → 发酵 → 后熟 → 检验 → 成品

3.操作要点

（1）选豆、洗豆、浸泡　选用颗粒饱满、无虫眼和霉变的黑豆为原料，过筛去杂质。将黑豆用约 3 倍豆体积的水于常温浸泡 8～12 h。将充分浸泡的黑豆沥干备用。

（2）高温蒸煮　将沥干的黑豆分装于适宜容器中，厚度约 6 cm，然后于 121 ℃蒸汽蒸煮 35 min。

（3）种子液制备　从 B. subtilis subsp.subtilis DC8 斜面取 1 环接入马铃薯液体培养基，于 37 ℃摇床培养 12 h 作为种子液（菌落总数大于 10^8 CFU/mL）。

（4）豆豉发酵　蒸煮好的黑豆中接入 400 mL 的种子液，混匀后于 37 ℃恒温培养 28 h。

（5）后熟、拌料　发酵好的豆豉于 4 ℃放置 12 h。加入食盐后静置入味 20 min。

4.产品的质量指标

（1）感官指标　色泽：呈黑色或褐色；滋味、气味：具有湿豆豉特有的香气及滋味，无霉味或其他异味；组织形态：豆粒软硬适合，无硬心；杂质：无正常视力可见外来杂质。

（2）理化指标　水分＞ 20.0 g/100 g，氨基酸态氮（以氮计）≥0.40 g/100 g，食盐（以氯化钠计）≤12.0 g/100 g，总酸（以乳酸计）＜2.5 g/100 g。

（3）安全指标　铅≤0.5 mg/kg，黄曲霉毒素 B_1≤5.0 μg/kg，酸价（以脂肪酸计）≤5.0 mg/g，过氧化值（以脂肪计）≤0.25 g/100 g，不得检出沙门氏菌。

（二）曲霉型豆豉

1.原料配方

大豆 10 kg，温水 20 kg，菌粉（沪酿 3.042 米曲霉与 AS 3.350 黑曲霉的比例为4：1）150 g，无菌水 5 kg，食盐 500 g。

2.工艺流程

黄豆 → 浸泡 → 蒸煮 → 接种 → 制曲 → 添加食盐、水 → 发酵 → 后处理 → 产品

3. 操作要点

（1）选豆、浸泡、蒸煮　挑选颗粒饱满的大豆，洗净，将大豆加 45 ℃温水浸泡 3 h，使大豆充分吸水。沥干水后置于高压蒸煮锅内 121 ℃蒸煮 20 min。大豆经过浸泡蒸煮后，原料中的蛋白质充分变性，有利于微生物的生长。

（2）接种、制曲　经过蒸煮的大豆中接种菌粉（1 kg 大豆接种 15 g），控制温度为 30 ℃，相对湿度为 75%，制曲 48 h。

（3）添加盐水、发酵　大豆制曲完成后，1kg 豆豉曲添加 500 mL 无菌水和 50 g食盐，控制发酵温度为 45 ℃，相对湿度为 65%，发酵 11 d。

（三）乳酸菌型豆豉

1.原料配方

黄豆 10 kg，温水 20 kg，菌粉（沪酿 3.042 米曲霉与 AS 3.350 黑曲霉的比例为4：1）150 g，107 CFU/mL 乳酸菌 10 mL，无菌水 5 kg，食盐 500 g。

2.工艺流程

黄豆、浸泡 → 蒸熟 → 接种 → 制曲 → 添加乳酸菌、食盐、水 → 发酵 → 晒干 → 成品

3.操作要点

（1）选豆、浸泡、蒸煮　挑选颗粒饱满的大豆，洗净，以大豆质量 2 倍的温水（45 ℃）浸泡 3 h，使大豆充分吸水。沥干水后置于高压蒸煮锅内 121 ℃蒸煮 20 min，冷却至室温。

（2）接种、制曲　经过蒸煮的大豆接种菌粉（1 kg 大豆接种 15 g），控制温度为 30 ℃，相对湿度为 75%，制曲 48 h。

（3）添加乳酸菌、盐、水　大豆制曲完成后，1 kg 豆豉曲中加入 1 mL 乳酸菌、500 mL 无菌水和 50 g 食盐。

（4）发酵　控制发酵温度为 37 ℃，相对湿度为 65%，发酵 10～15 d 后烘干得到干豆豉。

九、川味豆豉酱

（一）原料配方

毛霉型豆豉 1 kg，辣椒 0.8 kg，醋 0.4 kg，泡豇豆 0.4 kg，大蒜 0.2 kg，香菇 0.4 kg，植物油 1.8 kg。

（二）工艺流程

花生油 → 加热 → 爆香 → 炒酱 → 香菇 → 继续加热 → 香油 → 停止加热 → 罐装封口

成品 ← 冷却 ← 高温杀菌

（三）操作要点

（1）豆豉选择　选取颗粒完整、无霉变、无其他异味的豆豉。

（2）辣椒处理　选取新鲜成熟的小米辣，除去蒂把，用清水清洗干净、沥干，然后倒入电动剁椒机剁碎。

（3）泡豇豆处理　选取青色无虫洞的泡豇豆（变坏的泡豇豆会对酱的品质造成影响），将挑选好的泡豇豆按照豆豉的大小切成 0.5 cm 左右的颗粒。

（4）大蒜、香菇处理　将大蒜去皮，清理干净后绞成蒜泥。将新鲜的香菇去除根部泥土，并用水冲洗干净，然后待水分沥干后于切丁机中切成 1 cm 长的片丁。

（5）炒制　将一定量的油倒入炒锅内，当油将要沸腾时分别加入豆豉和蒜蓉，爆炒使蒜香浸入豆豉中，再加入辣椒和泡豇豆，炒制 30 s 后转为小火炒制并加入香菇，再加入少量香油提香，最后加入白醋和味精让酱体均匀受热，待整锅酱呈成熟状态即成。炸好的酱风味成熟，酸、鲜、辣俱全，酱面有一层浓暗色的油，浓香而

不刺激，豆豉与豇豆呈粒状，香菇呈片状，香味四逸。

第二节　蚕豆酱类

蚕豆酱也称豆瓣酱，通常以豆瓣、谷物、面粉为主要原料，接种米曲霉制曲后与盐水混合经天然晒制发酵而成，是我国传统的发酵调味品。蚕豆酱不仅具有易于消化、口感细腻、营养丰富和风味独特等特点，还含有黄酮、花青素、多酚、矿物质及活性肽等多种生物活性物质，具有抗氧化、抗炎、抗肥胖、预防脂肪肝、清除放射性物质等多种生理功能。

一、四川豆瓣酱

（一）工艺流程

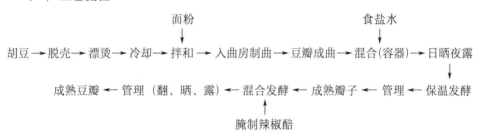

（二）操作要点

（1）脱壳、烫漂　将蚕豆脱壳后放入95~100 ℃沸水中烫漂1 min，捞出后放入冷水中降温，冷却过程中淘去碎渣，浸泡3~4 min。

（2）制曲　捞出冷却的豆瓣，拌入面粉，拌匀后摊放在簸箕内，入制曲房制曲（自然接种发酵），控制品温在40 ℃左右，经过一周左右长出黄霉，完成制曲。

（3）混合、发酵　将长霉的豆瓣放入陶缸内，同时放进定量的盐水，进行翻晒。白天翻缸，晚上露放，并注意避免淋雨。这样经过40~50 d，豆瓣逐渐变为红褐色，加入碾碎的腌制好的辣椒末及剩余的盐，混合均匀。

（4）后熟管理　经过半年的储存发酵，豆瓣才完全成熟，这期间的管理工作十分重要，应坚持日晒夜露和翻醅的原则，同时注意避雨。豆瓣在翻、晒、露的过程中要根据鲜椒产地、质量、阳光状况、发酵程度以及色泽、香气、体态的变化分段进行化验检测，对于不同的品种进行不同的管理。

二、双菌发酵豆瓣酱

（一）原料配方

蚕豆 10kg，面粉 2.5 kg，种曲［米曲霉（*Aspergillus oryzae* QM-6）与黑曲霉（*Aspergillus niger* QH-3）配比为 3∶1］、16%盐水 20 kg。

（二）工艺流程

面粉、种曲
↓

蚕豆 → 浸泡 → 脱壳 → 烫漂处理 → 冷却 → 混合接种 → 培养 → 复合制曲

↓

成品 ← 加盐水发酵

（三）操作要点

（1）浸泡、脱壳、烫漂　常温下，将蚕豆与水按 1∶2 混合，浸泡 16 h，脱壳。将脱壳的蚕豆放入 90～100 ℃沸水中烫漂 2～3 min，捞出后放入 37 ℃温水中冷却 3～5 min，冷却过程中淘去碎渣。

（2）制曲　种曲制备：将米曲霉（*Aspergillus oryzae* QM-6）和黑曲霉（*Aspergillus niger* QH-3）制成菌悬液（孢子浓度 10^7 个/mL），按 1%（体积质量比）的接种量分别接种到培养基上，置于恒温培养箱中于 30 ℃培养 72 h，每隔 24 h 翻曲一次，防止曲料结块。

复合制曲：蚕豆与面粉质量比为 4∶1，将面粉与种曲按 0.5%（种曲质量占蚕豆与面粉总质量的比例）接种量（米曲霉与黑曲霉配比为 3∶1）混合均匀，再与蚕豆充分混匀，于 30 ℃培养 5 d，每天搅拌 2 次，待蚕豆表面长满孢子后即得到所需的蚕豆曲。

（3）发酵　将制得的蚕豆曲与 16%的盐水以 1∶1.5 比例混合，混匀后于 45 ℃发酵 30 d 即成熟，期间每天翻酱 1 次。

（四）成品的质量指标

（1）感官指标　色泽：赤红色或红褐色，鲜艳，有光泽；香气：有浓郁的酱香味和芬芳的酯香味；滋味：味道鲜纯，咸甜适口；状态：黏稠适度，无杂质。

（2）理化特性　水分 60%，氨基酸态氮（以氮计）0.6%。

（3）微生物指标　符合 GB 2718—2014《食品安全国家标准　酿造酱》的规定。

三、低盐豆瓣酱

（一）原料配方

蚕豆 10 kg，面粉 30 kg，12%的盐水 40 kg，米曲霉（*Aspergillus oryzae*，沪酿 3.042）。

（二）工艺流程

蚕豆 → 浸泡、脱壳 → 高压蒸煮 → 冷却 → 制曲 → 培养 → 加盐水发酵 → 成品

（三）操作要点

（1）浸泡、脱壳、蒸煮　将蚕豆置于清水中浸泡 8～10 h，沥干水分，去壳。将去壳的蚕豆进行高压蒸煮（0.1 MPa，115 ℃）20 min，冷却。

（2）制曲、培养　将蒸煮好的豆瓣与面粉按质量比为 1∶3 混合均匀，接种米曲霉（*Aspergillus oryzae*，沪酿 3.042），使浓度达到 10^7 CFU/g。将接种好的混合物在 35 ℃、湿度为 90%的条件下培养 48 h，待表面长出绿色的孢子，即获得成曲。

（3）加盐水发酵　成曲与 12%的盐水按质量比为 1∶1 混合，装入瓷罐中发酵，用水液封罐，于 30 ℃条件发酵 35 d。发酵过程中，第一周每两天搅拌一次，随后每周搅拌一次。

第三节　杂豆酱类

一、绿豆酱

（一）原料配方

绿豆 10 kg，面粉 4 kg，24%盐水 4 kg，细盐 1 kg，种曲 2.25 g，14.5%的热盐（60～65 ℃）。

（二）工艺流程

绿豆 → 清洗、浸泡 → 蒸煮 → 冷却 → 加面粉混合 → 接种、培养 → 成曲 → 入罐发酵

成品 ← 翻酱 ← 第二次加盐及盐水 ← 酱醅保温发酵 ← 第一次加盐水 ← 自然升温

（三）操作要点

（1）绿豆清洗、浸泡　将绿豆中的泥沙和杂物去除，清洗，按绿豆与水的质量比为 1∶3 加入水，常温浸泡 10 h，浸泡至绿豆质量增至 2.2 倍左右。

（2）蒸煮、冷却　将浸泡好的绿豆放入蒸锅，将水烧开，待蒸汽全部冒出后加盖，蒸 2 h 左右，再焖 2 h。蒸煮以豆粒全部均匀熟透，达到既酥又软，保持整粒不烂为标准。将蒸好的绿豆冷却至 40 ℃左右。蒸煮的目的是使豆粒组织充分熟透，其中的蛋白质变性、易于水解，同时部分碳水化合物（糖类）水解为糖和糊精，以便

曲霉利用。

（3）加面混合、制曲　将冷却好的豆粒与面粉充分混合，添加 2.25 g 种曲（一般用量为 0.15%～0.3%），充分搅拌混匀，使面粉和种曲均匀地附着在豆粉表面。摊平为约 2 cm 厚，放入 30 ℃恒温箱培养。当品温升至 37 ℃时进行第一次翻曲（约 6 h），再隔 4 h，进行第二次翻曲，继续培养，大约 18 h 开始产生孢子，至 22～26 h，当曲料表面呈现淡黄绿色时，即为成曲。

（4）入罐发酵、自然升温　将成曲倒入发酵罐中，表面扒平，稍微压实。这样做的目的是使盐水逐渐缓慢渗透，曲和盐水的接触时间延长，同时也避免底部盐水积得过多，使面层曲能充分吸收盐水。

（5）第一次加盐水、酱醅保温发酵　当罐内温度升至 40 ℃左右，将准备好的 14.5%的热盐水（60～65 ℃）倒入，待盐水逐渐渗透后，在面层加一层细盐，加盖。发酵 10 d，平均每两天检查温度 1～2 次，酱醅成熟，发酵完毕。盐水加热为 60～65 ℃，既能达到盐水灭菌的目的，又不会破坏酶活力，同时成曲吸入热盐水后，立即能达到 45 ℃左右，即发酵所需的温度。

（6）第二次加盐水、翻酱　待酱醅发酵完毕后，补加 24%的盐水 4 kg 及细盐 1 kg，充分搅拌均匀后在室温发酵 4～5 d，即得成品。

（四）成品的质量指标

（1）感官指标　外观：成品绿豆酱呈棕褐色，鲜艳，有光泽，黏稠适度，无杂质；香气：有浓郁的酱香，无不良气味；滋味：味鲜醇厚，咸甜适口，无酸、苦涩、焦煳及其他异味。

（2）理化指标　水分 62%，还原糖（以葡萄糖计）4.82 g/100 g，食盐 11.90 g/100 g，氨基酸态氮（以氮计）0.36 g/100 g，总酸（以乙酸计）0.0077 g/100 g。

（3）微生物指标　细菌总数≤10 个/g，大肠杆菌≤1 个/100 g，致病菌不得检出。

二、黑豆酱

（一）原料配方

大豆 6 kg，炒熟小麦粉 4 kg，米曲霉 AS3.951 3 g，16 °Bé 的热盐水 15 kg，生香酵母培养液（10^6 个/mL）1 L。

（二）工艺流程

```
                    小麦粉 ─→ 炒制
                              │
                              ↓
黑豆 ─→ 浸泡 ─→ 蒸煮 ─→ 冷却 ─→ 混匀 ─→ 制曲 ─→ 发酵 ─→ 生香酵母 ─→ 灭菌 ─→ 成品
                              ↑
                            菌种
```

（三）操作要点

（1）选材　选取颗粒饱满的非转基因黑豆和等级为标准粉的小麦粉。

（2）浸泡、蒸煮　将挑选好的黑豆浸泡 6 h，放入筐中沥水 2 h。将黑豆在压力 0.1 MPa、温度 121 ℃条件下蒸煮 40 min，保温保压 2 h，获得熟料。

（3）冷却、混匀　待蒸熟的黑豆自然降温至 60 ℃，与炒制 15 min 的小麦粉混合均匀。黑豆与小麦粉的配比为质量比 6∶4。

（4）制曲　当混合物料冷却至 35 ℃时，接种质量比为 0.03% 的米曲霉 AS3.951，搅拌均匀后，于 30 ℃培养 42 h，每 4~6 h 翻曲一次，制得曲料。此时曲料呈黄绿色，表面有孢子。

（5）发酵　在曲料中拌入 16 °Bé 的热盐水（温度 50 ℃），盐水与曲料质量比为 1.5∶1.0，搅拌均匀后放入发酵罐中于 46 ℃条件下进行发酵，每天浇淋一次，发酵 10 d。向发酵罐中补加生香酵母培养液（10^6 个/mL）（每千克曲料添加 100 mL），每天浇淋一次。42 ℃条件下发酵 40 d 左右，灭菌后即得黑豆酱。

三、膨化黑豆酱

（一）原料配方

大豆 5 kg，黑豆 2 kg，面粉 3 kg，米曲霉（沪酿 3.042）3.5 g，盐、水适量。

（二）工艺流程

```
          黄豆 —→ 筛选 —→ 膨化
                          ↓
黑豆 —→ 筛选 —→ 膨化 —→ 润水 —→ 混合 —→ 种曲接种 —→ 制曲 —→ 成曲 —→ 拌盐水
                                                                      ↓
                              成品 ←— 灭菌 ←— 磨粉 ←— 低盐固态发酵
```

（三）操作要点

（1）挑选、膨化　挑选颗粒饱满、成熟的黑豆和大豆，用电热远红外加空压谷物膨化机气流膨化处理，加热温度 350 ℃，加热时间为 2~3 min，气压为 $4×10^4$ Pa。豆粒裂口即为膨化成功。膨化条件的确定以控制适宜的膨化度和使物料中蛋白质充分变性及充分保留物料的营养成分为原则。采用高温短时膨化处理，可使物料充分膨化，体积膨大比例都约为原体积的 1/3，达到了适宜的膨化度，又充分保留了物料的营养成分。

（2）浸泡、混合、制曲　将膨化黑豆和膨化大豆用水浸泡后，与面粉按一定比例混合均匀。接种曲：米曲霉（沪酿 3.042）；接种量：0.3%~0.5%。采用曲盘制曲，制曲室温度控制在 28~30 ℃；曲料温度控制在 32 ℃，最高不超过 36 ℃。曲室相对湿度控制在 90% 以上，曲料含水量控制在 50%。在制曲过程中根据菌丝生长及温度适当翻曲及通风。制曲时间为 2 ~ 3 d。

（3）低盐固态发酵　将制好的成曲拌盐水，控制酱醅含水量为 50%，含盐量为 8%。发酵温度采用先高后低，前期控制在 40 ~ 42 ℃，发酵 10 d 左右；然后发酵温度降为 32 ℃，发酵 15 d 左右，酱醅成熟，发酵结束。

（4）磨粉、灭菌　将成熟酱醅磨碎，保温灭菌，灭菌要求酱醅中心达 80 ℃，维持 20 min，并防止焦煳。稍冷后加 0.1% 苯甲酸钠，混匀，包装。

（四）成品的质量指标

（1）感官指标　色泽：黑褐色，有光泽；香气：有酱香和酯香；滋味：味道鲜美，有膨化原料带入的焦香味；体态：黏稠适度。

（2）理化指标　食盐（以氯化钠计）14%，氨基酸态氮 0.82%，水分 54.5%，总酸（以乳酸计）1.24%。

（3）安全指标　铅（以 Pb 计）0.18 mg/kg，大肠菌群 <30 MPN/100 g，致病菌不得检出。

四、刀豆酱

（一）工艺流程

刀豆 → 剥壳、去皮 → 浸泡、蒸煮 → 晒干 → 漂洗、蒸煮 → 捣泥 → 发酵 → 调味 → 成品

（二）操作要点

（1）剥壳、去皮、浸泡　选取成熟的刀豆，先剥壳、去皮，再用清水反复浸泡 3 次，每 24 h 换水 1 次。然后取出，用清水漂洗，沥干。

（2）蒸煮、晒干、二次蒸煮　将浸泡后的刀豆置于蒸笼或锅中蒸煮两次。第一次蒸煮 2 ~ 3 h，蒸完后置于竹席上在烈日下翻晒，晒干后再用清水漂洗，然后进行第二次蒸煮，至完全软化透心。

（3）捣泥、发酵　将蒸煮好的刀豆用打浆机或手工捣成豆泥，加冷开水使豆泥含水量保持在 45% ~ 50%。豆泥置于经高温消毒过的容器中接种。豆泥表面扒平，稍加压实，在容器口罩上一块干净的白纱布，在常温下发酵 5 ~ 7 d，控制发酵温度，使料温不超过 42 ℃。

（4）调味　按豆泥与生姜质量比为 5∶1 加入生姜泥，加入精盐充分搅匀后，搁置 2 ~ 3 d，让其自然调味，再将刀豆酱置于烈日下晒干，储于罐中。产品棕黑色，兼有酱香与姜香，黏稠松软，味道鲜美。

第四节　豆类复合酱

一、西瓜豆瓣酱

（一）原料配方

西瓜瓤 5 kg，豆曲 1 kg，香辛料 0.1 kg。

（二）工艺流程

1. 制曲

黄豆 → 去除杂质、清洗 → 浸泡 → 蒸煮 → 拌入面粉 → 摊晾 → 制曲 → 成曲

2. 制酱

西瓜 → 切半、挖瓤 → 切块 → 加辅料拌匀 → 保温发酵 → 装瓶 → 成品

（三）操作要点

（1）大豆的预处理　去除大豆中的杂质、霉烂豆，浸泡大豆至豆粒表皮饱满，液面不出现泡沫。取出沥干水分，再用水反复冲洗。浸后的大豆在常压下蒸煮，串汽后维持 4 h，豆粒基本软熟即可。

（2）大豆发酵　蒸熟的大豆中拌入少量面粉，包覆豆粒即可。然后将豆粒摊晾于干净曲帘上，使其自然发酵至菌丝密布，表面呈现黄色，即可出曲。将发酵好的成曲搓散。

（3）制酱　挑选成熟的西瓜，把瓜瓤挖出，不需去籽，切成 5 cm 的丁块，调整含糖量。放入香辛料袋、豆曲、盐拌匀。使料温保持在 45 ℃左右或直接装入大缸中在烈日下暴晒，发酵 7 d。装瓶，灭菌，密封。豆曲与瓜瓤按质量比为 1∶5 混合；香辛料以花椒、八角、姜为主，每 50 kg 瓜瓤加 1 kg 香辛料。

（四）成品的质量指标

（1）感官指标　色泽及组织形态：基本保持西瓜瓤、籽的原色，丰满，不翻泡，较黏稠；滋味与气味：醇香，无其他不良气味。

（2）理化指标　氨基酸态氮（以氮计）≥0.50 g/100 g，水分≤65.0 g/100 g，铵盐（以氮计）的含量不得超过氨基酸态氮含量的 30%。

（3）安全指标　总砷（以 As 计）≤0.5 mg/kg，铅（Pb）≤1.0 mg/kg，黄曲霉毒素 B_1≤5 μg/kg，大肠菌群≤30 MPN/100 g，致病菌（沙门氏菌、志贺氏菌、金黄色葡萄球菌）不得检出。

二、海带豆瓣辣酱

（一）原料配方

黄豆 30 kg，海带 10 kg，混合菌种（米曲霉：毛霉：生香酵母=6：3：1）1.6 g，食盐 4.8 kg，白砂糖 0.8 kg，生姜 0.8 kg，红辣椒丝 0.8 kg，八角 0.4 kg，水 34.4 kg。

（二）工艺流程

黄豆 → 挑拣、清洗 → 蒸熟 → 冷却 → 拌入面粉 ┐
　　　　　　　　　　　　　　　　　　　　　　├→ 混合 → 接菌种制曲 → 调味
海带 → 挑拣、清洗 → 切块 → 研磨 → 蒸煮灭菌 → 冷却 ┘　　　　　　　　　│
　　　　　　　　　　灭菌、冷却 ← 真空封口 ← 发酵 ← 装瓶

（三）操作要点

（1）黄豆挑选、处理　黄豆要求豆粒饱满，需剔除虫蛀、干瘪、霉烂豆粒及杂质；用蒸汽蒸 25～30 min，蒸熟黄豆粒。用手指捻时，手感柔软，豆皮能搓破，咀嚼时无豆腥味，具有黄豆香味，色泽淡黄。豆粒不宜蒸得过熟，否则会因软烂而损坏豆粒的完整性。

（2）海带挑选、处理　海带要求没有霉变且完整，剔除黄白边梢及杂质。将清洗的海带切碎，用胶体磨研磨 15 min，达 100 目以下备用。将糊状海带放入夹层锅中熬煮 15 min 左右。

（3）混合　以海带和黄豆质量比为 1：3 混匀后进行制曲。其目的是使蒸熟的黄豆和海带在霉菌的作用下产生相应的酶系，为发酵创造条件。

（4）接种、制曲　在料温为 40 ℃左右时接种混合菌种（米曲霉：毛霉：生香酵母＝6：3：1），接种量为原料量的 0.4%～0.5%。接种后搅拌均匀，摊平为厚度 2.5 cm，放进制曲房内培养。前期温度控制在 20 ℃左右，培养 25 h。当长有白色毛霉菌丝及少量米曲霉菌丝时，需提高温度至 26 ℃。经过 10 h，由于米曲霉的大量繁殖，品温迅速升高，此时应通风降温，保持品温在 33 ℃左右。大约经过 24 h，制曲成熟，菌丝饱满，有种曲特有香气，无霉味及其他杂味。

（5）调味、发酵　按成曲 100 kg 计算，加入食盐 12 kg、白砂糖 2 kg、生姜 2 kg、红辣椒丝 2 kg、八角 1 kg、水 86 kg。将原辅料混匀后装罐，倒入少许约 50°的白酒，加盖，40 ℃保温发酵 6 d。海带豆瓣酱发酵成熟，降低温度至 26 ℃，后期发酵 5 d，以改善风味。

三、豌豆芝麻酱

（一）原料配方

豌豆 50 kg，面粉 0.5 kg，种曲 0.5 kg，12 °Bé 盐水 50～55 kg，食盐 0.5 kg，白

芝麻 20 kg，大红辣椒坯 2 kg，白糖 8 kg，花椒粉 0.3 kg。

（二）工艺流程

（三）操作要点

（1）选豆、制曲　选择优质黄豌豆，其蛋白质含量为 19% ~ 20.5%，淀粉为 50% ~ 52.5%，此碳氮比例很适合酿造豆酱的原料要求。将豌豆用清水浸泡至吸水 100% ~ 110%，沥干水分，蒸煮，冷却。拌入豌豆质量 1% 的面粉，添加曲种，充分混匀。制豌豆曲的工序操作同酱油曲，但出曲时水分含量应低于 28%。

（2）醅酿成酱　豌豆曲制醅用盐水量为 100% ~ 110%，酿制时酱醅呈半干态，故称"醅酿酱"。醅酿操作，把豌豆曲放入缸中，曲的上面用算筛加石块压住，再灌入 12°Bé 盐水 50 ~ 55 kg，让其自然吸收。3 d 后取出算筛，原缸翻醅一次，把醅面整平压实。加封面盐 1%，晒酿 20 d 成酱。

（3）磨酱、配料、磨酱　成熟豌豆酱取出磨细，再与配料混合。每缸配有：白芝麻 20 kg、大红辣椒坯 2 kg、白糖 8 kg、花椒粉 0.3 kg。白芝麻要先炒爆、磨成麻酱，然后与其他配料、豌豆酱混合再磨细。

（4）包装　把磨细的豌豆芝麻酱升温至 90 ℃。趁热装瓶盖封。

（四）产品的质量指标

（1）感官品质　色泽黄褐油润，体态均一，呈浓稠酱状；香、鲜、甜、咸、微辣，适口，回味香甜，松润绵软而不粘口。

（2）理化指标　全固形物 60%，水分 32% ~ 35%，食盐 5 ~ 5.3g/100 g，酸（以乳酸计）0.6 g/100 g，氨基酸态氮 0.3 g/100 g，油脂 6.5 g/100 g。

（3）保质期　1 年不霉变。

四、黄藤笋大豆酱

（一）原料配方

大豆 2.5 kg，黄藤笋 1 kg，水 2 L，米曲霉（*Aspergillus oryzae*）7.5 g，面粉 1 kg，12% 盐水 4.5 L。

(二) 工艺流程

黄藤笋 → 修整、切碎 → 预煮 → 冷却 → 沥干 ┐
                                                        ├→ 接种 → 制曲 → 成曲 → 拌盐水 → 发酵
大豆 → 浸泡 → 蒸煮 → 冷却 ─────────┘   ↓
                                    成品 ← 包装 ← 灭菌 ← 调整

(三) 操作要点

(1) 黄藤笋预处理　挑选生长健壮的黄藤笋植株，距地面 8 cm 处剪下，去叶、叶鞘和刺，清水洗净，将可食用部分切成 1 cm 大小的笋丁，放入沸水中预煮 20 min，冷却，沥干水分。

(2) 大豆预处理　挑选新鲜、颗粒饱满、无霉变、无蛀虫的大豆。洗净大豆，放入沸水中浸泡 3 h。浸泡后的大豆表面应无皱褶，用手轻捏豆粒能分成两瓣。沥干，放入高压蒸汽锅 121 ℃蒸煮 30 min，蒸后的大豆应呈金黄色且豆粒完整有弹性，手稍用力搓能成粉，无夹生。大豆出锅后倒入铝盘中迅速冷却。

(3) 制曲　将笋丁和蒸熟的大豆混匀，当黄藤笋、大豆温度降为 42 ℃时开始接种。先用适量面粉与种曲拌匀，再和黄藤笋、大豆混合均匀，接种量为 0.3%。曲料接种后平铺于无菌铝盘，厚度 3 cm 左右。制曲过程中控制室温为 29 ℃，品温为 30～32 ℃，最高不能超过 36 ℃。制曲 24 h 后进行第一次翻曲，36 h 后进行第二次翻曲。当曲料表面着生黄绿色孢子并散发曲香时即可出曲。

(4) 发酵　成曲中缓慢加入 1.5 倍 55 ℃的盐水，让其逐渐渗入曲料内。置于 45 ℃恒温箱内保温发酵，3～5 d 翻醅一次，发酵 30 d，即制得成熟的黄藤笋大豆酱。

(四) 产品质量指标

(1) 感官指标　成品呈棕褐色，有光泽，咸甜适口，具有浓厚的酱香味。
(2) 理化指标　成熟酱醅中的氨基酸态氮含量高达 0.89%。

五、大豆蚕豆酱

(一) 原料配方

大豆 10 kg，蚕豆瓣 10 kg，面粉 3 kg，麸曲 30 g，14%盐水 30 kg。

(二) 工艺流程

                            面粉、麸曲
                                ↓
大豆、蚕豆 → 浸泡 → 蒸煮 → 冷却 → 混合 → 曲盘培养 → 成曲 → 入缸 → 发酵
                                                                        ↓
                                                                    成熟酱

（三）操作要点

（1）大豆、蚕豆清洗和浸泡　选择颗粒饱满、大小均匀、无霉烂和虫蛀的大豆和蚕豆。将大豆清洗干净，加水浸泡 4 ~ 7 h，直至表皮全部伸展，手指捏易于分成两瓣。将蚕豆去壳，得到的豆瓣加水浸泡 3 ~ 6 h，直至断面无白色硬心，捞出，沥干水。

（2）蒸煮　将浸泡好的大豆加水，常压蒸煮 30 min，或者以 0.1 MPa 高压蒸煮 15 ~ 20 min，捞出，冷却。将浸泡好的蚕豆瓣以常压蒸煮 15 ~ 20 min，或者以 0.1 MPa 高压蒸煮 8 ~ 12 min，捞出，摊晾。

（3）麸曲制备　将麦麸过筛，除去粉末，装入袋中洗涤至水澄清，拧干，在 0.1 MPa 压力下灭菌 30 min，于无菌培养室内冷却至 30 ℃，接种米曲霉。于 28 ℃条件下恒温培养 24 ~ 48 h，待长满黄绿色孢子，即为成熟麸曲。

（4）拌面粉　将面粉于 105 ~ 110 ℃焙烤 1 ~ 2 h，至面粉干燥，用手搓时有"沙沙"响声为止。按 1 : 1 的比例取蒸煮好的大豆和蚕豆瓣，加入 10% ~ 20% 的焙烤面粉，拌匀。

（5）接种　按 0.15% ~ 0.3% 的比例接种麸曲，静置于曲床中放入培养室，温度为 28 ~ 30℃，12 h 后翻曲 1 次。培养 24 ~ 28 h，至曲料上长满绿色孢子，即为成曲。

（6）入缸、加盐水　将成曲装入缸中，装入量不超过容器的 2/3，压实压平。加入浓度为 14% ~ 15% 的 60 ~ 65 ℃盐水，加入量为成曲的 1 ~ 1.5 倍。待盐水逐渐渗入曲内，翻拌酱醅，扒开表皮并撒一层封面盐，盖严。

（7）保温发酵（或自然发酵）　将酱醅在 45 ℃条件下保温发酵 10 ~ 15 d，或在常温下发酵 1 ~ 3 个月。

（四）成品的质量

（1）感官指标　色泽：赤红色或红褐色，鲜艳，有光泽；香气：有浓郁的酱香味和芬芳的酯香味；滋味：味道醇厚，咸甜适口；状态：黏稠适度，无杂质。

（2）理化指标　水分为 60%，氨基酸态氮（以氮计）>0.6%。

（3）卫生指标　符合 GB 2718—2014《食品安全国家标准　酿造酱》的要求。

六、红曲香菇黄豆酱

（一）工艺流程

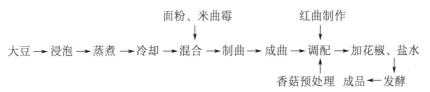

(二) 操作要点

(1) 黄豆预处理 将淘洗过的黄豆用 30 ℃温水浸泡数小时，使黄豆充分吸水膨胀但又不易于脱皮，煮沸直至熟透不夹生即可，沥去水分，摊晾冷却至温度 40 ℃左右。

(2) 红曲的制作 将大米浸泡约 3 h 至无白心，淘洗沥干水，常压下蒸约 10 min 至半熟，冷却晾至半干打散后装入培养皿中，每皿 10 g 左右。121 ℃灭菌 20 min。待冷却后以 5%接种量接种红曲霉，37 ℃恒温恒湿 (70%) 培养 7 d，至饭粒中心全部变为红色，米粒为紫红色或黑红色。将饭粒于 40 ℃烘箱中干燥后粉碎成末，即为成品红曲，于干燥黑暗处保存备用。

(3) 香菇预处理 将香菇浸泡，清洗干净，沥去水分。切成黄豆大小的丁块，常压下蒸 5 min，以利于在发酵过程中浸出其营养成分。然后在 100 ℃烘箱中烘烤约 40 min，使其具有较好的口感。

(4) 面粉预处理 将面粉于 100 ℃焙烤约 40 min，除去面粉中的杂菌和水分，以便于吸收黄豆料中的多余水分，有利于米曲霉的生长。

(5) 制豆曲 在已处理过的黄豆中添加适量已预处理的面粉，使其表面均匀地裹上一层面粉。然后，按 2%的接种量接种米曲霉孢子种曲，混合均匀后摊平于竹帘上，厚度以 2~3 cm 为宜。在 30 ℃恒温恒湿 (70%) 条件下培养 2 d 左右，当曲料上长有白色菌丝、曲料结块时，对曲料进行翻曲，并将曲块打散，然后摊平继续培养 2~3 d，至曲料上白色菌丝转为绿色，即可对曲料进行轻轻搓曲，去除掉曲料表面的绿色菌丝，即制成黄豆曲。

(6) 调配 以黄豆曲质量的 20%加入已处理过的香菇，以黄豆曲质量的 0.5%加入红曲粉。将香菇、红曲粉、黄豆曲混匀后装入发酵瓶内，装量为发酵容器的 1/3。然后向发酵瓶内加入 40 ℃左右的盐水 (控制最终盐水浓度在 10%左右)，加至发酵容器的 2/3，加盖后水封。

(7) 发酵培养 将调配好装瓶的黄豆酱，放置于恒温培养箱中进行发酵。控制每 12 h 发酵温度为 45~47 ℃，每 12 h 为 20~25 ℃，如此循环进行变温发酵，发酵 8~12 d 即得成熟的红曲香菇黄豆酱。

(三) 成品质量

香菇黄豆酱既具有浓郁的酱香味，又有香菇特有的鲜味，产品色泽红润，黏稠适度，口感细腻，滋味鲜美，组织状态良好。

七、红曲香菇豆瓣酱

(一) 原料配方

蚕豆 10 kg，面粉 1 kg，米曲霉麸曲孢子种曲 100 g，香菇 1 kg，12 °Bé 的热盐水 25 kg，盐适量。

（二）工艺流程

大米 → 浸泡 → 蒸饭 → 接种红曲菌 → 红曲

蚕豆 → 浸泡 → 去皮 → 蒸瓣 → 冷却 → 接种制曲 → 调配 → 装坛 → 发酵 → 成品

香菇预处理

（三）操作要点

（1）红曲的制作　将大米浸泡至无白心，淘洗沥去水分，常压蒸 30～50 min 或高压 0.1 MPa 蒸煮 15～20 min，要求米饭熟而不糊，待冷却后接种。按大米 1 kg、红曲 50～100 g、冰醋酸（99%）1.4 mL、水适量，混合均匀，盖上灭菌的纱布保温保湿。于 30 ℃培养 3～7 d，每天翻曲，补充适当无菌水，保持米饭湿润，有利于红曲霉生长。红曲霉在生长过程中产生红曲色素，饭粒逐渐变红直到全部成红色且无白心，取出摊晾干燥即为成品红曲，备用。

（2）香菇处理　将香菇浸泡、清洗干净，沥去水分，切成小碎块，放入 2%～5% 的盐水，中常压煮沸 30 min 或高压 0.1 MPa 蒸煮 10～15 min。目的是杀菌，同时使香菇细胞破裂，有利于在酱品发酵过程中浸出其营养成分。应注意将香菇清洗干净、煮熟以达到灭菌目的，否则带菌到发酵过程中容易导致酱品败坏，缩短保质期。

（3）米曲霉麸曲孢子的制备　麦麸过筛除去过多的细粉，水洗除去部分淀粉，拧干至手捏见水出而不滴，于 0.1 MPa 灭菌 45 min，冷却接种已活化的斜面米曲霉菌种。于 28～30 ℃培养 2～6 d，每天摇瓶翻曲，直至长满黄绿色孢子即为锥形瓶种曲，按此方法，将锥形瓶种曲继续扩大培养成麸曲孢子种曲，于干燥低温处保藏备用。

（4）面粉的焙烤　将面粉于 105 ℃恒温箱中摊开焙烤 30～45 min，除去水分，以便于吸收蚕豆瓣料中多余的水分，有利于米曲霉的生长。

（5）蚕豆处理　将蚕豆浸泡数小时使其充分吸水，煮沸 5～10 min，人工去皮、清洗，沥去水分，常压蒸豆瓣 30～40 min 或高压 0.1 MPa 蒸煮 10～15 min，要求熟透，以利于细胞破裂、淀粉膨胀，摊晾冷却至温度 35 ℃左右。

（6）接种制曲　按照原料质量加入 10% 的焙烤面粉，调节蒸料水分含量为 65%，接种 1%～3% 的米曲霉麸曲孢子种曲，混合均匀，装入竹编盘内，厚度以 2～3 cm 为宜，上覆盖一层干净湿纱布保湿。28～30 ℃培养约 20 h，当曲料上生长白色菌丝、结块，品温升至 37 ℃时进行翻曲，搓散曲块、摊平，根据需要补充适量无菌水，保持曲料的湿度；品温控制在 40 ℃培养，一般培养 2～3 d 即为成曲。

（7）调配　根据不同消费者的要求，添加适量香菇和红曲。一般按照蚕豆曲质量的 5%～10% 加入已处理过的香菇，如加入量少，则香菇味不足；如加入量大，则香菇味过浓，酱香不突出。按 1% ~ 10% 加入红曲粉（磨成粉状），加入量大，颜色过红，酱味淡薄，后味不足。

（8）装坛　将上述调配曲料装入发酵容器内，扒平表面，稍微压实。待品温上升至 40 ℃ 时，每 1 kg 曲料加 60 ~ 65 ℃ 热盐水（10 ~ 12 °Bé）2.3 ~ 3.0 kg，让盐水逐渐渗入曲内后，再翻拌酱醅，扒平表面，加一薄层封面盐，密封。食盐含量控制在 8% 左右，夏季可适当增加食盐含量，但不宜超过 12.5%。

（9）发酵　将酱坛放置在 45 ℃ 恒温环境厌氧发酵 5 ~ 7 d，酱醅即成熟，第 2 次加盐水搅拌均匀，再发酵 3 ~ 5 d 或将发酵缸移至室外后熟数天，即得成熟的红曲香菇蚕豆酱。

（四）成品的质量指标

（1）感官指标　色泽：深红色，鲜艳有光泽；香气：浓郁的酱香和酯香；滋味：咸甜适口，味鲜，无异味；形态：稠状固液混合物，其固体形态呈小块状。

（2）理化指标　固形物含量：红曲香菇豆瓣酱≥30%；食盐（以氯化钠计）7% ~ 12.5%。

（3）安全指标　铅（以 Pb 计）≤0.5 mg/kg，大肠菌群≤30 MPN/dL，致病菌不得检出。

八、油茶籽粕豆酱

（一）原料配方

油茶籽粕 10 kg，水 20 kg，米曲霉，10%盐水 7.5 kg，豆酱。

（二）工艺流程

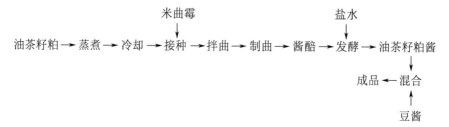

（三）操作要点

（1）油茶籽粕预处理　将油茶籽粕粉碎，用 60 目的筛子过筛，除去杂质。粉碎后的油茶籽粕与水按照 1∶2 混合，于 121 ℃高压灭菌锅中蒸煮 20 min，最后在室温下冷却至 40 ℃以下。

（2）接种及制曲　将冷却至 40 ℃以下的油茶籽粕接种 3%的米曲霉种曲，放入 30 ℃的培养箱中培养 64 h，制得成曲。

（3）发酵　将制成的成曲加入10%的盐水，添加量为成曲的75%，于45℃保温发酵30 d，得到油茶籽粕酱。

（4）成品　油茶籽粕酱和豆酱按质量比为1∶3混合均匀，即得到最佳混合比例的油茶籽粕豆酱。

九、蒲公英蚕豆辣酱

（一）原料配方

蚕豆酱25 kg，鲜辣椒酱25 kg，干辣椒酱20 kg，蒲公英糊30 kg。

（二）工艺流程

```
                        蒲公英 → 烫漂 → 打成糊状
                                           ↓
蚕豆 → 浸泡、去皮 → 涨发 → 蒸熟 → 制曲 → 酱醅发酵 → 混合 → 杀菌 → 成品
                           ↑                      ↑
                          面粉                制酱 ← 鲜、干辣椒
```

（三）操作要点

（1）蒲公英处理　选取新鲜、无腐烂的蒲公英，洗净后，放入沸腾的水中漂烫1~3 min。其作用主要是杀酶，排出蔬菜组织中的气体，除去蒲公英本身的异味，有利于降低加工过程中营养成分的损失和防止变色。然后用打浆机打成糊状。

（2）辣椒处理　鲜辣椒去蒂，洗净沥干，每100 kg加盐23 kg左右，一层辣椒一层盐压实，再用少量食盐封面，用重物压紧。2~3 d后，有卤汁压出，使辣椒不与空气接触，可防止生霉变质。腌制3个月取出磨细。磨辣椒时可加入20 °Bé盐水，以调节其稠度，1 kg辣椒可出1.5 kg辣椒酱。

干辣椒应加水浸泡，并加部分盐腌，用20 °Bé盐水磨成糊。一般10 kg干辣椒，加盐2.6 kg，加水9.1 kg。

（3）蚕豆浸泡、蒸煮　挑选粒圆、饱满、无霉粒的蚕豆，去除杂质后，放入清水中浸泡至豆粒无皱皮，断面无白心。有发芽状态时，用2%的NaOH溶液在80~85℃温度下浸泡5 min左右，即可去皮。再用清水漂洗去碱。去皮的蚕豆按颗粒大小分别浸泡到体积增加2~2.5倍，质量增加1.9倍左右，豆肉无生心即可。将浸泡好的蚕豆放入蒸锅蒸熟。

（4）制曲　按蒸熟的蚕豆瓣与面粉质量比为10∶3加入面粉，混匀，并加入2%~3%的种曲，移入曲室。通风制曲一般为2 d。

（5）发酵　将蚕豆曲移入发酵缸，摊平稍压实，待自然升温到40℃左右，每100 kg蚕豆曲加15 °Bé盐水140 kg。将盐水喷洒到曲中，要求盐水温度为60~65℃，装完用盐封缸。此时缸内温度能达到45℃左右，保持此温度发酵10 d后，酱醅成

熟。然后，每 100 kg 蚕豆曲补加细盐 8 kg 和水 10 kg，搅拌均匀，再保温发酵 5 d 即可。

（6）调配 按蚕豆酱 25%、鲜辣椒酱 25%、干辣椒酱 20%和蒲公英糊 30%混合后，加热杀菌，装入陶土坛中放置半个月以后，便可分装，即为成品。

（四）成品质量指标

（1）感官指标 色泽鲜亮红润，略带黑绿色；口味香辣绵长，带有植物的味道，鲜美可口。

（2）理化指标 食盐（以氯化钠计）≥12.00 g/100 g，氨基酸态氮（以氮计）≥0.60 g/100 g，总酸（以乳酸计）≤2.00 g/100 g，水分≤60.00 g/100 g。

（3）安全指标 细菌总数≤10 个/g，大肠菌群≤3 个/100 g，致病菌不得检出，砷（以 As 计）≤10.5 mg/kg，铅（以 Pb 计）≤1.0 mg/kg。

十、油茶籽粕豆粕纳豆酱

（一）原料配方

豆粕 10 kg，油茶籽粕 2.9 kg，水 33 kg，纳豆菌液。

（二）工艺流程

油茶籽粕、豆粕 → 加水混合 → 蒸煮 → 冷却 → 接种 → 发酵 → 后熟 → 成熟纳豆酱

（三）操作要点

（1）油茶籽粕、豆粕粉碎、加水混合 将油茶籽粕和豆粕粉碎，过 60 目筛，除去杂质。粉碎后的油茶籽粕、豆粕与水按 1∶2.5 的比例混合。油茶籽粕粉添加量为 29%。

（2）蒸煮、接种、发酵 将混合好的油茶籽粕粉和豆粕粉的混合液在 121 ℃高压灭菌锅中蒸煮 30 min。室温条件下冷却至 40 ℃。接种 1.5%的纳豆菌液，搅拌均匀，置于 37 ℃培养箱中发酵 22 h，待发酵完成后于 4 ℃冰箱中后熟 24 h，即为成熟的油茶籽粕豆粕纳豆酱。

十一、新型紫苏调味豆酱

（一）工艺流程

1.紫苏汁的制备工艺流程

新鲜紫苏叶 → 除杂、清洗 → 打浆 → 酶解 → 榨汁 → 滤液 → 灭菌 → 冷却 → 紫苏汁

2.紫苏豆酱发酵工艺流程

紫苏汁
↓
大豆 → 筛选、浸泡 → 蒸煮 → 冷却拌面 → 混合接种 → 制曲 → 磨细 → 制醅

包装 ← 杀菌 ← 加盐 ← 后发酵（加入乳酸发酵液、酵母发酵液） ← 主发酵后期（加入21°Bé糖化液） ← 主发酵前期

（二）操作要点

（1）紫苏汁制备

原料要求：选用新鲜，颜色深绿色或紫色，无黄叶、枯叶、虫咬及带虫的新鲜紫苏叶。

除杂、清洗：将采摘的新鲜紫苏叶在清水中浸泡 20～30 min 后，用流动水清洗，以清除叶表面的泥沙、污物和部分微生物。

打浆：用粉碎机将新鲜紫苏叶加 3 倍水进行破碎打浆，以便于提取紫苏叶中的有效成分。

酶解：新鲜紫苏叶在 30 ℃时用果胶酶、中性蛋白酶和纤维素酶联合水解 40 min，复合酶用量为 3%。

榨汁、过滤：采用榨汁机直接压榨，然后用板框压滤机压滤，得到紫苏汁。

灭菌、冷却：紫苏汁采用 138 ℃高温 3～5 s 瞬时灭菌，然后迅速冷却到 5 ℃备用。

（2）浸豆、蒸豆　大豆以 40～45 ℃的温水浸泡 5～8 h，至豆粒吸足水分，质量约增至 2 倍。以 0.1～0.15 MPa 蒸汽蒸 10～15 min，至豆粒内部刚好熟透。

（3）面粉处理、菌种拌和　将面粉倒在锅内大豆上面，利用余热（或补汽）对面粉杀菌和使淀粉糊化。豆温降为 37～38 ℃时拌入米曲霉菌种，接种量为曲坯总量的 0.4%，拌匀后豆温约为 32 ℃。

（4）制曲　将接种后的物料装盘送入调温曲室培养，按实验处理调温、透气和供氧；实验控温与翻曲规范：如设计 45 ℃则以坯温临近 46 ℃时透气降温或翻曲。培养 28 h，至料层有大量的菌丝生成，曲料出现黄绿色，即为成曲。

（5）粉碎、发酵制醅　将成曲用粉碎机进行粉碎，有利于提高原料的水解速度。将粉碎后的成曲加水（150%），按成曲 4%的量加入紫苏汁，控制温度在 50 ℃左右，每天搅拌一次，定时测定氨基酸态氮含量，直到氨基酸态氮含量≥0.3 g/100 g。

（6）淀粉液化糖化　糯米粉和水按质量比 1：4 混合→加入 0.2%的 α-淀粉酶(95 ℃，10 min)→加入 0.2%的 α-淀粉酶(85 ℃，30 min)→调 pH 值为 4.5～4.7→加入 0.6%的糖化酶(60 ℃，3 h 以上)→至碘反应呈棕黄色→20 目筛过滤→糖化液 (21 °Bé)。

（7）主发酵　控制温度在 50 ℃左右，每隔两天搅拌一次酱醅，共计 10 d，然

后加入曲质量50%的糖化液，调温至65 ℃，保温3 d以促使色素物质生成。

(8) 乳酸发酵液、酵母发酵液的制备　嗜热乳酸菌经筛选后，以5%接入糖化液中，40 ℃下培养24 h得乳酸发酵液。黄酒干酵母活化后按0.5%接入糖化液中，30 ℃下培养24 h得酵母发酵液。

(9) 后发酵　按曲质量10%加入乳酸发酵液和酵母菌发酵液，3 0 ℃下保温5 d，至有浓郁酯香味为止。

(10) 加盐　按酱质量的3%～4%加盐，也可根据生产需要及品种的不同确定加盐量。

(11) 杀菌　在高压灭菌锅中杀菌，在120 ℃条件下杀菌30 min。

（三）产品的质量指标

(1) 感官指标　色泽：红棕色，鲜艳有光泽；香气：有紫苏香、酱香、醇香、酯香，无杂气味；滋味：味鲜醇厚，咸淡适中，无苦味、焦煳味、酸味；状态：稠厚合适，无霉花，无杂质。

(2) 理化指标　水分含量52.70%；氨基酸态氮含量1.90 g/100 g；总酸含量1.55 g/100 g；还原糖含量（以葡萄糖计）≥3.13g /100 g。

(3) 安全指标　符合GB 2718—2014《食品安全国家标准　酿造酱》的要求。

十二、紫苏粕豆粕发酵酱

（一）原料配方

菌种驯化：紫苏粕40 g，大豆粕60 g，面粉20 g，红枣粉1 g，水121 mL，高大毛霉M5.17 12.1 g。

制酱：紫苏粕2 kg，豆粕3 kg，面粉1 kg，高大毛霉M5.17锥形瓶菌种21 g，13 °Bé 盐水21.5 L，纳豆芽孢杆菌液体菌种82.5 mL（1%的菌液）。

（二）工艺流程

高大毛霉M5.17 ──→ 菌种驯化培养 ──→ 三角瓶菌种

紫苏粕、豆粕 ──→ 清洗 ──→ 粉碎 ──→ 浸泡 ──→ 混匀 ──→ 灭菌 ──→ 冷却、接种 ──→ 培养

面粉

成品 ←── 后发酵 ←── 接入纳豆芽孢杆菌 ←── 前发酵 ←── 加盐水 ←── 粉碎 ←── 成曲

（三）操作要点

(1) 菌种驯化、培养　紫苏粕、大豆粕和面粉按4∶6∶2的比例混合，每120 g混合物料中添加1 g红枣粉作为生长因子，将物料混合均匀。每100 g干曲料加水100 mL浸泡8 h，在121 ℃的条件下处理25 min进行灭菌，制成紫苏粕制曲培养基

锥形瓶。按紫苏粕制曲培养基质量 5% 的量接种高大毛霉 M5.17 斜面菌，在温度为 30 ℃条件下培养 120 h，制成紫苏粕制曲培养基的锥形瓶菌种。

（2）原料处理　精选出紫苏粕和豆粕，通过超微粉碎机将其粉碎成粒径为 80 μm 的颗粒。按紫苏粕和豆粕质量比为 2∶3 的比例混合，100 g 干料加水 100 mL 混匀浸泡 8 h。在高压灭菌锅中于 121 ℃条件下灭菌 25 min。

（3）加面粉　在灭菌后的紫苏粕和豆粕的表面铺上面粉保温，质量比为紫苏粕∶豆粕∶面粉为 2∶3∶1。

（4）接菌、制曲　将灭菌后的原料混匀，温度 30 ℃时，按接种量 0.35% 接种高大毛霉 M5.17 菌种。在 30 ℃培养 48 h 制曲。当培养室中的曲料长出大量菌丝，曲料呈灰白色时，即为成曲。

（5）粉碎　取出成曲，用粉碎机粉碎，将粉碎后的成曲放入陶罐。

（6）加食盐水、前发酵　配制 13 °Bé 的盐水，将盐水煮沸后再冷却，每 280 g 酱曲中添加 1 L 盐水。酱醅保温发酵温度为 39～45 ℃，酱醅保温发酵时间为 25 d。在酱醅静置发酵 5 d 以后，每隔 12 h 以 50 r/min 的速度搅拌酱醅 1 次，搅拌时间为 35 min。在发酵过程中每间隔 5 d，每 1000 mL 酱醅中补加纯净水 10 mL。

（7）接种纳豆芽孢杆菌、后发酵　取纳豆芽孢杆菌纯种干粉 1 g 加入 100 mL 无菌生理盐水中，于 43 ℃恒温振荡培养 5 h，在酱醅保温发酵结束前 5 d 天接入 0.3% 的纳豆芽孢杆菌液体菌种。于 43 ℃继续保温发酵 5 d 即为成品。

（四）产品的质量指标

（1）感官指标　该工艺制备得到的酱状态微稠，具有紫苏特有的香味和豆酱特有的鲜味，咸度适中，口感纯正。

（2）理化指标　氨基酸态氮含量为 0.69 g/dL。

十三、豆粕豆酱

（一）原料配方

大豆/豆粕 6 kg，面粉 4 kg，种曲（米曲霉和黑曲霉比例 1∶1）40 g，12 °Bé 盐水 10 kg。

（二）工艺流程

豆粕/大豆 → 筛选、浸泡 → 蒸煮 → 冷却 → 混合接种 → 制曲 → 发酵 → 成品

（三）操作要点

（1）浸泡　将大豆/豆粕以 40～45 ℃温水浸泡 5～8 h，至豆粒吸足水分，质量约增至 2 倍。

（2）蒸豆　将浸泡好的大豆和豆粕在 0.1 MPa 压力下蒸煮 10～15 min，至豆粒内部刚好熟透。

（3）面粉处理　按豆面质量比为 6∶4 将面粉撒在锅内大豆/豆粕上面，利用余热（或补汽）对面粉杀菌和使淀粉糊化。

（4）菌种拌和、制曲　待豆温降为 37～38 ℃时拌入种曲（米曲霉和黑曲霉的比例为 1∶1）接种，接种量为 0.4%，制曲时间为 36 h。曲料装盘送入调温曲室培养，按实验处理调温、透气和供氧与翻曲。内部温度控制在 32～35 ℃，18 h 左右翻曲 1～2 次。豆粕比大豆粒径细小，曲料紧实，霉菌生长空间相对小，温度上升较快。因此，放大生产条件下，豆粕制曲比大豆制曲的翻曲次数要多，控制更为严格，否则易导致烧曲、酸曲等质量问题。

（5）发酵　在成曲中按质量比 1∶1 添加 12 °Bé 的盐水，进行人工控制，恒温发酵，发酵温度控制在 44 ℃，发酵 10 d。

十四、苦荞麦豆酱

（一）原料配方

大豆 3 kg，脱壳苦荞 2 kg，水 15 kg，食盐 0.45 kg。

（二）工艺流程

大豆 → 挑选、清洗 → 浸泡 → 蒸煮 → 摊晾 ┐
　　　　　　　　　　　　　　　　　　　　├→ 混合 → 制曲 → 成曲 → 拌盐水
苦荞麦 → 清洗 → 浸泡 → 蒸煮 → 摊晾 ┘
　　　　　　　　　　　　　　　　　　　　　　　　　　　　　　　　　↓
　　　　　　　　　　　　　　　　　　　　　　　　　成品 ← 发酵

（三）操作要点

（1）大豆预处理　挑选饱满、均匀、无虫害的大豆，加 3 倍体积的清水于室温条件下浸泡，浸泡时间选取 16 h。在蒸煮时，考虑到大豆的特性，选择分段蒸煮的原则，即蒸煮温度 180 ℃，每 30 min 加水一次，蒸煮 2 h。蒸煮后的大豆以手轻轻挤压即可压扁为宜。蒸煮后的大豆在室温条件下摊晾，备用。

（2）苦荞麦预处理　将苦荞麦脱壳处理，筛选后去除杂质，于室温条件下加 3 倍体积的清水浸泡 16 h。常压条件下 180 ℃蒸煮 30 min。

（3）制曲　采用自然制曲的方法，即将摊晾后的大豆和苦荞麦按照质量比为 3∶2 的比例混合，用灭菌纱布包裹住，放入已经清洗灭菌的容器中自然发酵。发酵期间，容器上覆盖保温棉絮，同时酱醅不能压实，保持其装入时的状态。参照人工发酵制作小麦酱的工艺，发酵制曲时间为 3~5 d。

（4）发酵　在成曲中添加 9% 的食盐进行发酵，发酵温度控制在 27~40 ℃，发酵 11 d，即得成品。

（四）产品质量指标

（1）感官指标　酱呈棕褐色，颜色鲜亮有光泽；酱香浓郁、柔和，有特有的苦荞麦香；滋味鲜美，咸淡适中，无异味；黏稠适度均匀，无杂质，无霉花。

（2）理化指标　氨基酸态氮为 0.35~0.45 g/100 g，pH 值 4.6，总酸 1.1~1.2 g/100 g。

（3）微生物指标　符合 GB 2718—2014《食品安全国家标准　酿造酱》的要求。

十五、发酵红曲米扇贝豆酱

（一）原料配方

豆粕 30 kg，大米 20 kg，米曲霉（沪酿 3.042）25 g，扇贝 50 kg，食盐 12 kg，红曲米 0.5 kg。

（二）工艺流程

（三）操作要点

（1）豆粕和大米浸泡　将豆粕置于 70 ℃水中浸泡 30 min，大米用冷水浸泡 12 h，使原料中淀粉吸水膨胀，易于糊化，以便溶出米曲霉生长所需的营养物质。

（2）高压灭菌　豆粕和大米按质量比为 3:2 的比例混合，放入高压锅灭菌，于 121 ℃灭菌 20 min。

（3）扇贝处理　扇贝除去杂质后，清洗、捣碎，开水热烫。

（4）制曲　将灭菌后的豆粕和大米混合物冷却至 40 ℃，添加 0.05% 米曲霉，平铺在托盘中，料厚为 1~1.5 cm，盖上 6 层湿纱布后，放入 30 ℃的恒温培养箱中保温培养 36 h。在培养的过程中，每隔 2 h 向纱布上喷灭菌水，以保持纱布的湿润状态，同时保持物料湿度，并随时翻曲以防曲料结块，减少通风阻力，降低曲料温度，使曲料温度均匀，以利于米曲霉正常生长繁殖。曲料表面结满黄绿色孢子时制曲结束。

（5）发酵　将处理好的扇贝和豆曲按 1∶1 比例混合，加入扇贝和豆曲混合物料总量 12% 的食盐、0.5% 的红曲米，盛于发酵容器中，混匀，密封，于 40 ℃恒温发酵 18 d，即得成品。

十六、蟹味黄豆酱

（一）原料配方

黄豆 25 kg，蟹壳 10 kg，蒜 0.2 kg，辣椒 1 kg，盐、糖等适量。

（二）工艺流程

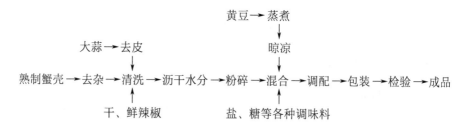

（三）操作要点

（1）蟹壳处理　选择蒸煮后呈橘色而有光泽，去除软壳内膜及多余蟹肉，干燥的中华绒螯蟹蟹壳，清洗干净。将大蒜去皮、辣椒去蒂。将蟹壳质量 2% 的去皮大蒜和 10% 的辣椒（其中干鲜辣椒用量配比为 1∶5）与蟹壳混合，倒入粉碎机中粉碎，制备得到蟹壳粉，在室温下停留 3～6 min。

（2）黄豆处理　将黄豆用温水浸泡 5 h，开水煮透 30 min，沥干水分，晾凉。

（3）配料处理　将油熬热，撒入花椒，待花椒爆出香味后关火；油温稍降后，将拍碎的大蒜炝锅，加入少许糖，糖能减少高温对大蒜素的破坏。待油凉透后过滤，得到的油备用。

（4）混合　按黄豆质量添加 40% 的蟹壳粉，加入熬制好的油、盐、糖等调料，待黄豆辣椒酱搅拌均匀后倒入事先灭菌处理过的玻璃罐中密封保藏。

十七、油辣豆酱

（一）原料配方

（1）接种、入缸、发酵　浸泡并蒸熟的黄豆 75 kg，面粉 25 kg，沪酿 3.042 种曲 0.3 kg，150 °Bé 的盐水 300 kg，西瓜 10 kg。

（2）调配　半成品豆酱 100 kg，高酱花生仁 10 kg，麻油 5 kg，白砂糖 10 kg，辣椒粉 3 kg，红果酒 10 kg，香料 1 kg，生姜 3 kg。

（二）工艺流程

$$面粉+种曲 \qquad\qquad 西瓜$$

黄豆 → 筛选、浸泡 → 蒸煮 → 冷却 → 混合接种 → 制曲 → 发酵 → 调配 → 成品

（三）操作要点

（1）选豆、浸泡　选用个大、均匀、皮薄、粗蛋白质含量高、色泽金黄、无霉烂的黄豆，去除杂质。将挑选的大豆加清水浸泡，当水温为 20～22 ℃时，浸泡 6～7 h，以籽粒表皮舒展、无皱纹、不易脱落、中间稍微有凹陷、含水量为 65% 为宜。

（2）蒸煮　将浸泡好的黄豆捞出沥水，分层倒入蒸锅，蒸料要求黄豆熟而不烂，表面水分挥发前呈淡棕黄色，而后呈棕红色。

（3）拌面粉、接种　将蒸煮后的黄豆冷却至 30～32 ℃，黄豆与面粉按质量比为 4∶1 混合，接种沪酿 3.042 种曲，接种量为 0.24%，混合均匀。

（4）制曲　将接种后的黄豆放入通风制曲池，料厚度为 20～25 cm，室内温度保持在 24～28 ℃。6 h 左右菌种开始生长，并逐渐进入繁殖旺盛期，品温随之上升。将品温控制在 30～32 ℃，12 h 后控制在 34～36 ℃。当黄豆表面不见白色菌丝、原料结块、通风受阻时，进行第一次翻曲。以后当表面有裂缝、品温相差较大时，进行第二次翻曲。直到 65 h 后，菌丝长齐呈淡黄色，并逐渐变为黄棕色时即为成曲。一般成曲量为混合物料量的 90%。

（5）入缸、发酵　成曲按 1∶3 比例加入 160 °Bé 的盐水，入缸。加入鲜西瓜，使产品增加鲜味，减少咸度。将酱缸置于露天场地，日晒夜露，自然发酵。进入发酵期每天打耙，直至发酵结束。大约需要 40～50 d，待酱呈棕红色且略有褐色时即为油辣豆酱半成品，成曲豆酱出品率为 250%。

（6）调配　半成品豆酱中添加半成品质量 10% 高酱花生仁、5% 的麻油、10% 的白糖、3% 的辣椒粉、10% 的红果酒、1% 的香料、3% 的生姜。

十八、板栗蚕豆酱

（一）原料配方

（1）混合制曲　蒸熟的板栗 22 kg，浸泡并蒸熟的蚕豆 43 kg，米曲霉 2.34 kg。

（2）发酵、调配　成曲 50 kg，食盐 7 kg，白砂糖 7.5 kg。

（二）工艺流程

(三) 操作要点

(1) 板栗处理 将脱壳处理的板栗常压蒸煮至熟透，捣碎，自然晾干，备用。

(2) 蚕豆处理 将蚕豆中的杂质剔除，用水洗净，在室温下用水浸泡至蚕豆表面无皱。浸泡后的蚕豆常压蒸煮 2 h，自然晾干，备用。

(3) 混合制曲 蒸煮的板栗添加量为 22%，蚕豆添加量为 43%，将二者混合均匀，在 30 ℃下按照 3.6% 的比例接入米曲霉种曲。之后在培养箱中培养，定期测定曲的温度，当曲料温度上升到 44 ℃时降温打碎结块，培养约 55 h，曲料出现黄绿色即为成曲。

(4) 发酵、调配 将成曲倒入容器中，添加成曲质量 14% 的食盐并混合均匀，控制温度在 50 ℃左右，定时测定氨基酸态氮的含量。在制作酱醅时，采用传统工艺一次性加入足够的食用盐。添加 15% 的白砂糖进行调配。

十九、花生粕豆酱

(一) 原料配方

花生粕 7 kg，面粉 3 kg，大豆 5 kg，酱油曲精 1.8 kg，食盐 0.6 kg。

(二) 工艺流程

```
花生粕干燥 → 粉碎 → 花生粕粉 ┐
                              ├→ 混合 → 面粉 → 蒸煮 → 摊晾 → 加曲混合
大豆干燥 → 粉碎 → 大豆粉 ┘
                              成品 ← 入箱发酵 ← 加盐水
```

(三) 操作要点

(1) 花生粕、大豆预处理 将花生粕和大豆于 105～110 ℃干燥 2～3 h，粉碎，过 60 目筛，制得花生粕粉和大豆粉。

(2) 混合、蒸熟 将花生粕粉、面粉、大豆粉按 7∶3∶5 的比例混合均匀，经蒸锅蒸煮 30 min 后，冷却至 40 ℃左右。

(3) 加曲、加盐水、发酵 在蒸熟后冷却至 40 ℃的混合粉末中接种混合粉末质量 12% 的酱油曲精，然后将其平铺在盘中，加 4% 的食盐，搅拌均匀，在发酵箱中进行发酵。发酵的整个过程在发酵箱内完成，箱内温度保持在 36～38 ℃，相对湿度维持在 88% 左右，发酵期间及时翻曲，以调节温度和湿度。

二十、黄豆渣酱

(一) 原料配方

黄豆渣 30 kg，小麦粉 20 kg，米曲霉 AS3.951 曲精 35 g，20 °Bé 的盐水 83.3 kg。

（二）工艺流程

<pre>
                       小麦粉   盐水
                         ↓   ↓
黄豆渣 → 蒸煮 → 冷却 → 混匀 → 制曲 → 发酵 → 灭菌 → 灌装 → 成品
</pre>

（三）操作要点

（1）蒸煮　取生产腐乳后的残余黄豆渣，在压力 0.1 MPa、温度 121 ℃条件下蒸煮 40 min，保温保压 2 h，获得熟料。

（2）冷却、混匀　待黄豆渣熟料于冷却槽中自然降温至 60 ℃时与小麦粉按质量比 3∶2 混合均匀。

（3）制曲　当混合物料冷却至 35 ℃时，接种质量比为 0.07%的米曲霉 AS3.951曲精，搅拌均匀后，在 30 ℃条件下培养 48 h，每 4~6 h 翻曲一次，制得曲料；此时曲料呈黄绿色，表面有孢子。

（4）发酵　在曲料中拌入 20°Bé 的盐水（温度 50 ℃），盐水与曲料质量比为 5∶3，搅拌均匀后放入发酵罐中。每个发酵罐中加入 10 kg 曲料，于 42 ℃条件下进行发酵，每天搅拌一次，发酵 60 d。

（5）灭菌、灌装　发酵产物灭菌后灌装即得黄豆渣酱成品。

二十一、豆渣调味酱

（一）原料配方

豆渣 2 kg，食盐 0.6 kg，大豆油 1.2 kg，豆酱 0.4 kg，酱油 0.6 kg，味精 16 g，玉米淀粉 0.4 kg，虾皮 0.3 kg，香菇 0.8 kg、鲜蘑菇 0.8 kg，干辣椒 0.2 kg。

（二）工艺流程

<pre>
豆渣 → 磨细 → 干燥 → 爆炒 → 配料 → 灌装 → 密封 → 灭菌 → 成品
</pre>

（三）操作要点

（1）豆渣的选择　选择新鲜无异味的豆渣，立即加工。

（2）磨细、干燥　按豆渣与水的比例为 1.5∶2 向豆渣中添加水，混匀后用胶体磨磨细。过胶体磨时孔径宜为 7~8 μm。将磨细的豆渣放到托盘内，在 80~100 ℃烘箱中烘 4~8 h，烘干。这样使豆渣有焦香味，色泽微黄，并且上锅炒时不易煳。烘干后粉碎豆渣，消除豆渣的"发渣感"。

（3）爆炒　将烘干后带有香气的干豆渣放入锅中爆炒，至少有半数豆渣微黄，并且有焦香味产生。

（4）辅料预处理　糖、盐、味精在加入前先用少量热水溶解后再入锅。淀粉加入前先用冷水浸泡 1 h 后拌匀成糊。香菇和鲜蘑菇在加入前先用沸水浸泡，以去除异味，切碎后加入锅中。虾皮在加入前在研钵中研碎。

（5）辣椒油的制曲　将大豆油倒入锅中，加热后冷却至 50 ℃。将切成 2 cm 小块的辣椒置于冷油中浸泡 30 min，缓慢加热至沸腾，至辣椒呈微红褐色，停火。

（6）调配　将干燥爆炒后的豆渣加入辣椒油中搅匀，加热至 80～90 ℃时加入盐、糖，不断搅拌，少量缓慢加入海藻酸钠、蔗糖酯、单甘酯，快速搅匀。然后加入淀粉糊，制品较干时加入酱油，最后加入味精。

（7）灌装、密封、灭菌　待豆渣调味酱冷却后灌装、密封。采用 90 ℃水浴加热 20 min 灭菌。

（四）成品的质量指标

色泽：红褐色或黑色，略带光泽；体态：块状，无杂质；滋味：有酱香味。

第三章
面类酱的加工技术

　　甜面酱又称面酱、甜酱，因其咸中带甜而得名，是以面粉或小麦为主要原料，经蒸煮后采用米曲霉等微生物制曲再保温发酵酿制而成的一种半固态酱类调味品。甜面酱的主要成分包括水分、糊精、还原糖、食盐、有机酸、蛋白质水解产生的氨基酸以及一些挥发性风味物质（如类黑精等），这些成分共同影响了甜面酱的口感、香气、体态和风味。传统的甜面酱滋味香甜，味鲜可口，色泽浓郁。它常用于蘸食、酱烧及凉拌等各种烹饪，备受消费者青睐。甜面酱甜咸兼具、味道爽口，可以用来调节食品的滋味，增加食欲，减轻对肠胃的刺激。甜面酱作为发酵食品有着众多的功能性物质，主要包括原料本身含有的（如淀粉、蛋白质、脂质、矿物质、维生素A、维生素B_1、维生素B_2、维生素B_{12}、维生素E），还包括在甜面酱发酵过程中产生的（如类黑精、褐色色素等），这些功能性物质具有降血压、促进消化、杀菌、增进食欲、抗癌、抗氧化及防龋齿等生理功能。

第一节　小麦面酱类

一、甜面酱

（一）传统工艺制备甜面酱

1.原料配方

面粉 25 kg，水 8.0 ~ 8.5 kg，米曲霉 100 g，17 °Bé 盐水 23 kg。

2.工艺流程

$$\begin{array}{c} \quad\quad\quad\quad\quad 米曲霉 \quad\quad\quad\quad 盐水 \\ \quad\quad\quad\quad\quad \downarrow \quad\quad\quad\quad\quad\quad \downarrow \\ 面粉+水 \to 拌和 \to 蒸料 \to 冷却 \to 接种 \to 制曲 \to 发酵 \to 磨酱 \to 灭菌 \to 成品 \end{array}$$

3.操作要点

　　（1）拌和、蒸料　将 25 kg 面粉放入拌和机内，边搅拌边加水 8.0 ~ 8.5 kg。搅拌完后再通入蒸汽，蒸煮约1 min。熟料质量要求：面糕呈玉白色，馒头香味突出，有弹性，无硬心，嘴嚼时不黏，稍有甜味。熟料水分32%～35.5%，冬季偏下限，夏季偏上限。

(2) 制曲　面糕摊晾至38～40 ℃（夏季）或42～44 ℃（冬季）时（可以用风扇降温，但必须有人看守，避免温度过低，料被吹干），按原料量0.3%的比例加入种曲接种。要求用清洁的铲子充分搅匀后放入曲池。曲料入池厚度不得超过300 mm，并要求料层松散，厚薄均匀。静置培养阶段品温控制在31～35 ℃，一般10 h左右曲料升温，开始通风制曲。要注意控制品温在36～38 ℃，最高不能超过39 ℃。如果局部温度过高，要通过铲曲等手段来降温。如果曲料产生裂缝时要扎缝，以免温度不均。一般培养16 h左右（冬季20 h左右），当曲料发白结块并且无法用循环风把温度降下来时，应进行翻曲，翻曲前尽可能加大冷风把品温降下来。用清洁的曲铲将曲料上下层对翻，要求均匀，动作要快。翻曲后将曲料拨平，后期温度控制在30～35 ℃，从入池起约40 h后，当菌丝长满，有淡绿色孢子时，即可出曲。

成曲质量要求：曲料疏松，无硬块、夹心，菌丝丰满，黄绿色，均匀一致，具有成曲特殊香味，水分控制在18%～24%。

(3) 保温发酵　将成熟的曲料转入曲池后，将45～50 ℃（冬季）浓度为17°Bé的盐水加入曲料池中。加入时，让盐水充分浸淋曲料。盐水与曲料的比例为0.7∶1。开启蒸汽加热水浴池，使品温保持在40～45 ℃。

下池2 d后必须进行一次翻醅。将未被浸润的曲料翻入盐水中去，使全部曲料均匀地被盐水浸润。继续保持品温40～45 ℃。在第一次翻醅后，每隔一天要进行一次翻醅，将上层与下层对翻，还应注意保持发酵池的卫生，并防止昆虫、异物掉入。后期温度可降至35～40 ℃至面酱成熟。

(4) 磨酱　将成熟面酱加入0.02%的苯甲酸钠和0.03%的山梨酸钾防腐，进行充分混合确认防腐剂混合均匀后用磨酱机磨酱。磨酱后的酱料要求细腻、均匀，口尝无硬粒。产品经检验合格后方可进行包装生产。

4.产品的质量指标

(1) 感官指标　呈黄褐色或红褐色，有光泽；有酱香和酯香，无不良气味；咸淡适口，鲜味醇厚，无酸、苦、焦煳及其他异味；黏稠适度，无杂质。

(2) 理化指标　水分≤50 g/100 g，还原糖（以葡萄糖计）≥20 g/100 g，食盐（以氯化钠计）≥7.0 g/100 g，氨基酸态氮（以氮计）≥0.3 g/100 g。

(3) 卫生指标　符合GB 2718—2014的规定。

(二) 酶法新工艺制备甜面酱

1.原料配方

面粉50 kg，水14 kg，14 °Bé盐水65 kg，10～20 kg的华丰11#复合发酵剂。

2.工艺流程

<pre>
                              盐水 甜面酱发酵剂
                               ↓   ↓
面粉+水 → 拌和 → 蒸料 → 冷却 → 混合入缸 → 保温发酵 → 半成品酱 → 日晒夜露
                                                                      ↓
                                                        成品 ← 检验
</pre>

3.操作要点

（1）原料蒸煮 在蒸面机中倒入面粉，开动搅拌后每 50 kg 面粉加水 14 kg，搅拌 3～5min 后边搅拌边通入蒸汽，待蒸汽压力达到 0.5 kgf/cm² 后控制压力在 0.5～0.7 kgf/cm²。装进的面料经过 30 min 蒸煮已基本成熟，此时关闭蒸汽阀门打开冷却系统，然后开启手动料口，将熟料放出，使其自然冷却到 60 ℃左右。

（2）冷却混合发酵 将冷却到 60 ℃左右的熟料转入水浴保温缸中，加入 60 ℃左右的 14 °Bé 的盐水（加入盐水比例按 50 kg 面粉加盐水 65 kg 左右），充分搅拌均匀并使熟料继续降温。当品温为 50 ℃左右时加入面粉质量 2%～4%的华丰 11# 复合发酵剂。充分搅拌均匀后，通过水浴控制发酵温度在 50～55 ℃，每天早晚各搅拌均匀一次，发酵时间为 4～5 d，经检测后还原糖含量达 25%左右时即半成品酱基本成熟。

（3）日晒夜露 半成品酱基本成熟时，为使成品酱色泽鲜艳有光泽，体态黏稠适度，采取逐渐升温至 60～65 ℃，并加强搅拌保温 24～48 h 的措施。当酱品色泽呈红褐色且香气纯正时转入清洁干净的室外大缸中。由于半成品酱含糖分高，食盐含量低，易引起真菌和其他杂菌滋生繁殖，必须按 0.1%的比例加入苯甲酸钠，加入方法为先用少量沸水溶化后加入，搅拌均匀，加盖保存。晴天可日晒夜露后熟陈酿，阴雨天注意防生水进入缸中，整个生产周期 10～12 d，最终经感官检验、理化检验合格后即为成品甜面酱。

4.新工艺的优点

① 酶法工艺生产甜面酱能简化制酱工艺，省略了曲法制酱工艺中的菌种扩大培养和原料全部制曲等工序，工艺简单，便于推广。

② 酶法制酱工艺能明显提高原料出率。传统工艺和曲法工艺都要求原料蒸煮后要全部进行制曲，由于曲霉及其他细菌大量生长繁殖，产生呼吸热和分解热，使原料中约有 20%以上的淀粉被消耗掉。应用酶法新工艺后，可以达到从微生物口中夺粮的目的，该原料出率比老工艺提高 20%以上，从而大大降低了生产成本。

③ 酶法甜面酱新工艺可减轻工人劳动强度，节省劳动力，节约了通风制曲用电、用汽，还节省了设备投资，从而提高了经济效益。

④ 应用酶法甜面酱新工艺能使酱品卫生条件得到改善，质量稳定。

⑤ 应用酶法甜面酱新工艺一年四季都能正常生产，几乎不受季节性限制，可以实现酱及酱制品行业"不靠天吃饭"的梦想。

5.技术关键

① 发酵温度对酱品质量的影响。由于酶对温度的要求较高，因此应用酶法甜面酱新工艺时，一定要选择并控制好酶制剂最适宜的温度。温度过高过低都会影响甜面酱发酵剂的发酵作用。温度过低，酶作用缓慢，发酵周期长，产品易发酸，色泽不好；温度过高，酶制剂的酶活受抑制，甚至受到破坏，起不到发酵剂应有的作用，产品色泽发乌，并有焦煳、苦味。最适发酵品温为 54～55 ℃。

② 生产中不可忽视搅拌作用。在酶法甜面酱新工艺中，涉及搅拌均匀操作，要求操作者必须严格按工艺要求，及时搅拌均匀，以免酱品局部受热，影响感官品质。

二、浓香型高色度甜面酱

（一）原料配方

（1）拌料　小麦粉 45.00 kg，黄豆粉 4.50 kg，黑米粉 2.5 kg，水 13.5 kg。

（2）接种　蒸熟的面糕 66 kg，米曲霉（孢子数为 1.2×10^{10} 个/g）27.5 g，黑曲霉（孢子数为 3.0×10^9 个/g）32 g。

（3）发酵　面糕曲 70 kg，16% 的盐水 70 kg，红曲粉 2 g，鲁氏酵母（孢子数为 10^{10} 个/g）14 g，球拟酵母（孢子数为 1×10^{10} 个/g）14 g。

（二）工艺流程

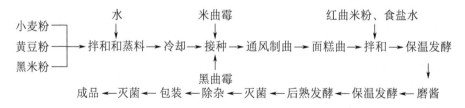

（三）操作要点

（1）原料选择　小麦粉：选用符合 GB/T 1355 的一等小麦粉，并且要求蛋白质含量在 11.0% 左右。选择时注意观察小麦粉的颜色，若颜色偏黄而蛋白质含量高，可能是麸皮含量高，不适合用于本品甜面酱的酿造。黄豆：完整利率≥95.0%，水分含量≤13.0%，其他条件符合 GB 1352 的一级大豆。黑米：黑色度≥85.0%，整米率≥96.0%，气味正常。红曲米：色价≥1000 U/g，具有曲香，其他条件符合 GB 4926—2008。食用盐：选用符合 GB 2721 的食用盐。

（2）拌和及蒸料　将符合标准的小麦粉、黄豆粉、黑米粉按照 10：1：0.5 倒入蒸料机，按小麦粉质量的 30% 加入水，即小麦粉 45.00 kg，黄豆粉 4.50 kg，黑米粉 2.25 kg，加入 13.5 kg 水。关闭进料口，打开蒸汽阀，控制蒸煮气压为 0.1～0.15 MPa，蒸煮 1～2 min 后关闭进汽阀，将料取出；重复上述操作，连续蒸料。

（3）接种　将蒸煮熟的面糕迅速摊晾，冷却至 40 ℃以下。将蒸好的面分为两份，一份 60 kg，一份 6 kg，即 10∶1。在 60 kg 蒸熟的面粉中接种 852.5 g 米曲霉（27.5 g 米曲霉与 30 倍面粉混合），在 6 kg 蒸熟的面粉中接种 992 g 黑曲霉（32 g 黑曲霉与 30 倍面粉混合）。

（4）通风制曲　接种菌粉后的面糕曲移入通风制曲池，平铺于整个曲床，注意保持松散、平整，料层厚度≤35 cm。制曲温度控制在 30~32 ℃，湿度控制在 90%，制曲时间在 42~47 h 之间，当面糕曲呈嫩绿色或黑色时即可出曲。在整个制曲过程中，曲料品温不高于 45 ℃，若品温过高，可采取连续通风、进冷风等措施降温。其中黑曲霉面糕曲的培养时间短（5 h），因此可在米曲霉面糕曲培养 5 h 后，再放入曲室中，做到同时收曲。

（5）保温发酵　按照面糕曲与盐水 1∶1 的比例，配制盐含量 16% 的盐水。盐水混合澄清并加热至 50~60 ℃，夏季温度可接近 50 ℃，冬季接近 60 ℃。在面糕曲中加入米曲霉质量 0.2% 的红曲米粉，并用温度 50~60 ℃ 的热盐水拌和面糕曲，使之逐渐全部渗入曲内，再加盖进行保温发酵。发酵温度为 50 ℃，2~3 d 进行一次倒池，在第 7 天时用钢磨磨细，再保温发酵 2 d，结束保温发酵。

（6）后熟发酵　待保温发酵结束后，将甜面酱移入半透阳光房中的发酵池，接种 1×10^6 个/g 的鲁氏酵母与球拟酵母，再进行后熟发酵，整个后熟期间需不定期打耙养护直至面酱成熟。60 d 后经理化检验及感官鉴评合格即成熟，成熟的甜面酱得率通常在 160%~190% 之间。

（四）产品的质量指标

（1）感官指标　色泽：黄褐色或红褐色，鲜亮，有光泽；香气：有酱香和酯香，无不良气味；滋味：咸甜适口，鲜味醇厚，无酸、苦、焦煳及其他异味；体态：黏稠适度，无杂质。

（2）理化指标　还原糖≥21.00 g/100 g；氨基酸态氮≥0.30 g/100 g；食盐≥7.0 g/100 g；水分≤50.0 g/100 g；总酸≤2.00 g/100 g；总酯≥0.20 g/100 g。

（3）微生物指标　卫生指标符合 GB 2718 的规定。

三、麦饭石甜面酱

（一）工艺流程

面粉 → 拌水 → 蒸熟 → 出池 → 粉碎 → 冷却 → 接种 → 制曲 → 成曲 → 拌麦饭石盐水
成品 ← 磨酱 ← 成熟 ← 发酵

（二）操作要点

（1）麦饭石水的制备　现代科学研究表明，麦饭石水溶液中含有 30 多种微量元素，有利尿、保肝、益肺等调节功能，并有防癌、抗癌之功效。将麦饭石粉碎成围棋子大小，用盐水浸泡数天，取头汁，再浸泡取汁，混合待用。

（2）原料润水拌和　将面粉 100 kg 和水 30 ~ 35 kg 进行混合。要求湿粉结块少，润水均匀。

（3）蒸煮、出锅粉碎　蒸池用清水冲洗干净并铺好竹箅，将混合好的面粉，上气一层倒入一层，全部入池后，冒气 5 ~ 8 min，将面翻拌，加盖蒸煮 2 h。中间将底层蒸汽水放出，以免底层面粉吸水过多而结块成糊状。蒸煮 2 h 后，关掉蒸汽，放掉底层蒸汽水，立即取出，趁热放入粉碎机，粉碎后，放入竹箅上冷却。

（4）冷却接种、培养　将摊在竹箅上的熟料多次翻拌，冷却至 35 ~ 40 ℃，接入 0.4% 沪酿 3.042 米曲霉种曲，入曲房。室温控制在 28 ~ 30 ℃，品温控制在 30 ~ 32 ℃，培养 6 ~ 8 h（冬天 10 ~ 12 h）。曲料温度上升至 36 ℃，鼓风；若低于 30 ℃，停止鼓风。16 ~ 18 h 后翻第一次，28 h 后翻第二次，30 h 左右制曲完成，出曲粉碎。

（5）拌麦饭石盐水　出曲粉碎后，按面糕质量添加 14 ~ 16 °Bé 浸泡麦饭石的盐水，拌匀落缸，日光晒，第二天翻曲一次，2 d 后再翻曲一次，以后每月搅拌 2 ~ 4 次。一般温暖季节 5 个月成熟。如采用蒸汽保温缸，则 1 周即可成熟。

四、天然红面酱

（一）工艺流程

（二）操作要点

（1）原料处理　选择无霉变、无杂质、无增白剂，淀粉含量高，水分在 14% 以下的面粉。面粉倒入蒸面机内，按面粉与水的比例为 100 :（28 ~ 30）将二者混合，搅拌均匀后通入蒸汽，全汽后调节蒸汽阀门减小蒸汽，维持 2 ~ 2.5 min，开全汽出锅，摊开冷却。

（2）红面曲制作

① 菌液制备　每 50 kg 面粉用冷开水 3.5 kg、冰醋酸 70 mL，接种锥形瓶 3 ~ 4 个，锥形瓶种曲用粉碎机磨碎后使用。

② 接种　将蒸好的面在操作台上迅速打碎降温，至 45 ℃左右接种菌液，放入

曲室内，室温为 35 ℃左右，以利于面团快速升温。

③ 培养　接种后 12 h 左右，品温升至 50 ~ 51 ℃，已有白色菌丝着生时，将品温降至 36 ~ 38 ℃，堆积保温。室温保持在 25 ~ 30 ℃，当品温升至 45 ℃时，因面团水分散发快，可进行第一次洒水（一般 24 h 左右），随着生长堆积厚度越来越薄，如此循环使品温不超过 46 ℃。

④ 成熟　从面团培养至出曲约经过 3 ~ 4 d，外观呈紫红色即可。此时，曲料有明显曲香味，面团内部不用长透，既可利用其颜色，又可用于后期发酵。

（3）甜面酱曲制作　将 25 kg 面粉放入拌和机内，边搅拌边加水（共 8.0 kg）。搅拌完后通入蒸汽蒸煮约 1 min。将面糕摊晾至 38~40 ℃（夏季）或 42~44 ℃（冬季）时，按原料量 0.3%的比例加入米曲霉。曲料入池厚度不得超过 300 mm，并要求料层松散，厚薄均匀。静置培养阶段品温控制在 31~35 ℃，一般 10 h 左右曲料升温，开始通风制曲，控制品温在 36~38 ℃。培养 16 h 左右（冬季 20 h 左右），用清洁的曲铲将曲料上下层对翻。翻曲后将曲料拨平，后期温度控制在 30~35 ℃。从入池起约 40 h 后，当菌丝长满，有淡绿色孢子时，即可出曲。成曲质量要求：曲料疏松，无硬块、夹心，菌丝丰满，黄绿色，均匀一致，具有成曲特殊香味，水分控制在 18%~24%。

（4）前期糖化　将甜面酱曲与红面曲按 99：1 的比例混合后，放入发酵池，拌入 14 ~ 16 °Bé 的盐水进行糖化，经过 4 ~ 7 d 糖化过程使面筋分解，用搅拌机拌匀，每天打耙 1 次。

（5）天然发酵　糖化完成后，将发酵池中的半成品酱转移到玻璃房内的池子中，继续发酵，每天早晚各打耙 1 次，直到成熟。天然发酵周期一般夏天 50 d 左右，冬天 120 d 左右。

（6）灭菌　发酵成熟后，将甜面酱磨碎，进行配兑，灭菌，灭菌温度一般不超过 80 ℃。

五、稀甜面酱

（一）工艺流程

面粉 → 润水 → 制胚 → 切块 → 蒸饼 → 摊晾 → 接种 → 培养 → 翻曲 → 成曲 → 下缸

成品 ← 翻酱 ← 暴晒 ← 加盐水

（二）操作要点

（1）制胚　将面粉倒入和面机内，加水量为面粉的 38% ~ 39%，充分搅拌，使面粉吸水均匀。经人工或绞面机绞成面块，充分搓揉均匀，使面块有韧劲。切成边长为 28 ~ 30 cm 的三角形，厚度为 3 ~ 4 cm。

（2）蒸饼　常压蒸煮 45～50 min，要求蒸熟、蒸透、手按表面有弹性。

（3）制曲　曲室要求有良好的通风条件，地面铺设稻草或麦秸作为保温层。将熟面饼运入曲室，交叉直立，按顺序排齐。均匀撒上 0.05%～0.1% 的沪酿 3.042 米曲霉菌种，上面盖上双层芦席，室温保持在 20～25 ℃，16～18 h 后将面饼翻调一次，内外、上下位段互调，以调节温湿度。约经 32～40 h，面饼表面长满白色菌丝。每日翻调一次，如品温高于 40 ℃以上，每日可翻饼两次，以免高温糖化。一周后，面饼外层已长满黄绿色孢子，则隔 2～3 d 翻一次，面饼表面逐渐干燥，并呈裂纹状态。这时可将饼曲合并成小堆，使菌体沿裂纹逐渐向内层繁殖，6～7 d 后再翻动一次，调节温湿度，15 d 后品温逐步下降，饼曲干燥即为成曲。整个制曲周期约为一个月，面饼表面呈黄绿色，孢子生长旺盛，有明显的曲香味，无异味。一般 45 d 制酱最好。

（4）制酱　用 14 °Bé 的盐水浸泡饼曲，曲与盐水比例为 1∶1.7。经天然晒露 7～8 d（以玻璃房最好），开始搅拌，以后每隔 2～3 d 搅拌一次，要求团块打碎，上下翻透。夏季气温高，发酵约 1 个月成熟，春、秋季 2～3 个月成熟，冬季 3～4 个月成熟。

（三）产品的质量指标

（1）感官指标　成熟的稀甜面酱色泽金黄发亮，有浓郁的酱香气、醇香气，味甜而鲜美，无酸味及异味。

（2）理化指标　氨基酸态氮（以氮计）0.3 g/100 g，还原糖（以葡萄糖计）18.0 g/100 g，食盐（以氯化钠计）12.0 g/100 g，总酸（以乳酸计）0.7 g/100 g。

（3）安全指标　砷（以 As 计）<0.5 mg/kg，铅（以 Pb 计）<1.0 mg/kg，致病菌不得检出。

六、米糠面酱

（一）原料配方

米糠 20 kg，面粉 80 kg，纤维素酶 0.2 kg，米曲霉 1 kg，14 °Bé 盐水 90 kg。

（二）工艺流程

面粉
↓
米糠 → 酶解 → 拌和 → 蒸料 → 接种 → 制曲 → 发酵 → 磨细 → 灭菌 → 成品

（三）操作要点

（1）米糠稳定化处理　新鲜米糠过 40 目筛，然后在 850 W、2450 MHz 条件下微波热处理 4min，使脂肪氧化酶完全失活，解脂酶 70% 失活，同时杀死大量微生物，又不破坏米糠的营养成分。

（2）米糠酶解　纤维素酶用量为米糠干基质量的 1%，米糠在 pH 4.5、温度 55 ℃的条件下水解 1.2 h，以将米糠中的部分不溶性纤维降解为可溶性片段，使米糠的口感得到改善。

（3）蒸料　米糠酶解液与面粉按 2∶8 的比例混匀后，拌和成大小均匀的面穗，蒸煮 8 min。蒸熟的混合料呈淡黄色，具有米糠的清香，口感不黏且略带甜味。

（4）冷却接种　混合料冷却到 40 ℃，接入成曲质量 1% 的米曲霉，拌匀，即可放入恒温培养箱培养。

（5）制曲　培养箱温度控制在 30 ℃，这是由于面酱曲要求淀粉酶活性较高，不要求成曲有大量孢子生成，较低的温度有利于菌丝生长健壮。当曲料全部发白并略有黄色即可出曲。培养时间过长，不仅出曲率低，面酱成品还会发苦。一般 36 h 左右即可成熟。

（6）制酱　将 14 °Bé 的盐水加热至 60 ℃左右，按成曲质量的 90% 加入成曲中。控制品温在 45~50 ℃，温度过高面酱易发苦，过低面酱易变酸且甜味不足。每天搅拌 1 次，4~5 d 曲料开始糖化，再经 12 d 酱醅成熟，变成黄褐色或红褐色。

（7）磨细与灭菌　为提高成品的口感和细腻度，常采用磨浆机或螺旋出酱机将其磨细，然后通入蒸汽加热至 80 ℃以上灭菌，并迅速降温。

七、韩式面酱

（一）原料配方

（1）制曲阶段　小麦粉 110 kg，黄豆 90~100 kg，水 60~70 kg，种曲 0.2~0.4 kg。

（2）发酵阶段　成曲 100 kg，13 °Bé 盐水 80~85 kg。

（3）炒制阶段　面酱 100 kg，色拉油 10~15 kg，酱色 10~20 kg。

（二）工艺流程

（三）操作要点

（1）原料处理　将面粉与水充分拌和，使其成为面疙瘩，让面粉吸水均匀。然后送入常压蒸锅中蒸料，时间为 40~60 min。黄豆用水浸泡 5 h 以上，浸泡后的黄豆在常压下蒸煮，蒸至豆粒基本软熟。若加压蒸煮，则在压力为 98 kPa 下蒸煮 30~40 min 即可。蒸熟的标准是面块呈玉白色，咀嚼时不粘牙齿而稍有甜味为适度；黄豆粒切勿太烂。

(2) 接种　将蒸熟的面粉和已搅碎的黄豆搅拌均匀冷却至 40 ℃。按配方中的配比将拌和小麦粉的种曲（小麦粉与种曲之比为 10：1）均匀撒在经过处理的原料表面，再拌和均匀。

(3) 制曲　育芽期：将曲料疏松平整地装入曲箱，料层厚 25 cm。曲料入箱后立即通风，使曲料品温控制在 30 ~ 32 ℃。静止培养 6 h 左右，曲料品温逐渐上升，开始间断输入循环风，使料温保持在 33 ℃左右。6 ~ 8 h，曲料表面出现白色绒毛状菌丝，内部有菌丝繁殖，曲料结块。菌丝体繁殖期：当曲料温度持续上升，曲料呈白色时，立即输入冷风，使温度降至 30 ℃左右，翻曲一次，继续通风。经 8 h 左右通风培养，曲料二次结块，再进行一次翻曲。

(4) 孢子着生期　二次翻曲后曲料品温上升缓和，曲料表层菌丝体顶端开始有孢子着生，并随着时间的延长，曲料颜色逐渐变黄，此时应连续向曲箱输入循环风，并调节室温和相对湿度，使品温保持在 35 ℃左右。18 h 时孢子由黄变绿，曲料结成松软的块状，即为成曲。

成曲感官要求：呈黄绿色，有曲香，手感柔软、有弹性，没有硬曲、花曲、烧曲，无酸臭气及其他不良气味。

(5) 制醪　将成曲倒入水浴保温发酵池，按原料配比灌入温度 45 ℃左右浓度为 13 °Bé 的盐水，浸曲 3 d，水浴池水温应保持 50 ℃左右。

(6) 发酵　前期品温控制在 40 ℃左右，发酵约 10 d，每天打耙两次；中期发酵温度 45 ~ 60 ℃，品温 45 ~ 60 ℃，发酵 10 ~ 15 d；后期发酵温度 35 ~ 40 ℃，品温 38 ℃左右，发酵 20 ~ 30 d，2 ~ 3 d 翻酱一次，即为面酱。

(7) 磨酱　当发酵罐中的面酱表面呈硬结，内部均匀红亮色并有鲜香味时，即为发酵好的面酱。将发酵好的面酱，用磨酱机进行三次磨酱，以使得面酱细腻而无颗粒感。

(8) 着色、炒制　先向炒锅内注入上等色拉油，然后将双倍焦糖色和磨制好的面酱同时注入炒锅内炒制。炒制时间为 40 ~ 50 min，温度为 92 ~ 100 ℃，炒制结束后，冷却、灌装，韩式面酱即制成。

(四) 韩式面酱的质量标准

(1) 感官指标　色泽：均匀黝黑发亮，有光泽；香气：有酱香并伴有酯香；滋味：绵甜，鲜咸味适口，酱香味较浓；体态：细腻，黏稠适度，不稀不澥，无杂质。

(2) 理化指标　水分<50%，食盐(以氯化钠计)>7%，总酸(以乳酸计)<2%，氨基酸态氮(以氮计)>0.4%，还原糖(以葡萄糖计)>18.22%。

(3) 安全指标　砷（以砷计）≤0.5 mg/kg，铝（以铝计）≤1.00 mg/kg，黄曲霉毒素 B_1≤5 μg/kg，致病菌不得检出。

八、浓香型高色度甜面酱

(一) 原料配方

(1) 原料拌和　小麦粉 100 kg,大豆粉 10 kg,黑米粉 5 kg。

(2) 发酵　米曲霉面糕曲 50 kg,黑曲霉面糕曲 5 kg,红曲 1 kg,16%盐水 56 kg。

(二) 工艺流程

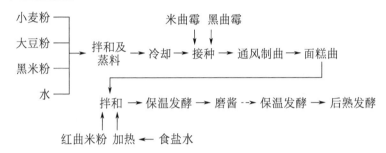

(三) 操作要点

(1) 原料拌和和蒸料　原料包括小麦粉、大豆和黑米,选用特质一等小麦粉以及符合标准的饱满优质的大豆、黑米。大豆、黑米冲洗表面泥沙并晾干,分别用粉碎机粉碎后过 80 目筛子,备用。将小麦粉、大豆粉、黑米粉先按照质量比为 100 : 10 : 5 的比例混匀,再加入原料总质量 30%的饮用水,拌和,将和好的面料放入曲盘内,入蒸锅里蒸 15 ~ 30 min。

(2) 接种　混合粉料蒸料结束后冷却至 40 ℃以下,分别接种米曲霉、黑曲霉培养成面糕曲。

(3) 发酵　将米曲霉面糕曲、黑曲霉面糕曲和红曲按质量比为 100 : 10 : 2 的比例混合均匀,再从面层四周徐徐注入与面糕曲质量比为 1 : 1 的浓度在 16%的盐水 (盐水需煮沸后冷却至 50 ~ 60 ℃) 于发酵容器内。待盐水全部渗入曲内,在发酵容器顶部盖两层医用脱脂布,在 50 ℃的环境中进行保温发酵,发酵时间为 9 d,每隔 24 h 进行一次均匀搅拌。在保温发酵的第 7 天进行磨酱,再保温后熟发酵 2 d。

九、液态发酵面酱

(一) 原料配方

(1) 蒸面　面粉 2 kg,水 2.8 kg,食盐 0.4 kg。

(2) 混合　破碎好的大豆 17 kg,蒸熟的面粉 3 kg。

（3）糖化　按干面粉 2 kg 和干大豆 17 kg 计，淀粉酶用量为 76 g。

（4）接种　按糖化液 20 kg 计，液态种曲用量为 0.6 kg。

（5）发酵　按干面粉 2 kg 和干大豆 17 kg 计，盐用量为 2.28 kg。

（二）生产工艺

大豆→浸泡→蒸煮→破碎　淀粉酶　　　液体曲

面粉、盐、水→蒸熟→混合→糖化→冷却→接种→发酵→二次加盐→发酵

成品

（三）操作要点

（1）蒸面　在面粉中按照面粉、水和食盐比例为 5∶7∶1 加入水和食盐，上锅蒸煮 15 min。

（2）大豆预处理　将挑选出的新鲜、颗粒饱满的大豆洗净，在 17 ℃下浸泡 8～10 h，沥干水分，高压蒸煮 30 min，然后破碎。

（3）混合　将破碎好的大豆和蒸熟的面粉按质量比为 17∶3 混合，充分混合成面糊状。

（4）糖化　按照面粉和大豆干料总质量的 0.4% 的比例加入淀粉酶，进行糖化，糖化温度为 90 ℃，时间为 30 min。

（5）接种　将糖化液温度降至 40 ℃左右，接种 3% 的液态种曲，搅拌均匀。

（6）发酵　将接种的物料于 50 ℃发酵 18 d，每天搅拌 2 次，每次 1 h。在发酵第 10 天，按照面粉和大豆干料质量的 12% 进行二次加盐。成品液态发酵面酱与传统面酱相比在风味和口感上相差不大。

第二节　杂面酱

一、甜米酱

（一）原料配方

米酱曲 100 kg，15% 盐水 110 kg。

（二）工艺流程

大米 → 浸泡 → 蒸料 → 接种 → 培养酱曲 → 装缸晒制 → 成品

（三）操作要点

(1) 大米浸泡　将挑选好的大米放在浸米池中，清水浸没米面20 cm左右，浸泡3~6 h，待米完全浸胀、无白心时，取出冲洗干净。

(2) 蒸制大米　将浸泡好的大米放入蒸甑。蒸甑上汽后开始上料，加盖蒸20 min左右，开盖扒松米饭，泼温水。泼水量为米量的15%左右，使米饭充分吸水。盖上甑盖，再蒸20 min左右即熟。米饭的质量要求是：疏松不糊，均匀一致，内无白心，并有少量开花。

(3) 培养酱曲　将蒸好的米饭料冷却到30 ℃左右，装入竹匾中，接种。也可在装匾前接入酒曲。装匾后移入培养房中，培养1 d后，饭料表面长出白色菌丝，当温度上升到35 ℃以上时，揭去盖物降温。温度高时，可用工具翻拌降温。将温度控制在35 ℃以下，培养2~3 d，米酱曲即培养成熟。由于米酱曲前期水分含量高，故应注意防潮，以免烧曲和糖分流失。少量生产米酱时，多将米酱曲晒干备用。

(4) 装缸晒制　将米酱曲放入缸中，加入盐水搅匀，放置在太阳下晒，晚上或雨天用竹斗篷盖好，以免雨水进入酱醅中。酱醅晒得过干时，可补充水分搅匀，继续晒酱。夏季20 d左右，冬季2个月左右成熟。成熟的酱醅可晒干包装，也可湿酱包装出厂。

二、薏米保健面酱

（一）原料配方

(1) 种曲制备　麸皮1 kg，面粉0.25 kg，水1 kg，米曲霉20 g。

(2) 面糕曲的制备　面粉50 kg，薏米粉10 kg，黑米粉10 kg，水15 kg，种曲425 g。

(3) 面酱发酵　14 °Bé盐水60 kg。

（二）工艺流程

（三）操作要点

(1) 种曲的制备　将麸皮、面粉和水按8：2：7的配比充分搅拌，常压蒸煮1 h，焖30 min，快速冷却至40 ℃左右。按接种量为总料的0.5%~1.0%扩大纯培养，温度控制在28~30 ℃，培养16 h左右，曲料上呈现出白色菌丝，同时产生一股曲香味（似枣子味），此时即可翻曲。经10 h左右，曲料已全呈淡黄绿色，再维持70 h左右，孢子大量繁殖呈黄绿色，外观呈块状，内部很松散，用手指一触，孢子即能飞扬出来，即成为酱曲种。

（2）面糕曲的制备 在面粉中添加面粉质量20%的薏米粉和20%的黑米粉，混合后与水按10∶3的比例加水并充分搅拌，使其成为蚕豆般大小的颗粒和面块碎片，放入常压蒸锅中蒸5 min。蒸熟的标准是面块呈玉白色，咀嚼时不粘牙齿而稍有甜味为适度。蒸熟的碎面块出锅后立即冷却至40 ℃左右，然后接种0.5%种曲拌匀，置于28~32 ℃恒温培养箱中培养32 h。在培养过程中要对面料进行2次翻拌，第一次翻拌在培养16 h后，过4~6 h后再进行第二次翻拌，直至面料串白、发绿，有黄烟。

（3）面酱发酵 采用一次加足盐水法进行制酱发酵。将培养好的面糕曲置于发酵罐中，表面耙平，让其自然升温至40 ℃左右，从表层及四周按面糕曲与14°Bé盐水的比例为10∶7一次注入14°Bé的60 ℃左右的盐水，压实加盖。于53~55 ℃保温发酵，每天搅拌2次，经4~5 d面糕曲吸足盐水而糖化，再过7~10 d后酱醅成熟，变成浓稠带甜的酱醪。

低盐发酵用的盐水，浓度最好是14°Bé左右。盐水浓度高易阻碍糖化，浓度低容易引起酸败。为了使面糕曲加入盐水后立即达到最适发酵温度，要求盐水预热至60 ℃左右，若超过70 ℃则酶活力受到一定的影响，使成品甜味差，酱也会发黏。发酵温度要求53~55 ℃。如果发酵温度低，不但面酱糖分降低，质量变劣，而且容易发酸。若发酵温度过高，虽可促使酱醅快速成熟，缩短生产周期，但接触发酵容器壁的酱醪往往因温度过高而变焦产生苦味，影响产品的品质。

三、粟米酱

（一）工艺流程

```
                      大豆 → 浸泡 → 蒸煮 → 搅碎
                                           ↓
粟米 → 浸泡 → 蒸煮 → 冷却 → 接种 → 制曲 → 翻曲 → 成曲 → 混合 → 发酵 → 成品
                                           ↑
                      酵母菌、乳酸菌、食盐、水
```

（二）操作要点

（1）种曲的制备 挑取试管菌种接入麸皮培养基中，在30 ℃培养箱内培养21 h，即为种曲。

（2）制曲 挑选无杂质的粟米，用清水洗涤3次后浸泡6~8 h，沥干。沥干水的粟米用高压蒸煮40 min，冷却至40 ℃。接入种曲，放入恒温恒湿培养箱30 ℃培养。其中12 h左右要进行第1次翻曲，之后每5 h左右，当曲料重新结块时应再次进行翻曲并加湿，42~45 h出曲。成曲手握有弹性，稍滑，菌丝白色，着生均匀，有曲香味，无异味，水分在 24%～27%，糖化度为 16%以上，中性蛋白酶活力在 200 U/g 以上。

（3）发酵　粟米成曲和大豆按比例 4：4 混合，食盐、酵母菌和水按质量及产品设计要求进行添加，混匀后发酵，温度控制在 30℃，湿度控制在 90%，发酵时间为 1 个月。

（三）产品的质量指标

（1）感官指标　色泽：红褐色，鲜亮有光泽；香气：有独特的酱香和酯香，无其他不良气味；滋味：味鲜，咸甜适口，无酸、涩、苦、焦煳及其他异味。

（2）理化指标　水分≤50%；盐分≤12.0 g/100 g；色度≤12.0～16.0；氨基酸态氮≥0.40 g/100 g；酒精度≥2.5%vol。

（3）安全指标　菌落总数 < 1×10⁴ 个/g；大肠杆菌及致病菌不得检出；防腐剂不得添加。其他相关指标应符合 GB 2718—2014。

四、燕麦酱

（一）原料配方

燕麦 10 kg，冠突散囊菌 0.5 kg，8%的盐水 21 kg。

（二）工艺流程

燕麦 → 浸泡 → 蒸煮 → 冷却 → 接种 → 发酵 → 盐水 → 腌制 → 磨细 → 燕麦面酱

（三）操作要点

（1）燕麦浸泡、蒸煮　挑选裸燕麦为原料，剔除杂质，用清水洗净，于 25 ℃条件下浸泡 20 h，沥干水分。将沥干水分的燕麦置于 121 ℃高压蒸煮锅内蒸煮 20 min。

（2）接种　将高压蒸煮后的燕麦冷却至室温，接种 5%的冠突散囊菌，拌匀后在 28 ℃条件下发酵 5 d，制得坯。

（3）腌制、磨细　在发酵好的燕麦中按质量比为 1：2 加入浓度为 8%的盐水，混匀，在 45 ℃条件下腌制 25 d。将腌制好的燕麦用研钵磨细，即得到燕麦酱。

第三节　面类复合酱

一、添加大豆分离蛋白的新型甜面酱

（一）原料配方

面粉 90 kg，大豆分离蛋白 10 kg，水 30 kg，种曲 0.3 kg，40 ℃的 14 °Bé 的盐水 100 kg。

（二）工艺流程

（三）操作要点

（1）种曲的制备　将种曲培养基冷却至 30 ℃左右，从米曲汁斜面培养基上挑取 3~4 环米曲霉 3.042 孢子，接种至锥形瓶中的培养基上，整体培养约 40 h，观察种曲可见表面全部变为黄绿色，于 60 ℃的条件下干燥约 4 h 后装入牛皮纸袋中备用。

（2）大曲的制备　以面粉和大豆分离蛋白（质量比为 9:1）为原料，在原料中加入总质量 30% 的水，于 121 ℃灭菌 15~20 min 后接入为原料质量 0.3% 的种曲，于 30 ℃生化培养箱中培养 40 h 后，待曲料变为均匀的黄绿色，说明曲料成熟。

（3）发酵　成曲与 40 ℃的 14 °Bé 的盐水按质量比 1:1 混合，搅匀后装入发酵罐，于 42 ℃进行前期发酵。高温阶段发酵温度保持在 42 ℃进行 10 d，停止前期发酵；进入低温发酵阶段，温度保持在 30 ℃进行 20 d。

二、黑麦仁香菇酱

（一）原料配方

（1）制曲　蒸熟后的麦仁 50 kg，米曲霉 50 g。

（2）发酵　晾至含水量为 28%~34% 麦仁曲 10 kg，12~13 °Bé 的盐水 8 kg。

（3）香菇醪的制备　香菇 1 kg，水 1.5 kg。

（4）成酱　麦仁酱醪 10 kg，香菇醪 1 kg。

（二）工艺流程

小麦 → 除杂 → 脱皮 → 冷却 → 浸泡 → 蒸料 → 冷却 → 制曲 → 制醅发酵 → 酱醅

成品 ← 检验 ← 加热杀菌 ← 调配 ← 磨细 ← 混合

香菇 → 浸泡 → 磨细 → 香菇醪

（三）操作要点

（1）原料麦的处理　将挑选的黑小麦和普通小麦除杂后，用脱皮机脱皮，得到黑麦仁和普通小麦仁。麦仁用清水浸泡 6 ~ 7 h，泡至无白心，吸水量达到 45% ~ 50%，捞出沥去多余水分，上锅蒸 30 ~ 35 min，以麦粒熟透且不开花为好。

（2）制曲　将蒸熟后的麦仁迅速摊晾冷却至 35 ~ 40 ℃，接入 0.1% 的米曲霉曲精，拌匀后装入曲盘，厚度为 2 ~ 2.5 cm，上盖洁净的湿纱布保湿，入培养室培养，待曲料表面略有黄色时出曲。

（3）发酵　将制备好的麦仁曲晾至含水量为 28% ~ 34%，揉碎，加入曲重 80% 左右的 12 ~ 13 °Bé 的盐水制醅，装坛，置于 42 ~ 45 ℃恒温箱中发酵 10 ~ 12 d，酱醅成熟。

（4）香菇醪的制备　挑选优质香菇用清水洗净，然后加 1.5 倍温水泡软，再用胶体磨磨细，即成香菇醪。

（5）成酱　麦仁酱醅入胶体磨磨细与香菇醪充分混合，加香辛料调味，加热至 65 ~ 70 ℃，灭菌 30 min，即得成品酱。

（四）成品的质量指标

（1）感官指标　色泽：呈鲜艳的黑红色。味道：酱香浓郁，味甜而鲜，咸淡适中，无异味。体态：黏稠适度，无杂质。

（2）理化指标　黑麦仁香菇营养酱：水分 48.81 g/100 g，还原糖（以葡萄糖计）29.32 g/100 g，氨基酸态氮 0.56 g/100 g，总酸（以乳酸计）0.15 g/100 g。

普通麦仁香菇酱：水分 48.13 g/100 g，还原糖（以葡萄糖计）22.54 g/100 g，氨基酸态氮 0.35 g/100 g，总酸（以乳酸计）0.17 g/100 g。

（3）卫生指标　符合 GB 2718—2014《食品安全国家标准　酿造酱》的要求。

三、海带面酱

（一）原料配方

（1）面曲种制备　面粉 100 g，水 30 g，3 接种环量的米曲霉。

（2）面糕曲制备　面粉 10 kg，水 3 kg，面曲种 39 g。

（3）发酵　10 kg 面粉制得的面糕曲中加入海带浆 8 kg，水 2 kg，盐 340 g。

（二）工艺流程

海带 → 浸泡 → 加碱煮沸 → 研磨 → 加盐 → 海带浆
                                              ↓
面粉+水 → 面穗 → 蒸煮 → 冷却 → 接种 → 培养 → 面糕曲 → 混合 → 发酵 → 均质
                                                                              ↓
                                              成品 ← 灭菌

（三）操作要点

（1）海带浆制备　挑选叶片完整、无霉烂现象的干海带，用温水浸泡 12 h，使海带叶充分吸水膨胀。浸泡结束后，用流水将海带叶片洗净，并切成碎块，加水煮沸，煮沸过程中加碱两次，以使海带浆更加细腻均匀，煮沸时间以 1 h 为宜。然后用盐酸中和，再用打浆机将其破碎成浆体，即为海带浆。制好的海带浆放入冰箱中备用，以防变质。

（2）面曲种制备　在传统制曲工艺中以米曲精为接入菌种，添加量一般为面粉量的 0.3%。本工艺以制备的面曲种为接入菌种，用以面糕曲的制备。在 100 g 面粉中加入 30 g 的水，均匀搅拌成面穗，放入蒸锅内，待蒸汽冒出后，蒸 3 min 即可。蒸熟的面穗呈白玉色，入口有甜味，无粘牙感。蒸熟的面穗置于室温下，冷却至 38~40 ℃，于无菌室内接入 3 接种环量的米曲霉，将米曲霉孢子同面穗拌匀后，放入 32 ℃恒温培养箱内。24 h 后，面穗结块，其表面附着白色菌丝，此时应将面穗块适当打碎，以达到降温通氧的作用。48 h 后，面穗表面长出大量孢子，表面呈黄绿色，此时即可作为面曲菌种使用。

（3）面糕曲制备　在 10 kg 面粉中加入 3 kg 的水，均匀搅拌成面穗，放入蒸锅内，待蒸汽冒出后，蒸 3 min 即可。待面穗蒸熟后，冷却至 40 ℃左右，按比例接入经粉碎的面曲菌种，置于 33 ℃恒温培养箱培养 36 h。在此培养过程，米曲霉中的酶系已基本形成，故无需培养到大量生成孢子的程度。

（4）海带面酱发酵　海带浆通过用食用醋酸将 pH 值调节至 7.0 左右，补水后加入食盐，最终盐浓度为 17 °Bé。将海带浆加热煮沸，起到溶盐和灭菌的作用。待海带浆冷却至 60 ℃左右时，将其缓慢注入盛有面糕曲的发酵容器内，并充分搅拌，确保高盐度的海带浆同面糕曲充分混匀，以防发酵失败。10 kg 面粉制得的面糕曲中加入 8 kg 海带浆、2 kg 水、340 g 盐。发酵温度控制为 50 ℃，24 h 后即有糖化液渗出，前期每天翻拌 1~2 次，10 d 后翻拌次数减为 2 d 天翻拌 1 次，15 d 后面酱色泽变为深褐色，即成熟。

（5）面酱的均质与灭菌　通过均浆机将发酵成熟的海带面酱进行均质，将内部的面块颗粒破碎，以增加海带面酱的细腻程度，提高入口舒适度。后续的均质操作过程可能会使产品感染杂菌引起二次发酵，产生胀袋现象，因此应对产品进行巴氏灭菌，以防止产品变质。

（四）产品的质量参数

（1）感官指标　与传统面酱相比颜色略重，呈深褐色，表面具有光泽；酱香味浓郁并伴随有清淡的海带味，无不良气味；口感鲜美，咸淡适宜，无其他邪杂味道；黏度适中，无杂质，有一定的流动性。

（2）理化指标　水分≤55 g/100 g；食盐（以氯化钠计）≥7.0 g/100 g；氨基酸态氮（以氮计）≥0.3 g/100 g；还原糖（以葡萄糖计）≥20.0 g/100 g。

四、双孢蘑菇面酱

（一）原料配方

（1）菇浆制备　双孢蘑菇 1 kg，水 3 kg。

（2）面粉的制粒，接种　面粉 40 kg，水 8 kg，菇浆 4 kg，米曲霉 156 g。

（3）发酵、晒酱　面糕 50 kg，12 °Bé 的食盐水 50 kg，脱氢乙酸钠 100 g。

（二）工艺流程

（三）操作要点

（1）菇浆制备　选用双孢菇菇柄和残次菇作为原料，用流水将表面附着的泥土洗净，于沸水中煮 10 min 杀青，捞起沥干，并按双孢菇和水质量比为 1∶3 加入纯净水进行粉碎，得菇浆。

（2）面粉的制粒　按面粉、水、菇浆质量比为 10∶2∶1 的比例向面粉中加入水和菇浆，在拌粉机中充分拌和均匀，使其成为蚕豆大小的面疙瘩，然后将和好的面粒放入蒸锅内蒸，其标准是面糕粘牙齿即可。

（3）接种　将蒸好的面糕立即摊开，让其自然冷却至 30 ℃以下即可接种，接种米曲霉 0.3%，将成曲均匀地撒在面糕表面，拌和均匀。

（4）发酵　将接好种的面糕倒入 45 ℃保温发酵缸，按面糕和食盐水比例为 1∶1 加入温度为 45 ℃、浓度为 12 °Bé 的食盐水，浸曲 3 d。发酵前期每天打耙 2 次，后期隔天翻酱 1 次，共发酵 40 d，当还原糖含量为 20%以上时，酱醅即成熟。

（5）晒酱　在发酵好的面酱中按 0.1%比例添加脱氢乙酸钠，搅拌均匀，转入清洁干净的大缸中，加盖于室外日晒夜露 10 d，每隔 2 d 翻酱 1 次，至酱呈红褐色。

（6）磨酱、灭菌、分装　用胶体磨将晒后的面酱磨细，使酱体状态更加均匀、细腻。同时通入蒸汽加热至 65～70 ℃，并保温 10 min，趁热将面酱分装入包装瓶中，封盖，即为成品。

五、蛹虫草面酱

（一）原料配方

（1）面料拌和　面粉 10 kg，蛹虫草粉 1 kg，水 3.3 kg。

（2）接种　蒸熟的面料 10 kg，米曲霉菌粉 30 g。

（3）发酵　成曲 10 kg，14%盐水 10 kg。

（二）工艺流程

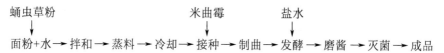

（三）操作要点

（1）蛹虫草粉的制作　将蛹虫草子实体在 50 ℃恒温真空干燥箱内干燥至恒质量后，打粉，经 80 目（D_{80}）筛孔过筛后，即为蛹虫草粉，备用。

（2）面料拌和　在面粉中添加 10%的蛹虫草粉，拌匀后即为面料，在面料中加入 30%的水，充分拌和，使其成蚕豆大小的面疙瘩。

（3）蒸料　将拌和好的面料放入锅中蒸熟，蒸好后的面料摊开自然冷却至38 ℃。

（4）接种　在冷却后的面料表面接种 0.3%的米曲霉菌粉，混合均匀。

（5）制曲　将曲料温度控制在 30～33 ℃，相对湿度>85%，保持良好通风，制曲 14 h 后第一次翻曲，打碎结块曲料；制曲 20 h 后进行二次翻曲，控制曲料温度<32 ℃，使米曲霉产蛋白酶、糖化酶和纤维素酶等；48 h 后曲料表面长出大量黄绿色孢子，制曲完成。

（6）发酵　在成曲中按曲料与食盐水的质量比为 1∶1 加入浓度为 14%的食盐水，在 50 ℃条件下发酵，静置发酵 5 d，之后每天搅拌一次，20 d 后结束发酵。

（7）磨酱　将发酵好的蛹虫草面酱，用胶体磨磨细，过磨 5 次。

（8）灭菌　将磨细的蛹虫草面酱在 80 ℃下杀菌 10 min，冷却后即为成品。

六、扇贝面酱

（一）原料配方

（1）面曲　面粉 30 kg，水 0.9 kg，酱油曲精 15.45 g。

（2）混料发酵　贝柱 56 kg，面曲 28 kg，蛋白酶 1300 U/g，酒醪 3 kg 和食盐13 kg。

（二）工艺流程

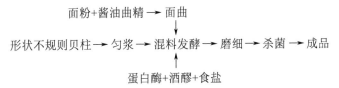

面粉+酱油曲精 → 面曲

形状不规则贝柱 → 匀浆 → 混料发酵 → 磨细 → 杀菌 → 成品

蛋白酶+酒醪+食盐

（三）操作要点

（1）制备面曲　取面粉 30 kg 与水 0.9 kg 混合，和成面穗，蒸熟后冷却。待面温降至 38 ℃接种酱油曲精 0.5‰，将物料拌匀，摊平于白色瓷盘中，厚度约为 1.0 cm，表面用湿润的 6 层纱布盖住以保湿，30 ℃保温培养 48 h。培养过程中物料出现结块现象要及时翻曲，曲料表面结满黄绿色孢子即得成熟面曲。

（2）混料发酵　按照贝柱 56%、面曲 28%、蛋白酶 1300 U/g、酒醪 3%和食盐 13%的配比将物料盛于发酵容器，混合均匀，容器表面用保鲜膜密封，恒温发酵 12 d。

（3）磨细　将发酵好的扇贝面酱用胶体磨磨细，过磨 5 次。

（4）杀菌　将磨细的扇贝面酱于 80 ℃杀菌 10 min，冷却后即为成品。

七、添加面粉和大豆的米酱

（一）原料配方

（1）原料预处理　大米 8 kg，大豆 1 kg，面粉 1 kg，水 6 kg。

（2）混合与接种　混合料：粉碎大米 8 kg，粉碎大豆 1 kg，蒸熟面粉 1 kg；混合料 10 kg，种曲 0.1 kg。

（3）发酵　酱醪 10 kg，盐 2.4 kg，白糖 0.2 kg，凉开水 6 kg。

（二）工艺流程

大米 → 清洗 → 浸泡 → 淋水 → 蒸饭 ─┐

种曲

面粉 → 润水 → 蒸料 → 冷却 ─→ 混合 → 接种 → 酱醪 → 搅拌

大豆 → 清洗 → 淋水 → 蒸豆 → 冷却 → 粉碎 ─┘

米酱 ← 发酵

（三）操作要点

（1）种曲制备　分别将米曲霉、黑曲霉、红曲霉接种到 PDA 液体培养基中。于 30 ℃恒温 60 r/min 振荡培养 72 h，混合，备用。

（2）原料预处理　大米的处理：挑选好的大米用自来水洗净，浸泡 1 h，沥干，蒸饭 20 min，米层厚度 4 cm，冷却、打碎。

大豆的处理：挑选大小均匀、饱满的大豆，洗净后浸泡 6 h，沥干，加 2 倍质量的水蒸煮 3 h，室温冷却，粉碎过 Φ4 mm 筛。

面粉的处理：面粉与水按质量比为 1 : 4 混合，搅拌均匀，蒸煮 15 min，室温冷却，打碎。

（3）混合与接种　将打碎的大米、大豆和面粉按质量比为 8 : 1 : 1 混合均匀，接种 1%制备好的米曲霉、黑曲霉和红曲霉混合菌种。

（4）制醅　原料揉制成方块后，于 15 ~ 25 ℃发酵 7 ~ 10 d，避免阳光直射，制成酱醅。

（5）发酵　在制好的酱醅中加入盐 24%、白糖 2%、凉开水 60%，罐口用双层纱布覆盖。发酵 30 d，每天早晚各搅拌 1 次，即成含有浓厚酱香味的米酱。

八、银杏面酱

（一）传统加工技术

1.原料配方

（1）拌和　面粉 6 kg，银杏粉 4 kg。

（2）接种　蒸好的面料 10 kg，酱油曲精 30 g。

（3）发酵　成曲 10 kg，14°Bé 的盐水 30 kg。

2. 工艺流程

（1）银杏粉的制备工艺

银杏果 → 挑选 → 去壳 → 去内衣、去芯 → 盐水腌制 → 淋洗脱盐 → 晒干

银杏粉料 ← 粉碎机粉碎

（2）银杏甜面酱的加工工艺

银杏粉　　　　　　　　　米曲霉

面粉+水 → 拌和 → 蒸煮 → 冷却 → 接种 → 制曲 → 发酵 → 晒酱 → 磨酱 → 成品

3.操作要点

（1）拌和　面粉和银杏粉按质量比为 6 : 4 混合，用拌粉机将面粉、银杏粉加水充分拌和，使其成为蚕豆大小的面疙瘩，让面粉和银杏粉吸水均匀。

（2）蒸料　将混匀的面料放入蒸锅中蒸，熟料咀嚼时以不粘牙齿为适度。面料蒸熟后，立即摊开冷却至 40 ℃。

（3）接种　在蒸好的面料中接种 0.3%的酱油曲精，将酱油曲精均匀地撒在面料表面，拌和均匀。

（4）制曲　将曲料置于制曲池，前期控制曲料品温在 30 ~ 33 ℃之间，中期在 34 ~ 36 ℃之间，后期在 32 ~ 34 ℃之间。制曲期间保持通风良好，每天翻曲 1 次，制曲 3 d，成曲呈黄绿色，手感柔软、有弹性，无不良气味。

（5）发酵 将成曲倒入水浴保温发酵池，按曲料与盐水为 1∶3 的配比倒入温度为 45 ℃、浓度为 14°Bé 的盐水浸曲 3 d，水浴池水温保持在 50 ℃。发酵前期每天打耙 2 次，后期隔天翻酱 1 次，共发酵 30 d，经测定还原糖含量达 20% 以上，可视为半成品酱基本成熟。

（6）晒酱 在发酵好的银杏面酱中按 0.1% 比例添加苯甲酸钠，搅拌均匀，转入清洁干净的室外大缸中，加盖保存。日晒夜露 1 周，期间每 2 d 翻酱 1 次，至酱呈红褐色，带有浓郁的酱香和银杏香味，咸甜适口即可。

（7）磨酱 将晒后的银杏面酱置于胶体磨中磨细，使酱体状态更加均匀、细腻。

4.产品质量评价

（1）感官指标 银杏面酱呈红褐色，有光泽，酱香和银杏香味协调，咸甜适口，后味稍带银杏苦味，酱体黏稠适度。

（2）理化指标 水分含量 47.56 g/100 g，食盐 11.0 g/100 g，氨基酸态氮 0.33 g/100 g，还原糖 20.93 g/100 g。

（3）微生物指标 大肠菌群≤30 MPN/100 g，致病菌未检出。

（二）酶促发酵技术

1.原料配方

（1）拌和 面粉 6 kg，银杏粉 4 kg。

（2）接种 蒸好的面料 10 kg，酱油曲精 30 g。

（3）发酵 成曲 10 kg，中温 α-淀粉酶 0.1 kg，中性蛋白酶 25 g，14 °Bé 的盐水 30 kg。

2.工艺流程

果肉加水打浆 ← 去壳、去内衣 ← 银杏果

面粉+水 → 拌和 → 蒸煮 → 冷却 → 接种 → 制曲 → 添加复合酶 → 发酵 → 晒酱

米曲霉　盐水　　　　　　　　　成品 ← 磨酱

3.操作要点

（1）拌和、蒸料 将银杏果去壳、去内衣，果肉加水打成浆。面粉和银杏浆按质量比为 1∶1 混合，用拌粉机将面粉、银杏浆和水充分拌和，使其成为蚕豆大小的面疙瘩，让面粉吸水均匀。将混匀的面料放入蒸锅中蒸，熟料咀嚼时以不粘牙齿为适度。

（2）接种、制曲 面糕蒸熟后，立即摊开冷却至 40 ℃。在冷却好的面料中接种 0.3% 的酱油曲精，将酱油曲精均匀地撒在面料表面，拌和均匀。将曲料置于制曲池，前期控制曲料品温在 30~33 ℃ 之间，中期在 34~36 ℃ 之间，后期在 32~34 ℃ 之间。制曲期间保持通风良好，每天翻曲 1 次，制曲 3 d，成曲呈黄绿色，手感柔软、有弹性，无不良气味即可。

（3）发酵　将制好的成曲倒入保温发酵池，添加 1.0%的 α-淀粉酶、0.25%的蛋白酶，按曲料与盐水为 1:3 的比例倒入温度为 45 ℃、浓度为 14°Bé 的盐水浸曲 3 d，水浴池水温保持在 55 ℃，保温发酵 12 d。发酵前期每天打耙 2 次，后期隔天翻酱 1 次，共发酵 30 d，经测定还原糖含量达 20%以上，可视为半成品酱基本成熟。

（4）晒酱　在发酵好的银杏面酱中按 0.1%比例添加苯甲酸钠，搅拌均匀，转入清洁干净的室外大缸中，加盖保存。日晒夜露 1 周，期间每 2 d 翻酱 1 次，至酱呈红褐色，带有浓郁的酱香和银杏香味，咸甜适口即可。

（5）磨酱　将晒后的银杏面酱置于胶体磨中磨细，使酱体状态更加均匀、细腻。

4.产品质量评价

（1）感官指标　银杏面酱呈红褐色，有光泽，酱香和银杏香味协调，咸甜适口，后味稍带银杏苦味，酱体黏稠适度。

（2）主要理化指标　水分含量 48.7 g/100 g，食盐 11.1 g/100 g，氨基酸态氮 0.4 g/100 g，还原糖 22.4 g/100 g，银杏内酯 A 0.364 mg/kg，银杏内酯 B 3.29 mg/kg。

（3）微生物指标　大肠菌群≤30 MPN/100 g，致病菌未检出。

九、枸杞面酱

（一）原料配方

面粉 10 kg，枸杞粉 0.85 kg，水 3.2 kg，米曲霉菌粉（沪酿 3.042）42 g，14 °Bé 的盐水 14 kg。

（二）工艺流程

（三）操作要点

（1）枸杞预处理　挑选颜色鲜亮、无霉烂、大小均匀的枸杞，干燥后粉碎，过 80 目筛备用。

（2）拌和　在 10 kg 面粉中添加 0.85 kg 枸杞粉，加水 3.2 kg 充分拌和，使其成为蚕豆大小的面团。

（3）蒸料　将和好的面料置于高压灭菌锅中，于 121 ℃蒸煮 10 min，蒸好后摊开，冷却至 35 ℃。

（4）接种　添加 0.3%的米曲霉菌粉，接种在面料表面，混合均匀。

（5）制曲　控制曲料温度在 32～35 ℃，相对湿度大于 80%，制曲 10～13 h 第一次翻曲；制曲 18～20 h 后进行第二次翻曲，使曲料温度维持在 30～32 ℃，保持该温度至制曲结束。

(6) 发酵 向制曲完成的曲料中，按曲料与食盐水质量比为1∶1的配比加入浓度为14 °Bé的食盐水，于50 ℃条件下发酵21 d。

(7) 磨酱 将发酵好的枸杞面酱用胶体磨磨细，过磨5次。

(8) 灭菌 将磨细的枸杞面酱在80 ℃下杀菌10 min，冷却后即为成品。

十、方便面碎渣酿制甜面酱

(一) 原料配方

(1) 接种 蒸熟冷却的面料10 kg，米曲霉1.5×10^{10}个。

(2) 发酵 成曲10 kg，20%的盐水20 kg。

(二) 工艺流程

碎方便面→原料预处理→冷却→接种→制曲→发酵→磨细→加热灭菌→成品

(三) 操作要点

(1) 原料预处理（蒸料） 将方便面碎渣通过121 ℃高压蒸气灭菌10 min左右，除水过滤，于100 ℃干燥箱中干燥，将含水量降至45%左右，在干燥的过程中多次翻拌，防止结块。将干燥好的方便面碎渣自然冷却至40 ℃左右。

(2) 接种 将晾凉的方便面碎渣接种经纯培养的沪酿3.042米曲霉，接种量为每100 g面料接种1.5×10^{8}个米曲霉。将菌悬液均匀洒到面料上，搅拌均匀即可。

(3) 制曲 将接种后的面料转移到霉菌培养箱中，温度调至30 ℃，相对湿度为84.9%。要保证曲料疏密一致，表面平整。培养12 h左右，曲料结块并有发白，进行第1次翻曲。在翻曲后4~6 h，菌丝大量繁殖，再进行一次翻曲或铲曲。当曲料全部变白并稍有黄色孢子时，即可下曲发酵制酱。甜面酱曲由于要求淀粉酶活性比较高，所以不要求成曲有大量孢子生成，因而制曲时间短（24~28 h即可成熟）。

(4) 发酵 在成曲中加入2倍质量的20%的盐水。盐水要求加热至60~65 ℃，缓慢倒入曲料面层，让其逐渐渗入曲料中。随后移入霉菌培养箱中，于45 ℃保温培养，每天搅拌1次，发酵20 d。

(四) 成品的质量指标

(1) 感官指标 得到的甜面酱有浓郁的酱香味，呈棕褐色，味咸略有甜味，无苦涩及其他异味，口感细腻，较黏稠。

(2) 理化指标 氨基酸态氮0.38 g/100 mL，总酸0.19 g/100 mL，还原糖3.78 g/100 mL，食盐14.21 g/100 mL，水分34.65%。

(3) 卫生指标 符合GB 2718—2014《食品安全国家标准 酿造酱》的要求。

十一、蘑菇面酱

（一）原料配方

次菇、碎菇、菇脚、菇屑等蘑菇下脚料 15 kg，面粉 50 kg，食盐 1.75 kg，五香粉 100 g，糖精 50 g，柠檬酸 150 g，苯甲酸钠 150 g，水 15 kg。

（二）工艺流程

面粉+水 → 蒸制 → 发酵 → 面曲 ┐

蘑菇 → 破碎、煮汁、过滤 → 蘑菇汁 ┘ → 酿制 → 调制 → 灭菌 → 成品

（三）操作要点

（1）制蘑菇汁　挑选无病虫害的蘑菇（次菇、菇根、碎菇等均可）作为原料，除去杂质，洗干净后破碎成条，放入锅中，加水煮制 1～2 次，过滤即得蘑菇汁。

（2）面粉混合、蒸制　将面粉和水按 10∶3 混合（100 kg 面粉加水 30 kg），搅拌均匀，将和好的面揉成细长条，切成蚕豆粒大小，放入蒸锅蒸制，使面粒呈玉白色，不粘牙，有甜味。蒸熟后的面粒自然冷却至 25 ℃。

（3）面曲　在冷却的面粒中接入米曲霉菌种，放入曲池或曲盘中培养，培养温度为 38～42 ℃。培养时要求米曲霉菌分泌糖化型淀粉酶活力强，且菌丝生长旺盛，而曲精孢子不宜过多。面粒经几天发酵即为成熟的面曲。

（4）发酵酿制　先用 0.3% 的氯酸钙溶液对发酵缸消毒，再把上述发酵成熟的面曲放入，用已消毒棍棒将面曲耙平后自然升温。然后在面曲表面层缓慢注入 14°Bé 的蘑菇汁热盐水，蘑菇热盐水与面曲的比例为 1∶1。将面层压实，加入酱胶，缸口加盖，保温（53～55 ℃）发酵，两天后第一次搅拌，以后每天搅拌一次，4～5 d 后即糖化，8～10 d 后即为成熟酱醅。

（5）调制　将成熟的酱醅磨细过筛，同时通入蒸汽，将酱醅加热至 65～70 ℃，再加入 300 mL 的五香粉、糖精、柠檬酸的水溶液，最后加入苯甲酸钠，搅拌均匀，即为蘑菇面酱。

（四）成品的质量指标

（1）感官指标　蘑菇面酱为黄褐色或褐色，有光泽；有蘑菇香味，味道鲜美，咸淡适口，无霉斑和杂质。

（2）理化指标　水分≤50%，氯化钠≥7%，氨基酸≥0.3%，还原糖（以葡萄糖计）≤20%，总酸（以乳酸计）≤2%。

（3）卫生指标　符合 GB 2718—2014《食品安全国家标准　酿造酱》的规定。

第四章

果蔬、花、茶类酱的加工技术

第一节　水果类酱

一、苹果酱

（一）原料配方

去皮、去核的苹果块 10 kg，水 4 kg，陈皮粉 240 g，白砂糖 6 kg，柠檬酸 13 g，果胶 48 g。

（二）工艺流程

陈皮粉

苹果 → 清洗 → 切分 → 预煮 → 打浆 → 浓缩 → 装罐密封 → 杀菌 → 成品

（三）操作要点

（1）清洗、切分　挑选成熟、无腐烂的苹果，将苹果洗净，去皮、去心，切成小块，称重，并及时投入 1% 食盐水中浸泡 2 min，达到护色的目的。

（2）预煮　按苹果块和水的质量比为 10∶4 加入水，煮沸后保持微沸 20 min，该过程要将果肉完全煮透。

（3）打浆　加入苹果质量 2.4% 的陈皮粉。

（4）浓缩　将打好的果浆倒入锅中，分 2~3 次加入苹果块质量 60% 的糖液。在浓缩过程中不断搅拌，当浓缩至酱体可溶性固形物含量达 65% 时即可出锅。添加苹果质量 0.13% 的柠檬酸和 0.48% 的果胶，搅拌均匀。

（5）装罐密封、杀菌　将浓缩后的混合酱趁热装罐，封罐温度不低于 85 ℃，装瓶预留顶隙 3 mm 左右。将灌装好的苹果酱放置于沸水中杀菌 15 min，杀菌后分段冷却（65 ℃处理 10 min→45 ℃处理 10 min→凉水冷却到常温）。

（四）产品的质量指标

（1）感官指标　色泽：呈浅黄色、琥珀色或棕红色；组织形态：酱体呈胶黏状，无果块，稍流散，不分泌汁液，无糖的结晶；

滋味及气味：具有苹果酱应有的芳香及风味，酸甜适口，无焦烟味或其他异味；无外来杂质。

（2）理化指标　可溶性固形物含量（按折光计 20 ℃）≥62%，总糖含量（以转化糖计）≥45%。

（3）安全指标　总砷（以 As 计）≤0.5 mg/kg，铅（Pb）≤1.0 mg/kg。微生物指标应符合 GB 7098—2015《食品安全国家标准　罐头食品》的要求。

二、紫苏油粕苹果酱

（一）原料配方

去皮、去核苹果块 10 kg，水 4 kg，白砂糖 2.4 kg，紫苏油粕 90 g，柠檬酸 40 g，羧甲基纤维素钠 40 g，卡拉胶 10 g，黄原胶 20 g。

（二）生产工艺

紫苏油粕 → 超微粉碎（300 目）
　　　　　　　　　　　　　　↓
苹果 → 清洗 → 削皮、去核、切块 → 加热软化 → 配料 → 打浆 → 调配 → 浓缩 → 包装
　　　　　　　　　　　　　　　　　　　　　　　　　　　　　　　　　　↓
　　　　　　　　　　　　　　　　　　　　　　　　　　　　　　　　成品

（三）操作要点

（1）紫苏油粕预处理　将紫苏油粕烘干，粉碎后过 60 目筛，粉末通过超微粉碎并过 300 目筛，得到超微粉碎粉。

（2）苹果预处理　将挑选的苹果用流水洗净，去皮、去核，切成小块。

（3）加热软化　在切好的苹果块中加入 40% 的沸水，煮沸后保持 20 min，使苹果块软化。

（4）配料、打浆　在加热软化的苹果块中加入苹果质量 24% 的白砂糖，通过打浆机制成苹果浆。

（5）调配　在苹果浆中加入苹果块质量 0.9% 的紫苏油粕、0.4% 的柠檬酸、0.7% 的复合增稠剂（羧甲基纤维素钠 0.4%，卡拉胶 0.1%，黄原胶 0.2%），混合后搅拌均匀。

（6）浓缩　将调配好的苹果浆倒入浓缩罐中，进行浓缩。在浓缩过程中不断搅拌，当浓缩至酱体可溶性固形物含量达 65% 时即可出锅。

（7）装罐密封、杀菌、包装　将浓缩后的紫苏油粕苹果酱趁热装罐，放置于沸

水中杀菌 15 min，杀菌后冷却到室温。

（四）产品的质量指标

（1）感官指标　该工艺条件制备得到的紫苏油粕苹果酱的颜色为黄色，酱体细腻、均匀一致，有光泽，酸甜适口，口感柔和，兼有紫苏油粕的香气，无焦煳味及其他异味，不分泌汁液，无"流汤"现象。

（2）理化指标　紫苏油粕苹果酱的理化指标符合 GB/T 22474—2008《果酱》的规定。

（3）微生物指标　紫苏油粕苹果酱的菌落总数、大肠菌群、霉菌、致病菌符合 GB/T 4789.24《食品卫生微生物检验　糖果、糕点、蜜饯检验》的规定。

三、乳酸菌发酵苹果酱

（一）原料配方

出汁率为 70% 的乳酸菌发酵苹果饮料果渣 10 kg，水 20 kg，白砂糖 4 kg。

（二）工艺流程

乳酸菌发酵苹果饮料果渣 → 加水 → 打浆 → 加白砂糖 → 搅拌 → 熬制浓缩 → 检测

成品 ← 冷却 ← 杀菌 ← 灌装

（三）操作要点

（1）苹果果渣加水、打浆　按苹果汁出汁率为 70% 计，需补充苹果渣质量 2 倍的水，即苹果渣与水的比例为 1∶2。将苹果渣和水放入打浆机，制得苹果浆。

（2）加白砂糖、搅拌、浓缩　在苹果浆中加入苹果块质量 40% 的白砂糖，搅拌均匀后倒入锅中进行浓缩。控制浓缩温度为 100 ℃，浓缩至终点糖度为 45%～50%。

（3）装罐密封、杀菌、包装　将浓缩后的苹果酱趁热装罐，放置于沸水中杀菌 15 min，杀菌后冷却到室温。

（四）产品的质量指标

（1）感官指标　乳酸菌发酵苹果酱为浅黄色稠状体，质地均匀，无分泌液和糖结晶；具有乳酸菌发酵苹果特有的风味。

（2）理化指标　发酵苹果渣含量≥40%，糖度 45%～50%，总酸含量≥0.2%。

（3）安全指标　砷≤0.5 mg/L，铅≤1.0 mg/L，铜≤5.0 mg/L，pH 3.5～4.0。大肠菌群≤3 MPN/100 mL，酵母数≤50 CFU/mL，霉菌总数≤30 CFU/mL，致病菌不得检出。保质期：12 个月。

四、高纤维带皮苹果酱

(一) 原料配方

带皮苹果片 30 kg, 砂糖 28 kg, 饴糖 21 kg, 柠檬酸 0.3 kg, 聚甘油脂肪酸 (HLB 10) 0.1 kg, 水 20 kg。

(二) 工艺流程

苹果 → 去籽、切片 → 配料 → 搅拌加热 → 冷却 → 成品

(三) 操作要点

(1) 苹果预处理　将苹果剔除烂果和虫果,用流水洗净,去籽,切片。

(2) 配料预处理　将砂糖、饴糖、柠檬酸、聚甘油脂肪酸 (HLB 10) 和水按配比称好后装入带有夹层的缸中,通入常压蒸汽,边升温预热,边充分搅拌,使其溶化混匀。加工带皮苹果酱的技术关键是防止果皮表面出现干燥,因为果皮干燥后会导致果酱失去特有的光泽,损害产品的商业价值。解决途径是使用聚甘油脂肪酸。

(3) 搅拌加热　将苹果片和溶化的辅料投进搅拌式热交换器,在 105 ℃温度下加热 5 min 进行杀菌。将物料冷却至 85 ℃,趁热填充到事先已经灭菌处理的玻璃瓶内,密封后搁置,室温下自然冷却。24 h 后观察,未见苹果果皮浮起,果皮未干燥,色泽与内部相同即可。

五、苹果-草莓-胡萝卜复合低糖果酱

(一) 原料配方

苹果 5 kg, 草莓 10 kg, 胡萝卜 15 kg, 柠檬酸 90 g, 抗坏血酸 (维生素 C) 90 g, 水 10 kg, 白砂糖 1.8 kg, 氯化钙 60 g, 柠檬酸 90 g, 增稠剂低甲氧基果胶 (LMP) 90 g, 魔芋胶 60 g。

(二) 工艺流程

```
                          白砂糖、氯化钙、柠檬酸、维生素C、LMP、魔芋胶
                                              ↓
苹果 → 清洗 → 热烫 → 破碎 → 打浆 → 微磨 ┐
胡萝卜 → 清洗 → 热烫 → 破碎 → 打浆 → 微磨 ├→ 调配 → 均质 → 浓缩 → 灌装
草莓 → 清洗 → 热烫 → 切半 → 打浆 ┘                              ↓
                                          成品 ← 杀菌
```

(三) 操作要点

(1) 前处理　挑选橘红色、肉质细腻、中柱细的胡萝卜洗净,挑选成熟度适宜、品质优良的新鲜苹果、草莓洗净,置于 90~95 ℃热水中烫漂灭酶活和软化组织,其

中苹果和胡萝卜烫漂 5 min，草莓烫漂 2 min。

（2）打浆　将热烫后的草莓切两半，热烫后的苹果、胡萝卜去皮切成小块。按照苹果：草莓：胡萝卜为 0.5：1：1.5 的比例把三种果蔬混合，用打浆机打成粗浆，再通过胶体磨磨成细腻浆液，得到苹果-草莓-胡萝卜混合原浆。

（3）护色　加入 0.3% 的柠檬酸、0.3% 的抗坏血酸对果蔬浆进行护色处理。

（4）调配　按照果蔬：水为 3：1 的比例加入水打出原浆，再加入 6% 的白砂糖，使浆液可溶性固形物含量达到 18%~20%。预先将凝固剂 $CaCl_2$ 溶解于少量水中，随后加 0.2% 到果蔬原浆中，再用 0.3% 的柠檬酸调节果蔬原浆 pH 值至 4 左右，充分搅拌使物料完全溶解。

（5）均质　在均质机中将调配好的果蔬浆混合液在 35~40 MPa 的压力下进行均质，使果蔬浆细腻，有利于成品质量及风味的稳定。

（6）浓缩及杀菌　为了保持产品营养成分及其风味，需要尽量减少果蔬酶褐变程度，为了满足这一要求就必须采用低温真空浓缩的方法，浓缩条件设为：60~70 ℃，0.08~0.09 MPa，浓缩后浆液中的可溶性固形物的含量达到 40%~45% 即可。为了便于水分蒸发，增稠剂（低甲氧基果胶 0.3%，魔芋胶 0.2%）在浓缩接近终点时加入，继续浓缩使可溶性固形物的含量达到要求时，即可关闭真空泵，解除真空条件，之后迅速将酱体加热至 95 ℃，进行杀菌处理，完成之后立即进入灌装的程序。

（7）灌装及杀菌　试验之前将装果酱的瓶子及盖子用蒸汽或沸水杀菌，备用。酱体装瓶的温度要求在 85 ℃以上，且要稍留些顶隙，再用真空封罐机进行封罐密封，真空度应为 29~30 kPa。随后置于常压沸水中保持 10 min 进行杀菌，完成后逐级冷却至 37 ℃左右，擦干罐外水分，即得到成品。

（四）产品质量指标

（1）感官指标　色泽：橘黄色，均匀一致，无杂质；组织形态：呈均匀酱状，黏度适中，无脱水现象，流散缓慢；口感及风味：口感细腻，滋味酸甜适中，具有浓郁的苹果、草莓、胡萝卜风味。

（2）理化指标　总糖（以转化糖计）10%~20%，可溶性固形物 40%~50%，总酸 0.40%~0.60%。

（3）微生物指标　细菌菌落总数≤100 CFU/g，大肠菌群总数≤30 CFU/g，致病菌未检出。

（4）保质期　成品在常温下保质期为 12 个月。

六、草莓酱

（一）原料配方

草莓 30 kg，75% 糖水 40 kg，柠檬酸 70 g，山梨酸钾 25 g。

（二）工艺流程

草莓 → 漂洗 → 去萼片 → 配料 → 浓缩 → 装罐 → 封罐 → 杀菌 → 冷却 → 成品

（三）操作要点

（1）原料预处理　挑选新鲜、成熟、无腐烂的草莓，倒入流动水浸泡 3~5 min，分装于有孔筐中，在流动水或通入压缩空气的水槽中淘洗，去除泥沙等污物。然后捞出去梗、萼片，去除青烂果。

（2）配料、浓缩　在草莓中加入 75% 的糖水，将混合好的物料倒入真空浓缩锅内，调控真空度为 0.04~0.05 MPa，加热软化 5~10 min，然后将真空度提高到 0.08 MPa 以上，物料浓缩至可溶性固形物含量达 60%~65% 时，加入已溶化的山梨酸钾、柠檬酸，继续浓缩达可溶性固形物含量为 65%~68%，关闭真空泵，破除真空，把蒸气压提高到 0.2 MPa，继续加热。待酱体温度达 98~102 ℃ 时出锅。

常压浓缩：把草莓倒入双层锅中，加入 1/2 的糖浆，加热软化，边搅拌边加入剩余的糖浆、山梨酸钾、柠檬酸，继续浓缩至可溶性固形物含量为 65%~68%，即可出锅。

（3）装罐、灭菌　将浓缩好的草莓酱搅拌均匀，装入已消毒的玻璃罐中，趁热旋紧罐盖。将玻璃罐放入沸水中煮沸 5~10 min，立即分段冷却至 30 ℃ 以下。

（四）产品的质量标准

该工艺制得的草莓酱呈紫红色或红褐色，有光泽，均匀一致；酱体呈胶黏状，块状酱，可保留部分果块，泥状酱的酱体细腻；甜酸适度，无焦煳味及其他异味。

七、橘皮草莓复合果酱

（一）原料配方

橘子酱 20 kg，草莓酱 30 kg，白砂糖 20 kg，柠檬酸 150 g，羧甲基纤维素钠 50 g。

（二）工艺流程

```
                              橘肉 → 清洗
                                      ↓
橘子 → 挑选 → 剥皮 → 浸泡 → 去白膜 → 切丝 → 煮制 → 橘皮酱

草莓 → 挑选 → 清洗 → 去蒂 → 切小块 → 煮制 → 草莓酱 → 混合 → 调配 → 浓缩
                                                                    ↓
                              成品 ← 冷却 ← 封口 ← 装罐
```

(三) 操作要点

(1) 草莓酱的制备

草莓选择：选取果皮表面呈红色或浅红色、无腐烂、无霉斑、风味正常、香味纯正的草莓作为原料。

草莓清洗：把挑选好的草莓置于不锈钢盆中，用自来水清洗 3~5 次，将草莓表面所附带的泥沙、果蒂、萼片等清洗干净，再用淡盐水冲洗。然后将草莓取出，并沥干草莓所附带的水分。

煮制：将清洗好的草莓切成小块，放入不锈钢锅内，置于电磁炉上小火煮制，煮制时要时常用汤匙不断搅拌，直至草莓果块变软变小、汁液变浓稠，即可关闭电磁炉，将草莓酱冷却备用。

(2) 橘皮酱的制备

原料处理：选用颜色橙黄、新鲜、无腐烂、完整的橘子，置于清水中清洗 3~5 次，洗去其表面所附带的泥土、灰尘及其他杂物。将洗好的橘子剥皮并将橘皮均匀切分，放于清水中浸泡 3~5 h。将浸泡好的橘皮放入 100 ℃的开水中煮 10 min，待其冷却后，去除皮内的白膜，用清水清洗橘皮 2~3 次，并均匀切丝。将剩下的橘肉清洗并撕去薄皮。

煮制：处理好的橘肉和橘皮一同放入锅内进行煮制并用汤匙不断搅拌，至汁液浓稠呈金黄色即可。

(3) 混合、调配　将橘子酱与草莓酱按照 2∶3 的比例进行调配，搅拌均匀。称取混合果酱质量 40% 的白砂糖放入水中，加热煮沸，配成浓糖液备用。柠檬酸用水溶解成 0.3% 的溶液，羧甲基纤维素钠用水溶解成 0.1% 的溶液备用。将配料加入到混合果酱中，搅拌均匀。

(4) 浓缩　将调配好的果酱用小火进行熬制，熬制到将果酱挑起，果酱能成片状下落即可。

(四) 产品的质量指标

(1) 感官指标　色泽：橘皮草莓复合果酱的颜色呈橙黄色；口感：有橘子和草莓的香味，口味较好，酸甜适中；组织状态：组织细腻，凝胶状态，有较好的流动性；杂质：无杂质，无霉变。

(2) 理化指标　可溶性固形物 (20 ℃，折光计) 32%，总糖 28 g/100 g。

(3) 安全指标　总砷 (以 As 计) 0.05 mg/kg，铅 (Pb) 未检出。

八、火龙果五叶草莓复合果酱

(一) 原料配方

火龙果浆 5.32 kg，五叶草莓浆 2 kg，柠檬酸 10.98 g，果胶 21.96 g，木糖醇

0.85 kg。

（二）工艺流程

原料预处理 → 软化、护色 → 打浆 → 过滤 → 真空浓缩 → 灌装 → 灭菌 → 冷却 → 成品

（三）操作要点

（1）原料预处理　原料为新鲜、成熟、无损伤以及无腐烂的红心火龙果和红色的五叶草莓。用水反复冲洗，将附着在果皮上的泥沙、枯草等杂物洗去，沥干水分。将火龙果的果蒂和皮削去，将火龙果果肉和草莓切块。

（2）软化、护色　将切好的火龙果块和草莓块放入蒸锅中，蒸 60 s，使组织软化。放入到浓度为 1.5% 的氯化钠溶液中浸泡 30 min，以达到护色的目的。

（3）打浆、调配　将火龙果和五叶草莓放入打浆机中破碎打浆，将火龙果浆和五叶草莓浆按质量比为 5.32∶2 混合，过滤。在过滤后的混合果酱中加入 11.60% 的木糖醇，混合后搅拌均匀。

（4）真空浓缩　将加入木糖醇的混合果浆进行真空浓缩，浓缩温度控制在 50~60 ℃。为了防止果浆因温度过高而发生焦煳，控制真空度为 85~95 kPa。当果浆中的可溶性固形物含量接近 38% 时，加入浓缩前混合果浆质量 0.15% 的柠檬酸和 0.3% 的果胶，继续浓缩至可溶性固形物含量达到 42% 左右，浓缩结束。

（5）灌装、杀菌、冷却　浓缩后的混合果酱迅速趁热灌装，采用热灌装脱气法，将果浆加热到 85 ℃ 左右，停止加热后排气 20 min，密封后于 90 ℃ 杀菌 18 min，待果酱冷却后放入冷库保存。需确保果酱在 40 min 内灌装完成，同时趁热密封，使罐内形成一定的真空度。

（四）产品的质量指标

（1）感官指标　火龙果五叶草莓复合果酱酱体呈紫红色，色泽光亮，酸甜适口，具有火龙果、五叶草莓特有的滋味和香气，酱体细腻均匀，徐徐流散，无汁液析出。

（2）理化指标　火龙果五叶草莓复合果酱理化指标检验结果见表 4-1。

表 4-1　火龙果五叶草莓复合果酱理化指标检验结果

项目	水分含量 / (g/100 g)	可溶性固形物含量/%	pH 值	总酸含量 / (g/kg)	总砷 / (mg/kg)	总铅 / (mg/kg)
火龙果五叶草莓复合果酱	47±0.01	42.2±0.29	3.65±0.02	21.5±0.06	<0.1	<0.1
市售果酱	30±0.02	64.5±0.50	3.02±0.03	3.00±0.12	<0.1	<0.1
GB/T 22474—2008《果酱》	—	≥25	—	—	≤0.6	≤1.0

(3) 微生物指标　菌落总数 < 100 CFU/g，大肠杆菌数 < 10 MPN/100 g，致病菌不得检出。

九、低糖颗粒型草莓酱

（一）原料配方

草莓 10 kg，15%蔗糖溶液 10 kg，蔗糖 1 kg，蛋白糖 4 g，增稠剂（50 g 琼脂与 30 g 黄原胶，或 60 g 琼脂与 20 g 黄原胶，或 10 g 黄原胶与 60 g 低甲氧基果胶，或 20 g 黄原胶与 50 g 低甲氧基果胶）。

（二）工艺流程

草莓 → 清洗去蒂 → 浸糖 → 预煮 → 第1次真空渗糖 → 第2次真空渗糖 → 调配

成品 ← 包装 ← 冷却 ← 杀菌 ← 装罐密封 ← 凝胶处理

（三）操作要点

(1) 原料选择　挑选九成熟以上、色泽鲜艳、香味浓郁的新鲜草莓，将萼片去除，用流水清洗干净，沥干水分，并用手持测糖仪测量其糖度，称质量，备用。

(2) 预煮　将清洗好的草莓放入锅中，在 95 ℃预煮 3 ~ 5 min，达到灭酶和软化组织的作用。

(3) 第 1 次真空渗糖　将预煮好的草莓果粒取出，放入 15%的蔗糖溶液中，混合均匀，移到真空干燥箱中，控制温度为 75 ℃，保持真空度为 0.6 ~ 0.7 MPa，渗糖 5 ~ 10 min。

(4) 第 2 次真空渗糖　将经过第 1 次真空渗糖的草莓粒取出，调整糖液浓度达到 25%，并且调整糖液 pH 值为 3，加入草莓质量 0.04%的蛋白糖，搅拌均匀。

(5) 调配、灌装、密封、杀菌　草莓经过第 2 次真空渗糖后，测定试样糖度，并进一步调整糖液 pH 值为 3。将各类增稠剂按比例混合后加入（0.5%琼脂与 0.3%黄原胶，0.6%琼脂与 0.2%黄原胶，0.1%黄原胶与 0.6%低甲氧基果胶，或 0.2%黄原胶与 0.5%低甲氧基果胶），混合均匀，再将其加热至 85 ℃，灌装密封，在 100 ℃下保温 20 min 杀菌，冷却后包装。

（四）产品的质量指标

(1) 感官指标　色泽：草莓酱呈红褐色，有光泽，均匀一致；风味：酸甜可口，有新鲜草莓特有的香味，果味浓，无其他异味；组织状态：凝胶效果好，无流散且无脱水现象，悬浮的草莓颗粒完整饱满，有轻微的烂粒存在，质地柔软，涂抹时无僵果感，无肉眼可见的其他杂质。

（2）理化指标　可溶性固形物含量≥25%，pH 值 3.0 左右。

（3）安全指标　污染物和微生物指标符合 NY/T 956—2006《番茄酱》的卫生标准要求。

十、黑木耳草莓果酱

（一）原料配方

黑木耳浆 3 kg，草莓果浆 5 kg，果胶 250 g，柠檬酸 30 g，白砂糖 2.6 kg，柠檬酸钠 16 g。

（二）工艺流程

（三）操作要点

（1）黑木耳预处理　将挑选的黑木耳去杂、清洗干净，用清水泡发 24 h，洗净耳片。用打浆机打浆，得到黑木耳浆。

（2）草莓预处理　挑选新鲜、成熟、无腐烂的草莓，清洗干净，除去果蒂，沥干水分。用打浆机打浆，得到草莓浆。

（3）糖浆制备　将白砂糖倒入沸水中熬至白砂糖完全溶解。

（4）熬制　将草莓浆、黑木耳浆、柠檬酸和果胶倒入糖浆中，搅拌均匀。加水把水补充至 20 L。先用大火煮沸，然后中火慢煮，最后小火蒸干多余的水分。熬制时间约为 10 min，至果酱状态黏稠且有一定流动性为好。

（5）灌装、脱气、杀菌　将熬制好的果酱趁热灌装，用真空泵将果酱中的气体排出。用高压蒸汽灭菌锅在 105 ℃下湿热灭菌 10 min。

（四）产品的质量指标

（1）感官指标　黑木耳草莓果酱的色泽呈亮红色，具有草莓和黑木耳完美结合的浓郁香气，口感细腻，黏稠适中，是适合大众口味的速食食品。

（2）理化指标　可溶性固形物 35%～39%，总糖 36～38 g/100 g，pH 值 3.8～4.1。

（3）微生物指标和保质期　黑木耳草莓果酱达到商业无菌，保质期为 12 个月。

十一、蓝莓草莓混合果酱

（一）原料配方

草莓浆 30 kg，蓝莓浆 30 kg，异抗坏血酸钠 60 g，柠檬酸 30 g，黄原胶 0.75 kg，海藻酸钠 0.75 kg，果葡糖浆 27 kg。

（二）工艺流程

草莓、蓝莓 → 去梗、清洗 → 打浆 → 调配 → 煮制（护色）→ 调配 → 煮制 → 灌装
↓
成品 ← 灭菌

（三）操作要点

（1）选果、清洗　选用完全成熟的蓝莓和草莓，剔除病虫害果和腐烂果，蓝莓去除果梗，草莓去除果蒂后清洗，沥干水分。

（2）打浆　将清洗好的蓝莓和草莓分别用打浆机打浆，得到蓝莓浆和草莓浆。

（3）调配、果浆护色　将草莓果浆和蓝莓果浆按照质量比为 1∶1 的比例混合，分别加入混合果浆质量分数 0.1%的异抗坏血酸钠和 0.05%的柠檬酸，混合后搅拌均匀。将果浆置于 90 ℃的水浴中静置 30 min，以达到护色的目的。

（4）调配　为了保持果酱的稠度和适合的糖酸比，在护色后的混合果浆中按照总量的 2.5%添加混合增稠剂（1.25%的黄原胶和 1.25%的海藻酸钠），增稠剂充分溶胀后与 45%的果葡糖浆混匀，控制 pH 值在 2.5 ~ 3.4。

（5）煮制、灭菌　将调配好的物料投入锅中煮制，缓慢搅拌，并防止气泡产生，升温至 80 ℃左右，灌装和封盖，在 80 ℃杀菌 25 min。装果酱的玻璃瓶和瓶盖需彻底洗净，灌装时防止果酱沾在瓶口。

（四）产品的质量指标

（1）感官指标　蓝莓草莓混合果酱的酱体呈鲜红色，表面有光泽，无析水现象。

（2）理化指标　总糖（以转化糖计）50% ~ 60%；总酸（以柠檬酸计）0.5% ~ 1.2%。

（3）安全指标　总砷（以 As 计）≤0.5 mg/kg；锡（以 Sn 计）≤250 mg/kg；铅（以 Pb 计）≤1 mg/kg；符合商业无菌要求。

（4）保质期　常温下保质期为 18 个月。

十二、草莓、胡萝卜复合低糖果酱

（一）原料配方

草莓浆 15 kg，胡萝卜浆 10 kg，砂糖 3kg，低甲氧基果胶 100 g，凝固剂（氯化

钙）160 mg。

（二）工艺流程

胡萝卜→ 清洗去皮 → 破碎软化 → 打浆┐
　　　　　　　　　　　　　　　　├→ 调配 → 浓缩 → 凝胶处理 → 装罐密封
草莓 → 清洗去蒂 → 破碎 → 打浆┘
　　　　　　　　　　　　　　　　成品 ← 包装 ← 保温 ← 杀菌

（三）操作要点

（1）胡萝卜预处理　胡萝卜挑选质地致密、中柱小、橙红色的品种。去皮，清洗干净，用破碎机破碎成片状。加入适量的水在不锈钢锅中预煮至软烂，用组织捣碎机打成浆状备用。

（2）草莓预处理　选择完全成熟、新鲜、有浓郁香味、无腐烂的草莓，人工摘除萼片，用清水洗涤除去附着的泥污、干叶等杂物。放入组织捣碎机打成浆状备用。

（3）调配、浓缩　草莓浆与胡萝卜浆按质量比为 1.5：1 混合，搅拌均匀。根据复合浆料可溶性固形物（折光计）的含量，加入 12% 的砂糖，使可溶性固形物含量达到 18%～20%，并调节 pH 值至 3.4。真空浓缩时温度控制在 70～80 ℃，压力 0.6 MPa，时间 20～25 min，至可溶性固形物含量接近 18%～20% 时，加入 0.4% 的低甲氧基果胶和 1.6 g/kg 的凝固剂（氯化钙）。在常压下继续浓缩至可溶性固形物含量达到 18%～20%。

（4）灌装、杀菌　将浓缩好的果酱趁热灌装，灌装温度不得低于 85 ℃。于沸水中杀菌 20 min，取出后分段冷却。置于 38 ℃ 下保温 7 d，包装。

（四）控制低糖果酱脱水的辅助措施

（1）加入难溶性的钙盐　难溶性钙盐在酸性环境下 Ca^{2+} 是逐渐释放的，其桥联形成是逐步的、缓慢的，从而可达到均匀凝胶的目的。在加入凝固剂时发现，Ca^{2+} 与低甲氧基果胶形成凝胶的速度越快，则酱体越易脱水。这是因为局部桥联的数量越多，凝胶网络中的水分越易被压迫排除。

（2）加入辅助离子　通过控制桥联引力来达到控制 Ca^{2+} 形成桥联速度的目的，但不同低糖果酱品质及各地原料、辅料、水质等的差异可能还会导致脱水，可用 Mg^{2+}、Zn^{2+} 或 Cu^{2+} 作为辅助离子，减缓 Ca^{2+} 的引力，并竞争性结合形成桥联，以起到防止酱体脱水的作用。

（3）加入金属络合剂　针对有些地区的水和物料中多价离子含量可能较高的问题，可用适量的络合剂（如植酸、酒石酸等）达到较好的处理效果，具体使用量应根据低糖果酱不同的品种通过试验来确定。

十三、猕猴桃果酱

(一) 原料配方

猕猴桃果浆 300 g，白砂糖 165 g，果胶 1.2 g。

(二) 工艺流程

猕猴桃 → 去皮 → 打浆 → 配料 (糖和果胶)→ 常压浓缩/微波浓缩 → 灌装 → 密封
↓
成品

(三) 操作要点

(1) 猕猴桃挑选、去皮、打浆　挑选成熟、无腐烂的猕猴桃，清洗除去表面泥污和杂物，人工去皮后打浆，制得猕猴桃浆。

(2) 配料　先将白砂糖与果胶干拌，然后按猕猴桃浆质量 55%添加白砂糖，搅拌均匀。

(3) 浓缩　常压浓缩　将添加配料的猕猴桃浆加入到夹层锅中，加热浓缩并不断搅拌，防止锅底焦煳。浓缩时间为 30 min，待果酱的可溶性固形物含量达到 65%，趁热灌装至预先杀菌的玻璃瓶中，密封。

微波浓缩：将添加配料的猕猴桃浆放入到微波炉中进行微波浓缩，微波功率为 700 W，浓缩时间为 11 min，直至可溶性固形物含量达到 65%，趁热灌装至预先杀菌的玻璃瓶中，密封。微波浓缩制作的猕猴桃果酱可缩短时间 19 min，可保存更多的抗坏血酸。

十四、猕猴桃低糖复合果酱

(一) 原料配方

猕猴桃 6 kg，苹果 2 kg，铁杆山药 2 kg，白砂糖 1.8 kg，柠檬酸 0.8 kg，D-异抗坏血酸钠 10 g，氯化钙 20 g，低甲氧基果胶 60 g，羧甲基纤维素钠 10 g。

(二) 工艺流程

选料 → 清洗 → 热烫 → 去皮护色 → 打浆 → 调配 → 均质 → 真空浓缩 → 添加辅料
↓
成品 ← 冷却 ← 杀菌 ← 灌装密封

(三) 操作要点

(1) 选料、清洗　选择新鲜的苹果、山药和七八成熟的猕猴桃，用自来水清洗表面，剔除表皮杂物。

(2) 热烫　将苹果、山药放入温度为 90 ℃左右的热水中烫漂 5 min，以达到软化组织和使酶失去活性的目的。

（3）去皮护色　采用 20% 的氢氧化钠溶液进行去皮工序，去皮后洗净，再用 1% 盐酸溶液进行护色处理。

（4）打浆　猕猴桃去皮后用打浆机打成半固体形态，小块苹果、山药分别用打浆机打成浆液形态，分别得到苹果、山药、猕猴桃原浆。

（5）调配、均质　将猕猴桃、苹果、山药原浆按质量比为 3∶1∶1 的比例混合，在混合原浆中添加 0.2% 的氯化钙（凝固剂）、0.1% 的 D-异抗坏血酸钠（护色剂），再加入 8% 的柠檬酸调整 pH 值至 4 左右，按 18% 的比例加入白砂糖。最后加复合增稠剂（低甲氧基果胶用量为 0.6%，羧甲基纤维素钠用量为 0.1%）。将加入辅料的混合果浆搅拌均匀。将混合浆液在均质机中进行常规压强均质，让复合浆体均匀，保持产品良好的品质和口感。

（6）浓缩　利用真空浓缩对已经均质好的复合浆液进行浓缩，浓缩温度设定为 60℃左右，真空度为 90 kPa 左右，浓缩时间为 35 min 左右。在真空浓缩将结束时加入低甲氧基果胶和羧甲基纤维素钠继续浓缩。当可溶性固形物含量达到 30% 左右时停止浓缩。

（7）装罐密封　在灌装前将果酱瓶清洗后，用 100℃蒸汽消毒 10 min，用沸水煮瓶盖 5 min。将浓缩好的果酱采用排气密封法在 30 min 内迅速装罐，此时酱体温度要求不低于 80℃。灌装过程中应避免果酱沾染瓶口和外壁。

（8）杀菌、冷却　将灌装好果酱的瓶子在 95～100℃水浴杀菌 30 min，取出后分段冷却到 38～40℃，擦干罐外水分。制得的猕猴桃低糖复合果酱口感细腻顺滑，酸甜爽口，黏稠度合适，酱体均匀一致，有光泽，有较好的涂抹性。

十五、猕猴桃酒渣复合果酱

（一）原料配方

猕猴桃酒渣 10 kg，水 20 kg，葛粉 0.3 kg，蛋白糖 45 g，柠檬酸钠 60 g，魔芋粉 0.42 kg，菠菜汁 1.38 kg。

（二）工艺流程

葛根粉+蛋白糖+柠檬酸钠　　魔芋超细粉

猕猴桃酒渣 → 加水 → 打浆 → 调配 → 均质 → 浓缩 → 灭菌 → 冷却 → 成品

菠菜 → 清洗 → 榨汁 → 过滤 → 菠菜汁

（三）操作要点

（1）猕猴桃酒渣预处理　将猕猴桃果酒发酵后的醪液自然沥干后获得酒渣，在酒渣中加入 2 倍体积的冰水，于打浆机中打浆，得到猕猴桃酒渣浆，备用。

（2）菠菜预处理　选取新鲜菠菜，剔除烂叶、杂质，清洗干净，沥干水分后打浆，得到的浆液用 4 层纱布过滤取滤液，备用。

（3）混合调配、均质　猕猴桃酒渣浆中依次添加 1.0%的葛根粉、0.15%的蛋白糖和 0.2%的柠檬酸钠，并不断搅拌，混合均匀。将混合物于高压均质机中均质，均质压力 10 MPa。

（4）浓缩　将调配好的混合浆液置于电磁炉上加热浓缩，浓缩温度控制在 80 ℃，均匀加入 1.4%的魔芋粉。加热 15 min 后迅速降温，加入 4.6%的菠菜汁，继续浓缩至可溶性固形物含量达 50 °Bx 时即可出锅。

（5）灭菌、冷却　将浓缩好的酱灌装到玻璃瓶中，瓶子在 95～100 ℃沸水浴中杀菌 30 min，取出后分段冷却到 38～40 ℃。在此工艺下制作的产品质地均匀，酸甜可口，组织状态良好，呈猕猴桃天然的碧绿色和清香，具有低糖、高维生素 C、强抗氧化活性等特点，适用于糖尿病人。

十六、芒果猕猴桃复合果酱

（一）原料配方

芒果浆 52.7 kg，猕猴桃浆 7.5 kg，白砂糖 6.02 kg，柠檬酸 90.3 g，黄原胶 240.8 g。

（二）工艺流程

原料 → 清洗 → 去皮 → 切块 → 打浆 → 调配 → 煮制 → 灌装 → 灭菌 → 成品

（三）操作要点

（1）原料准备　挑选成熟、无霉斑、无腐坏的芒果，清洗表皮，沥干水分。芒果手工去皮，剔除芒果核，切块，打浆，得到芒果浆。挑选成熟、新鲜的猕猴桃，清洗干净，去皮后切块，放入打浆机中打浆，制得猕猴桃浆。

（2）果浆调配、煮制　将芒果浆和猕猴桃浆按质量比为 52.7∶7.5 混合，添加 10%的白砂糖、0.15%的柠檬酸和 0.4%的黄原胶，混合均匀。白砂糖、柠檬酸和黄原胶在加入前需要先用水完全溶解。再将配制好的混合果浆在不锈钢锅中加热煮沸 3 min，以破坏酶的活性，防止变色和果胶水解。继续小火加热至微沸，不断搅拌以防止煮焦，大概熬制 20 min 后果酱变黏稠，停止加热。

（3）灌装　灭酶后的果酱需尽快装罐，尽可能使复合果酱温度保持在 85 ℃左右。装罐时保持颈口、瓶口的卫生，以免贮存期间瓶口发霉。

（4）灭菌　将灌装好的果酱瓶在常压条件下放入 90 ℃水浴锅中，保温 15 min。杀菌后置于室温下冷却，若无明显分层且质地均匀，即制得芒果猕猴桃复合果酱成品。

（四）产品的质量指标

该工艺条件制得的果酱色泽透亮；芒果与猕猴桃混合香味浓郁；甜度适中，口感柔和润滑，味道清爽适口，芒果与猕猴桃滋味协调；凝胶性好，无糖、水析出，均匀且不流散；质地均匀，易涂抹。

十七、猕猴桃胡萝卜复合果酱

（一）原料配方

猕猴桃浆 10 kg，胡萝卜浆 20 kg，白砂糖 13.5 kg，柠檬酸 90 g。

（二）工艺流程

胡萝卜 → 清洗 → 修整 → 切碎 → 软化 → 打浆
  ↓
猕猴桃 → 清洗 → 去皮 → 切块 → 维生素C的保护 → 打浆 → 混合调配 → 煮制
  ↓
成品 ← 杀菌 ← 装罐

（三）操作要点

（1）原料处理　挑选充分成熟的猕猴桃果，剔除腐烂果、坏果。将猕猴桃清洗、去皮后切块，然后马上将猕猴桃块倒入温度为 100 ℃、pH 值为 3 的柠檬酸溶液中热处理 1 min，以达到最大程度保护猕猴桃中维生素 C 的目的。在护色处理后的猕猴桃块中加入适量的水，打浆，制得猕猴桃浆，备用。

挑选新鲜、质地致密的橙黄色胡萝卜，清洗、修整后切碎，并放入沸水中煮 5 ~ 10 min，达到软化组织和灭活酶的作用。将热处理后的胡萝卜块加适量的水打浆，制得胡萝卜浆，备用。

（2）混合调配　将猕猴桃浆和胡萝卜浆按质量比为 1∶2 混合，搅拌均匀。然后加入 45% 的白砂糖和 0.3% 的柠檬酸，搅拌混合均匀。

（3）加热煮制、灌装　调配好的混合果浆倒入锅中，加热煮制，煮制时间为 50 min。在煮制过程中应一边煮制，一边搅拌，防止焦化和粘锅。直至含糖量达到所需要求水平，马上进行灌装。

（4）杀菌、冷却　将灌装好的果酱在 100 ℃水浴中加热 15 min 进行杀菌，然后冷却并对成品检验，贴标签，入库。

（四）产品的质量指标

（1）感官指标　产品色泽橙黄，有胡萝卜的独特香味和猕猴桃的风味，状态略黏稠，口感甜酸。

（2）理化指标　可溶性固形物含量<45%，pH 值为 3。

（3）微生物指标　细菌总数≤150 CFU/g，大肠菌群≤30 MPN/g，致病菌不得检出。

十八、猕猴桃黑木耳果酱

（一）原料配方

黑木耳超微粉 7 kg，猕猴桃 2 kg，白砂糖 5.4 kg，柠檬酸 36 g，复合增稠剂 18 g（海藻酸钠 1 g，羧甲基纤维素钠 1 g）。

（二）工艺流程

黑木耳 → 清洗 → 干燥 → 超微粉碎 → 浸泡

猕猴桃 → 清洗 → 浸泡 → 软化 → 搓酱 → 混合调配 → 均质 → 浓缩 → 装罐 → 杀菌

成品

（三）操作要点

（1）黑木耳处理　挑选优质的黑木耳，剔除其中的杂质，洗净，干燥后进行超微粉碎。黑木耳超微粉按 1∶15 的比例加水，在室温条件下浸泡 8～10 h。

（2）东北原生种猕猴桃处理

① 原料挑选：选取表面略带光泽，无虫蛀、无腐烂、无发霉的猕猴桃。

② 清洗浸泡：用流动水反复搓洗，除去泥沙等杂质，用清水浸泡 10 h 左右。

③ 软化：将洗净的果实放入不锈钢锅内，进行 2 次预煮处理。第 1 次按料水比为 1∶5 预煮 5 min 去苦；然后将果实从水中捞出，再以料水比 1∶2 进行第 2 次预煮，煮料时间约 30 min，第 2 次预煮主要是使组织充分软化。

④ 搓酱：通过手工在尼龙筛上搓压，去除猕猴桃的皮和籽。

（3）混合调配

① 酱料：按黑木耳干粉与猕猴桃质量比为 7∶2 的比例将浸泡后的黑木耳粉和猕猴桃浆混合。

② 糖浆：按浆料总质量的 60% 称取白砂糖，加水煮沸溶解后，配成 75%（折光度）的浓糖液，过滤备用。

③ 柠檬酸：将浆料总质量 0.4% 的柠檬酸用水溶解成体积分数为 50% 的溶液，备用。

（4）乳化均质、真空浓缩　将黑木耳粉和猕猴桃浆混合后的浆料通过乳化均质机磨成细腻均匀的浆液。将乳化均质后的浆液加入熬制好的糖浆进行浓缩。采用低温真空浓缩，浓缩条件为：温度 50～60 ℃，真空度 85～95 kPa。为了便于水分蒸发和减少蔗糖转化为还原糖，当浆液浓缩至可溶性固形物含量接近 40% 时，将配制好的柠檬酸溶液和0.2%的复合增稠剂（海藻酸钠∶羧甲基纤维素钠=1∶1）加入；继续浓缩至可溶性固形物含量达42%时，迅速出锅。

（5）灌装　采用玻璃瓶进行灌装，在灌装前将玻璃瓶彻底清洗后，以95～100 ℃的蒸汽消毒5～10 min，瓶盖用沸水消毒3～5 min。果酱出锅后迅速装罐，最好在30 min内装完，装罐过程应采用排气密封法，酱温保持在85 ℃以上，尽量减少顶隙，严防果酱沾染瓶口和外壁。

（6）杀菌、冷却　将灌装果酱的玻璃瓶在85 ℃温度下杀菌20 min。杀菌后分段冷却至38 ℃左右，擦干罐外壁水分，在35～37 ℃的保温库中保温7 d。

（四）产品的质量指标

（1）感官指标　色泽：酱体呈黑色或黑褐色，均匀一致。滋味及气味：具有黑木耳和山野果特有香味，酸甜可口，无异味。组织形态：酱体细腻均匀，呈胶黏状，不流散，不析出汁液，无结晶，无杂质。

（2）理化指标及微生物指标　可溶性固形物65%～70%，大肠菌群<30 个/100 g，致病菌不得检出。

（3）保质期　猕猴桃黑木耳果酱的保质期为12个月。

十九、猕猴桃无籽果酱

（一）原料配方

猕猴桃果肉10 kg，白砂糖3 kg，增稠剂（琼脂）50 g，柠檬酸30 g。

（二）工艺流程

猕猴桃 → 挑选 → 清洗 → 去皮 → 破碎打浆 → 离心 → 果浆 → 去籽 → 果肉
　　　　　　　　　　　　　　　　　　　　　　　　　　　　　　　　　↓
成品 ← 冷却 ← 杀菌 ← 装罐密封 ← 加热浓缩 ← 调配

（三）操作要点

（1）原料预处理　挑选成熟、无腐烂的猕猴桃，用水清洗表面，除去泥土和杂质。将清洗后的猕猴桃手工去皮，打浆备用。

（2）离心　将猕猴桃浆倒入离心杯中，以3500 r/min的转速离心8～10 min。离心后的猕猴桃浆液分为三层，第一层上清液为猕猴桃汁，第二层为待用原料猕猴桃果肉，第三层为籽，上清液用于做饮料。

（3）去籽　将离心后的果浆取汁后，将沉淀物倒入盘中，去掉猕猴桃籽后直接得到猕猴桃果肉。

（4）调配　在猕猴桃果肉中加入猕猴桃果肉质量30%的白砂糖、0.5%的增稠剂（琼脂）以及0.3%的柠檬酸，按先后顺序加入，其中增稠剂需用热水溶解再加入。

(5) 加热浓缩　将调配好的果肉倒入锅中浓缩，浓缩温度一般在 80~90 ℃，时间为 120 min。浓缩温度过低易发生褐变，温度过高容易产生焦煳。同时浓缩过程中要不断搅拌。

(6) 装罐密封　选用玻璃容器来灌装果酱，可根据市场需求选择不同容量的玻璃瓶。装罐前，须彻底清洗玻璃瓶，再以 95～100 ℃的蒸汽消毒 5～10 min，瓶盖用沸水消毒 3～5 min，果酱出锅后迅速装罐，酱温保持在 85 ℃以上，尽量减少顶隙，严防果酱沾染瓶口和外壁，采用真空旋盖封口。

(7) 杀菌冷却　将灌装好的玻璃瓶于 100 ℃杀菌 20 min。杀菌完后需立即冷却、装罐。

二十、山楂枸杞胡萝卜果蔬酱

（一）原料配方

山楂浆 10 kg，胡萝卜浆 1 kg，枸杞粉 0.6 kg，白砂糖 8 kg，果胶 50 g。

（二）工艺流程

原料的选择 → 清洗 → 切分 → 预煮 → 打浆（加入枸杞粉）→ 浓缩 → 装罐密封

成品 ← 杀菌

（三）操作要点

(1) 原料处理　挑选颜色亮红、果皮比较光滑、无虫眼、质地稍硬、果粒较大的山楂，将山楂用流水冲洗干净，沥干水分。将山楂核去除，切成小块，放入 1%食盐水中护色 2 min。挑选表皮光滑、无伤痕、个体大小适中、圆柱形的新鲜胡萝卜，将胡萝卜用流水冲洗干净，沥干水分。将胡萝卜切成小块，及时放入 1%食盐水中护色 2 min。

(2) 预煮、打浆　将胡萝卜块用高压锅煮 15 min，用打浆机打浆，得到胡萝卜浆。将山楂块放入不锈钢锅中，加果重 60%的水，加热至沸腾，并保持微沸 15 min，要求果肉煮透，使之软化兼防变色，用匀浆机打浆，得到山楂浆。

(3) 浓缩　将山楂浆、胡萝卜浆和枸杞粉按 10∶1∶0.6 的比例混合，搅拌均匀。将混合果浆倒入锅中，分 2～3 次加入白砂糖，在浓缩过程中不断搅拌，当浓缩至酱体可溶性固形物含量达 65%时即可出锅，出锅前加入 0.5%的果胶，快速搅拌均匀。

(4) 装罐密封　将浓缩好的果酱立即装罐，封口时酱体的温度不低于 85 ℃，装罐不宜过满，所留顶隙以 3 mm 左右为宜，若瓶口附有果酱，应用干净的布擦净，避免储藏期间果酱变质。

（5）杀菌、冷却　将灌装果酱的瓶子立即放入沸水中杀菌 15 min，排气后及时拧紧瓶盖（瓶盖、胶圈均经过清洗和消毒）；灭菌后的果酱采用分段冷却（65 ℃/10 min→45 ℃/10 min→凉水冷却到常温）。

二十一、柿子山楂复合果酱

（一）原料配方

柿子浆 3 kg，山楂浆 2 kg，白砂糖 2 kg，柠檬酸 25 g，黄原胶 40 g。

（二）工艺流程

1.柿子浆液的制备工艺

新鲜柿子 → 脱涩 → 清洗 → 去皮、去蒂 → 破碎打浆 → 柿子浆液

2.山楂浆液的制备工艺

新鲜山楂 → 清洗去核 → 破碎打浆 → 山楂浆液

3.混合调配工艺

柿子浆、山楂浆 → 混合调配 → 精磨均质 → 加热浓缩 → 灌装 → 密封 → 杀菌 → 冷却

成品 ← 检验

（三）操作要点

（1）柿子浆的制备

① 柿子挑选、脱涩：挑选色泽鲜亮、香气浓郁、无病虫害、无挤压、无腐败变质的柿子。以 75%酒精为脱涩剂，喷施 5%，在 20 ℃下脱涩 72～120 h。

② 清洗、去皮、去蒂：将脱涩后的柿子用流水多次清洗，沥干水分，削去果皮，去蒂，切块后备用。

③ 破碎打浆：将去皮、去蒂后的果块放入打浆机中打浆，至无肉眼可见的果粒后停止打浆，得到柿子浆，备用。

（2）山楂浆的制备

① 山楂选择：选择新鲜、果实呈亮红色、皮呈深红色、果肉饱满、无病虫害、无机械伤害的山楂。

② 清洗、去核：将挑选好的山楂清洗干净，沥干水分，去核，切成 1 cm×1.5 cm 的小块，将山楂块立即放入 1.5%的氯化钠溶液中护色，备用。

③ 破碎打浆：将护色处理后的山楂块放入打浆机中打浆，至无肉眼可见的块状山楂果肉后停止打浆，得到山楂浆。

（3）混合调配、均质　将柿子浆和山楂浆按质量比为 3：2 的比例混合，加入

混合浆液质量 40% 的白砂糖、0.5% 的柠檬酸和 0.8% 的黄原胶，充分搅拌均匀。将混合果浆与水按 2：1 的比例混合后加入到胶体磨中，使混合果浆进一步细化均质。

（4）浓缩　将已均质的匀浆倒入锅中，先在 50 ~ 55 ℃的温度下均匀加热并搅拌 30 min，随后将温度升至 65 ~ 75 ℃，继续搅拌浓缩。浓缩过程中需要不断地搅拌浆体，使其受热均匀和水分快速蒸发。浓缩至可溶性固形物含量达到 56% 时，停止加热，迅速出锅。

（5）灌装、灭菌　将浓缩后的果酱趁热灌装到已消毒的玻璃瓶中，灌装时避免瓶口沾酱，以防封盖不严，对产品的保质期产生影响。将灌装好的果酱迅速置于灭菌锅中，进行 75 ℃、30 min 的巴氏杀菌，灭菌后自然冷却至室温。

制备得到的柿子山楂复合果酱口感细腻，果味浓郁，酸甜适中，无糖、水析出，涂抹性较好；未检出致病菌，符合果酱类罐头食品的质量标准。

二十二、山楂胡萝卜苦瓜低糖复合果蔬酱

（一）原料配方

苦瓜浆 10 kg，山楂浆 30 kg，胡萝卜浆 30 kg，白砂糖 31.5 kg，水 31.5 kg，果胶 210 g，羧甲基纤维钠 210 g。

（二）工艺流程

山楂、苦瓜、胡萝卜选择 ⟶ 清洗 ⟶ 原料处理（切块、预煮、打浆、过滤）⟶ 调配

成品 ⟵ 加热浓缩

（三）操作要点

（1）山楂预处理　挑选颜色呈红色且均匀、表面光滑、大小适中的成熟山楂。将挑选的山楂用流水清洗干净，沥干水分，去掉核，在沸水中煮沸 20 min，达到软化的目的。

（2）苦瓜预处理　选择新鲜、颜色呈鲜亮的绿色、没有疤痕的苦瓜；将苦瓜用水清洗干净，沥干水分，用削皮刀去瓤，然后切成薄片。将苦瓜片放入沸水中煮 3 min，使其保持鲜艳的淡绿色。

（3）胡萝卜预处理　选择新鲜、橙黄色、表面光滑的胡萝卜，清洗干净后沥干水分，切成片状。将胡萝卜片放入沸水中预煮 5 min，软化组织。

（4）打浆　将预煮后的山楂、苦瓜片、胡萝卜片分别按质量比为 1：1 加入水，倒入在打浆机中打碎。打碎后用筛网过滤，滤至轻捏筛网表面无水滴滴出即为过滤终点，然后把得到的山楂浆、苦瓜浆和胡萝卜浆再一次进行熬煮。

（5）调配　将苦瓜浆、山楂浆和胡萝卜浆按照 1：3：3 的比例进行混合，混合

后加入混合果蔬浆总质量45%的白砂糖、45%的水、0.3%的果胶和0.3%的羧甲基纤维素钠,混合搅拌均匀。

(6) 浓缩、冷却 将混合果蔬浆倒入不锈钢锅中,在电磁炉上进行熬煮,边熬煮边搅拌,以防浆液飞溅或煳锅,到混合物形成均匀的黏稠状即可。将果蔬酱趁热灌装到已消毒的玻璃瓶中,封口,冷却至室温。

该工艺制备的山楂胡萝卜苦瓜低糖果蔬酱色泽呈橙黄色,有光泽;味道酸甜适口,无苦瓜的后苦味,口感良好;黏稠度适中,组织形态均匀,带有令人愉悦的山楂果香味。

二十三、山楂葡萄复合果酱

(一) 原料配方

山楂浆 10 kg,葡萄浆 1.5 kg,白砂糖 4.6 kg,果胶 50 g。

(二) 工艺流程

山楂 → 挑选 → 清洗 → 蒸煮 → 去籽去蒂 → 打浆 → 调配 → 搅拌 → 浓缩 → 杀菌

成品 ← 冷却 ←

(三) 操作要点

(1) 山楂果浆的制备 挑选新鲜、成熟、色泽深红、无病虫害、未受污染的山楂,用流水清洗干净,沥干水分。将山楂倒入夹层锅中,加入山楂质量30%的水,煮沸后保持 3~5 min,使山楂软化至易于打浆。将煮好的山楂除去果梗、果核,然后连同汁液倒入打浆机打浆 1~2 次,即可得到组织细腻的山楂果浆。

(2) 葡萄浆的制备 选择新鲜、饱满、含糖量15%的巨峰葡萄,剔除霉烂、干疤、黑斑点、虫害、机械伤的葡萄。将葡萄冲洗干净后剥皮、去籽,将葡萄皮和果肉分别置于盆中备用。将葡萄皮放进耐酸的锅中,加入葡萄质量50%的水,用中火煮沸,再改小火继续煮到汁液呈紫红色。用滤网过滤,再用木勺将皮中的汁液压出,并将压出的汁液连同葡萄果肉一起倒入锅中,再用中火煮沸,得到葡萄浆,备用。

(3) 调配 用 70 ℃以上的热水将山楂浆质量46%的白砂糖溶解,混合配成一定浓度的糖浆,将糖浆温度降到 30 ℃。将山楂浆和葡萄浆按 10∶1.5 的比例混合,将糖浆倒入复合果浆中,混合均匀。

(4) 浓缩 将调配均匀的复合果浆加热浓缩,浓缩过程要不断搅拌,防止焦煳。当浓缩至可溶性固形物含量接近40%时,加入山楂浆质量0.5%的果胶,搅拌均匀,继续浓缩至可溶性固形物含量为42%左右时出锅。

(5) 杀菌、冷却 将果酱迅速趁热灌装到已预先消毒的玻璃瓶中,酱体温度不低于 85 ℃，并适当灌满，剔除密封不合格的产品。将灌装好的玻璃瓶于 75 ℃巴氏杀菌 30 min，灭菌后自然冷却至室温。

（四）产品的质量指标

（1）感官指标　色泽：山楂葡萄复合果酱为紫红色；组织状态：组织均匀细腻，呈黏稠状，不流散，无结晶；口感和风味：甜酸适口，具有轻微的山楂的天然风味和葡萄特有的香味，无焦煳味及其他异味。

（2）理化指标　可溶性固形物含量为 42%。

（3）微生物指标　细菌总数≤100 CFU/100 mL；大肠菌群≤3 CFU/100 mL；致病菌未检出。

二十四、低糖山楂山药复合果酱

（一）原料配方

山药浆 5 kg，山楂浆 5 kg，白砂糖 3 kg，黄原胶 40 g，凝固剂（氯化钙）14 g。

（二）工艺流程

山药 → 清洗、去皮 → 护色 → 蒸煮 → 打浆 → 山药浆 ┐
山楂 → 清洗 → 去核 → 软化 → 打浆 → 山楂浆 ┘ → 调配 → 均质 → 浓缩 → 杀菌 → 成品

凝固剂、柠檬酸　白砂糖、增稠剂

（三）操作要点

（1）山药泥制备　挑选粗细均匀、无腐烂、无霉斑、无机械损伤的铁棍山药，将山药用流水冲洗，除去表面泥土和杂质，去皮，倒入由 0.1%维生素 C、0.4% CaCl$_2$ 和 0.1%食盐混合液组成的复合护色剂中进行浸泡护色。将山药捞出，放入蒸锅中蒸煮，使其充分软化，加入山药质量 30%的水进行打浆，得到组织均匀的山药浆，备用。

（2）山楂泥制备　挑选新鲜、颜色深红、无病虫害、无损伤的山楂果实，将山楂清洗后去梗、去核，倒入夹层锅中，加入山楂质量 30%的水，煮沸 3 min，使组织充分软化，趁热和汁液一起打浆，得到质地细腻、均匀的山楂果浆。

（3）混合均质　将山药浆和山楂浆按照 1∶1 的比例混合，利用均质机进一步均质细化得到质地细腻的混合浆液。

（4）调配、浓缩　称取混合浆料质量 30%的白砂糖，加入温水溶解配制成 75%的糖浆。称取混合浆料质量 0.4%的黄原胶，放入水浴锅中加热水溶解，成为均匀胶液，待用。

在山药和山楂的混合浆液中按 1.4 g/kg 加入凝固剂（氯化钙），用柠檬酸调节 pH 值到 3.5 左右，开始真空浓缩。浓缩条件为：温度 70～80 ℃，压力 0.06～0.07 Pa，时间 20～25min。浆液煮沸后将白砂糖浆分 3 次加入，当浓缩至可溶性固形物含量达 40%时，加入增稠剂胶液（黄原胶溶液），搅拌均匀，继续浓缩至可溶性固形物含量达 42%左右时即可出锅。

（5）灌装、排气、密封　将浓缩好的果酱趁热迅速装罐，在 30 min 内完成分装，酱体温度保持在 80 ℃以上。灌装至留有 2～3 mm 顶隙，在 80 ℃以上加热排气 10 min 后加盖密封。灌装前，需要将玻璃瓶清洗干净并煮沸 15 min 灭菌。

（6）灭菌、冷却　将灌装好的玻璃瓶于常压下灭菌，即于 100 ℃煮沸杀菌 20 min。杀菌后分段快速冷却，从 85 ℃到 60 ℃，再到 40 ℃。

（四）产品的质量指标

（1）感官指标　低糖山楂山药复合果酱色泽鲜红，颜色鲜亮；山楂与山药味道协调，酸甜适口，口感爽滑，柔软细腻；质地均匀，无分层和汁液析出，无砂糖结晶等现象。

（2）理化指标　可溶性固形物含量 36%，pH 值 3.5，总糖度 37%，维生素 C 含量 27 mg/kg。

（3）微生物指标　果酱产品细菌菌落总数≤100CFU/100 g，大肠菌群和致病菌未检出。

二十五、低糖沙枣山楂复合果酱

（一）原料配方

沙枣浆 3 kg，山楂浆 7 kg，白砂糖 2.5 kg，柠檬酸 30 g，黄原胶 40 g。

（二）工艺流程

沙枣 → 清洗 → 预煮 → 去核 → 打浆
↓
鲜山楂 → 清洗 → 预煮 → 去核 → 切块 → 打浆 → 混合打浆 → 浓缩 → 灌装 → 杀菌
↓
成品

（三）操作要点

（1）山楂浆的制备　挑选新鲜、颜色呈深红色、无病虫害、无霉变的山楂果实，洗净后去梗、去核。将山楂倒入夹层锅中，按山楂与水比例为 3∶1 烫漂 3 min，使软化充分。趁热打浆，获得汁液细腻、均匀的山楂浆。

（2）沙枣浆的制备　选择品质优良的沙枣，剔除霉烂、虫蛀的坏果；用清水浸泡 5 ~ 10 min，轻轻搓去附着在沙枣表面的泥沙等杂质。将清洗后的沙枣倒入夹层锅，按照料水比为 1∶2，于 55 ~ 70 ℃煮制 25 min。趁热打浆后将果核与肉质分离，获得沙枣浆。

（3）混合均质　将得到的山楂浆和沙枣浆按 7∶3 的比例混合均匀，使用均质机对浆液进行微粒化，获得质地更细腻的混合果浆。

（4）调配、加热浓缩　称取混合果浆质量 25%的白砂糖、0.3%的柠檬酸备用。称取混合果浆质量 0.4%的黄原胶，于水浴锅中加热水溶解成均匀胶体，备用。

将混合果浆用柠檬酸调 pH 值至 3.0 左右，开始加热浓缩，温度 70 ~ 80 ℃，时间 20 ~ 25 min。果浆煮沸后将白砂糖分次倒入，浓缩至可溶性固形物含量达 40%时，倒入溶解好的黄原胶溶液，继续浓缩至可溶性固形物达 42%左右时出锅。

（5）灌装、排气、密封　将清洗干净的玻璃瓶放入 100 ℃烘箱中烘干灭菌，浓缩后的果酱趁热迅速装罐，在 25 min 内完成分装，酱体温度维持在 80 ℃以上，并留顶端 2 ~ 3 mm，升温 80 ℃以上排气 10 min 后密封。

（6）杀菌、冷却　灌装好的玻璃瓶于常压杀菌，即于 100 ℃煮沸杀菌 20 min。采用分段快速冷却，从 85 ℃到 60 ℃，再到 38 ℃左右。

（四）产品的质量指标

（1）感官指标　该工艺条件制备得到的低糖沙枣山楂复合果酱色红、鲜亮；山楂和沙枣风味和谐，酸甜适口，口感爽滑，柔软细腻；质地均匀，没有分层和汁液析出，不存在砂糖结晶等现象。

（2）理化指标　可溶性固形物含量 36%，pH 值 3.12，总糖度 37%。

（3）微生物指标　细菌菌落总数≤ 100 CFU/100 g，大肠菌群、致病菌不得检出，符合 GB 7098—2015 商业无菌的标准要求。

二十六、树莓山楂复合低糖果酱

（一）原料配方

树莓浆 10 kg，山楂浆 10 kg，白砂糖 8 kg，柠檬酸 100 g，羧甲基纤维素钠 80 g。

（二）工艺流程

```
                                白砂糖、添加剂
                                     │
                                     ↓
树莓 → 挑选 → 去果梗 → 清洗 → 打浆 ┐
                                   ├→ 调配 → 浓缩 → 灌装 → 杀菌 → 成品
山楂 → 清洗 → 去果梗、果核 → 打浆 ┘
```

（三）操作要点

（1）树莓浆的制备　选择大小均匀、色泽较好、果实呈红色、成熟度较好的树莓，去除果梗，用自来水清洗干净，沥干水分，放入打浆机中打浆，制得树莓浆，备用。

（2）山楂浆的制备　选择新鲜、色泽为红色、成熟度较好、大小适中的山楂，用自来水清洗干净，沥干水分，去除果梗和果核，放入打浆机中打浆，制得山楂浆，备用。

（3）调配　将制得的树莓浆和山楂浆按体积比1∶1的比例混合，加入混合浆液质量40%的白砂糖、0.5%的柠檬酸、0.4%的羧甲基纤维素钠，搅拌均匀。白砂糖需先用水溶解，制备成糖浆。

（4）加热浓缩　将搅拌好的混合果浆倒入不锈钢锅中，在电磁炉上熬煮，边熬煮边搅拌，以防浆液飞溅或煳锅，到混合物形成均匀的黏稠状即可。

（5）灌装、封口　将浓缩好的果浆迅速趁热灌装到已消毒的玻璃瓶中，立即封口。

（6）杀菌、冷却　将灌装好的果酱放到灭菌锅内，于112 ℃下灭菌10 min，然后取出用自来水冷却至室温，即得成品。

（四）产品的质量指标

（1）感官指标　色泽：酱体呈红色，有光泽；组织状态：均匀，流动性好；风味和滋味：无异味，有树莓和山楂自然果香，果香浓郁，口感细腻，酸甜适中。

（2）理化指标　可溶性固形物含量为48%，总酸为13 g/L。

（3）微生物指标　菌落总数≤1 CFU/g；大肠菌群≤3 MPN/100 g；致病菌未检出。

二十七、低糖毛樱桃圣女果复合果酱

（一）原料配方

毛樱桃10 kg，圣女果15 kg，槐花0.25 kg，甜菊糖苷2.5 g，果胶40 g，柠檬酸40 g。

（二）工艺流程

原料预处理 → 打浆 → 过滤 → 调配 → 真空浓缩 → 加入槐花瓣 → 装罐 → 封口

成品 ← 冷却 ← 杀菌

（三）操作要点

（1）毛樱桃浆制备　选择新鲜、成熟适度、无损伤、无腐烂的毛樱桃，用水反复冲洗，洗去附着在表面上的泥沙、枯叶等杂物，沥干水分。用组织捣碎机将毛樱桃破碎打浆，用纱布进行过滤，除去毛樱桃籽。

（2）圣女果浆制备　选择新鲜、成熟、无黑斑、无损伤的圣女果，用水反复冲洗，洗去附着在表面上的泥沙、枯叶等杂物，沥干水分备用；用组织捣碎机将圣女果破碎打浆，得到圣女果浆。

（3）槐花预处理　挑选新鲜的槐花，在沸水浴上大火杀青 60 s，冷却去除花柄、花蕊等，花瓣沥干备用。

（4）调配　将毛樱桃浆和圣女果浆按 1∶1.5 的比例混合，加入混合浆液质量 0.01% 的甜菊糖苷，混合搅拌均匀。

（5）真空浓缩　将调配的混合果浆进行真空浓缩，浓缩时控制温度在 50 ~ 60 ℃，真空度在 85 ~ 95 kPa。防止果浆因温度过高而发生焦煳，待浆液中的可溶性固形物含量接近 38% 时，加入 0.16% 的果胶和 0.16% 的柠檬酸，继续浓缩，至果酱中可溶性固形物含量达到 60% 左右时，结束浓缩。

（6）加入槐花瓣　当浓缩好的果酱中心温度降至 75 ~ 85 ℃，浓缩液即将出现凝固状态时，加入已经处理完成的槐花瓣，进行快速搅拌（加入量为混合浆液质量的 1%），使其在果酱中均匀分散开且无皱缩现象。

（7）灌装、高温杀菌、冷却　加入槐花后制得的果酱应迅速装罐，采用热灌装脱气法，将果酱加热到 85 ℃ 左右，停止加热后排气 20 min。需确保果酱在 40 min 内装罐完成，同时趁热密封，使罐内形成一定的真空度。密封后于 90 ℃ 杀菌 18 min，待果酱冷却后放入冷库进行保存。

（四）产品的质量指标

（1）感官指标　色泽：酱体呈亮红色，色泽均匀一致，有光泽；香气和滋味：毛樱桃、圣女果与槐花三者香气融合恰当，槐花瓣均匀分散其中，无皱缩现象，产生一种类似于果丹皮的特殊滋味，甜酸适口；组织状态：组织状态良好，涂抹性能良好，酱体细腻均匀，徐徐流散，无汁液析出。

（2）理化指标　低糖毛樱桃圣女果复合果酱理化指标检验结果见表 4-2。

表 4-2　低糖毛樱桃圣女果复合果酱理化指标检验结果

项目	水分含量/(g/100 g)	可溶性固形物含量/%	pH 值	总酸含量/(g/kg)	总砷/（mg/kg）	总铅/(mg/kg)
毛樱桃圣女果复合果酱	48±0.01	38.7±0.25	4.55±0.03	2.35±0.02	< 0.1	< 0.1
GB/T 22474—2008《果酱》	—	≥25	—	—	≤0.5	≤1.0

二十八、无籽刺梨果酱

（一）原料配方

刺梨浆 10 kg，护色液 7 kg，白砂糖 8.5 kg，柠檬酸 34 g，果胶 34 g，黄原胶 22.67 g，魔芋胶 11.33 g。

（二）工艺流程

无籽刺梨 → 清洗 → 去皮、去芯 → 护色 → 破碎 → 酶解 → 打浆 → 过滤 → 调配

成品 ← 冷却 ← 杀菌 ← 装罐 ← 浓缩 ← 均质 ← 胶磨

（三）操作要点

（1）无籽刺梨的预处理 挑选新鲜、成熟度高、完好、无软腐、无霉烂的无籽刺梨，经 0.1%高锰酸钾溶液浸泡 5~10 min 后取出，再用流水冲洗，沥干水分。选用机械擦皮或滚筒去皮法将刺梨去皮，采用料液比为 1:0.7 的比例加入 0.1%的柠檬酸+0.1%的异抗坏血酸钠盐调配的复合护色液浸泡 30 min，压榨破碎。在刺梨粗浆液中添加 0.015%的果胶酶和 0.05%的纤维素酶，均匀混合于果肉中，并于室温下酶解 3 h。经酶解后，打浆、粗滤，合并第 2 次洗渣液，得果浆，备用。

（2）调配 在果浆液中加入质量 0.4%的复合增稠剂（果胶:黄原胶:魔芋胶= 3:2:1）、50%的白砂糖、0.2%的柠檬酸，混合均匀。

（3）浓缩 将混合配料的无籽刺梨果浆，经 5 min 胶磨和 20 MPa 的高压均质后，再通过冷冻加热法浓缩。将混合浆液先冷冻 30 min，再于 90~95 ℃条件下加热浓缩，保持恒温 10 min 左右，反复多次，不断搅拌，最终使可溶性固形物含量达到 60%，即为浓缩结束。

（4）灌装 浓缩好的金色酱体趁热迅速装入经消毒的玻璃瓶中，封口并密封，防止被微生物污染。

（5）杀菌 灌装好的无籽刺梨果酱采用沸水浴 30 min 左右杀菌，或于 121 ℃条件下热杀菌 90 s，待自然冷却到室温，保藏。

（四）产品的质量指标

（1）感官指标 色泽：色泽金黄，均一，金色饱满；气味：具有浓郁的刺梨的特殊芳香气味，无不良气味；滋味：具有刺梨特有的风味，酸甜可口，无杂味；组织状态：质地均匀、细腻，无分层、流淌现象。

（2）理化指标 可溶性固形物含量 60%，总糖 55%，pH 值 3.3，柔软度 227.56 g。

二十九、雪梨银耳低糖复合果酱

（一）原料配方

雪梨浆 5 kg，银耳浆 5 kg，白砂糖 450 g，柠檬酸 15 g，山梨酸钾 5 g。

（二）工艺流程

银耳 → 浸泡 → 清洗 → 分瓣、除蒂 → 熬制 → 打浆

雪梨 → 清洗 → 去皮、去核 → 切块 → 软化 → 打浆 → 混合 → 调配 → 浓缩 → 装罐

成品 ← 杀菌

（三）操作要点

（1）雪梨浆的制备　挑选新鲜、成熟、无腐烂、无机械损伤的雪梨，用水清洗干净后去皮，然后切成小块，浸入柠檬酸水溶液中。将雪梨块及柠檬酸水溶液一起倒入不锈钢锅，补充少量水，煮沸 10～15 min 进行软化，预煮软化要求升温要快，将果肉煮透，便于打浆和防止变色。将煮好的雪梨倒入打浆机中打浆，得到雪梨浆，备用。

（2）银耳浆的制备　挑选完整、无霉斑、无异味的银耳，将银耳用水浸泡清洗，分瓣、除蒂，去除较黄的部分。将银耳瓣放入不锈钢锅中，加入少量水，煮沸 15～20 min 进行软化。将软化后的银耳倒入打浆机中打浆，得到银耳浆，备用。

（3）调配、浓缩　将雪梨浆液与银耳浆液按质量比为 1:1 的比例混合调配，然后倒入不锈钢锅中熬制。先旺火煮沸 10 min，然后改用文火加热，分 3 次加入混合浆液质量 4.5% 的白砂糖，在临近终点时，加入 0.15% 的柠檬酸和 0.05% 的山梨酸钾防腐。整个过程要不断搅拌，以防结晶、锅底焦化。

（4）装罐密封　将玻璃瓶及瓶盖用清水彻底清洗干净后，用 95～100 ℃的水蒸气消毒 5～10 min，沥干水分。果酱出锅后，迅速装罐，然后迅速拧紧瓶盖，顶隙 2～3 mm。每锅果酱分装时间不能超过 30 min，酱体温度不低于 80～90 ℃。

（5）杀菌、冷却　灌装好的果酱放入灭菌锅中，于 85 ℃水浴杀菌 15 min，灭菌结束后分段冷却至室温，得到成品。

（四）产品的质量指标

（1）感官指标　色泽：米白色且有光泽；滋味与香气：酸甜适口，滋味柔和纯正，有雪梨和银耳的混合清香，且香气协调；组织形态：酱体均匀呈凝胶状，有一定的流动性，不析水，不结晶。

（2）理化指标　酸度（pH 计法）：pH 值为 3.8；维生素 C 含量（2,6-二氯靛酚法）：1.6 mg/100 g；粗蛋白质含量（凯氏定氮法）：0.38 g/100 g。

（3）微生物指标　细菌总数≤100 CFU/100 g；大肠菌群≤30 CFU/100 g；致病菌未检出。

三十、雪梨-菠萝保健型低糖复合果酱

（一）原料配方

菠萝浆 5 kg，雪梨浆 5 kg，白砂糖 2 kg，柠檬酸 50 g，黄原胶 9 g。

（二）工艺流程

雪梨 → 清洗 → 去皮、去核 → 切丁 → 护色 → 打浆 ┐
　　　　　　　　　　　　　　　　　　　　　　　├→ 混合 → 磨细 → 调配 → 浓缩
菠萝 → 清洗 → 去皮、去核 → 切丁 → 护色 → 打浆 ┘
　　　　　　　　　　　　　　　　　成品 ← 冷却 ← 杀菌 ← 灌装

（三）操作要点

（1）雪梨浆的制备　挑选新鲜、成熟、无腐烂、无机械损伤的雪梨，用水清洗干净后去皮、去核，然后切成小块。将梨块倒入 0.1%的异抗坏血酸钠盐护色液中浸泡 30 min，以达到护色的目的。将护色处理的雪梨块倒入打浆机中打浆，得到雪梨浆，备用。

（2）菠萝浆的制备　挑选色泽金黄、成熟度高、无腐烂、无机械损伤的菠萝，将皮及菠萝眼去除。用流水冲洗后将菠萝切成块，倒入 0.1%的异抗坏血酸钠盐护色液浸泡 30 min，以达到护色的目的。将护色处理的菠萝块倒入打浆机中打浆，得到菠萝浆，备用。

（3）混合、磨细　将雪梨浆和菠萝浆按质量比为 5∶5 的比例混合，过胶体磨3 次，使混合果浆细腻、均匀。

（4）调配、浓缩　在磨细的混合果浆液中加入 20%的白砂糖、0.5%的柠檬酸和0.9%的黄原胶，混合后搅拌均匀。将调配好的浆体进行加热浓缩，浓缩温度控制在80 ℃，搅拌器以 650 r/min 的转速边熬制边搅拌，熬制时间为 30 min。

（5）装罐密封　果酱出锅后，迅速装罐，然后迅速拧紧瓶盖，顶隙 2～3 mm。每锅果酱分装时间不能超过 30 min，酱体温度不低于 80～90 ℃。玻璃瓶及瓶盖需提前用清水彻底清洗干净，再用 95～100 ℃的水蒸气消毒 5～10 min，沥干水分。

（6）杀菌、冷却　灌装好的果酱放入灭菌锅中，于 85 ℃水浴杀菌 15 min，灭菌结束后分段冷却至室温，得到成品。

（四）产品的质量指标

该工艺得到的雪梨菠萝保健型低糖复合果酱颜色淡黄，色泽均匀；质地十分细腻、均匀，无汁液流出；口感细腻、口味好，具有雪梨和菠萝特有的风味。

三十一、低糖南果梨果酱

(一) 原料配方

南果梨块 10 kg，水 20 kg，蔗糖 7.2 kg，柠檬酸 60 g，果胶 180 g。

(二) 工艺流程

原料选择 → 清洗 → 去皮、切分、去籽粒 → 软化 → 打浆 → 浓缩 → 装瓶 → 灭菌

成品 ← 冷却

(三) 操作要点

(1) 原料选择　选择新鲜、果实较大、有光泽、成熟、无腐烂、无虫害的南果梨，清洗干净，去皮切分，去籽粒。

(2) 护色、软化、打浆　将去皮、去籽后的果肉放入 1% 食盐水中护色。将切分好的南果梨称重，加入果肉质量 2 倍的水，煮沸 4 min，将其软化。将软化好的南果梨块连同汁液倒入打浆机中打浆，得到南果梨浆，备用。

(3) 加热浓缩　将果浆倒入不锈钢锅中，加入果浆质量 24% 的蔗糖、0.2% 的柠檬酸，将其煮至沸腾后，改用文火，加入 0.6% 的果胶，并一直搅拌至黏稠状，至可溶性固形物含量为 38.3%，停止浓缩。

(4) 装瓶密封　浓缩结束后，将果酱装入已提前灭菌的罐内，顶间隙约 2～3 mm，装瓶时要迅速将罐盖拧紧，且每锅果酱的分装要在 30 min 之内完成，酱体温度保持在 80～90 ℃。

(5) 灭菌、冷却　将密封好的果酱进行灭菌，温度为 100 ℃，时间为 10 min，然后取出。灭菌结束后水浴分段冷却，70 ℃→40 ℃→常温，即得低糖南果梨果酱。

(四) 产品的质量指标

(1) 感官指标　色泽：呈亮黄色，有光泽；气味及滋味：有南果梨独特风味，酸甜适口，口感细腻；组织状态：均匀黏稠且具有一定的流动性，果酱外观良好，无汁液析出现象。

(2) 理化指标　南果梨果酱 pH 值为 4.1，总糖含量为 34.2%，可溶性固形物含量为 38.3%，总砷、总铅含量均<0.1 mg/kg，满足果酱国标要求。

(3) 微生物指标　细菌总数和大肠菌群近似数均符合 GB/T 22474—2008《果酱》对果酱微生物指标的要求，未检出致病菌。

三十二、低糖杏果酱

(一) 原料配方

杏干 1 kg，水 5 kg，白砂糖 1.8 kg，增稠剂 30 g（海藻酸钠 15 g，羧甲基纤维

素钠 15 g），木糖醇 480 g。

（二）工艺流程

杏干 → 清洗 → 加热破碎软化 → 打浆 → 胶体磨均质 → 浓缩 → 调配 → 灌装

成品 ← 冷却

（三）操作要点

（1）原料预选择　选取新鲜、色泽金黄、香味浓郁、无霉烂及机械损伤的阳城杏干为加工原料。

（2）清洗、软化、预煮　将挑选的杏干在清水中反复清洗，除去杂质，沥干水分。将杏干按质量比为 1∶5 的比例加水浸泡，使杏干吸水，便于进一步软化。将电炉调至中火，将浸泡好的杏干在 55 ~ 75 ℃下预煮 20 min，将杏肉煮烂至充分软化，便于打浆。

（3）打浆、均质　将充分煮烂软化的杏肉用榨汁机打成浆状，然后加入适量的水过胶体磨，以得到组织较细腻的杏泥。

（4）浓缩与调配　将均质处理后的杏泥放入锅中进行浓缩。将电炉调至小火，将浆液煮沸后，根据浆料可溶性固形物（测糖仪测定）的含量，搅拌的时候缓慢加入浆液质量 30% 的白砂糖，使可溶性固形物含量达到 18% ~ 20%，并调节 pH 值至 4 左右，进行常压浓缩。至含糖量接近要求时加入 0.5% 的增稠剂（海藻酸钠∶羧甲基纤维素钠=1∶1）和 8% 的木糖醇，在常压下继续浓缩至含糖量至 40% 左右。在浓缩过程中为了防止杏泥焦煳，加热的时候不断搅拌，加热时间 30 min 左右。浓缩过程中，白砂糖要缓慢加入，边搅拌边加入，以防止果酱保藏期间出现褐变，并可防止流糖现象的发生，保证果酱感官质量及稳定。

（5）装瓶、封口、杀菌、冷却　先将玻璃瓶及瓶盖进行消毒、晾干，再将浓缩好的果酱趁热快速装入玻璃瓶中，进行封口。将灌装好的果酱采用沸水杀菌，条件为 100 ℃处理 10 ~ 15 min，然后以 65 ℃、50 ℃、35 ℃及一般冷水四段温度喷洒冷水，将其冷却至室温，再取出用洁净干布擦干瓶身，检查有无破裂等异常现象，若一切正常，则贴上标签即为成品。

该工艺中灭菌相当关键，这样不仅可以保证成品的质量，而且可以延长保质期。传统果酱中大量的糖分可起到防腐的作用，再结合巴氏杀菌就可达到长期保存的目的，所以低糖果酱杀菌非常重要。首先生产过程中，要严格按照要求，规范生产。灌装时也要注意要求，温度要达到 60 ℃以上。还有果酱的 pH 值要达到 2 ~ 3，这样的酸性环境也可杀死大部分微生物，起到防腐的效果，利于保存。

（四）产品的质量标准

（1）感官指标　色泽：深黄色，有光泽，色泽均匀；香气：具有浓郁的杏香，香气纯正，馥郁芬芳，幽雅自然；质地：均匀细腻；口感：酸甜可口，滋味纯正，鲜美；脱水状况：无水分析出。

（2）理化指标　成品果酱的可溶性固形物含量达到30%左右，总糖含量为42%。

（3）微生物指标　产品应符合果酱食品 GB/T 22474—2008 的要求：细菌总数＜20个/g，大肠菌群及致病菌未检出。

三十三、木瓜果酱

（一）原料配方

木瓜浆 10 kg，白砂糖 3 kg。

（二）工艺流程

原料选择 → 清洗 → 去皮 → 除萼、除籽、去蒂 → 切块 → 软化 → 打浆 → 浓缩
成品 ← 冷却 ← 杀菌 ← 密封 ← 装罐 ←

（三）操作要点

（1）原料选择、清洗　选择不适合生产木瓜罐头的小型果或加工罐头剩余的破碎、不规则的果块、内瓤。将选好的原料清除杂质，用清水冲洗。

（2）去皮、切半　将选择的木瓜原料采用 95～100 ℃的10%氢氧化钠溶液进行脱皮，处理后用流动清水冲洗残留的碱。去皮后用不锈钢刀从果的中央将其纵切为两半，然后去籽，除果蒂、萼等。将去皮并清洗后的果实用切片机切成薄片。

（3）脱涩、软化　将木瓜片倒入 95～100 ℃的沸水中，恒温煮泡 5～8 min，对果肉进行脱涩、杀酶及软化处理。

（4）打浆　将软化后的木瓜片倒入孔径为 0.7～1.5 mm 的打浆机中进行打浆，制得木瓜浆，备用。

（5）配料浓缩　按果浆与糖的比例为 10∶3 投料，配成一定浓度的糖液，常温浓缩 10～20 min，分次添加糖液。如采用真空浓缩，糖液应一次加入，浓缩至可溶性固形物含量达 44%～50%止。在加入糖液时，注意不能将糖直接加入果酱，必须预先配成溶液，再经过滤，否则溶解速度慢，且往往含有杂质，将直接影响产品品质。

（6）灌装、密封　将浓缩好的木瓜酱趁热灌装到已预先消毒的玻璃瓶中，保持酱温为 80～90 ℃，灌装后立即密封。

（7）杀菌、冷却　将装入果酱的玻璃瓶在 100 ℃下杀菌 10～15 min。分段冷却，即 70 ℃→50 ℃→30 ℃，罐温为 30 ℃。

（四）产品的质量指标

（1）感官指标　色泽：金黄色，有光泽；风味：酸甜适口，淡香绵长，无异味；黏稠度：适中，酱体均匀，无肉眼可见杂质。

（2）理化指标　果胶含量为 9.5%，可溶性固形物（折光法）≥60%，总糖（以转化糖计）≥45%。

（3）安全指标　铅（以 Pb 计）≤0.35 mg/kg，锡（以 Sn 计）≤16 mg/kg。细菌总数≤10 个/mL；大肠杆菌≤3 个/mL；致病菌不得检出。

三十四、番木瓜芒果低糖复合果酱

（一）原料配方

芒果浆 2 kg，番木瓜浆 3 kg，木糖醇 1.5 kg，柠檬酸 15 g，黄原胶 30 g。

（二）工艺流程

番木瓜 → 清洗 → 去皮 → 切分预煮 → 打浆 → 番木瓜浆

芒果 → 清洗 → 去皮、去核 → 切块 → 打浆 → 芒果浆 → 混合 → 均质 → 调配

成品 ← 冷却 ← 杀菌 ← 装罐封口 ← 浓缩

（三）操作要点

（1）芒果浆的制备　挑选新鲜、无机械损伤、无病虫害的芒果，清洗去皮、去核，切碎打浆后进行研磨和均质处理，得到芒果浆，备用。

（2）番木瓜浆的制备　选择新鲜、成熟的番木瓜，用流水冲洗表皮，去皮，去核，把果肉切成细小条状，倒入等质量的 85～100 ℃ 热水，进行蒸煮烫漂 3 min。将果肉放入小型高速组织粉碎机中打浆 3 min，制备成番木瓜浆，备用。为抑制酶促褐变引起的木瓜果肉变色，打浆时要加入 0.3% 的柠檬酸来破坏酶活性。

（3）混合均质　将芒果浆预热至 60 ℃，与番木瓜浆按 2∶3 的比例趁热进行混合均质，以形成质地细腻的混合果浆。

（4）加糖调配　在混合果浆中加入 30% 的木糖醇，使浆液可溶性固形物含量达到 18%～20%；以 0.3% 的柠檬酸调节混合果浆的 pH 值至 4.0 左右，再加热，然后慢慢加入 0.6% 的黄原胶，充分搅拌使物料完全溶解。

（5）浓缩　将调配好的混合果浆采用 60～70 ℃ 的温度加热浓缩，该温度的选择是为了保持产品的营养成分及风味，尽量减少果酱的酶促褐变。当浓缩后浆液中可溶性固形物含量达到 35%～40% 时，迅速将酱体加热到 95 ℃ 进行杀菌，然后立即进行灌装。

（6）装罐、封口　将浓缩好的果酱灌装到已预先用蒸汽消毒的玻璃瓶中，顶隙

3~5 mm。装罐要迅速，装罐后立即采用蒸汽排气法，在酱温不低于85 ℃时封盖。

（7）杀菌、冷却　将灌装了果酱的玻璃瓶置于杀菌锅内进行加热杀菌5~10 min，取出后迅速冷却至室温。

（四）产品的质量指标

（1）感官指标　产品的色泽呈橙黄色；酸甜适中，口感柔和，有木瓜与芒果特有的香气；组织状态呈凝胶状，组织细腻，缓慢流动。

（2）理化指标和微生物指标　木瓜芒果低糖复合果酱的主要理化及微生物指标检测结果均符合相关的果酱国家标准GB/T 22474—2008的要求。

三十五、光皮木瓜低糖果酱

（一）原料配方

去除皮、核、蒂、萼的光皮木瓜条5 kg，白砂糖1.25 kg，蜂蜜0.5 kg，柠檬酸37.5 g，乙基麦芽酚1 g，黄原胶15 g，羧甲基纤维素钠5 g，豌豆淀粉100 g。

（二）工艺流程

原料选择 → 清洗 → 去皮 → 除核、蒂、萼 → 切片 → 预煮脱涩 → 高压蒸煮软化

成品 ← 冷却 ← 杀菌 ← 密封 ← 装罐 ← 浓缩 ← 调配 ← 打浆

（三）操作要点

（1）原料的挑选、清洗　挑选新鲜、无机械损伤的八成熟的光皮木瓜为原料。清除表面杂质，用清水洗净。

（2）去皮、去核、切片　将洗净的木瓜削皮后，从果的中央纵切为四瓣，手工去核籽、果蒂、萼，再切成厚度约为1 cm的果条。

（3）预煮脱涩、灭酶　将切好的木瓜条按1∶4的比例加入浓度为0.2%的柠檬酸溶液中，煮沸25 min，捞出后用清水冲洗，沥干表面水分。

（4）高压蒸煮软化　将脱涩及灭酶处理后的光皮木瓜以1∶1.5的比例加入到0.2%的柠檬酸溶液中，于120 ℃的条件下蒸煮25 min，达到软化木瓜、减轻木渣感的目的。

（5）打浆、调配　将软化后的光皮木瓜倒入孔径为1 mm的打浆机中进行打浆。将果浆质量35%的蔗糖、蜂蜜（2.5∶1）配成浓度为70%的糖浆，用200目筛网过滤，滤液备用。白砂糖不能直接加入到果浆中，必须先配成溶液，否则会因溶解速度较慢造成煳锅。

（6）浓缩　将调配好的木瓜果浆煮沸后，依次加入木瓜条质量0.75%的柠檬酸、0.02%的乙基麦芽酚和1/3的糖浆，搅拌均匀防止煳锅。待接近浓缩终点时，加入

2.4%的复合增稠剂（0.3%黄原胶、0.1%羧甲基纤维素钠、2.0%豌豆淀粉）和剩余的糖浆，并不停搅拌，当果酱中可溶性固形物含量达到50%左右即可。

（7）装罐密封　将玻璃罐清洗干净，用高压蒸汽灭菌，罐温保持在40℃以上，当果酱温度下降到85~90℃时立即灌装密封。

（8）杀菌、冷却　灌装果酱的玻璃罐在95℃的条件下灭菌30 min，杀菌完毕后将玻璃罐倒置6 min。采取分段式冷却法，70℃→50℃→30℃，直到罐温降至30℃为止。

（四）产品的质量指标

（1）感官指标　颜色：酱体呈淡红褐色，有光泽；风味：有光皮木瓜水果香味和蜂蜜味，酸甜适口；组织形态：酱体细腻均匀，不流散，无分层析水，无结晶，无肉眼可见杂质。

（2）理化指标　总糖含量40%~45%；可溶性固形物含量45%~55%；铅含量≤0.5 mg/kg；砷含量≤1.0 mg/kg。

（3）微生物指标　细菌总数≤100 CFU/g；大肠菌群≤10 MPN/100 g；致病菌不得检出。

三十六、菠萝番茄酱

（一）原料配方

菠萝浆5 kg，番茄浆5 kg，白砂糖600 g，盐800 g，柠檬酸40 g，黄原胶100 g。

（二）工艺流程

番茄 → 清洗 → 去皮、去籽 → 打浆 ┐
　　　　　　　　　　　　　　　　├→ 混合 → 调配 → 浓缩 → 灌装 → 灭菌 → 成品
菠萝 → 清洗 → 去皮 → 切丁 → 打浆 ┘

（三）操作要点

（1）番茄预处理　挑选新鲜、成熟、无机械损伤的番茄为原料，将番茄洗干净后放入100℃沸水中漂烫30 s，人工剥皮，去籽。将处理好的番茄放入打浆机中打浆，制得番茄浆，备用。

（2）菠萝预处理　挑选颜色金黄、完全成熟的菠萝，用流水将菠萝表面的泥土、杂质等冲去。将菠萝削皮后切块，倒入打浆机中打浆，制得菠萝浆，备用。

（3）混合、调配　将菠萝浆与番茄浆按1:1混合，搅拌均匀，加热至煮沸。加入混合浆液质量6%的白砂糖、8%的食盐、0.4%的柠檬酸和1%的黄原胶，搅拌均匀。

（4）熬煮、灌装、灭菌　将调配好的果浆煮沸，于100℃加热5 min，关火。

将熬煮好的菠萝番茄酱趁热灌入已消毒的玻璃瓶中，高温蒸汽灭菌，冷却包装即可。

（四）产品的质量指标

（1）感官指标　色泽：橙黄色，均匀，无杂色；气味与滋味：菠萝味浓郁，酸甜可口，果味融合较好，回味浓厚；组织状态：无分层，果酱均匀，凝胶性好；涂抹性：涂层连续，润滑，无断裂。

（2）理化指标　固形物含量为 26.3 mg/100 g，pH 值为 4.2。

（3）微生物指标　菌落总数为 4265 CFU/g，大肠菌群为 18 MPN/100 g，霉菌计数为 42%，致病菌未检出。

三十七、焙烤型复合荔枝果酱

（一）原料配方

浓缩荔枝汁（可溶性固形物含量为 30.05%）3 kg，菠萝浆 2 kg，去汁的冬瓜果肉 5 kg，麦芽糖 0.35 kg，羟丙基二淀粉磷酸酯蜡质玉米淀粉 0.1 kg，乙酰化己二酸酯蜡质玉米淀粉 0.1 kg，低甲氧基果胶 20 g，柠檬酸 18 g。

（二）工艺流程

（三）操作要点

（1）冬瓜预处理　将冬瓜洗净，去皮，切块，倒入沸水中煮至熟透，每次沸腾后替换冷水，以保证冬瓜煮后可以保持较好的透亮度，然后切碎成蓉，用纱布挤去汁液备用。

（2）菠萝预处理　挑选新鲜、成熟的菠萝，洗去表面泥土和杂质，用淡盐水浸泡去除酸味，提高口感。淡盐水浓度为 3%，浸泡时间为 30 min，浸泡结束后用清水清洗去盐，打浆备用（打浆过程中不加水）。

（3）煮沸搅拌均匀　将菠萝浆和冬瓜果肉按质量比为 2 : 5 混合，加入提前加热软化的麦芽糖（混合物料质量的 5%），搅拌均匀。

（4）混合　荔枝汁在受热条件下会产生不好的焙烤味，对产品的感官产生不利的影响，因此应将搅拌均匀的混合浆体冷却至常温，再加入菠萝浆和冬瓜果肉总质量 30%的浓缩荔枝汁。

（5）调配　将混合物料质量 1%的羟丙基二淀粉磷酸酯蜡质玉米淀粉和 1%的

乙酰化己二酸酯蜡质玉米淀粉用凉水溶解，0.2%的低甲氧基果胶用热水溶解，添加到混合浆液中，再加入0.18%的柠檬酸，搅拌混匀。

（6）浓缩　将调配好的混合浆料采用真空浓缩，浓缩条件为0.095 MPa真空度、65 ℃，浓缩至可溶性固形物含量为54.11 °Bx。

（7）灌装、灭菌　将浓缩好的果酱趁热灌装到已提前灭菌的玻璃瓶中，于95 ℃的条件下灭菌30 min，杀菌完毕后将玻璃罐倒置6 min。采取分段式冷却法，70 ℃→50 ℃→30 ℃，直到罐温降至30 ℃为止。

（四）产品的质量指标

色泽：金黄，颜色较亮；风味：荔枝果香、菠萝果香香气明显，没有其他异味；口感：酸甜可口，口味纯正，黏稠度较好，细腻不粗糙；组织状态：凝胶效果好，不流散，不分泌汁液，表面湿润呈黏稠状，不坍塌，保持性好。

三十八、菠萝丁果酱

（一）原料配方

菠萝丁10 kg，入白砂糖5 kg，变性淀粉450 g，柠檬酸30 g，山梨酸钾3 g。

（二）工艺流程

菠萝丁、白砂糖、变性淀粉、水 → 混合搅拌 → 加热煮制 → 浓缩

成品 ← 冷却 ← 封盖 ← 灌装 ← 加柠檬酸和山梨酸钾

（三）操作要点

（1）原料选择、混合　选择罐头菠萝丁为原料，按菠萝丁质量50%的比例加入白砂糖、4.5%的变性淀粉（变性淀粉预先用水分散），混合搅拌均匀。

（2）加热煮制、浓缩　将混合物料投入真空蒸煮锅加热煮制，同时以30 r/min的转速搅拌。当煮制温度达到90 ℃时，保持10 min。待淀粉完全糊化后，启动真空泵，使真空度到达0.07 MPa，进行真空浓缩，直至果酱可溶性固形物含量达到40%，加入0.3%的柠檬酸和0.03%的山梨酸钾。

（3）灌装　将浓缩好的果酱立即趁热灌装封盖，自然冷却，利用果酱余热杀菌。得到的果酱颜色金黄；果粒柔软爽口，无渣；形态黏稠，透亮。

三十九、低糖柚子皮菠萝复合果酱

（一）原料配方

柚子皮浆3 kg，菠萝浆2 kg，白砂糖1.75 kg，柠檬酸25 g，黄原胶20 g。

（二）工艺流程

柚子皮 → 去瓤 → 切丝 → 软化 → 浸盐、漂洗 → 打浆 ┐
　　　　　　　　　　　　　　　　　　　　　　　　　├ 混合 → 调配 → 均质
菠萝 → 清洗 → 去皮 → 切块 → 软化 → 打浆 ┘　　　　　　　　　│
　　　　　　　　　　冷却 ← 杀菌 ← 装罐 ← 浓缩 ←

（三）操作要点

（1）菠萝浆的制备　　挑选新鲜、色泽好、成熟度80%的菠萝，洗干净后去皮，并切成3 cm×3 cm的菠萝丁。将菠萝丁在沸水中煮制3 min，使其充分软化，倒入打浆机中打浆，备用。

（2）柚子皮浆的制备　　挑选外观良好、无霉烂的柚子皮，将柚子皮洗净，捏干水分，去除瓤后切成2~3 mm的细条。将柚子皮在沸水中煮制3 min，使其充分软化。将软化后的柚子皮放入10%的盐水中浸泡3~6 h，捞出后用流水冲洗0.5 h，可去除苦味。将得到的柚子皮打浆，得到柚子皮浆，备用。

（3）混合　　将柚子皮浆和菠萝浆按3∶2的比例混合均匀。

（4）浓缩与调配　　将混合浆料先用旺火煮沸10 min，再改用文火加热，分3次加入混合果浆质量35%的白砂糖，在临近终点时（终点为可溶性固形物含量为35%），加入0.5%的柠檬酸和0.4%的黄原胶，在整个过程中要不断搅拌，以防结晶。

（5）装罐密封　　将浓缩好的果酱趁热灌装至洗净并预先灭菌的玻璃瓶中，要求每锅酱分装完成时间不能超过30 min，密封时酱体温度在80~90 ℃。

（6）杀菌、冷却　　将灌装好的瓶装果酱放入杀菌锅内进行杀菌，于85 ℃杀菌15 min。杀菌后立即冷却至室温。

（四）产品质量指标

（1）感官指标　　色泽：浅黄色；滋味：酸甜适中，口感柔和，有柚子与菠萝的香气；组织状态：半透明状，组织细腻，不分泌汁液。

（2）理化指标　　糖度35%；pH值为2.97。

（3）微生物指标　　细菌总数≤100个/g；大肠菌群≤30个/100 g；致病菌不得检出。

四十、蓝莓果酱

（一）原料配方

蓝莓4 kg，水6 kg，浓度为40%的糖浆2.5 L，柠檬酸25 g。

（二）工艺流程

原料选择 → 清洗 → 打浆 → 调配 → 浓缩 → 装袋 → 密封 → 杀菌 → 冷却 → 成品

(三) 操作要点

(1) 原料的选择　挑选新鲜、成熟度较好、无腐烂、无病虫害的蓝莓。如果蓝莓成熟度太高，果胶含量较低，就会影响果酱的凝胶性，从而影响果酱最终的涂抹性；而成熟度太低，则会缺少蓝莓应有的风味和滋味。

(2) 清洗、打浆　将挑选好的蓝莓用水洗去表面的泥土、杂物。根据料液比为4:6加水打浆，得到蓝莓浆，备用。

(3) 配料　称取适量的白砂糖加水配制成40%的糖浆，蓝莓浆和糖浆比例为4:1（质量）。柠檬酸添加量为蓝莓浆质量的0.25%。

(4) 浓缩　将蓝莓浆加热至沸，然后将配好的糖浆分3次倒入。在浓缩过程中需不停搅拌，防止烧焦，当果浆浓缩至快成型时加入柠檬酸。浓缩终点为可溶性固形物含量达到32%左右。

(5) 装袋密封　浓缩达到终点后，应在酱体温度降到80 ℃左右时，将其装入真空包装袋中，袋中应留有一定空隙，以免包装袋在杀菌时因受热膨胀而涨破。

(6) 杀菌、冷却　将密封好的果酱放入灭菌锅中，杀菌后应立即进行冷却处理，将其冷却至30 ~ 45 ℃。

(四) 产品的质量指标

(1) 感官指标　色泽：深蓝紫色；滋味和气味：酸甜可口，具有蓝莓原本独特的香味，无异味；组织形态：呈胶黏状，有明显的果肉感，不流散，无杂质，涂抹性佳且稳定性好。

(2) 理化指标　可溶性固形物含量为37%，总酸（以柠檬酸计）为1.58%，无杂质，其重金属等均在标准范围之内，符合果酱的理化指标要求。

(3) 微生物指标　细菌总数≤100 CFU/mL；致病菌、大肠杆菌未检出。

四十一、蓝莓胡萝卜复合果酱

(一) 原料配方

蓝莓浆 8 kg，胡萝卜浆 2 kg，柠檬酸 18 g，果胶 40 g，白砂糖 3.8 kg。

(二) 工艺流程

```
                                        白砂糖、柠檬酸、果胶
                                               ↓
蓝莓 → 清洗 → 烫漂 → 打浆 ┐
                          ├→ 配料 → 浓缩 → 装罐 → 杀菌 → 冷却
胡萝卜 → 清洗 → 去皮 → 软化 → 打浆 ┘                        ↓
                                                          成品
```

(三）操作要点

（1）蓝莓浆的制备　挑选新鲜、成熟、无机械损伤的蓝莓，将蓝莓洗净后用 80 ℃热水烫漂 3 min（钝化酶，减少褐变发生），将蓝莓捞出，趁热打浆，制得蓝莓浆，备用。

（2）胡萝卜浆的制备　挑选新鲜、颜色橙黄的胡萝卜，清洗、去皮后切片。将胡萝卜片放入沸水中煮烂，捞出打浆，制得胡萝卜浆，备用。

（3）配料　将蓝莓浆和胡萝卜浆按照 8∶2 的比例混合，再次打浆，充分混匀。

（4）加热浓缩　将混合的浆液煮沸，并保持 1 min。将混合浆液质量 0.18% 的柠檬酸、0.4% 的果胶分别用热水溶解后加入；38% 的白砂糖，分 3 次加入，不断搅拌，使固形物含量达到 40% 即可。

（5）灌装　将浓缩好的果酱趁热灌装于预先消毒的玻璃瓶中，留有一定的顶隙。灌装时防止果酱沾在瓶口。

（6）杀菌、冷却　将装有果酱的玻璃瓶在 85 ℃水浴中加热 20 min，注意水要没过瓶盖。然后采用分段冷却，逐步降温、冷却。

（四）产品的质量指标

（1）感官指标　色泽：富有光泽；香气：香气浓郁，有蓝莓和胡萝卜的香气，且两种香气协调；口感：酸甜适口；组织状态：无糖水析出，均匀不流散。

（2）理化指标　固形物含量为 40%。

（3）微生物指标　符合 GB/T 22474—2008《果酱》的要求。

（4）货架期　20 ℃条件下为 108～112 d。

四十二、果肉型低糖蓝莓果酱

（一）原料配方

蓝莓果浆 4 kg，白砂糖 3 kg，变性淀粉 0.21 kg，羧甲基纤维素钠 28 g，黄原胶 7 g，柠檬酸 75 g。

（二）工艺流程

原料选择 → 清洗 → 破碎 → 打浆 → 调配 → 浓缩 → 装罐 → 杀菌 → 冷却 → 成品

（三）操作要点

（1）蓝莓果浆的制备　选择新鲜、成熟度较好、无病虫害的蓝莓。将挑选的蓝莓用流动水清洗干净。将蓝莓用破碎机破碎后，经打浆机（筛孔孔径为 1.2～1.5 mm）适度打浆，去掉籽、果梗等，得到蓝莓果浆。

（2）配料　按蓝莓果浆和白砂糖质量比为 4∶3 的比例称取白砂糖，加水煮沸

10 min 后通过 200 目的滤布过滤，去掉糖液中的杂质，配成 60%~70% 的糖液；按白砂糖和柠檬酸质量比为 40∶1 的比例称取柠檬酸，将柠檬酸配成 50% 的溶液；称取蓝莓浆和白砂糖总质量 3% 的变性淀粉，直接在温水中边搅拌边溶解；称取蓝莓浆和白砂糖总质量 0.1% 的黄原胶和 0.4% 的羧甲基纤维素钠，缓慢加入 70 ℃ 热水中，并不断搅拌至完全溶解。将上述准备好的原辅料及添加剂加入到果浆中，搅拌均匀。

（3）真空浓缩　将调配好的果浆倒入真空浓缩机内，在真空度 -0.01~-0.03 MPa、温度 45~65 ℃ 条件下浓缩 20~40 min，浓缩至可溶性固形物含量为 35~45 °Bx，关闭真空泵，迅速将果酱加热到 75~85 ℃，立即出锅装罐。

（4）装罐、密封　将浓缩好的果酱迅速灌入瓶中，并及时封口，尽可能使装罐后酱体中心温度保持在较高状态，以提高后续杀菌效果及促进罐内真空度的形成。

（5）杀菌、冷却　将灌装好的果酱在 85 ℃ 处理 15 min。杀菌后应迅速进行分段冷却，冷却到 38~40 ℃。

（四）产品的质量指标

（1）感官指标　色泽：深蓝紫色；滋味和气味：甜酸可口，具有蓝莓固有的香气，无异味；组织形态：呈胶黏状，有明显果块，不流散，无析水，无杂质。

（2）理化指标　可溶性固形物含量（折光计）≤45%；总酸(以柠檬酸计)0.8%~1.2%；砷(以 As 计) ≤0.5 mg/kg；铅(以 Pb 计)≤1.0 mg/kg；铜(以 Cu 计)≤5.0 mg/kg。

（3）微生物指标　细菌总数≤100 CFU/g；大肠菌群≤3 MPN/100 g；致病菌不得检出。

四十三、百香果果酱

（一）原料配方

百香果果肉 2 kg，水 1 kg，白砂糖 900 g，果皮滤液。

（二）工艺流程

原料选择 → 清洗 → 挖取果肉 → 软化果皮 → 打浆 → 配料 → 浓缩 → 灌装
成品 ← 冷却 ← 杀菌 ←⎯⎯⎯⎯⎯⎯⎯⎯⎯⎯⎯⎯⎯⎯⎯⎯⎯

（三）操作要点

（1）原料选择　选择成熟、无腐烂、无病虫害的百香果。用水把百香果表面的泥土、杂质等冲洗干净。将百香果切开，挖取果肉，果肉备用。

（2）果皮处理　将果皮倒入沸水中烫漂 13 min，捞出后沥干水分。软化后的果皮用勺子挖取内部透明果瓤，加入少量矿泉水（约为果皮质量的 1/2），用高速组织捣碎机打浆 1 min。将破碎后的果皮经 300 目的滤布过滤，备用。

（3）浓缩　将果肉倒入锅内，按果肉和水质量比为2∶1的比例加水，大火煮沸后撇去泡沫再用文火熬制，并不断搅拌。边搅拌边分批加入30%的白砂糖与果皮滤液。熬煮约15 min后，果酱呈片状从玻璃棒上滑落，关火。

（4）灌装、密封、杀菌　将玻璃瓶洗净后于沸水中消毒20 min，烘干备用。将制备好的果酱趁热装入玻璃瓶中，酱温保持在85 ℃以上，密封。将密封后的果酱置于沸水中消毒30 min，取出倒置冷却至室温。

（四）产品的质量指标

（1）感官指标　百香果果酱呈黄褐色，色泽均匀且有一定的透明度；具有百香果独特的香味，酸甜可口；黏稠度适中，具有一定的流动性，不发生汁液分离。

（2）理化特性　可溶性固形物含量为51.27%，总糖含量为41.29%，总酸含量位63.32%，维生素C含量为1.98 g/L，总黄酮含量0.27 g/kg。

四十四、调味无花果酱

（一）原料配方

无花果10 kg，白砂糖2.4 kg，可得然胶16 g，柠檬酸19 g，山梨酸钾5 g。

（二）工艺流程

原料选择 → 清洗 → 热烫 → 去皮 → 护色 → 打浆 → 混合配料 → 均质 → 浓缩

成品 ← 杀菌冷却 ← 装罐密封 ← 脱气

（三）操作要点

（1）原料选择　选取新鲜、果肉饱满、无病虫害及腐烂、成熟度70%～80%的无花果。若选择冷冻无花果，须将冷冻的无花果用微波解冻约3 min，必须确保无花果解冻完全。

（2）热烫去皮　将无花果放入约90 ℃的2%碱液（氢氧化钠溶液）中浸泡1～2 min，随即取出放入1%的盐酸溶液中浸泡中和碱液，趁热用手不断揉搓去皮。

（3）护色　将去皮后的无花果倒入浓度为0.5%的抗坏血酸中浸泡20 min进行护色，防止果实褐变而影响果酱感官质量。将护色处理后的无花果打浆，制备得到无花果浆，备用。

（4）浓缩　在无花果浆中加入果浆质量24%的白砂糖、0.16%可得然胶、0.19%柠檬酸，混合均匀后浓缩。由于所用可得然胶的特性，浓缩温度高于80 ℃会使果酱形成坚实的不可逆性的高度胶，从而增强无花果酱的持水性，防止果酱出现分层现象。将混合浆液浓缩至可溶性固形物含量大约到45%～55%时停止加热，加入0.05%的山梨酸钾。

(5) 灌装、杀菌　将浓缩好的果酱迅速趁热装罐。装罐时尽量减少顶隙，防止果酱沾染罐口和外壁而引起微生物污染。灌装密封后采用微波杀菌，杀菌时间不少于 5 min。杀菌后逐渐冷却，防止玻璃瓶炸裂。

（四）产品的质量指标

(1) 感官指标　色泽：色泽自然明亮，透明度较高，呈浅黄色；风味：无花果果香味浓郁，无其他不良气味；口感：酸甜适口，细腻柔和；涂抹性：黏附性较强，极易涂抹；组织形态：组织均匀，无沉淀现象。

(2) 理化指标　总糖含量为 40%～50%；可溶性固形物含量为 45%～60%；总酸含量为 0.6%～0.8%。

(3) 安全指标　铅<1 mg/kg，铜<1.5 mg/kg，砷<0.5 mg/kg。菌落总数≤100 CFU/g，大肠菌群<30 MPN/100 g，致病菌不得检出。

四十五、橘皮番茄复合果酱

（一）原料配方

橘皮浆 2 kg，番茄浆 8 kg，白砂糖 1.2 kg，果胶 50 g，柠檬酸 30 g。

（二）工艺流程

橘皮 → 清洗 → 软化 → 盐渍 → 漂洗 → 破碎 → 打浆 ┐
　　　　　　　　　　　　　　　　　　　　　　　 ├→ 调配 → 均质 → 浓缩
番茄 → 清洗 → 去蒂、切块 → 打浆 ┘
　　　　　　　　　　　　　　　成品 ← 冷却 ← 杀菌 ← 装罐

（三）操作要点

(1) 橘皮浆的制备　挑选新鲜、无霉变的橘皮，用水冲洗橘皮，洗净表面杂质。将橘皮放入 90～100 ℃的 Na_2CO_3 溶液（浓度 1%）中浸泡 4～5 min，使橘皮软化。将软化后的橘皮用 7%的食盐水浸泡 1.5 h，用流水冲洗干净。将处理后的橘皮倒入破碎机中，破碎成 2～3 mm 的碎块。将橘皮块放入打浆机中按 1∶2 的质量比加水打浆（使制品组织细腻），得到橘皮浆，备用。

(2) 番茄浆的制备　选择新鲜、颜色鲜艳、无霉烂、无机械损伤、成熟度 90% 的番茄。将挑选好的番茄用 1%食盐水浸泡 10 min，用流水冲洗干净。将番茄果实的蒂去掉，将番茄切成块。将处理好的番茄块放入打浆机进行打浆，制得番茄浆，备用。

(3) 调配、均质和浓缩　将橘皮浆和番茄浆按 2∶8 的比例混合调配，倒入均质机均质制成混合浆液，入锅熬制。先加入混合浆液质量 12%的白砂糖（白砂糖先用水溶解），旺火煮沸 5 min；然后加入 0.5%的果胶（加入前先用少许 100 ℃热水化开）；继续用旺火煮沸 5 min，后改用文火加热至浓缩终点（在 20 ℃通过折光计测其可溶性固形物含量达 56% ~ 58%，且酱体温度达到 104 ~ 106 ℃，或从锅中挑起少许果酱，将其横置于挂板，待冷却后，果酱可呈片状下落），出锅前 3 min 加入 0.3%的柠檬酸溶液搅拌均匀。

（4）装罐、排气密封 将玻璃罐以及罐盖在 100 ℃沸水中蒸煮 10 min，烘干。果酱浓缩结束后，立即装入罐内（顶间隙约 2 ~ 3 mm），迅速拧紧罐盖，要求每锅果酱分装完毕的时间不能超过 30 min，密封时酱体温度在 80 ~ 90 ℃。

（5）杀菌、冷却 将灌装好的果酱放入蒸汽灭菌锅进行杀菌，温度为 105 ℃，时间为 5 ~ 10 min。灭菌结束后，通过水浴分段冷却，即 65 ℃→45 ℃→常温。

（四）产品的质量指标

（1）感官指标 橙红有光泽；酸甜适口，柔滑细腻，具有橘皮和番茄复合后的特殊香气；果酱外观良好，无汁液析出，流散缓慢。

（2）理化指标 果酱的可溶性固形物含量（20 ℃，折光计）为 56% ~ 58%，pH 值为 3.8 ~ 4.0，维生素 C 含量为 58.23 ~ 63.62 mg/100 g。

（3）微生物指标 菌落总数 < 100 CFU/g；大肠菌群≤30 MPN/100 g；致病菌未检出。

四十六、枇杷番茄酱

（一）原料配方

枇杷浆 4 kg，番茄浆 6 kg，白砂糖 2 kg，食盐 1 kg，黄原胶 80 g，柠檬酸 80 g。

（二）工艺流程

枇杷 → 清洗 → 烫漂 → 去皮、去籽 → 打浆 ┐
                                    ├→ 预煮 → 调配 → 浓缩 → 装罐 → 杀菌
番茄 → 清洗 → 烫漂 → 去皮、去籽 → 打浆 ┘   ↓
                                              成品 ← 冷却

（三）操作要点

（1）枇杷浆和番茄浆的制备 选用新鲜、大小均匀、成熟的枇杷和番茄，对原料进行清洗。将枇杷、番茄分别用 100 ℃水漂烫 5 s 后进行去皮，手工去籽。将枇杷肉与番茄肉分别放入打浆机中打浆 5 min，直至成均匀流体，过 80 目筛，分别制备得到枇杷浆和番茄浆，备用。

（2）预煮及调配 将枇杷浆与番茄浆按 4∶6 的比例混合搅拌均匀，加热至 100 ℃，保持沸腾，加入混合浆料质量 20%的白砂糖、10%的食盐、0.8%的黄原胶和 0.8%的柠檬酸，搅拌均匀。

（3）浓缩　将调配好的混合浆液，于100 ℃加热5 min。

（4）灌装、灭菌　将熬煮好的枇杷番茄酱趁热灌装至已消毒的玻璃瓶中；将灌装好的果酱于100 ℃灭菌10 min，通过水浴分段冷却，即65 ℃→45 ℃→常温。

（四）产品的质量指标

（1）感官指标　色泽：橙红色，均匀且无杂色；气味与滋味：果香浓郁，酸甜可口，果味融合较好，回味浓厚；组织状态：无分层，果酱均匀，凝胶性较好，涂层连续。

（2）理化指标　固形物含量29.5 mg/100 g；pH值3.7。

（3）微生物指标　菌落总数3615 CFU/g；大肠菌群21 MPN/100 g；致病菌未检出。

四十七、低糖保健枣酱

（一）原料配方

枣浆4 kg，枸杞浆2 kg，胡萝卜浆2 kg，核桃浆1 kg，藜麦浆1 kg，蜂蜜1.5 kg，柠檬酸70 g，结冷胶25 g，氯化钙18 g。

（二）工艺流程

蜂蜜、增稠剂、柠檬酸
↓

原料 → 清洗 → 浸泡 → 预煮 → 打浆 → 拌料 → 浓缩 → 灌装 → 杀菌 → 冷却 → 成品

（三）操作要点

（1）原料预处理　选择成熟度高、无腐烂、无病虫害的灵武长枣、枸杞、藜麦、核桃、胡萝卜，清水中洗净沥干。加入原料质量1.5倍的水，浸泡4 h，使其充分吸水、软化。将浸泡后的原料与浸泡液进行高压蒸煮10 min，使其充分软化并使其营养成分、香气物质充分析出。预煮后去除原料的核、皮等，后经料理机打浆，得到组织细腻的各种原料浆，备用。

（2）调配　将上述原料浆按照枣浆、枸杞浆、胡萝卜浆、核桃浆、藜麦浆质量比为4∶2∶2∶1∶1的比例胶磨后置于调配罐中，加入总质量15%的枣花蜜，充分搅拌均匀，并加入0.7%的柠檬酸（先溶解成20%的溶液）、0.25%的结冷胶和0.18%的氯化钙。

（3）浓缩　将混合浆料放入高压灭菌器内，在2.0 kgf/cm² 的蒸气压下进行浓缩，浓缩过程中要不断搅拌，防止煳锅。浓缩至可溶性固形物含量为39.5%，停止浓缩。

（4）灌装密封　趁热将枣酱注入果酱灌装机中，随即进行定量灌装，即装入预先经过清洗杀菌的聚乙烯复合袋内，酱体温度不低于 75 ℃，随时用封口机真空密封。

（5）杀菌、冷却　灌装密封后，立即放在压力 500 MPa 下进行超高压杀菌处理 11 min。经检验后擦干罐体外部水分，贴商标，包装为成品。

四十八、柿子山楂复合果酱

（一）原料配方

柿子浆 3 kg，山楂浆 2 kg，白砂糖 2 kg，柠檬酸 25 g，黄原胶 40 g。

（二）工艺流程

（1）柿子浆液制备

新鲜柿子 → 脱涩 → 清洗 → 去皮、去蒂 → 破碎打浆 → 柿子浆液

（2）山楂浆液制备

新鲜山楂 → 清洗去核 → 破碎打浆 → 山楂浆液

（3）柿子山楂复合果酱

柿子浆、山楂浆 → 混合调配（果浆、白砂糖、柠檬酸、黄原胶）→ 均质

成品 ← 冷却 ← 杀菌 ← 密封 ← 灌装 ← 加热浓缩

（三）操作要点

（1）柿子浆的制备　挑选色泽鲜艳、香气浓郁、无病虫害、无挤压磕碰的柿子，以 75%酒精为脱涩剂，喷施 5%，在 20 ℃环境下 72～120 h 进行脱涩。将脱涩后的柿子通过流水进行清洗，去皮、去蒂后切块备用。将处理好的柿子块放入打浆机中，进行破碎打浆，待无肉眼可见的果粒后停止打浆，制备得到柿子浆，备用。

（2）山楂浆的制备　挑选果实鲜艳、表皮呈深红色、果肉饱满、无损伤的新鲜山楂，流水洗净后去核，切成 1 cm × 1.5 cm 的小块，放入 1.5%氯化钠溶液中护色。将处理后的山楂块放入打浆机中进行破碎，待无肉眼可见的块状山楂果肉后停止打浆，制备得到山楂浆，备用。

（3）混合调配、均质　将柿子浆和山楂浆按 3∶2 的比例混合，加入总质量 40%的白砂糖、0.5%的柠檬酸、0.8%的黄原胶，充分搅拌均匀。将混合浆液与水以 2∶1 的比例混合后加入到胶体磨中进行均质处理。

（4）浓缩　将均质后的混合浆液先在 50～55 ℃条件下均匀加热 30 min，再于 65～75 ℃条件下进行浓缩，浓缩过程需要对浆体不断搅拌，使其受热均匀和加快水

分蒸发。浓缩至可溶性固形物含量达到 65% 时停止加热。

（5）灌装、密封　将浓缩好的混合果酱趁热装入经过杀菌消毒处理的玻璃瓶中，灌装时避免瓶口沾酱，以防封盖不严。

（6）灭菌、冷却　将灌装好的柿子山楂复合果酱于 75 ℃处理 30 min 进行灭菌，灭菌后自然冷却至室温。

（四）产品的质量指标

（1）感官指标　色泽：金黄，亮度较好；滋味与口感：酸甜适中，果味浓郁，口感细腻；组织状态：组织均匀，无糖、水析出，涂抹性良好，无肉眼可见的杂质。

（2）理化指标　总糖度 45.21%；总酸度（pH）4.1；可溶性固形物含量 56.43%。

（3）微生物指标　细菌总数<70 CFU/g，大肠杆菌<3 MPN/100 g，致病菌未检出。

四十九、雪梨西瓜复合果酱

（一）原料配方

西瓜浆 6 kg，雪梨浆 4 kg，白砂糖 4.5 kg，黄原胶 40 g，柠檬酸 20 g。

（二）工艺流程

西瓜→ 清洗 → 去皮、去籽 → 切丁 → 打浆 ┐
　　　　　　　　　　　　　　　　　　　├→调配 → 均质 → 浓缩 → 装罐
雪梨→ 清洗 → 去皮、去籽 → 切丁 → 护色 → 打浆 ┘

成品 ← 冷却 ← 杀菌

（三）操作要点

（1）西瓜预处理　挑选成熟、无腐烂的西瓜，将西瓜洗净后去皮、去籽，并切成小块，用打浆机破碎打浆，得到西瓜浆，备用。

（2）雪梨预处理　挑选新鲜、成熟、无机械损伤的雪梨，将雪梨洗净后去梗、去皮、去核，切成小块，并加入 0.05% 的抗坏血酸护色，用打浆机破碎打浆，得到雪梨浆，备用。

（3）调配、浓缩　将西瓜浆和雪梨浆按 6∶4 的比例混合后进行均质，将均质后的混合浆加热浓缩，并加入混合浆液质量 45% 的白砂糖、0.4% 的黄原胶、0.2% 的柠檬酸。加热过程中需要不断搅拌，当可溶性固形物浓缩至 60% 以上时，停止浓缩。

（4）灌装、排气、杀菌　将浓缩好的果酱立即装入经过消毒的玻璃瓶中，装好的果酱用蒸汽排气法排气，封盖时使酱体温度不低于 85 ℃。将灌装好的果酱置于杀菌锅内于 100 ℃加热 10 min 进行杀菌。

（5）冷却　将灭菌后的果酱采用 80 ℃→60 ℃→40 ℃进行分段冷却。

（四）产品的质量指标

（1）感官指标　色泽：呈橙红色，酱体均匀透亮；滋味与口感：口感细腻顺滑，酸甜适中且具有雪梨和西瓜特有的风味；组织特性：无层析，凝胶效果好，易涂抹。

（2）主要理化指标　可溶性固形物含量65%。

（3）微生物指标　符合GB/T 22474—2008《果酱》的要求。

第二节　蔬菜类酱

- -

一、洋姜酱

（一）原料配方

洋姜10 kg，食盐0.5 kg，白砂糖0.3 kg，白酒0.1 kg，抗坏血酸10 g，柠檬酸80 g，氯化钙40 g，乳酸菌粉8 g。

调味液：花椒0.18 kg，桂皮0.25 kg，麻椒0.12 kg，丁香0.35 kg，生姜0.5 kg，水8.6 kg。

（二）工艺流程

食盐、白砂糖、白酒、复合氧化剂、乳酸菌
↓
洋姜 → 清洗 → 热烫 → 去皮 → 护色 → 切块 → 粉碎 → 配料 → 发酵 → 浓缩
↓
成品 ← 冷却 ← 杀菌 ← 封口 ← 装罐 ←

（三）操作要点

（1）原料挑选及清洗　选用新鲜、无机械损伤的洋姜，倒入浓度为3.5%、温度为95 ℃的NaOH中热烫2～3 min，然后立即用流动水冲洗2～3 min，冲洗掉被腐蚀的表皮上残留的碱液。由于花黄素遇碱会变黄，因此需要用0.6%～0.8%的柠檬酸溶液浸泡，使黄色消失。

（2）切块及粉碎　将洋姜切成块状后放入水中防止褐变，将切块的洋姜用打浆机打浆，将破碎完的洋姜浆倒入胶体磨进行磨细。

（3）配料、发酵　在磨细后的洋姜浆中加入5%的食盐、3%的白砂糖、1%的白酒、0.1%的抗坏血酸、0.8%的柠檬酸、0.4%的氯化钙及0.08%的乳酸菌粉，置于温度为30 ℃的恒温培养箱发酵66 h。

（4）浓缩　将发酵好的酱于0.09 MPa压力、60 ℃条件下浓缩50 min。

(5) 调味 调味液的调制：花椒 1.8%，桂皮 2.5%，麻椒 1.2%，丁香 3.5%，生姜 5%，水 86%，大火熬制 1 h，转小火熬制 0.5 h，离心后得到调味液。在浓缩后的酱中加入调味液进行调味。

(6) 装罐与封口 调味后的酱趁热装入罐中，90 ℃水浴加热，保持中心温度 85 ℃以上排气 8 min，迅速旋紧瓶盖。

(7) 杀菌、冷却 将灌装好的洋姜酱在 100 ℃水浴锅中杀菌 15 min。经过灭菌后应迅速用凉水冲洗进行冷却，待产品温度达到 25 ℃时即为成品。

（四）产品的质量指标

该工艺发酵得到的洋姜酱呈米白色且均匀一致；酱体中的洋姜颗粒粒度很小，酱体均匀；有明显的发酵复合香味，咸甜适中；具有蔬菜发酵特有的香气，风味纯正。

二、新型藤椒酱

（一）原料配方

去籽后的藤椒果皮 1.5 kg，水 3 kg，D-异抗坏血酸钠 16 g，白砂糖 240 g，食盐 160 g，白醋 30 g，白酒 50 g，植物油 100 g，羧甲基纤维素钠 200 g。

（二）工艺流程

食盐、白砂糖、白醋、白酒、植物油
↓
藤椒 → 预处理 → 打碎 → 过滤 → 调制 → 均质 → 灌装 → 灭菌 → 成品
↑
羧甲基纤维素钠

（三）操作要点

(1) 原料预处理 选择颗粒饱满、颜色鲜亮有光泽的洪雅优质藤椒，用流水冲洗后沥干表面的水，去掉藤椒籽，避免影响成品的颜色。

(2) 捣碎、过滤 以 1.5 kg 藤椒果皮为基准，按藤椒果皮与水为 1∶2 的比例混合，加入 16 g 护色剂 D-异抗坏血酸钠，用组织捣碎机捣碎 2 min。用 1 层纱布将打碎后的藤椒液进行过滤，使其口感更加细腻。

(3) 调制 以 1.5 kg 藤椒果皮为基准，将 240 g 白砂糖、160 g 食盐、30 g 白醋、50 g 白酒、100 g 植物油混合均匀后，再与过滤好的藤椒汁混合，加入 200 g 增稠剂（羧甲基纤维素钠），用电磁炉水浴加热 30 s，搅拌均匀。

(4) 均质 为了成品的稳定性和均一，使用无菌均质机在 39 ℃对调配后的藤椒酱以 280 r/min 均质 30 min。

（5）装瓶杀菌　将调配均质好的藤椒酱，装入清洗干净的玻璃瓶内，经 80 ~ 85 ℃灭菌 20 min，冷却后即为成品。

（四）产品的质量指标

该工艺制备得到的藤椒酱颜色翠绿，麻香浓郁悠长，麻度适中，质地均一，组织细腻，稳定性较好。

三、毛酸浆番茄复合调味酱

（一）原料配方

毛酸浆 1 kg，番茄原浆 8 kg，食盐 450 g，食醋 4.5 g，五香粉 4.5 g，胡椒粉 2.7 g，姜粉 27 g，味精 9 g，白砂糖 540 g，羧甲基纤维素钠 7.2 g，抗坏血酸钠 36 g。

（二）工艺流程

```
                          水、食盐、食醋、五香粉、胡椒粉、姜粉、
                          味精、白砂糖、羧甲基纤维素钠、抗坏血酸钠
                                          ↓
毛酸浆、番茄 → 清洗 → 烫漂 → 打浆 → 过滤 → 调配 → 加热浓缩 → 装罐 → 杀菌
                                                              ↓
                                          成品 ← 冷却
```

（三）操作要点

（1）原料的选择及预处理　选用新鲜、成熟度高、无机械损伤的毛酸浆和番茄，去除果梗，清洗待用。

（2）烫漂　将处理好的毛酸浆和番茄分别置于 80 ~ 100 ℃热水中烫漂 1 ~ 3 min，并迅速用冷水冷却，使果实充分软化，以便打浆，并可提高浆的黏稠度和改善制品色泽。

（3）打浆、过滤　将烫漂过的毛酸浆、番茄原料置于高速匀浆机中打浆。为使酱汁细腻，可适当对浆汁进行过滤处理，去除原料果皮、种子及其他杂质。

（4）调配　将毛酸浆、番茄原浆按 1∶8 的比例加入到调配桶中，不断搅拌，调配均匀。

（5）加热浓缩　将调配好的毛酸浆、番茄混合浆汁倒入锅内，同时按配方顺序加入水、食盐 5%、食醋 0.05%、五香粉 0.05%、胡椒粉 0.03%、姜粉 0.3%，先用旺火煮沸，后改用文火加热熬制浓缩，即将到达熬制终点时加入味精（0.1%）、白砂糖（6%）、羧甲基纤维素钠（0.08%）和抗坏血酸钠（0.4%）。在整个浓缩过程中要不断搅拌，以防烟锅。

（6）装罐、杀菌、冷却、成品　加热浓缩后的毛酸浆番茄复合果酱趁热装罐并

立即密封，在常压沸水中杀菌 15 min，冷却后即为成品。

（四）产品的质量指标

该工艺制备得到的毛酸浆番茄复合调味酱呈有光泽的橙黄色，组织均匀细腻，黏稠度适中，滋味鲜美，酸甜可口，具有毛酸浆和番茄特有的风味。

四、调味番茄沙司

（一）原料配方

番茄浆 10 kg，白砂糖 1 kg，冰醋酸 30 g，盐 100 g，味精 20 g，淀粉 300 g，洋葱 150 g，大蒜 100 g，辣椒 5 g，香辛料（丁香 5 g、桂皮 5 g、豆蔻 5 g）。

（二）工艺流程

原料选择 → 清洗 → 破碎 → 打浆 → 预煮浓缩 → 加调味料 → 煮制 → 灌装 → 杀菌

成品 ← 冷却

（三）操作要点

（1）原料选择、清洗　选颜色深、可溶性固形物含量高、成熟度适宜、新鲜无病虫害的番茄，清洗干净。

（2）破碎打浆　番茄破碎有热打浆与冷打浆两种方法。热打浆是将番茄切丁后经加热至 80 ℃以上再进行打浆；冷打浆即番茄不加热处理就进行打浆。将洋葱、蒜、辣椒等去掉外皮或根后清洗干净，用搅拌机捣碎。香辛料用水熬煮过滤备用。

（3）预煮浓缩　番茄浆含水量高，可溶性固形物含量只占 4%～7%，采用真空浓缩，有利于制品色香味的保持。浓缩至可溶性固形物含量为 12～14 °Bx。

（4）加调味料煮制　依次加入全部配料，淀粉在加入时要用番茄原浆溶解搅拌，醋在最后加入。煮制时需不断搅拌，以防煮焦。煮至可溶性固形物含量为 25%～30%时为宜。

（5）装瓶、封口　煮制好后要快速装瓶封口，密封温度要求高于 85 ℃。装瓶前要清洗空瓶，消毒 15 min。装瓶密封后倒置片刻，冷却至 40 ℃。

（6）杀菌、冷却　密封后趁热在沸水中杀菌 10～15 min，再分段冷却。

（四）产品的质量指标

该工艺制备得到的番茄沙司色泽鲜红；酱体均匀细腻，不分层；具有番茄沙司应有的风味，无异味；可溶性固形物含量为 25%～30%。

五、胡萝卜渣酱

（一）原料配方

胡萝卜渣 10 kg，水 10 kg，白砂糖 5 kg。

（二）工艺流程

胡萝卜渣 → 加水 → 打浆 → 加白砂糖 → 搅拌 → 浓缩 → 灌装 → 杀菌 → 冷却
                                                                    ↓
                                                                  成品

（三）操作要点

（1）原料处理　取乳酸菌发酵胡萝卜汁饮料的下脚料（胡萝卜渣），按 1∶1 的比例加水，加入打浆机中打浆，制得组织细腻的胡萝卜浆。

（2）调配　在胡萝卜浆中加入果渣质量 50% 的白砂糖，搅拌均匀。

（3）熬制浓缩　将调配好的胡萝卜浆放入浓缩锅中，控制浓缩温度，同时浓缩过程中需不断搅拌，防止焦煳。浓缩至可溶性固形物含量达 40%～50%，迅速装瓶，封盖。

（4）杀菌、冷却　将灌装好的胡萝卜渣酱迅速放入杀菌锅中，于 100 ℃杀菌 20 min。灭菌后用逐步降温法冷却至室温。

（四）产品的质量指标

（1）感官指标　果酱为橙红色稠状体，质地均匀，无游离水和糖结晶；具有乳酸菌发酵胡萝卜特有的口感和风味。

（2）理化指标　发酵胡萝卜渣含量≥40%，糖度 40%～45%，总酸含量≥0.2%。

（3）安全指标　砷≤0.5 mg/L，铅≤1.0 mg/L，铜≤5.0 mg/L；pH 值 3.5～4.0；大肠菌群≤3 MPN/100 mL，酵母数≤50 CFU/mL，霉菌总数≤30 CFU/mL，致病菌不得检出。

（4）保质期　12 个月。

六、南瓜酱

（一）原料配方

南瓜片 1 kg，水 5 kg，白砂糖 250 g，柠檬酸 3 g，苹果酸 7.5 g，黄原胶 3 g。

（二）工艺流程

南瓜 → 去皮、去籽 → 切块 → 预煮 → 打浆 → 调配 → 浓缩 → 灌装 → 灭菌
                                                                    ↓
                                                成品 ← 冷却

(三) 操作要点

（1）南瓜预处理　挑选无病虫害、无机械损伤、成熟的南瓜，用清水冲洗干净后去皮，去除南瓜籽，将果肉切成厚约 5 mm 的薄片备用。

（2）预煮、打浆　将南瓜片和水按 1∶5 的比例混合，用电磁炉加热，温度 140 ℃ 预煮 5 min。倒入打浆机中充分打浆 2 min，过 100 目网筛，去除不溶物和泡沫，收集滤液。

（3）调配、浓缩　在南瓜浆中加入南瓜片质量 25% 的白砂糖、0.3% 的柠檬酸、0.75% 的苹果酸、0.3% 的黄原胶。混合均匀后进行熬煮，待其可溶性固形物含量大致达到 25% 时，停止熬煮。

（4）装罐与封口　浓缩后的南瓜酱趁热装入罐中，90 ℃ 水浴加热，保持中心温度 85 ℃ 以上排气 8 min，迅速旋紧瓶盖。

（5）杀菌、冷却　将灌装好的南瓜酱在 100 ℃ 水浴锅中杀菌 15 min。经过灭菌后应迅速用凉水冲洗进行冷却，待产品温度达到 25 ℃ 时即为成品。

(四) 产品的质量指标

（1）感官指标　产品色泽呈鲜艳的黄色，无异味，酸甜适中，口味纯正。

（2）理化指标　可溶性固形物含量为 25%。

（3）微生物指标　菌落总数为 500 CFU/g（GB 4789.2—94 中规定 ≤1500 CFU/g），大肠菌群数为 40 MPN/100 g（GB 4789.2—94 中规定 ≤300 MPN/g），霉菌数为 16 CFU/g（GB 4789.2—94 中规定 ≤100 CFU/g）。

七、低糖南瓜苦瓜酱

(一) 原料配方

苦瓜浆 1 kg，南瓜浆 4 kg，木糖醇 0.75 kg，柠檬酸 7.5 g，羧甲基纤维素钠 7.5 g，果胶 7.5 g。

(二) 工艺流程

苦瓜、南瓜 ⟶ 清洗 ⟶ 去皮、籽 ⟶ 切块 ⟶ 预煮 ⟶ 打浆 ⟶ 过滤 ⟶ 混合调配 ⟶ 均质

成品 ⟵ 冷却 ⟵ 杀菌 ⟵ 灌装 ⟵ 浓缩

(三) 操作要点

（1）原料选择　选取色泽金黄、无病虫害、无机械损伤的成熟老南瓜；选择八成熟的新鲜苦瓜。

（2）清洗、去皮、去籽　将南瓜、苦瓜用流动水清洗去除表面的泥土，用不锈

钢刀将其切分成瓣，去皮，掏净瓜瓤、瓜籽，再清洗干净，切成 3 cm 左右的小块。

（3）预煮、打浆、过滤　将切块后的南瓜、苦瓜分别放入沸水中进行预煮。将预煮后的瓜丁分别加入同等质量的水进行打浆，打浆后过 0.1 mm 孔径的筛网，制得南瓜浆和苦瓜浆。

（4）调配　将苦瓜浆与南瓜浆按 1∶4 的比例混合，搅拌均匀，加入混合浆液质量 15% 的木糖醇、0.15% 的柠檬酸和 0.3% 的增稠剂（羧甲基纤维素钠∶果胶为 1∶1），充分搅拌均匀。

（5）均质、浓缩　将混合后的浆液在 13 MPa 压力下进行均质。将均质好的混合浆液放入不锈钢夹层锅中，加热浓缩。浓缩温度控制在 90 ℃，浓缩过程中不断搅拌，以防煳锅，当可溶性固形物含量为 38% 时即为浓缩终点。

（6）灌装　将浓缩好的酱趁热装入已灭菌的玻璃罐中。灌装时要求温度高于60 ℃，注意防止瓜酱沾在罐口及罐外壁。

（7）杀菌、冷却　密封后的果酱放入 85 ℃ 水中杀菌 15 min，冷却至室温即得成品。

（四）产品的质量指标

（1）感官指标　色泽：金黄，均匀一致；香味：具有南瓜、苦瓜特有的清香，其中南瓜香味略重于苦瓜的清香味；滋味：具有南瓜、苦瓜的风味，酸甜适宜，不腻口；组织状态：组织细腻，呈黏稠流动状，且均匀一致。

（2）理化指标　可溶性固形物含量为 38%；还原糖含量≤5.0%；总酸（以柠檬酸计）含量为 0.35%～0.5%。

（3）微生物指标　细菌总数≤100 CFU/g；大肠菌群数≤30 MPN/100 g，致病菌不得检出。

八、南瓜山楂红枣复合果酱

（一）原料配方

南瓜浆 7 kg，山楂浆 3 kg，红枣 5 kg，白砂糖 3 kg，黄原胶 45 g。

（二）工艺流程

南瓜浆、山楂浆、红枣浆的制备 —→ 混合调配 —→ 均质

成品 ←— 冷却 ←— 杀菌 ←— 装罐 ←— 加热浓缩（加白砂糖、黄原胶）

（三）操作要点

（1）南瓜浆、山楂浆、红枣浆的制备　挑选成熟、无损伤的南瓜，削皮，切片，把南瓜片放入蒸锅中蒸熟，将蒸熟的南瓜片打浆，得到南瓜浆，备用。

挑选新鲜、全红、无虫害的山楂，洗净后将籽去除，放入沸水中煮沸，捞出后沥干水，打浆，得到山楂浆，备用。

挑选完整、无虫害、无腐烂的红枣，将红枣用清水浸泡，洗净，去皮、去核后，加水煮沸，捞出打浆，得到红枣浆，备用。

（2）混合调配　将制备好的南瓜浆、山楂浆、红枣浆按7∶3∶5的比例混合，用均质机混匀。

（3）加热浓缩　将调配好的浆液倒入锅中，煮沸后加入浆料质量20%的白砂糖和0.3%的黄原胶，待酱浓缩到用平勺挑起后呈片状落下，果酱中心温度为105℃时，即可出锅。黄原胶在加入前需加水溶解成均匀的胶液。

（4）装罐　将煮制好的果酱趁热装入灭菌后的玻璃瓶内，及时封盖，整个过程控制在20 min内完成。

（5）杀菌冷却　将灌装果酱的玻璃瓶在沸水中煮沸杀菌20 min，然后采用逐步降温法将温度降到35℃左右。

九、芥末酱

（一）原料配方

芥末酱的原料配方如表4-3所列。

表4-3　芥末酱的原料配方

原料	用量/kg	原料	用量/kg
芥末籽	12.5	白醋	4
白酒	1	盐	1.5
白砂糖	1.5	葡萄糖	1
植物油	2	柠檬酸	1
维生素C	0.1	胡椒	0.6
羧甲基纤维素钠	0.4	多聚磷酸钠	0.2
水	25		

（二）工艺流程

芥末籽 → 水洗 → 活化 → 粉碎 → 水解 → 调制 → 搅拌 → 均质 → 灌装 → 灭菌 → 成品

（三）操作要点

（1）原料水洗　选择浅黄色、大粒的芥末籽。原料经组合式筛选机风选后，按逆流原理用水冲洗。

（2）活化　将芥末籽在 37 ℃的水中浸泡 30 h，其目的是为了使分布在芥末籽细胞中的葡萄糖苷酶（芥子酶）激活，使种皮中的硫代葡萄糖苷在水解时充分水解，生成异硫氰酸烯丙酯（辛辣风味物）。

（3）粉碎　用磨碎机将芥末籽磨碎，同时加入冰以控制温度在 10 ℃左右，以防止酶失活，粉碎粒度控制在 60～80 目。

（4）水解　将芥末糊用白醋将 pH 值调至 5～6，然后放入夹层锅中，盖上盖密封，开启蒸汽，使锅内糊状物升温至 80 ℃左右，并在此温度下保温 2～3 h。

（5）调配　首先将增稠剂羧甲基纤维素钠溶开，浸泡数小时备用。将其余原料混合均匀后，再与水解好的芥末糊混合，再加入羧甲基纤维素钠溶液，搅拌均匀。

（6）均质　将混合均匀的芥末糊过胶体磨，使其均匀微细化。

（7）装瓶杀菌　将调配均质好的芥末酱装入清洗干净的玻璃瓶内，经 70～80 ℃、30 min 灭菌消毒，冷却后即为成品。

（四）产品的质量指标

该工艺制备得到的成品芥末酱呈黄色，体态均匀、黏稠，具有强烈的刺激性辛辣味，无苦味及其他异味。

十、低糖红薯山楂复合果酱

（一）原料配方

红薯浆液 4 kg，山楂浆液 1 kg，白砂糖 1 kg，羧甲基纤维素钠 30 g，柠檬酸 7.5 g。

（二）工艺流程

山楂 → 清洗 → 去籽去蒂 → 护色 → 预煮 → 打浆
            ↓
红薯 → 清洗 → 去皮 → 切块 → 预煮 → 打浆 → 调配 → 浓缩 → 灌装 → 杀菌
                      ↓
                   成品 ← 冷却

（三）操作要点

（1）红薯浆的制备　挑选新鲜、无霉斑、无机械损伤的红心红薯，清洗干净，去皮后切成约 1 cm³ 的小块，用 2%的 NaCl 溶液护色 10～15 min。将护色处理后的红薯块于沸水中预煮 3～5 min，要求果肉煮透，使之软化，不能产生焖锅、褐变、焦化等不良现象。将预煮之后的红薯块捞出，用清水漂洗，捞出、沥干，按照红薯块与清水质量比为 1∶1.5 的比例加清水，于打浆机中打浆 3 次，得到红薯浆液，备用。

(2) 山楂浆的制备　选取新鲜、表皮呈深红色、果肉饱满的山楂，用清水清洗去除表面杂质，去籽、去蒂后用2%的NaCl溶液浸泡8～10 min护色，护色液以浸没山楂果肉为宜。将处理后的山楂预煮1～2 min（预煮要求与红薯相同），然后用清水漂洗至室温，捞出、沥干，按山楂果肉与清水质量比为3∶5加清水，于打浆机中打浆3次，得到山楂浆液，备用。

(3) 调配　将红薯浆液和山楂浆液按4∶1的比例混合，倒入不锈钢锅中，加热使混合浆液至60 ℃，边搅拌边加入混合浆液质量20%的白砂糖、0.6%的羧甲基纤维素钠和0.15%的柠檬酸，充分溶解后，混合液于胶体磨中进一步打浆细化。

(4) 浓缩、装罐、密封、杀菌与冷却　将调配好的混合浆液熬制，待浆液中可溶性固形物浓度达32%时，停火出锅。浓缩液趁热装罐，浆液中心温度在85 ℃以上时迅速密封。将密封后的产品于沸水中杀菌15 min，而后分段冷却至38～42 ℃，即得成品。灌装前应将玻璃罐和盖置于沸水中消毒10～15 min。

（四）产品的质量指标

(1) 感官指标　低糖山楂红薯复合果酱为橙黄色，组织均匀细腻，呈黏稠状，不流散，无结晶，甜酸适口，具有轻微的山楂的天然风味和红薯特有香味，无焦煳味及其他异味。

(2) 理化指标　可溶性固形物含量为32%。

(3) 微生物指标　细菌总数≤100 CFU/100 mL，大肠杆菌≤3 CFU/100 mL，致病菌未检出。

十一、复合保健黑番茄酱

（一）原料配方

黑番茄浆6 kg，无籽刺梨汁2.5 kg，明日叶汁1.5 kg，白砂糖2.5 kg，柠檬酸60 g，黄原胶50 g，食盐100 g。

（二）工艺流程

黑番茄、无籽刺梨 → 清洗 → 烫漂 → 破碎 → 过筛 ┐
　　　　　　　　　　　　　　　　　　　　　　├→ 调配 → 预煮 → 加辅料
明日叶 → 压榨 → 过滤 ┘　　　　　　　　　　　　　　　　　　↓
　　　　　　　成品 ← 冷却 ← 杀菌 ← 灌装 ← 浓缩

（三）操作要点

(1) 黑番茄和无籽刺梨预处理　选择新鲜、成熟、无霉变的黑番茄和无籽刺梨果实，用流水进行清洗，去除果蒂以及果实表面的灰尘杂质等。将清洗干净的黑番茄和无籽刺梨用85～100 ℃的热水漂烫2 min。用搅碎机将漂烫后的果实打碎然后过 80 目筛，去掉果皮和种子，分别得到黑番茄浆和无籽刺梨果浆，备用。

(2) 明日叶和块茎预处理　挑选新鲜、无霉斑、无机械损伤的明日叶，用流水冲洗干净，将洗净的明日叶和块茎用压榨机进行压榨，过滤，得到明日叶汁，备用。

(3) 调配、预煮　将黑番茄浆、无籽刺梨浆和明日叶汁按质量比为 60：25：15 的比例混合，然后将配比好的各原材料加热至沸腾。

(4) 辅料添加、熬煮浓缩　在预煮好的混合果浆中添加 0.6% 的柠檬酸、0.5% 的黄原胶、25% 的白砂糖和 1% 的食盐，混合搅拌均匀。然后不停搅拌，小火熬煮 2～4 min。

(5) 灌装、杀菌　将熬煮好的番茄复合酱趁热灌装到容器中，采用高温蒸汽灭菌。

(6) 冷却、成品　杀菌后的灌装品逐渐冷却至常温，即得成品。

(四) 成品的质量指标

(1) 感官指标　产品外观色泽均匀，口感细腻，具有浓郁的黑番茄果味以及无籽刺梨果酸味，酸甜适中，易于涂抹。

(2) 理化指标　复合黑番茄酱氨基酸总共有 25 种，维生素 C 含量 180 mg/100 g；蛋白质含量 0.5 g/100 g；可溶性糖含量为含量为 6.5378%；可滴定酸含量为 0.765716%；可溶性固形物含量为 30.5%；含水量为 65.1197%。

十二、胡萝卜鳄梨复合果酱

(一) 原料配方

胡萝卜浆 10 kg，鳄梨浆 10 kg，白砂糖 7 kg，柠檬酸 100 g，黄原胶 50 g。

(二) 工艺流程

```
鳄梨 → 清洗 → 去皮、去核 → 切块 → 打浆                    增稠剂
                                       ↘              ↓
胡萝卜 → 清洗 → 切块 → 软化 → 打浆 → 混合 → 调配 → 浓缩 → 装罐 → 杀菌
                                                              ↓
                                              成品 ← 冷却
```

(三) 操作要点

(1) 胡萝卜浆的制备　选择新鲜、色泽鲜艳、饱满、无机械损伤的胡萝卜，将胡萝卜去须去顶清洗，切成长 5 cm 的小段。将胡萝卜段放入沸水中煮制进行软化处理，至胡萝卜稍稍用力可以用筷子戳动即可。将煮制后的胡萝卜段和水按质量比为 1：1 倒入高微组织粉碎机中，打磨成浆，备用。

（2）鳄梨浆的制备　选择新鲜、表皮发黑、发亮、无机械损伤的鳄梨，将鳄梨清洗干净后去皮除核，并切成丁。将鳄梨丁和水按质量比为1∶1倒入高微组织粉碎机中，打磨成浆，备用。

（3）调配　将胡萝卜浆和鳄梨浆按质量比为1∶1的比例混合。

配料准备：称取混合浆液质量0.25%的增稠剂黄原胶和35%的白砂糖，将黄原胶与白砂糖搅拌均匀，然后分多次加入热水中，边加热边搅拌，直至得到组织均匀的溶胶。

（4）浓缩　将混合好的胡萝卜浆和鳄梨浆倒入不锈钢锅中熬制，先旺火煮沸10 min，然后改用文火加热，最后加入配制好的溶胶，继续在锅中熬制5 min。整个过程要不断搅拌，以防结晶、锅底焦化。

（5）装罐密封　将玻璃瓶及瓶盖用清水彻底清洗干净后，用100 ℃的水蒸气消毒10 min，沥干水分。果酱出锅后，迅速装罐，然后迅速拧紧瓶盖。每锅果酱分装完毕时间不能超过30 min，酱体温度不低于80~90 ℃。

（6）杀菌、冷却　将灌装好的果酱放入灭菌锅中，于90 ℃水浴中杀菌15 min，灭菌结束后分段冷却至室温，得到成品。

（四）产品的质量指标

（1）感官指标　色泽：淡黄绿色且有光泽；口感：口感细腻，酸甜适中；气味：滋味柔和纯正，有胡萝卜和鳄梨混合清香且香气谐调；组织形态：黏性均一，呈现良好的流动性和涂抹性，不析水，不结晶。

（2）理化指标　酸度（pH计法）：pH值为4.8；β-胡萝卜素含量（高效液相色谱法）4.5 mg/100 g。

（3）微生物指标　细菌总数≤100 CFU/100 g；大肠菌群≤30 CFU/100 g；沙门氏菌未检出。

十三、佛手瓜复配柚子果酱

（一）原料配方

佛手瓜浆10 kg，柚子肉浆10 kg，柚子皮果胶提取液4.6 kg，白砂糖5.2 kg。

（二）工艺流程

（1）柚子皮果胶的提取工艺

柚子皮 → 切粒 → 漂洗 → 挤干水分 → 加水 → 调节pH值 → 水浴加热 → 过滤
果胶提取液 ← 浓缩

(2) 佛手瓜复配柚子果酱的制备工艺

柚子肉 → 去皮 → 切粒 → 预煮 → 柚子肉浆

佛手瓜 → 去皮 → 切粒 → 预煮 → 佛手瓜浆 → 调配 → 浓缩 → 煮制 → 灭菌 → 冷却

果胶提取液　　　　　　　　　　　　　　　　成品

(三) 操作要点

(1) 柚子皮果胶提取液的制备　将柚子皮表面清洗干净,切粒、漂洗后挤干水分。按料液比为1:3加入蒸馏水,调节pH值为1.5,加热至水温60℃,浸提70 min。将提取液用纱布趁热过滤,除去杂质,制备得到柚子皮提取液,备用。

(2) 柚子肉浆的制备　将柚子瓣剥去皮,切成粒,在柚子粒中按1:1加水,在85~100℃预煮3 min,钝化酶活性,以减少氧化褐变和营养物质的损失。将预煮后的柚子肉用打浆机打浆,得到柚子肉浆,备用。

(3) 佛手瓜浆的制备　挑选新鲜、成熟度高的佛手瓜,用流水洗净。将佛手瓜去皮,切成粒,按1:1加水后在85~100℃预煮3 min。将预煮后的佛手瓜粒用打浆机打浆,得到佛手瓜浆,备用。

(4) 混合、调配　将佛手瓜浆和柚子肉浆按质量比为1:1混合均匀,按混合浆液质量的23%添加柚子皮果胶提取液,混合后搅拌均匀。

(5) 浓缩、煮制　将调配好的混合浆液进行真空浓缩,浓缩条件设为:60~70℃,0.08~0.09 MPa。浓缩至可溶性固形物含量为25%~40%,停止真空浓缩。按佛手瓜浆和柚子肉浆总质量26%的配比添加白砂糖,将白砂糖溶解后,缓慢倒入真空浓缩后的浆液中,继续煮至可溶性固形物含量为47%,停止煮制。

(6) 灌装、灭菌　将果酱趁热灌装至已提前灭菌的玻璃瓶中,使用常压灭菌,控制温度为100℃,时间为40~50 min。冷却至室温,得到成品。

(四) 产品的质量指标

(1) 感官指标　佛手瓜复配柚子果酱呈现浅绿色;酸甜适合,突出柚子的清香味,没有杂质和异味;果酱均匀细腻,无明显分层现象,有较好的凝胶性能且可以有效锁住水分,不易流散。

(2) 理化指标　水分含量49.11%,可溶性固形物含量47%,保水性50.33%,脱水收缩率1.00%。

(3) 微生物指标　菌落总数≤100 CFU/g,大肠杆菌≤30 CFU/g,致病菌未检出。

十四、发酵辣椒酱

(一) 原料配方

辣椒酱：红辣椒 20 kg，蒜头 1 kg，白糖 420 g，保脆剂 42 g（氯化钙 21 g，乳酸钙 21 g），食盐 2.1 kg，混合菌液 630 mL（植物乳杆菌：发酵乳杆菌=1：1）。

调配：辣椒酱 10 kg，花生油 2 kg，黄原胶 50 g，护色剂 20 g（异抗坏血酸 10 g，月桂曲酸 10 g），鲜味剂 20 g（味精 19.23 g，酵母精 0.77 g）。

(二) 工艺流程

鲜红辣椒、蒜头 → 整理 → 清洗、沥干 → 破碎 → 乳酸菌强化发酵 → 调配、熬制

成品 ← 冷却 ← 杀菌 ← 灌装

(三) 操作要点

(1) 原料预处理　选用完整、无霉变、无腐烂的新鲜红辣椒，去柄，清洗，沥干；选用完整、无发芽的红皮大蒜头，去皮，清洗，沥干。红辣椒与蒜头按质量比为 20：1 混合，破碎，加入红辣椒与蒜头总质量 2% 的白糖、0.2% 的保脆剂（氯化钙：乳酸钙=1：1）和 10% 的食盐，备用。

(2) 乳酸菌菌液制备　乳酸菌试管菌种的转管活化（37 ℃、48 h）→锥形瓶液体扩大培养（35 ℃）→发酵菌种（乳酸菌数量达到 10^8 CFU/mL）。

(3) 乳酸菌强化发酵　在经过预处理的原料中接入 3% 的乳酸菌菌液，拌匀，装入泡菜坛，封盖发酵，于 35 ℃发酵 13 d。

(4) 调配、熬制　将发酵成熟的辣椒原酱取出，倒入夹层锅中，加入辣椒酱质量 20% 的花生油、0.5% 的黄原胶、0.2% 的护色剂（异抗坏血酸：月桂曲酸=1：1），小火熬制 10 min，出锅前加入 0.2% 的鲜味剂（味精：酵母精=25：1），拌匀。

(5) 装瓶、杀菌　将熬制好的辣椒酱装入已消毒的玻璃瓶中，密封后于 90 ℃水浴灭菌 5～8 min。冷却后得到发酵辣椒酱。

(四) 产品的质量指标

(1) 感官品质　色泽：色泽鲜艳；香气和滋味：香气浓，咸、酸、鲜、甜等诸味适口，口感细腻、脆爽、回味较长；组织：组织均匀，黏度适中。

(2) 理化指标　食盐 8.0～8.4 g/100 g；总酸（以乳酸计）1.45～1.49 g/100 g；总氨基酸 0.95～8.4 g/100 g；硒 0.12～0.15 μg/100 g。

(3) 安全指标　亚硝酸盐 0.16～0.19 mg/kg；大肠杆菌＜30 MPN/100 g；致病菌未检出。

十五、青花椒酱

(一) 原料配方

粉碎的青花椒 4.6 kg，捣碎的大蒜 2.0 kg，捣碎的青辣椒 3 kg，盐 0.4 kg。

(二) 工艺流程

```
                   大蒜 → 预处理                    超高压
                              ↓                      ↓
青花椒 → 预处理 → 护色 → 破碎料 → 调配 → 包装 → 灭菌 → 成品
                              ↑
        青辣椒 → 预处理 → 烫漂
```

(三) 操作要点

(1) 原料预处理　挑选新鲜、无机械损伤、无腐烂的新鲜青花椒，去蒂清洗干净；选取新鲜、无机械损伤、无霉烂的青辣椒，去蒂清洗干净；将大蒜去皮清洗备用。

(2) 护色、烫漂　将青花椒放置于复合护色剂 (0.98 g/L 抗坏血酸、0.1 g/L 硫酸锌、2.62 g/L 柠檬酸) 中浸泡 30 min；将青辣椒放于 80 ℃的热水中烫漂 5 min。

(3) 破碎　将青花椒放置于粉碎机中进行粉碎；将烫漂护色后的青辣椒切细后用捣臼捣碎；将大蒜去皮后放于捣臼中捣碎。

(4) 调配　将粉碎的青花椒、捣碎的大蒜、捣碎的青辣椒和盐按照 46∶20∶30∶4 的比例混合，充分搅拌混合，得到最终产品。

(5) 包装、灭菌　将混合好的花椒酱 100 g 装入真空袋中，用真空包装机抽真空保存。将包装好的复合调味花椒酱通过 400 MPa 处理 8 min 进行超高压灭菌，得到最终产品。

(四) 产品的质量指标

该工艺得到的青花椒酱酱体整体呈现翠绿色，且均匀一致，天然纯正；酱体具有花椒特有的清香味，且纯正；咸度适中，麻辣鲜香，口感柔和、细腻，香气浓醇，无异味；酱体呈半固体，质地均匀细腻，黏稠适中，没有杂质、沉淀和气泡。

十六、洋葱酱

(一) 原料配方

洋葱 10 kg，柠檬酸 32 g，果胶酶 50 g。

(二) 工艺流程

```
洋葱 → 去皮 → 清洗 → 切块 → 清洗 → 打浆 → 调酸加热 → 酶解 → 浓缩 → 预热
                                                                         ↓
                        成品 ← 冷却 ← 杀菌 ← 灌装
```

(三) 操作要点

(1) 原料选择 选用没有腐烂、变质、生虫和病变等现象的优质新鲜紫皮洋葱。

(2) 去皮 用摩擦法剥掉洋葱外表皮，切掉根盘，要求无残留老皮及根须。撕掉每瓣洋葱的内表皮可以使洋葱酱成品酱体更细腻，酶解更充分。

(3) 切块、破碎 将去皮后的洋葱切成 0.4 ~ 0.6 cm 的小块，清洗并沥干。用打浆机将切块后的洋葱打浆，静置一段时间使打浆时产生的泡沫消散，浆体均匀并且无沉淀及析水现象。

(4) 调酸加热 使用 0.32% 的柠檬酸溶液将破碎后的洋葱 pH 值调整为 4.4 ~ 4.6 之间，形成缓冲溶液。将调酸后的洋葱浆液于 90 ℃ 加热 10 min。

(5) 酶解 将加热的洋葱酱冷却至约 45 ℃，加入洋葱质量 0.5% 的果胶酶进行酶水解，水解温度为 50 ℃，时间为 20 min。

(6) 灌装 将制备完成的洋葱酱产品严格杀菌后密封保存。

(四) 产品的质量指标

(1) 感官指标 该工艺得到的洋葱酱色泽明亮；质地均匀，无析水；洋葱味浓郁，不刺激；酸甜适口，不辛辣。

(2) 微生物指标 菌落总数<100 CFU/g，大肠菌群<4 MPN/g，致病菌未检出。

十七、低糖冬瓜黄瓜苹果复合酱

(一) 原料配方

去皮去瓤冬瓜 10 kg，去瓤黄瓜 10 kg，苹果 5 kg，水 10 kg，白砂糖 7.5 kg，柠檬酸 100 g，黄原胶 100 g。

(二) 工艺流程

苹果 → 清洗 → 去皮、去核 → 切块 → 护色 → 软化 → 打浆 ┐
　冬瓜 → 清洗 → 去皮、去瓤 → 切块 → 软化 → 打浆 ├→ 混合 → 浓缩 → 灌装 → 杀菌
　黄瓜 → 清洗 → 去瓤 → 切块 → 打浆 ┘　白砂糖、柠檬酸、黄原胶　　　　↓
　　　　　　　　　　　　　　　　　　　　　　　　　成品 ← 冷却

(三) 操作要点

(1) 冬瓜及黄瓜预处理 选择成熟、无机械损伤、无腐烂的冬瓜，清洗干净后去皮和籽瓤，切成厚 0.5 cm 左右的薄片。按 1:1 的比例加水后于 100 ℃ 下煮制 5 min 进行软化。挑选新鲜黄瓜，清洗干净后去瓤，切成小块。

(2) 冬瓜黄瓜浆的制备 将黄瓜与煮后的冬瓜按 1:1 的比例混合后打浆，得

到冬瓜黄瓜浆。

(3) 苹果浆的制备　挑选新鲜、无机械损伤的苹果，清洗干净后去皮、去核，切成块后立即用 1.0% 的食盐水护色，然后倒入沸水锅中，文火加热 10~15 min，使其充分软化。将软化好的苹果块倒入打浆机中打浆，得到苹果浆。

(4) 混合　将冬瓜黄瓜浆与苹果浆按 4∶1 的比例混合，搅拌均匀。

(5) 浓缩　将混合好的浆液倒入锅中，旺火煮沸 10 min，改用文火加热，加入混合浆液质量 30% 的白砂糖（分 3 次加入），当可溶性固形物含量为 38% 时停止浓缩。临近终点时，加入 0.4% 的柠檬酸、0.4% 的黄原胶，搅拌均匀。在整个浓缩过程中要不断搅拌，防止结晶。

(6) 装罐密封　将浓缩好的果酱趁热装入消毒后的玻璃瓶中，酱体温度在 80 ℃以上。

(7) 杀菌、冷却　将灌装好的果酱置于 100 ℃下杀菌 10 min，冷却至室温。

（四）产品的质量指标

(1) 感官质量　色泽：淡黄色；香气与滋味：酸甜适中，有冬瓜、黄瓜、苹果的口味；组织状态：酱体组织细腻均匀。

(2) 理化性质　可溶性固形物含量为 38%，pH<3。

十八、发酵韭菜酱

（一）原料配方

韭菜 10 kg，食盐 0.8 kg，酱油 1 kg，鸭梨浆 0.8 kg。

（二）工艺流程

原料处理 → 组织破碎 → 调配发酵 → 均质 → 装瓶 → 杀菌 → 冷却 → 成品

（三）操作要点

(1) 原料处理　挑选新鲜、无腐烂的韭菜，去除杂质后冲洗干净，沥干水。

(2) 组织破碎　将韭菜切碎，倒入打浆机打成浆备用。

(3) 鸭梨预处理　挑选新鲜、无机械损伤、无腐烂的鸭梨，清洗干净后去皮、去籽，切块后放入打浆机中打浆，得到鸭梨浆。

(4) 调配发酵　在韭菜浆中加入浆液质量 8% 的食盐、10% 的酱油、8% 的鸭梨浆，混合均匀。于 15 ℃自然发酵 7 d。

(5) 均质、装瓶　将发酵好的韭菜酱通过胶体磨进行均质，随后分装到已消毒的玻璃瓶中。

(6) 杀菌、冷却　将灌装好的韭菜酱于 75 ℃处理 30 min 进行巴氏杀菌，灭菌后自然冷却至室温。

（四）产品的质量指标

该工艺生产得到的发酵韭菜酱呈均一的深绿色，且鲜亮有光泽；汁液少，黏稠适中；组织细腻均匀，无分层；发酵香气扑鼻，气味协调，无异味；口感细腻，味道鲜美，酸甜适中，味道柔和。

十九、黑大蒜酱

（一）原料配方

黑蒜浆 3.5 kg，蜜汁 1.85 kg，胶液 80 g（魔芋胶 70 g，果胶 10 g），柠檬酸 2 g。

（二）工艺流程

$$魔芋胶、果胶 \rightarrow 溶胶 \rightarrow 煮胶$$

$$黑大蒜 \rightarrow 粉碎 \rightarrow 加蜜汁 \rightarrow 破碎料 \rightarrow 均质 \rightarrow 灌装 \rightarrow 密封 \rightarrow 灭菌 \rightarrow 冷却 \rightarrow 成品$$

（三）操作要点

（1）黑大蒜预处理　选择优质的黑大蒜，剔除腐烂果，剥皮，除尽杂物，倒入粉碎机中，打成糊状。

（2）蜂蜜预处理　将蜂蜜中加入适量的水，煮沸 3～5 min，除去沫，得到糖度为 20%～22% 的蜜汁。

（3）胶液制备　将魔芋胶和果胶按 7∶1 的比例混合，加水浸泡 15 min 后于 80 ℃煮沸 15 min，煮制过程需要不断搅拌。

（4）均质　把黑蒜浆（35%）、蜜汁（18.5%）、胶液（0.8%，其中魔芋胶 0.7%，果胶 0.1%）、柠檬酸（0.02%）按比例调配好，然后用胶体磨反复研磨，达到粒度为 10～15 μm。

（5）灌装、杀菌、冷却　将均质好的黑蒜酱采用定量灌装机灌装，采用真空封口机封罐。灌装好的黑蒜酱于 100 ℃处理 15 min 进行杀菌，杀菌后用冷水分段逐步冷却至室温。

（四）产品的质量指标

（1）感官指标　色泽：黑色，且均匀一致；香气与滋味：具有黑大蒜特有的风味，且风味饱满，酸甜适口，食后无蒜臭味；组织状态：酱体细腻，呈黏稠状，无沉淀分层现象。

（2）理化指标　水分 50%～60%，pH 值 4.1～4.6，可溶性固形物含量 55%～60%。

（3）微生物指标　微生物指标符合 GB 4789.2 中的规定。

二十、风味富硒大蒜酱

（一）原料配方

富硒大蒜 1.5 kg，辣椒 3.5 kg，食盐 0.5 kg，蔗糖 0.3 kg，油 2.1 kg，豆酱 1.5 kg，味精 30 g，食醋 0.31 kg，姜粉 35 g，花椒粉 35 g。

（二）工艺流程

辣椒 → 清洗 → 去蒂 → 热烫 → 冷却
$\downarrow$
富硒大蒜 → 去皮 → 清洗 → 热烫 → 切片 → 除臭 → 粉碎 → 磨酱 → 过滤
$\downarrow$
成品 ← 冷却 ← 杀菌 ← 灌装 ← 调配炒制

（三）操作要点

（1）富硒大蒜预处理　选择新鲜、无机械损伤、无腐烂的富硒大蒜，剥皮，洗净后放入沸水中热烫约 1 min，捞出沥水，室温冷却后切片。将大蒜片倒入含食醋 45%、食盐 0.6% 的溶液中于 80 ℃ 浸泡 12 min 除臭，捞出备用。

（2）辣椒预处理　选择新鲜的辣椒，用清水清洗后去蒂，放入 1.1% 的食盐水中，于 80 ℃ 预煮 2 min，沥水备用。

（3）粉碎、磨酱　将除臭的大蒜片和热烫处理后的辣椒按 3：7 的比例混合，放入组织捣碎机中粉碎，再用胶体磨磨成酱体。

（4）调配、炒制　在磨好的酱中加入 10% 的食盐、6% 的蔗糖、42% 的植物油、30% 的豆酱、0.6% 的味精、6% 的食醋、0.7% 的姜粉和 0.7% 的花椒粉，搅拌混合均匀。酱体经 5～15 min 炒制呈酱红色。

（5）灌装、杀菌　将炒好的风味大蒜酱计量装入已消毒的玻璃瓶中，在 90 ℃ 杀菌 10 min。若在灌装前将酱体加热至 90 ℃ 趁热灌装，可缩短杀菌时间，冷却后即为成品。

（四）产品的质量指标

（1）感官指标　该工艺得到的富硒大蒜酱红黄分明，色泽均匀；香气浓郁，气味协调且无异味；汁液少，为浅红色，流动性差。

（2）理化指标　风味富硒大蒜酱中硒含量为 0.0391 mg/kg。

二十一、紫山药香菇营养酱

（一）原料配方

紫山药 1 kg，香菇 2 kg，黄豆酱 0.6 kg。

（二）工艺流程

香菇 → 清洗 → 去蒂 → 泡发 → 热烫 → 切丁
　　　　　　　　　　　　　　　　　　　　　↓
紫山药 → 清洗 → 去皮 → 热烫 → 切丁 → 护色 → 调配 → 装瓶 → 杀菌 → 冷却
　　　　　　　　　　　　　　　　　　　　　　　　　　　　　　　↓
　　　　　　　　　　　　　　　　　　　　　　　　　　　　成品

（三）操作要点

（1）原料选择　选择新鲜优质紫山药及野生优质香菇。

（2）紫山药预处理　把紫山药外皮洗净，放入90 ℃热水中烫煮1 min后去除外皮；去皮以后，在1%NaCl水溶液中浸泡10 min进行护色。将山药切成0.5 cm×0.5 cm×0.5 cm的块，备用。

（3）香菇预处理　干香菇用1%温盐水浸泡，清洗除去沙粒和灰尘。将清洗干净的香菇切成0.5 cm×0.5 cm×0.5 cm的块，放入90 ℃热水中烫煮1 min，捞出沥干水备用。

（4）风味调配　将大豆色拉油加入锅中烧开，加入红辣椒粉小火炒出红油，用纱布过滤制得红油备用。取适量红油加入锅中烧开，加入葱、姜，炒出香味，倒入山药和香菇总质量20%的黄豆酱，炒出酱香，然后按1∶2的比例加入紫山药和香菇丁进行翻炒，加入几滴酱油，炒至香菇变软但紫山药仍保持清脆口感。保持小火，待汤汁变浓时，加入少量食盐、蚝油、白糖调味。

（5）杀菌装瓶　将炒制好的酱趁热装入消毒的玻璃瓶中，再加入少许封口香油，立即封口。灌装好的酱通过蒸汽灭菌10 min后，冷却至室温。

二十二、香椿酱

（一）工艺流程

香椿 → 挑选 → 油树脂的制备 → 调配 → 均质 → 装罐 → 杀菌 → 冷却 → 成品

（二）操作要点

（1）原料挑选　选用新鲜、无病虫害、无机械损伤的香椿嫩叶，嫩叶长度约10～15 cm。

（2）油树脂的制备　将香椿嫩叶在质量分数为0.5%的$NaHCO_3$溶液中浸泡20～30 min，再放入95～100 ℃沸水中烫漂1～2 min后打浆。在香椿浆液中加入体积分数为60%的乙醇（料液质量体积比为1∶4），于60 ℃的条件下浸提3 h，过滤，浓缩得香椿油树脂。

（3）调配　先用白醋将油树脂的pH值调节至5～6，再依次将盐、砂糖、柠檬酸、抗坏血酸、胡椒、麻辣粉、生姜粉等按照配方要求加入到上述调制好的油树脂中，充分搅拌均匀，再加入预先溶解的羧甲基纤维素钠、菜油、香油等。菜油应加热至冒烟，加热时可放入少量姜粉，以除去生油味，然后搅拌均匀。

配方1：香椿油树脂600 g，白醋30 g，食盐30 g，味精8 g，柠檬酸30 g，羧甲基纤维素钠200 g，水200 g。

配方2：香椿油树脂600 g，白醋80 g，食盐30 g，柠檬酸4 g，抗坏血酸2 g，白胡椒粉12 g，白糖15 g，菜油150 g，香油10 g，碳酸钙2 g，羧甲基纤维素钠200 g，水300 g。

(4) 均质、装罐　压力40 MPa，温度50℃。将香椿酱装入玻璃瓶内，密封。

(5) 杀菌、冷却　将灌装好的香椿酱于100℃下杀菌15 min后，用流动水冷却至室温。

(三) 产品的质量指标

(1) 感官指标　酱体呈淡绿色，均匀细腻，咸淡适口，香椿味突出，无杂质存在。

(2) 理化指标　固形物含量大于60%；砷（以As计）≤0.5 mg/kg，铅（以Pb计）≤1.0 mg/kg。

(3) 微生物指标　细菌总数≤1 个/g，大肠杆菌≤3×10^{-2} 个/g，致病菌不得检出。

二十三、芦笋酸辣椒酱

(一) 工艺流程

```
                    发酵美人椒 → 切碎
                              ↓
芦笋 → 清洗 → 沥干 → 切碎 → 称重 → 加食用油炒制 → 灌装 → 杀菌 → 冷却
                    食盐、生姜、鸡粉、大蒜、黄豆酱、白醋、香油等辅料        成品
```

(二) 操作要点

(1) 芦笋预处理　挑选新鲜、无腐烂、无机械损伤的芦笋，清洗干净，沥干水分，切成0.3 cm见方的块状。

(2) 发酵美人椒预处理　将发酵美人椒切成0.3 cm见方的块状。

(3) 准备配料　按芦笋添加量为600 g、发酵美人椒为550 g为基准，称取食用油640 g，香油10 g，食盐5 g，生姜50 g，鸡粉5 g，大蒜200 g，黄豆酱150 g，白醋20 g。

(4) 炒制　在锅内加入已称重的食用油，用电子食品温度计测量油温，将金属探头放入食用油中静置几秒，待温度达248℃后，将已称量好的辅料加入锅中，炒制30 s左右，然后加入已称量好的发酵美人椒，再加入已称量好的芦笋，最后加入

白醋。达到总炒制时间为 3 min 后，关闭电源。

（5）灌装　将炒制好的芦笋酸辣椒酱趁热灌装至已灭菌的玻璃瓶中，酱体的温度应不低于 85 ℃。

（6）杀菌　将灌装好的酱于 100 ℃常压杀菌 5～15 min。

（7）冷却、成品　杀菌后应迅速冷却，冷却至室温，吹干玻璃罐身的水分，即为成品。

（三）产品的质量指标

该工艺制备得到的芦笋酸辣椒酱呈红绿色，有光泽；有酱香酯香，具有发酵美人椒特有的香气和芦笋的清香，无不良气味；味道鲜美、微辣，回味酸，咸淡适口；酱黏稠适度，有芦笋、发酵美人椒及其他辅料的颗粒，无其他杂物。

二十四、龙香芋酱

（一）原料配方

龙香芋丁 12 kg，黄豆瓣 5 kg，水 6 kg，米曲霉 3042 136 g，16.6%的盐水 19 kg。

（二）工艺流程

龙香芋 → 清洗 → 去皮 → 切丁 → 配料 → 蒸煮 → 摊晾 → 接种 → 制曲 → 加盐水
　　　　　　　　　　　　　　　　　　　　　　　　　　成品 ← 发酵

（三）操作要点

（1）原料预处理　选用大小均匀、形状近似球形、无病虫害的新鲜龙香芋。用水将芋头清洗干净，去除泥土或其他杂质残留，用削皮刀削去芋头表面褐色皮层。用不锈钢菜刀把去皮后的龙香芋切分为 1 cm³ 左右的芋头丁，切分后立即放进 1%的盐水中护色保存。

（2）配料　将龙香芋丁与浸泡好的黄豆瓣以 12：5 的干料比混合并搅拌均匀。

（3）蒸煮、摊晾　将拌匀后的混合物料倒入蒸煮锅内，按料水比为 1：0.35 的比例加水并搅拌均匀，通入蒸汽加热至充满蒸汽后，维持蒸汽 2～2.5 min 后出锅，摊晾冷却至室温。

（4）接种、制曲　按总干料质量的 0.8%接种米曲霉 3042 发酵剂，混合拌匀后制曲，接种后的曲料需均匀松散地平铺在曲床上，曲厚约 5 cm，制曲室内温度控制在 32 ℃，进行通风制曲，制曲时间为 36 h。在接种后分别在 14～16 h 和 19～21 h 进行 2 次翻曲，待曲料表面生长出黄绿色的孢子且有曲香时出曲。

（5）加盐水、发酵　按总干料与盐水为 1：1.12 的比例加入制醅盐水，盐水浓度为 16.6%，控制酱醪中食盐浓度约为 8%。然后置于恒温箱中进行发酵，每天翻醅

1 次，控制发酵温度在 42.8 ℃，发酵 15 ~ 20 d 左右至酱醪成熟。

（四）产品的质量指标

（1）感官指标　色泽：黄褐色或红褐色，鲜艳有光泽；香气与滋味：酱香浓郁，咸甜适口，无异味；组织状态：黏稠适中，无杂质。

（2）理化指标　龙香芋酱的理化指标如表 4-4 所列。

表 4-4　龙香芋酱的理化指标

项目	GB 2718—2014 标准要求	检验结果
氨基酸态氮（以氮计）/（g/100 g）	≥0.30	0.50
铅（Pb）/（mg/kg）	≤1.0	0.1
砷（As）/（mg/kg）	≤0.5	0.1

（3）微生物指标　龙香芋酱的微生物指标如表 4-5 所列。

表 4-5　龙香芋酱的微生物指标

项目	GB 2718—2014 标准要求	检验结果
大肠菌群/（CFU/g）	$n=5$，$c=2$，$m=10$，$M=100$	10
沙门氏菌	不得检出	未检出
金黄色葡萄球菌/（CFU/g）	$n=5$，$c=2$，$m=100$，$M=10000$	未检出
副溶血性弧菌/（CFU /g）	$n=5$，$c=2$，$m=100$，$M=1000$	未检出

注：n 为同一批产品应采集的样品件数；c 为最大允许超出 m 值的样品数；m 为微生物指标可接受水平的限量值；M 为微生物指标的最高安全限量值。

第三节　花、茶类酱

一、槐花酱

（一）原料配方

槐花 1 kg，水 10 kg，白砂糖 4.95 kg，果胶 110 g，柠檬汁 440 mL。

(二) 工艺流程

白砂糖　柠檬汁

槐花 → 挑选、清洗 → 浸泡 → 熬制 → 调配 → 灌装 → 杀菌 → 密封 → 冷却 → 成品

果胶 → 溶解

(三) 操作要点

(1) 原料预处理　挑选新鲜、无虫害、无腐败、开放程度为50%的槐花,去除枝叶,清洗干净后用盐水浸泡备用。

(2) 熬制　将清洗好的槐花按1:10的比例加入水,加入槐花浆质量45%的白砂糖,熬制15 min。

(3) 调配　将槐花浆质量1%的果胶放入85 ℃水中不断搅拌直至果胶完全溶解。将溶解好的果胶倒入熬制的槐花浆中,继续熬至黏稠状,加入4%的柠檬汁调节pH值。

(4) 灌装、杀菌　将熬制好的槐花酱分装到已灭菌的玻璃瓶中,将玻璃瓶于60～65 ℃下水浴杀菌20～30 min,旋紧瓶盖,密封,冷却至室温。

(四) 产品的质量指标

(1) 感官指标　槐花酱色泽明亮;酸甜适中,有槐花独特的风味;酱体细腻,组织状态均匀一致。

(2) 微生物指标　槐花酱的微生物指标如表4-6所列。

表4-6　槐花酱的微生物指标

项目	GB 2718—2014 标准要求	检验值
菌落总数/(CFU/g)	≤100	10
大肠菌群/(MPN/100 g)	≤30	未检出
霉菌	不得检出	未检出

二、多维低糖槐花果酱

(一) 原料配方

槐花浆6.8 kg,山楂浆1.1 kg,红枣泥0.5 kg,草莓浆1.6 kg,琼脂 10 g,低甲氧基果胶 100 g (加2.5 g钙),木糖醇0.8 kg。

（二）工艺流程

其他果浆、木糖醇、柠檬酸、稳定剂

刺槐花 → 挑选 → 清洗 → 预煮 → 打浆 → 调配 → 浓缩 → 装罐 → 杀菌 → 冷却

成品

（三）操作要点

（1）槐花挑选　从已有大部分小花开放、整体洁白的刺槐枝条上摘花，将槐花花柄及其他异物去净。

（2）清洗、预煮、打浆　将挑选好的刺槐花冲洗干净，放入不锈钢锅内，加水煮沸（槐花与水的质量比为 2∶1），煮沸 15 ~ 20 min。把预煮好的槐花用打浆机打成浆状，过 50 目筛备用。

（3）山楂浆的制作　选取新鲜的山楂，将病果、烂果剔除，将挑选的山楂放入水中浸泡 2 ~ 5 min，清洗 2 ~ 3 次，清洗之后放入锅内煮沸 2 ~ 3 min，冷却去核，用打浆机打浆后备用。

（4）红枣泥的制作　选择品质较好的红枣，剔除病果、烂果和有虫果，在 30 ~ 40 ℃水中清洗 2 ~ 3 次，然后按枣与水的质量比为 1∶4 在 40 ℃恒温下浸泡 24 h，去核，用捣碎机捣烂成泥备用。

（5）草莓浆的制作　挑选新鲜、成熟、香味浓郁的草莓，剔去烂果、次果及果蒂，清洗后沥干，装入塑料袋，置于−18 ~ −12 ℃进行冻藏。用之前取出后于室温下解冻，用打浆机打成浆备用。

（6）调配浓缩　将槐花浆、山楂浆、红枣泥和草莓浆按质量比为 6.8∶1.1∶0.5∶1.6 混合，然后加入 0.1%的琼脂、1%的低甲氧基果胶和 8%的木糖醇。将各种原辅料进行混合调配，然后放入夹层锅中进行加热熬煮，最后用折光计测定浓缩终点，浓缩至可溶性固形物含量不小于 60%结束。低甲氧基果胶在加入前先用水完全溶解，按 1 g 果胶加入 25 mg 钙离子，将果胶分子中的羧基连接，即可形成正常的凝胶。

（7）装罐　为避免果酱在高温下果胶降解和色泽、风味的恶化，应在浓缩后将其迅速装入消过毒的罐容器中，装罐时酱体温度不低于 85 ℃。

（8）杀菌冷却　将装好果酱的罐置于杀菌锅内进行加热，杀菌 5 ~ 10 min，取出后迅速冷却至室温。

（四）产品的质量指标

（1）感官指标　色泽：槐花果酱的色泽呈黄褐色，且均匀一致。香味与滋味：具有浓郁的槐花芳香和混合果酱特有的多种风味，酸甜适口，口感细腻。组织形态：汁液均匀浑浊，呈胶体状，无结晶，稠度适宜。

（2）理化指标　总糖（以转化糖计）不大于15%，可溶性固形物（折光计）不小于60%，总酸（以柠檬酸计）不小于0.2%。

（3）安全指标　铜含量不大于10 mg/kg，铅含量不大于1 mg/kg，砷含量不大于0.5 m/kg；致病菌不得检出。

三、菊花、洛神花复合果酱

（一）原料配方

山楂肉1 kg，干制贡菊37.5 g，干制洛神花50 g，白砂糖550 g。

（二）工艺流程

菊花、洛神花、山楂前处理 → 加热提取果胶 → 过滤 → 滤液加糖浓缩 → 拌入菊花

成品 ← 冷却 ← 杀菌 ← 热灌装

（三）操作要点

（1）菊花前处理　选取花瓣均匀、宽大、无霉烂变质、有菊花特有香气的干制贡菊，贡菊用量为37.5 g，加入8 L水，加热到80 ℃浸提5 min。将过滤出的菊花整齐摆放进行冷却，冷却后将蒂去除，备用。

（2）洛神花前处理　首先，将菊花浸提液加热到85 ℃，放入50 g干制洛神花，维持温度6 min。将过滤出的洛神花冷却，冷却后将蒂去除，备用。

（3）山楂前处理　选取果实新鲜饱满、果皮呈深红色、无虫害、无腐烂、无机械伤的山楂，在清水中清洗后，去除果蒂及核，将果肉切成约1 cm×1.5 cm的小块。将山楂块放入已经配制好的1.5%NaCl溶液中护色，备用。

（4）果胶提取　在洛神花提取液中加水至8 L，将1 kg已护色的山楂与已前处理完成的洛神花同时放入，加热沸腾后维持15 min。

（5）浓缩　果胶提取结束后，用2层滤布将山楂果肉等固体物过滤出来，对滤液进行加热浓缩。在加热的过程中，将550 g白砂糖分2~3次加入，每次加入保证充分溶解，搅拌均匀。待白砂糖加入完毕，对溶液进行连续搅拌防止底部煳锅，直至锅内液体沸腾时气泡由小变大，且有挂壁现象，浓缩完成。

（6）拌入菊花　当浓缩液的中心温度降至75~85 ℃，浓缩液即将出现凝固状态时，将已经处理完成的菊花瓣放入，进行快速搅拌使其在果酱中均匀分散开且无皱缩现象。在果酱还具有流动性时尽快装罐。

菊花、洛神花复合果酱鲜亮度和透明度较高，外观呈紫红色；果酱透明饱满、细腻，菊花瓣均匀分散其中，无皱缩现象；有清香气，菊花、洛神花与山楂三者香气融合恰当；酸甜适口，口感和谐，略带有洛神花和山楂的酸味和菊花的香气。

菊花、洛神花和山楂都属于药食同源性原料，因此菊花、洛神花复合果酱有一定的保健功能，三者的复合使其营养成分的缺陷得到了补充，共同的营养成分得到了强化，具有明目、降血压、降血脂、抗氧化、防癌等功能特性。

四、玫瑰花山楂复合果酱

（一）原料配方

山楂浆 8 kg，玫瑰花 2 kg，白砂糖 5.5 kg，水 4 kg，黄原胶 40 g。

（二）工艺流程

平阴玫瑰花 → 择花瓣 → 清洗 → 剪碎 → 护色 ┐

山楂 → 清洗 → 去蒂、去核 → 护色 → 预煮 → 打浆 ┘

白砂糖+黄原胶

→ 混匀 → 浓缩 → 装罐 → 杀菌 → 成品

（三）操作要点

（1）平阴玫瑰花选取及预处理　选取个大饱满、色泽艳丽的玫瑰花，择取厚实饱满的花瓣。用水将玫瑰花瓣清洗干净，约 15 min 后将沥干水分的玫瑰花瓣用剪刀剪碎。剪碎后的玫瑰花瓣用质量分数为 0.16% 的柠檬酸、0.16% 的苹果酸和 0.31% 的 NaCl 溶液浸泡 5 ~ 8 min，以保护玫瑰花原有色泽，防止在加工过程中天然色素的流失。

（2）山楂预处理　选取新鲜、色泽呈深红色、成熟的山楂为原料，将山楂清洗后去除核和果蒂。去核去蒂后的山楂用质量分数为 2% 的 NaCl 溶液浸泡 8 ~ 10 min 进行护色。把护色处理后的山楂于沸水中预煮 1 ~ 2 min。将预煮好的山楂取出，加入山楂质量 30% 的水，放入均质器中进行打浆，使浆体无大颗粒、分布均匀。

（3）混匀　将剪碎的玫瑰花与山楂浆按照 2:8 的比例混合均匀，利用均质器进一步细化，得到混合浆液。

（4）准备辅料　称取混合浆液质量 55% 的白砂糖，于热水中不断搅拌使其溶解，配制成质量分数为 75% 的糖浆；称取 0.4% 的黄原胶加水溶解，备用。

（5）加热浓缩　将玫瑰花和山楂混合浆液倒入锅中进行浓缩，温度为 70 ~ 80 ℃，时间为 20 ~ 25 min，随后将浆液煮沸，将糖浆分 3 次加入，固形物达到 45% 时，加入黄原胶溶液，直至固形物达到 64% 左右时出锅。

（6）装罐　灌装瓶及瓶盖用前必须清洗干净，在沸水中加热 15 min 灭菌并烘干。浓缩后的果酱趁热迅速装罐，装罐时的温度需不低于 85 ℃，罐装后留 2 ~ 3 mm 顶隙。

（7）杀菌、冷却　将灌装后的果酱于常压杀菌，在 100 ℃沸水中煮沸杀菌 20 min。

杀菌后迅速分段淋水，冷却至 38 ℃。

（四）产品的质量指标

（1）感官指标　色泽：颜色鲜亮均匀，呈现亮红色；香气：有玫瑰花和山楂的清香；味道：清香可口，细腻绵软，酸甜适中；涂抹性：易于涂抹，涂层均匀。

（2）理化指标　可溶性固形物含量为 64%。

（3）微生物指标　大肠杆菌的均值为 2 CFU/g，小于微生物指标可接受水平限量值 10 CFU/g。微生物限量检测结果符合 GB/T 22474—2008《果酱》中微生物限量规定。

五、樱花雪梨低糖复合果酱

（一）原料配方

樱花 1 kg，雪梨 49 kg，白砂糖 8 kg，蛋白糖 150 g，柠檬酸 187.5 g，黄原胶 0.75 kg，氯化钙 200 g。

（二）工艺流程

雪梨 → 清洗 → 去皮 → 切块 → 软化 → 打浆 → 初浓缩 → 加樱花瓣

成品 ← 冷却 ← 杀菌 ← 灌装、排气 ← 再浓缩 ← 加糖液、黄原胶和氯化钙

（三）操作要点

（1）樱花预处理　摘完全展开的樱花，用流水冲洗干净，去除梗部得到樱花花瓣。将樱花瓣用盐水脱涩并杀菌，铺平，待用。

（2）雪梨前处理　挑选新鲜、硬度适中、饱满、无虫害、无腐烂、无机械伤、无畸形的雪梨，在清水中反复清洗，然后削去表皮待用。

（3）加热软化　把削皮的梨肉切成厚 10 mm 的薄片，放入锅中（倒入适量的沸水），并加入事先配制的柠檬酸溶液，加热烫至梨肉变软且微透明。注意应将梨肉在水沸状态下下锅，并快速预煮。柠檬酸可调节水的 pH 值，降低酶的耐热性，达到护色效果。

（4）打浆　将护色和软化处理后的梨肉捞出，用冷水快速冷却，然后将冷却的梨肉打浆 3 次，每次 1 min，暂停 1 min，反复 3 次，得到的梨浆会更细腻。

（5）配料浓缩　将梨浆煮沸后，按樱花与雪梨质量比为 1∶49 的比例加入樱花花瓣，搅拌均匀继续浓缩。浓缩至可溶性固形物含量为 38.5% 即为浓缩终点，加入樱花与雪梨总质量 16% 的白砂糖、0.3% 的蛋白糖、1.5% 的黄原胶、0.4% 的氯化钙，然后继续浓缩搅拌。白砂糖、蛋白糖、黄原胶和氯化钙需在加入前用热水溶解。

（6）装罐　原料装罐前，检查空罐的完好情况，在使用前对罐身和罐盖进行清

洗，然后用沸水煮沸 5 min 消毒。将浓缩好的复合果酱趁热迅速装罐，装入量不超过瓶口上边缘，罐内保留一定的顶隙（4~8 mm）。

（7）密封杀菌、冷却　把罐盖旋紧在瓶口上，用 85℃的水浴杀菌 8 min，再采用水浴分段冷却（80℃→60℃→40℃）法冷却。

（四）产品的质量指标

（1）感官指标　色泽：乳白色，隐约可见粉红色的樱花；滋味和气味：具有淡淡梨香，无异味，酸甜适中；组织状态：稳定的凝胶状，不脱水；口感：细腻，润滑。

（2）理化指标　pH 值 3.53；可溶性固形物含量 38.5%；黏度 24769 mPa·s；糖度 7.0%，符合 GB 22474—2008 的规定。

（3）微生物指标　细菌总数≤100 CFU／100 g；大肠菌群≤30 CFU／100 g；致病菌未检出。

六、玫瑰花酱

（一）原料配方

玫瑰花瓣 1 kg，白砂糖 2.5 kg，果葡糖浆 0.5 kg，柠檬酸 6.4 g，苹果酸 6.4 g，氯化钠 12.4 g。

（二）工艺流程

甜味剂和护色剂
↓
玫瑰花瓣 → 清洗 → 沥干 → 混匀 → 装罐 → 密封 → 腌渍 → 成品

（三）操作要点

（1）原料选择及处理　挑选新鲜的玫瑰花，摘取花瓣，去掉有腐烂与病虫害的花瓣。用清水将选好的玫瑰花瓣清洗干净，沥干表面水分，备用。

（2）混匀　将玫瑰花瓣、白砂糖和果葡糖浆按 1∶2.5∶0.5 的比例混合，加入混合物料质量 0.16%的柠檬酸、0.16%的苹果酸和 0.31%的氯化钠作为护色剂，将原料搅拌均匀后打碎，将玫瑰花与辅料完全融合，花瓣成为黏稠状糕体。

（3）腌渍　将混匀的玫瑰花酱装入已灭过菌的玻璃罐中，室温避光腌渍，每隔 3 d 翻搅 1 次，腌渍时间为 15 d。

（四）产品的质量指标

该工艺制备得到的玫瑰花酱呈玫瑰红色，色泽均匀且自然明亮；玫瑰香味浓郁，酸度适中，口感细腻均匀、柔和，没有涩味；组织均匀，有良好的黏性，无糖水析出，无流散，没有反砂。

七、低糖型桂花-红心火龙果复合花果酱

（一）原料配方

桂花汁：干桂花 0.3 kg，水 10 kg。

低糖型桂花-红心火龙果复合花果酱：红心火龙果汁 1 kg，桂花汁 6 kg，白砂糖 0.56 kg，柠檬酸 14 g，魔芋粉 175 g。

（二）工艺流程

红心火龙果 → 清洗、去皮 → 切块

干桂花 → 挑选、清洗 → 浸泡 → 剁碎 → 打浆 → 混合 → 浓缩 → 灌装 → 杀菌

白砂糖、魔芋粉、柠檬酸　成品 ← 冷却

（三）操作要点

（1）火龙果预处理　挑选新鲜、无病害、无机械损伤的红心火龙果，清洗去皮，将果肉切成块状，倒入打浆机榨汁，至红心火龙果中黑色种子破碎，得到火龙果汁，备用。

（2）桂花预处理　挑选品质良好的干桂花，去除杂物后用水洗净，用热水将桂花泡制为质量分数为 3% 的桂花茶，浸泡 5～10 min 后倒进榨汁机中打浆榨汁，备用。

（3）调配　将红心火龙果汁和桂花汁按照质量比为 1∶6 的比例混合，并依次加入混合浆液质量 8% 的白砂糖、0.2% 的柠檬酸和 2.5% 的魔芋粉，搅拌均匀，置于恒温水浴锅中加热至 90 ℃，边加热边搅拌，使其混合均匀。

（4）加热浓缩　将调配好的物料倒入锅中，于 90 ℃ 加热浓缩，期间不停搅拌，浓缩时间约 20 min，使用手持式折光仪测定可溶性固形物含量，当可溶性固形物含量达到 33% 时立即停止浓缩，迅速出锅。

（5）热灌装、排气　将浓缩好的果酱趁热倒入已高压灭菌消毒的玻璃罐容器中，使用蒸汽排气法排气 10～15 min 后立即密封。注意装罐温度不低于 85 ℃，且出锅分装至密封完毕时长不超过 30 min。

（6）灭菌、冷却　将密封后的复合果酱迅速置于沸水浴中杀菌 15 min，然后分段冷却至室温，擦干玻璃瓶罐表面水渍，贴上标签即为成品。

（四）产品的质量指标

（1）感官质量　色泽：果酱酱体呈绛紫色，色泽均匀有光泽；气味：具有桂花和火龙果特有的香味，香气协调；滋味和口感：口感光滑细腻，酸甜可口；组织状

态：黏稠状合适，无汁液分离，组织状态良好，涂抹性好。

（2）理化指标　可溶性固形物含量为33%；总糖含量为18%；总酸含量为2.1%。

（3）微生物指标　产品的微生物指标均符合GB/T 22474—2008《果酱》标准的要求。

第五章

肉、水产、蛋类酱的加工技术

第一节　畜禽肉类酱

一、牛肉酱

（一）辣椒牛肉酱

1.原料配方

辣椒酱 32 kg，牛肉丁 5.5 kg，熟花生油 1 kg，熟核桃仁 250 g，熟芝麻仁 500 g，熟花生仁（碎料）500 g，桂圆肉（碎颗粒）100 g，食盐 1.1 kg（根据部分原料中的含盐情况按比例减少），白砂糖 1 kg，酱油 1 kg，味精 50 g，黄酒 500 g，甜面酱 2.5 kg，麦芽糊精 1 kg，卡拉胶 500 g，水 2.5 kg 左右。

2.工艺流程

辣椒 → 除杂 → 清洗 → 盐渍 → 绞碎 ┐
　　　　　　　　　　　　　　　　　├→ 调配、熬制 → 装瓶 → 排气、封盖
牛肉 → 除杂 → 腌渍 → 预煮 → 切丁 ┘
　　　　　　　　　　　　成品 ← 检验 ← 杀菌、冷却

3.操作要点

（1）辣椒酱制备　将辣椒柄及不合格部位去除，然后将辣椒清洗干净，捞出沥水，放进不锈钢池或大缸中，每 100 kg 辣椒中加入 5 kg 食盐，搅拌均匀后用洁净的器皿将不锈钢池或大缸顶的辣椒轻轻压住，目的是使辣椒在约 2 d 后全部浸没于盐水中。每 2 天上下翻动辣椒一次，使辣椒盐渍均匀，整个盐渍辣椒的过程需要 8 d。盐渍结束后将辣椒捞出，在电动绞肉机（孔径 1 mm）中将其绞成辣椒碎粒备用。

（2）牛肉丁制备　将牛肉洗干净后，剔除牛肉中的板筋、骨（包括软骨）、淋巴等非肉部位，切成约 15 cm×5 cm 的牛肉条以便进行腌渍。腌渍配方：100 kg 牛肉，3 kg 食盐，2 g 食用亚硝酸钠。腌渍方法：先将亚硝酸钠和食盐拌和均匀，然后

将其加到牛肉中搅拌均匀，在0~4℃冷库里进行腌渍，每天翻动一次，腌渍2d后出库。然后将牛肉放进水中煮沸12min，捞出冷却后切成约6mm见方的肉丁备用。

（3）调配　先将原料配方中的食盐和白砂糖置于夹层锅中加热溶解，经滤布过滤后在滤液中加入辣椒酱、牛肉丁、熟花生油和熟核桃仁等全部主料和辅料，边加热边搅拌，搅拌均匀，保持微沸熬制10min出锅。

（4）装瓶　将清洗干净的瓶和盖在超过85℃的水中预消毒，控干水分，并趁热灌装。

（5）排气、封盖　通过排除多余的气体可减少需氧微生物的污染，并可减少辣椒牛肉酱的色、香、味和营养物质变化，同时可以减轻或者避免因加热杀菌时空气膨胀导致的容器破损及瓶盖凸角和跳盖等现象，因此排气是保障辣椒牛肉酱食用品质及质量安全的关键工艺之一。将趁热灌装的辣椒牛肉酱在排气箱中加热至95℃以上进行排气，从而使装瓶时带入的、瓶内顶隙间的和原料组织空隙的空气尽可能从瓶内排出，当瓶内辣椒牛肉酱的中心温度达到85℃以上时立即用真空旋盖机封盖，使密封后瓶内顶隙内形成部分真空。

（6）杀菌、冷却　采用10min—60min/110℃反压水冷却的杀菌式杀菌、冷却，详细操作如下：封盖后及时杀菌，杀菌锅内水温50℃左右时下锅，升温到110℃（约10min），保持恒温恒压60min后结束，此时停止进蒸汽，并关闭所有阀门。然后让压缩空气进入到杀菌锅内，使杀菌锅内压力提高到0.12MPa，冷却开始，压缩空气和冷却水同时不断地进入锅内，用压缩空气补充锅内压力使杀菌锅内保持恒压，待杀菌锅内水即将充满时，将溢水阀打开，调整压力，随罐头冷却情况逐步相应地降低锅内压力，直至辣椒牛肉酱瓶温降低到45℃左右时出锅。注意反压杀菌冷却操作中必须掌握好杀菌锅内压力、瓶内压力及水温这些关键因素，以防止瓶内压过大而造成瓶变形甚至破裂，从而保证更高的产品合格率。

（7）检验　检查瓶身是否存在裂纹，瓶盖是否封严，是否有油渗出等，抽取样品经37℃保温5d后进行检验，经检验产品合格后贴上产品标签，打检、装箱、出厂。

4.产品主要指标

（1）感官指标　色泽：呈红褐色或淡红色；风味：香味纯正，辣味适中，无异味；杂质：不允许存在。

（2）理化指标　总酸（以醋酸计）≤1%；氯化钠3.5%~5%。

（3）微生物指标　杂菌数≤1000MPN/g；大肠菌群≤30MPN/100g；致病菌（如沙门氏菌、金黄色葡萄球菌、副溶血性弧菌、志贺氏菌等）不得检出。

（二）南瓜牛肉酱

1.原料配方

牛肉500g，南瓜泥120g，辣椒粉120g，调和油600g，瓜子仁50g，花生仁

50 g, 白芝麻仁 50 g, 核桃仁 50 g, 淀粉 30 g, 炒面粉 80 g, 盐 80 g, 味精 10 g, 苯甲酸钠 1.4 g, 酱油少许。

2.工艺流程

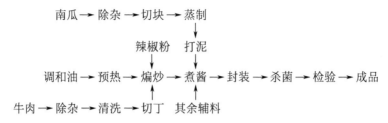

3.操作要点

(1) 牛肉丁制备　选取经卫生检验合格的牛前肩肉或者后臀肉,剔除筋腱和淋巴等非肉部位,用温水将淤血等洗净,将其切成约 1 cm 见方的肉丁备用。

(2) 南瓜泥制备　选取色泽金黄、无病虫害的成熟老南瓜,并用饮用自来水将表面的泥土清洗干净,然后将南瓜切开掏净瓜籽,去皮,再清洗干净。然后将南瓜切分成小块,上笼蒸制约 15 min,再将蒸熟的南瓜搅打成泥糊状备用。

(3) 辅料处理

① 辣椒粉制备　将干红辣椒去除辣椒柄和其他不合格部分,放入粉碎机中粉碎或者直接采用成品辣椒粉。

② 瓜子仁制备　将五香瓜子去壳留仁备用。

③ 花生仁制备　选用优质花生米炒熟去皮,或者选用市售五香花生米,用刀斩碎或者用料理机轻微粉碎即可,避免过度粉碎影响咀嚼感及风味。

④ 白芝麻仁制备　选用白色、成熟、饱满、皮薄多油的当年新鲜芝麻,用微火炒至香气十足,但要避免炒焦导致的特有香味丢失。

⑤ 核桃仁制备　用文火将核桃仁炒出香味,并去掉核桃仁的皮,然后用刀将炒好的核桃仁切碎。注意炒的时候要掌握好火候,避免核桃仁皮焦化而影响产品外观。

⑥ 炒面粉制备　将精制面粉放入锅中炒制至微黄色并散发出面香味。

(4) 调配　待上述原料都准备好之后,将调和油倒入锅中加热,微热时倒入辣椒粉让其充分吸油,产生特有的辣椒香气,待辣椒颜色红亮时加入牛肉丁进行煸炒,煸炒至牛肉变色炒熟散发出肉香后,将剩余的主料、辅料按一定顺序加入锅内,首先加入南瓜泥进行翻炒,将它们混合均匀,并伴随南瓜香味散发,随后加入炒面粉、花生仁、瓜子仁、核桃仁、芝麻仁、淀粉、水及盐,边加热边翻炒均匀,并保持微沸,最后加入味精。

(5) 煮酱　在煮酱过程中不断翻拌使各种主料、辅料充分混合均匀,并防止糊锅底,用小火在不断翻拌中再熬制 10 ~ 15 min,最后加入苯甲酸钠后立即起锅。

(6) 真空灌装封袋　将熬制好的南瓜牛肉酱趁热装入内衬为锡箔的塑料包装袋

中。在灌装过程中要注意边搅拌边灌装以保证南瓜牛肉酱的均匀性，并且灌装温度不能低于85℃，以更好地防止微生物污染，灌装好后应快速趁热封口。将酱料包装袋放入真空包装机里，在0.06~0.08 MPa的压力环境下进行排气，热封3~5 s。

（7）杀菌　将封装好的南瓜牛肉酱放入杀菌锅中，在121℃下杀菌30 min，然后冷却到45℃以下出锅。

（8）检验出厂　将冷却出锅的南瓜牛肉酱放入恒温培养箱中，37℃保温检验7 d，每天观察是否存在胀袋现象。7 d后取出观察，若无胀袋现象，则进一步开袋对其色、香、味有无异常变化进行感官检验，并可通过理化检验和微生物学检验来对杀菌效果进行进一步评价。经检验产品合格后贴上产品标签，打检、装箱、入库或出厂。

4.产品主要指标

（1）感官指标　色泽：酱体呈有光泽的红褐色。香气：散发浓郁的牛肉、南瓜、花生、瓜子、芝麻、核桃和辣椒的复合香气。味道：咸辣适中，香辣且肉味突出。形态：红褐色肉酱有红油包裹，且各种主料、辅料均匀分布。

（2）理化指标　砷≤0.5 mg/kg；铜≤0.5 mg/kg；铅≤1.0 mg/kg；黄曲霉毒素 B_1≤5.0 μg/kg；苯甲酸钠≤0.5 g/kg；氯化钠≤7%。

（3）微生物指标　细菌总数≤2000 CFU/g；大肠菌群≤30 MPN/100 g；致病菌（如沙门氏菌、金黄色葡萄球菌、副溶血性弧菌、志贺氏菌等）不得检出。

（三）枸杞黄豆牛肉酱

1.原料配方

黄牛肉3000 g，枸杞1200 g，黄豆2200 g，甜面酱1800 g，橄榄油800 g，白砂糖600 g，纯净水400 g，食盐400 g，料酒和五香粉少许。

2.工艺流程

新鲜黄牛肉 → 除杂 → 清洗 → 切丁

橄榄油 → 预热 → 炒制 → 装罐 → 排气、封盖 → 杀菌、冷却 → 检验

料酒、食盐、黄豆、枸杞、甜面酱、花椒面、五香粉等辅料　　　　　成品

3.操作要点

（1）牛肉丁制备　采用符合食品安全标准的新鲜黄牛肉，剔除黄牛肉中的黏膜和筋皮等非肉部分，将淤血等洗净后切成0.5~1 cm见方的黄牛肉丁备用。

（2）枸杞制备　剔除发黑、干瘪的枸杞，并去除碎石等杂质，洗净，加入清水泡发25 min左右，使枸杞涨发柔软，捞出备用。

（3）黄豆制备　剔除发黑、霉变等劣质黄豆，并去除碎石等杂质，加入清水泡发24 h左右，洗净，备用。

（4）炒制　向夹层锅中加入橄榄油，预热 2 min 左右后加入预先处理好的黄牛肉丁，转为大火爆炒，加入料酒和食盐，保持此火候进行 8 min 左右的翻炒，然后将黄豆和枸杞加入夹层锅中，加入纯净水后再加入五香粉、甜面酱和白砂糖等继续翻炒，直至黄豆香味溢出、枸杞色泽鲜艳为止，此过程大约共需要 16 min 左右。

（5）装罐　将清洗干净的瓶和盖在超过 85℃ 的水中预消毒，控干水分，并趁热将炒制好的枸杞黄豆牛肉酱进行定量灌装，旋上瓶盖，但不要完全旋紧。

（6）排气、封盖　将趁热灌装的枸杞黄豆牛肉酱在排气箱中加热至 95℃ 以上进行排气，从而使装瓶时带入的、瓶内顶隙间的和原料组织空隙的空气尽可能从瓶内排出，当瓶内枸杞黄豆牛肉酱的中心温度达到 85℃ 以上时立即用真空旋盖机封盖，使密封后瓶内顶隙内形成部分真空。

（7）杀菌、冷却　采用高温水浴锅 100℃ 保持 30 min 进行杀菌，然后空气自然冷却，擦干玻璃瓶表面的水分。

（8）保温检验　于 37℃ 保温 5 d，经检验产品合格后贴上产品标签，打检、装箱、出厂。

4.产品主要指标

（1）感官指标　色泽：色泽饱满，呈深褐色；风味：豆香和肉香完美融合；口感：肉质细腻，唇齿留香；组织状态：较浓稠且质地均匀。

（2）理化指标　氯化钠 3.5%～5%。

（3）微生物指标　细菌总数≤2000 CFU/g；大肠菌群≤30 MPN/100 g；致病菌（如沙门氏菌、金黄色葡萄球菌、副溶血性弧菌、志贺氏菌等）不得检出。

（四）胡萝卜香辣牛肉酱

1.原料配方

牛肉 3000 g，新鲜红辣椒 2000 g，胡萝卜 1500 g，调和油 1000 g，大蒜 500 g，食盐 350 g，大葱 250 g，明胶 150 g，白砂糖 100 g，磷酸三钠 6 g，维生素 E 3.6 g，食用亚硝酸钠 120 mg，亚硫酸氢钠 100 mg，柠檬酸 2 g，乙二胺四乙酸（EDTA）400 mg，味精、生姜、浓香型白酒、白胡椒和黑胡椒等香辛料适量。

2.工艺流程

```
                  牛肉 → 除杂 → 腌渍
                               ↓
        姜、葱、蒜        绞碎
           ↓              ↓
调和油 → 预热 → 炒制 → 煮酱 → 装瓶 → 排气、封盖 → 杀菌、冷却 → 检验 → 成品
           ↓              ↓
     胡萝卜、红辣椒    明胶、磷酸三钠、香辛料
```

3.操作要点

（1）牛肉制备　选用符合食品安全标准的肉色鲜红的新鲜牛肉，要求牛肉的肥

肉率≤5%，剔除牛肉中的板筋、骨（包括软骨）、淋巴等非肉部位，将淤血等洗净；或者选用冷冻的精牛肉，解冻后应呈现鲜红色，要求脱水失重≤8%。将牛肉、食用亚硝酸钠、浓香型白酒、食盐和香辛料搅拌均匀，室温腌渍 1 h，然后用绞肉机绞成牛肉糜备用。

（2）胡萝卜制备　去除根须、损伤甚至腐烂部位，洗净，用绞肉机绞成颗粒备用。

（3）辣椒制备　挑选个体完好的新鲜红辣椒，去除辣椒蒂，洗净，沥干，按原料配方中亚硫酸氢钠、柠檬酸和 EDTA 的配比量对辣椒进行 30 min 浸泡护色处理，然后将辣椒捞出粉碎备用。

（4）炒制　将调和油倒入锅中，快速加热升温至 170 ℃左右，加入姜片炒至微焦，加入葱末和蒜末炒至微香，再加入胡萝卜，最后加入红辣椒，让其充分吸油，产生鲜亮颜色及特有的辣椒香气。

（5）煮酱　按配方的配比量加入牛肉糜，并在煮沸过程中不断搅拌使各种主料、辅料充分混合均匀，并防止煳锅底。沸腾后改用小火在不断翻拌中再熬制 25 ~ 30 min，在煮酱后期加入明胶、磷酸三钠和香辛料进行增稠、保水和调香。

（6）装瓶　将煮好的胡萝卜香辣牛肉酱趁热装入干燥洁净的四旋玻璃瓶中，灌装时要注意避免将酱料散落在瓶口，否则容易导致微生物污染，装料预留 8 ~ 10 mm 顶隙。

（7）排气、封盖　装瓶后沸水加热至胡萝卜香辣牛肉酱中心温度达到 95 ℃以上进行排气，从而使装瓶时带入的、瓶内顶隙间的和原料组织空隙的空气尽可能从瓶内排出，排气 10 min 后立即用真空旋盖机封盖或手动封盖（量少时）。

（8）杀菌、冷却　采用 10 min—60 min/110 ℃反压水冷却的杀菌式杀菌、冷却。尽量快速冷却，避免胡萝卜香辣牛肉酱长时间受热导致色泽暗淡。

（9）检验　检查瓶身是否存在裂纹，瓶盖是否封严，是否有油渗出等，经检验产品合格后贴上产品标签，打检、装箱、出厂。

4.产品主要指标

（1）感官指标　色泽：鲜艳有光泽，呈红色或者红棕色；形态：黏稠度适中，质地均匀，有胡萝卜和牛肉等细小颗粒，允许少量油脂分离或析出；风味：咸鲜适口，酱香、酯香和肉香完美融合，无焦煳等异味；杂质：无肉眼可见杂质。

（2）理化指标　氯化钠 5% ~ 6%；蛋白质≥10%；脂肪≥12%；水分≤62%；总酸（以乳酸计）≤1.8%。

（3）微生物指标　细菌总数≤2000 CFU/g；大肠菌群≤30 MPN/100 g；致病菌（如沙门氏菌、金黄色葡萄球菌、副溶血性弧菌、志贺氏菌等）不得检出。

（五）香菇牛肉酱

1.原料配方

牛肉丁 20 kg，香菇丁 8 kg，豆瓣酱 25 kg，植物油 12 kg，玉米淀粉 2 kg，洋葱粒 8 kg，大蒜粒 1 kg，辣酱 8 kg，白砂糖 8 kg，黄酒 5 kg，食盐 1 kg，味精 0.5 kg。

2.工艺流程

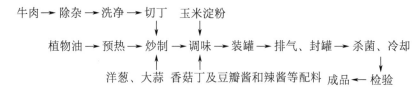

3.操作要点

（1）牛肉丁制备　选用符合食品安全标准的新鲜牛肉，剔除牛肉中的板筋、骨（包括软骨）、淋巴等非肉部位，淤血等洗净后将其切成约 1 cm 见方的牛肉丁备用。

（2）香菇丁制备　用温水将干香菇浸泡 2～4 h。如果是鲜香菇，则浸泡时需要在浸泡液中加入 0.03% 的焦亚硫酸钠进行护色处理，防止颜色发暗影响产品感官品质。洗净后将较大的香菇四开或者稍小的香菇对开，然后切成约 0.4 cm 的条状香菇丁，尽量大小均匀。

（3）打酱　将豆瓣酱（色泽正常，黏稠适度，水分含量≤16%，食盐含量 12%～15%）和辣酱（色泽红褐，酱香味辣，食盐含量 12%～14%）加少量水，用筛孔直径为 0.8 mm 的打酱机分别打酱备用。

（4）炒制　将植物油加入夹层锅中加热，然后加入大蒜粒和洋葱粒熬香，再加入牛肉丁炒熟。

（5）调味　加入香菇丁、豆瓣酱、辣酱、食盐和黄酒等配料，加热至沸腾，最后加入稀释后的玉米淀粉，边加边搅拌，继续加热至香菇牛肉酱温度达到 85～90℃时出锅。

（6）装罐　将香菇牛肉酱搅拌均匀后趁热灌装，装料时预留约 1 cm 顶隙。

（7）排气、封罐　装罐后用沸水加热香菇牛肉酱进行排气，从而使装罐时带入的、罐内顶隙间的和原料组织空隙的空气尽可能从瓶内排出，至香菇牛肉酱中心温度达到 85℃以上后立即密封。或用真空封罐机在真空度 200～250 mmHg（1 mmHg=133.322 Pa）下密封。

（8）杀菌、冷却　采用 10 min—50 min/115℃平压冷却的杀菌式杀菌、冷却。

（9）检验　将罐擦净，于（37±2）℃保温 5～7 d 后，敲音，产品合格后贴上产品标签，打检、装箱、出厂。

4.产品主要指标

（1）感官指标　色泽：酱红色至酱褐色，油色红亮。形态：黏稠度适中，酱体细腻均匀，牛肉丁组织硬度适中。杂质：无肉眼可见杂质。

（2）理化指标　氯化钠 5%～6%。

（3）微生物指标　汞≤0.1 mg/kg；砷≤0.5 mg/kg；铅≤1.0 mg/kg；铜≤5.0 mg/kg；

锡≤200 mg/kg；大肠菌群≤30 MPN/100 g，致病菌（如沙门氏菌、金黄色葡萄球菌、副溶血性弧菌、志贺氏菌等）不得检出。

（六）杏鲍菇香辣牛肉酱

1.原料配方

牛肉 3 kg，杏鲍菇 800 g，黄豆酱 2 kg，花生 500 g，花生油 1.2 kg，辣椒 2 kg，大蒜 200 g，食盐 80 g，鸡精 60 g，白糖 40 g，料酒 40 g，蒜粉 20 g，丁香粉 20 g，姜 20 g，姜粉 10 g，花椒粉 10 g，增稠剂适量。

2.工艺流程

牛肉 → 除杂 → 腌渍 → 预煮 → 切丁

花生油 → 预热 → 爆炒 → 调味 → 装瓶 → 排气、封瓶 → 杀菌、冷却

姜、蒜、黄豆酱　　杏鲍菇、辣椒粉和食盐等　　　　　　成品 ← 检验
　　　　　　　　　调味料、增稠剂

3.操作要点

（1）牛肉丁制备　选用符合食品安全标准的新鲜牛肉，剔除筋骨等，将淤血等洗净后腌制入味，然后放入高压蒸汽锅蒸熟，将其切成约 1 cm 见方的牛肉丁备用。

（2）杏鲍菇丁制备　选择形态完整、颜色鲜亮、白色略带微黄、无霉味、异味、质地干脆而不碎的杏鲍菇，洗净灰尘等杂质，然后放入温水中泡发 2～3 h，沥干，切丁，煸干备用。

（3）花生碎制备　将形态完整、颗粒饱满的花生米放入炒锅中煸干水分以增加花生的香气和酥脆的口感，去除红衣，压制成花生碎，备用。

（4）辣椒粉制备　选择形态完整、颜色鲜亮、无霉变和虫害的干辣椒，洗净，剔除辣椒籽，沥干，用粉碎机将其粉碎成辣椒粉。

（5）爆炒　加入花生油，大火使油温快速升至180℃左右，放入蒜末和生姜丝，煸炒出香味后加入黄豆酱继续煸炒至香气浓郁，在爆炒过程中要注意控制好油温和翻炒频率，避免煳锅影响产品的感官品质。

（6）调味　加入牛肉丁、杏鲍菇、花生碎及料酒、辣椒粉和食盐等调味料，加热至沸腾，最后加入稀释后的增稠剂，边加边搅拌，搅拌均匀后出锅。

（7）装瓶　将搅拌均匀的杏鲍菇香辣牛肉酱趁热装入干燥洁净的四旋玻璃瓶中，灌装时要注意避免将酱料散落在瓶口，否则容易导致微生物污染，装料时预留 1 cm 左右的顶隙。

（8）排气、封瓶　装瓶后用沸水加热杏鲍菇香辣牛肉酱进行排气，从而使装瓶时带入的、瓶内顶隙间的和原料组织空隙的空气尽可能从瓶内排出，至杏鲍菇香辣牛肉酱中心温度达到 85℃以上后立即用真空旋盖机封盖或手动封盖（量少时）。

（9）杀菌、冷却　采用 10 min—60 min/110℃反压水冷却的杀菌式杀菌、冷却。

（10）检验　检查瓶身是否存在裂纹，瓶盖是否封严，是否有油渗出等，经检验产品合格后贴上产品标签，打检、装箱、出厂。

4.产品主要指标

（1）感官指标　色泽：红中透着白色，油润鲜亮有光泽；形态：均匀酱状；风味：香辣可口，牛肉和杏鲍菇的鲜香味完美融合，无苦涩和焦煳等异味；杂质：无肉眼可见杂质。

（2）理化指标　蛋白质≥10%；脂肪≥12%；总酸（以乳酸计）≤1.8%。

（3）微生物指标　细菌总数<2000 CFU/g；大肠菌群≤30 MPN/100 g；致病菌（如沙门氏菌、金黄色葡萄球菌、副溶血性弧菌、志贺氏菌等）不得检出。

（七）指天椒风味牛肉酱

1.原料配方

牛肉 4.5～5.5 kg，指天椒 1～1.5 kg，黄豆酱 1.2～1.6 kg，调和油 1～1.5 kg，花生 200 g，白芝麻 100 g，酱油 200～400 g，白砂糖 200～400 g，料酒 200 g，食盐 100 g，姜、蒜适量。

2.工艺流程

```
                          姜、蒜、指天椒
                               ↓
牛肉 → 除杂 → 切丁 → 预煮 → 炒制 → 调味 → 装瓶 → 排气 → 封瓶 → 杀菌、冷却
                               ↑
              黄豆酱、白芝麻和碎花生米            成品 ← 检验
```

3.操作要点

（1）牛肉丁制备　选用肉色鲜红而有光泽的新鲜牛肉，剔除筋腱、脂肪和淋巴，将淤血等洗净后，将其切成约 1 cm 见方的牛肉丁。将牛肉丁放入锅中，加入水、料酒、食盐等调味品进行预煮，煮沸后保持 8～10 min 充分去除牛肉的腥味，去除血沫，捞出备用。

（2）指天椒碎制备　选择形态完整，色泽均匀光亮、呈红色或深红色，无虫害、霉味、异味，长度为 4～7 cm 的指天椒，去除指天椒的柄，洗净灰尘等杂质，沥干表面水分，剁碎备用。

（3）黄豆酱制备　选用红褐色或棕褐色，咸甜适口，具有酱香味，无苦、涩、焦煳及其他不良气味、滋味和异味，稠度适中的黄豆酱。

（4）花生碎制备　将形态完整、颗粒饱满的花生米放入烧热的调和油中，用中火对花生米进行油炸。油炸好后捞出冷却，去除红衣，斩碎备用。

（5）熟芝麻制备　采用小火炒制白芝麻，待到白芝麻香气溢开则停止加热。注意炒制时不宜过熟，也不要炒焦，这样才能更好地保持白芝麻特有的香气。

（6）炒制　将调和油倒入锅中烧热，倒入预煮过的牛肉丁，快速翻炒，将其慢

慢炒干，捞出牛肉丁备用。

（7）调味 将调和油倒入油锅中，大火使油温快速升至180℃左右，倒入蒜末、生姜末和指天椒末爆炒，不断翻炒直至蒜、姜和指天椒的香味溢出，加入黄豆酱和牛肉丁继续翻炒5 min，再加入熟制白芝麻和碎花生米进一步翻炒，直到酱体黏稠、酱香浓郁。在翻炒过程中要注意控制好油温和翻炒频率，避免出现焦味和煳锅影响产品的感官品质。

（8）装瓶 将搅拌均匀的指天椒风味牛肉酱趁热装入干燥洁净的四旋玻璃瓶中，灌装时要注意避免将酱料散落在瓶口，否则容易导致微生物污染，装料时预留1 cm左右的顶隙。

（9）排气、封瓶 装瓶完成后立即旋盖，但要留有一定的缝隙，然后将瓶子放入自动封装机进行抽真空排气，排气完成后立即封瓶。

（10）杀菌、冷却 将封瓶后的指天椒风味牛肉酱产品放入立式压力蒸汽灭菌锅中进行高压杀菌，采用121℃杀菌20~30 min，然后冷却至室温。

（11）检验 检查瓶身是否存在裂纹，瓶盖是否封严，是否有油渗出等，经检验产品合格后贴上产品标签，打检、装箱、出厂。

4.产品主要指标

（1）感官指标 色泽：呈鲜艳的酱红色，油润而有光泽；形态：黏稠适中，呈半流体状；风味：咸淡适中，味鲜醇厚，酱香浓郁，无苦涩、焦煳及其他不良气味、滋味和异味；杂质：无肉眼可见杂质。

（2）理化指标 水分含量≤30%；食盐含量≤15%。

（3）微生物指标 细菌总数≤2000 CFU/g；大肠菌群≤30 MPN/100 g；致病菌（如沙门氏菌、金黄色葡萄球菌、副溶血性弧菌、志贺氏菌等）不得检出。

（八）牛蒡牛肉酱

1.原料配方

牛肉3.5 kg，牛蒡2 kg，豆瓣酱3.5 kg，食盐100 g，白砂糖400 g，干辣椒粉400 g，花椒粉75 g，五香粉25 g。

2.工艺流程

牛蒡丁、调味料

牛肉 → 除杂 → 切丁 → 预煮 → 熬制 → 装瓶 → 排气、封瓶 → 杀菌、冷却 → 检验 → 成品

3.操作要点

（1）牛肉丁制备 选用肉色红润而有弹性的新鲜牛肉，将淤血等洗净后，剔除大块脂肪和淋巴等，将其切成约1 cm见方的牛肉丁，倒入锅中，沸水煮10 min后

捞出备用。

(2) 牛蒡丁制备 选择干燥、无霉变、无虫蛀、无杂草或泥沙等杂质，且气味清香的牛蒡根，将其切成约 1 cm 见方的牛蒡丁备用。

(3) 熬制 将牛肉丁、牛蒡丁和调味料（豆瓣酱、食盐、白砂糖、干辣椒粉、花椒粉、五香粉）加水熬制，不断搅拌直至酱体黏稠、肉香溢出。

(4) 装瓶 将搅拌均匀的牛蒡牛肉酱趁热装入干燥洁净的四旋玻璃瓶中，灌装时要注意避免将酱料散落在瓶口，否则容易导致微生物污染，装料时预留 1 cm 左右的顶隙。

(5) 排气、封瓶 装瓶完成后立即旋盖，但要留有一定的缝隙，然后将瓶子放入自动封装机进行抽真空排气，排气完成后立即封瓶。

(6) 杀菌、冷却 将封瓶后的牛蒡牛肉酱产品放入立式压力蒸汽灭菌锅中进行高压杀菌，采用 121℃杀菌 20～30 min，然后冷却至室温。

(7) 检验 检查瓶身是否存在裂纹，瓶盖是否封严等，经检验产品合格后贴上产品标签，打检、装箱、出厂。

4.产品主要指标

(1) 感官指标 色泽：色泽红亮；形态：黏稠适中；风味：咸淡适中，兼具牛肉肉香和牛蒡的特殊香气，无异味；杂质：无肉眼可见杂质。

(2) 理化指标 食盐含量≤6%。

(3) 微生物指标 细菌总数≤2000 CFU/g；大肠菌群≤30 MPN/100 g；致病菌（如沙门氏菌、金黄色葡萄球菌、副溶血性弧菌、志贺氏菌等）不得检出。

（九）麻辣牛蒡牛肉酱

1.原料配方

牛肉 5.5 kg，牛蒡干粉 4.5 kg，海天黄豆酱 10 kg，调和油 4 kg，食盐 200 g，干朝天椒 400 g，干花椒粉 450 g，五香粉、葱、姜、蒜、白砂糖、酱油（老抽）、味精适量。

2.工艺流程

```
        牛肉丁、牛蒡粉和海天黄豆酱
                ↓
调和油 → 预热 → 炸制 → 熬制 → 装瓶 → 排气、封瓶 → 杀菌、冷却 → 检验
              ↑      ↑                                      ↓
           葱、姜、蒜  调味料                                 成品
```

3.操作要点

(1) 牛肉丁制备 选用肉色红润而有弹性的新鲜牛肉，剔除大块脂肪和淋巴等，将淤血等洗净后，将其切成约 1 cm 见方的牛肉丁备用。

(2) 炸制 将调和油大火加热至约 185℃，加入葱段、姜片、蒜块炸制 3～

5 min，用漏勺将固形物捞出。

（3）熬制　将牛肉丁、牛蒡粉和海天黄豆酱倒入调和油中熬制 10~15 min，再加入调味料（食盐、味精、干朝天椒粉、干花椒粉、五香粉）混合熬制，不断搅拌直至酱体黏稠、肉香溢出。

（4）装瓶　将搅拌均匀的麻辣牛蒡牛肉酱趁热装入干燥洁净的四旋玻璃瓶中，灌装时要注意避免将酱料散落在瓶口，否则容易导致微生物污染，装料时预留 1 cm 左右的顶隙。

（5）排气、封瓶　装瓶完成后立即旋盖，但要留有一定的缝隙，然后将瓶子放入自动封装机进行抽真空排气，排气完成后立即封瓶。

（6）杀菌、冷却　将封瓶后的麻辣牛蒡牛肉酱产品放入立式压力蒸汽灭菌锅中进行高压杀菌，采用 121℃杀菌 20~30 min，然后冷却至室温。

（7）检验　检查瓶身是否存在裂纹，瓶盖是否封严，是否有油渗出等，经检验产品合格后贴上产品标签，打检、装箱、出厂。

4.产品主要指标

（1）感官指标　色泽：油润有光泽，色泽适中；形态：黏稠适中，牛肉粒突出；风味：牛肉肉香和牛蒡的特殊香气饱满，麻辣香气协调，麻辣适中，味道鲜咸适中协调；杂质：无肉眼可见杂质。

（2）理化指标　食盐含量≤6%。

（3）微生物指标　细菌总数≤2000 CFU/g；大肠菌群≤30 MPN/100 g；致病菌（如沙门氏菌、金黄色葡萄球菌、副溶血性弧菌、志贺氏菌等）不得检出。

（十）茶树菇牛肉酱

1.原料配方

牛腱肉 2 kg，茶树菇 1.2 kg，郫县豆瓣酱 3.5 kg，橄榄油 800 g，香油 200 g，葱 350 g，蒜 350 g，姜 200 g，白砂糖 300 g，料酒 250 g，盐 150 g，味精 100 g，水 600 g，茴香 24 g，八角 16 g，桂皮 10 g，花椒 16 g，浓缩卤汁 1.3 L。

2.工艺流程

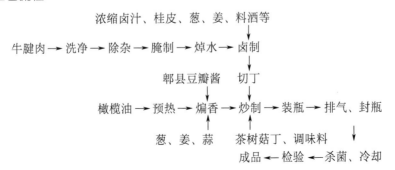

3.操作要点

(1) 牛腱肉制备 将牛腱肉洗净后，剔除脂肪和筋膜等，加4%的食盐均匀涂抹于牛腱肉表面，腌制24 h，冷水下锅焯水至断生备用。

(2) 茶树菇丁制备 选择干净、形态完整的茶树菇，洗净，温水浸泡20 min，将其切割成约0.5 cm见方的茶树菇丁备用。

(3) 卤制 取浓缩卤汁1.3 L，加入10倍体积的清水，加入茴香24 g、八角16 g、桂皮10 g、花椒16 g、葱40 g、姜40 g、料酒200 g，沸腾后加入牛腱肉，继续加热煮至牛腱肉内部成熟，然后改为小火保持沸腾卤煮3 h，将卤好的牛腱肉切成约1 cm见方的牛腱肉丁备用。

(4) 炒制 将橄榄油加入锅中加热至沸腾，放入蒜末及剩余的葱末和姜末煸炒出香味，加入郫县豆瓣酱继续炒至有浓郁香气溢出，依次加入酱卤牛腱肉丁、茶树菇丁、调味料（白砂糖、味精、剩余的盐和料酒），不停翻炒防止粘锅，临出锅前淋入香油，翻炒均匀后出锅。

(5) 装瓶 将翻炒均匀的茶树菇牛肉酱趁热装入干燥洁净的四旋玻璃瓶中，灌装时要注意避免将酱料散落在瓶口，否则容易导致微生物污染，装料时预留1 cm左右的顶隙。

(6) 排气、封瓶 装瓶完成后立即旋盖，但要留有一定的缝隙，然后将瓶子放入自动封装机进行抽真空排气，排气完成后立即封瓶。

(7) 杀菌、冷却 将封瓶后的茶树菇牛肉酱产品放入立式压力蒸汽灭菌锅中进行高压杀菌，采用121℃杀菌20 min，然后冷却至室温。

(8) 检验 检查瓶身是否存在裂纹，瓶盖是否封严，是否有油渗出等，经检验产品合格后贴上产品标签，打检、装箱、出厂。

4.产品主要指标

(1) 感官指标 色泽：红润油亮；形态：黏稠适中，酱料均匀分布；风味：口味鲜香，牛肉和茶树菇香气浓郁，咸甜适中；杂质：无肉眼可见杂质。

(2) 理化指标 食盐含量≤6%。

(3) 微生物指标 细菌总数≤2000 CFU/g；大肠菌群≤30 MPN/100 g；致病菌（如沙门氏菌、金黄色葡萄球菌、副溶血性弧菌、志贺氏菌等）不得检出。

(十一) 麻辣牛肉酱

1.原料配方

鲜辣椒16 kg，牛肉8 kg，色拉油9.6 kg，甜面酱8 kg，花生1.6 kg，白芝麻1.6 kg，食盐3.2 kg，鲜生姜1.6 kg，冰糖1.6 kg，味精0.8 kg，花椒粉0.8 kg，白酒0.8 kg，苯甲酸钠26.8 g。

2.工艺流程

牛肉 → 除杂 → 洗净 → 切丁   辣椒

色拉油 → 预热 → 炒制 → 调味 → 装瓶 → 排气、封瓶 → 杀菌、冷却

甜面酱、花生米、核桃仁、白芝麻及各种调味料

成品 ← 检验

3.操作要点

(1) 牛肉丁制备　选用符合食品安全标准的牛前肩肉或后臀肉,剔除筋腱、脂肪和淋巴,将淤血等洗净后,将其切成约 1 cm 见方的牛肉丁。

(2) 辣椒制备　选择形态完整,色泽均匀光亮,呈红色或深红色,无虫害、霉味、异味的优质辣椒,去除辣椒柄,洗净灰尘等杂质,沥干表面水分,剁碎备用。在无鲜辣椒的季节可采用约 1/5 的干辣椒粉代替。

(3) 核桃仁制备　用文火将核桃仁炒出香味,去皮,斩碎或用料理机轻微粉碎,备用。炒的时候要把握好火候,防止核桃仁皮焦化。

(4) 花生米制备　将成熟、形态完整、颗粒饱满的花生米加入香辛料炒制成五香花生米(或直接购买市售五香花生米),去除红衣,斩碎或用料理机轻微粉碎,备用。

(5) 熟芝麻制备　选择白色、成熟、饱满、干燥、皮薄、油多的当年产新鲜芝麻。采用微火炒制白芝麻,待到白芝麻香气充足则停止加热。注意炒制时不宜过熟,也不要炒焦,这样才能更好地保持白芝麻特有的香气。

(6) 炒制　将色拉油倒入夹层锅中烧热,油烧至六成熟,倒入牛肉丁,快速翻炒至牛肉变色成熟。

(7) 调味　加入辣椒炒至产生辣椒特有的香气,颜色亮红,随后加入甜面酱、花生米、核桃仁、白芝麻及各种调味料(食盐、预先用水稍溶解的冰糖、鲜生姜、花椒粉、白酒、味精)。每加入一种原料或调味料都要进行翻搅,使各种原辅料充分混合均匀,避免出现焦味和煳锅影响产品的感官品质。加料结束后用小火在不断翻搅中再继续煮制 25 ~ 30 min,出锅前加入苯甲酸钠搅匀。

(8) 装瓶　将搅拌均匀的麻辣牛肉酱趁热装入干燥洁净的四旋玻璃瓶中,灌装时要注意避免将酱料散落在瓶口,否则容易导致微生物污染,装料时预留 1 cm 左右的顶隙。

(9) 排气、封瓶　装瓶完成后立即旋盖,但要留有一定的缝隙,然后将瓶子放入自动封装机进行抽真空排气,排气完成后立即封瓶。

(10) 杀菌、冷却　将封瓶后的麻辣牛肉酱产品放入立式压力蒸汽灭菌锅中进行高压杀菌,采用 121℃杀菌 15 min,然后冷却至室温。

(11) 检验　检查瓶身是否存在裂纹,瓶盖是否封严,是否有油渗出等,经检验产品合格后贴上产品标签,打检、装箱、出厂。

4.产品主要指标

(1) 感官指标　色泽：红润油亮；形态：上层为红油，下层酱料为深红色，芝麻和花生等均匀分布；风味：麻辣鲜香，牛肉、花生、芝麻、核桃仁等香气浓郁；杂质：无肉眼可见杂质。

(2) 理化指标　食盐含量6%～7%；砷≤0.5 mg/kg；铅≤1.0 mg/kg；黄曲霉毒素B_1≤5.0 μg/kg；食品添加剂符合GB 2760相关规定。

(3) 微生物指标　细菌总数≤2000 CFU/g；大肠菌群≤30 MPN/100 g；致病菌（如沙门氏菌、金黄色葡萄球菌、副溶血性弧菌、志贺氏菌等）不得检出。

(十二) 松茸牛肉酱

1.原料配方

牛肉10 kg，色拉油2890 g，白砂糖50 g，香油50 g，料酒300 g，胡椒粉20 g，松茸冻干粉60 g，酱油140 g，黄豆酱6200 g，淀粉224 g，香辛料、葱和姜适量。

2.工艺流程

牛肉 → 除杂 → 洗净 → 切丁　　酱油、料酒、黄豆酱、胡椒粉等调味料，
　　　　　　　　　　　　　　　　松茸冻干粉，香油
色拉油 → 煸炒 → 炒制 → 调味 → 装瓶 → 排气、封瓶 → 杀菌、冷却
香辛料、葱和姜　　　　　　　　　　　　　　　成品 ← 检验

3.操作要点

(1) 牛肉丁制备　选用符合食品安全标准的牛肉，剔除表面筋膜和淋巴，将淤血等用温水洗净，将其切成约1 cm见方的牛肉丁。

(2) 葱油制备　将色拉油烧热，加入稍微复水的香辛料和姜片煸炒，待姜片卷曲散发出香气后放入大葱段，继续煸炒至姜片干瘪后用漏勺滤出姜片、葱段和香辛料，葱油备用。

(3) 炒制　将制备好的葱油烧热，加入牛肉丁进行炒制。

(4) 调味　加入酱油和料酒，炒出香气倒入黄豆酱，炒至酱香浓郁、颜色棕红，最后放入白砂糖和胡椒粉进行调味，其间保持小火持续翻炒，避免黄豆酱煳锅。待水分蒸发、酱汁收稠后，加入预先溶于水的淀粉，继续收稠，加入松茸冻干粉和香油，待酱汁完全包裹牛肉丁后出锅。

(5) 装瓶　将翻炒均匀的松茸牛肉酱趁热装入干燥洁净的四旋玻璃瓶中，灌装时要注意避免将酱料散落在瓶口，否则容易导致微生物污染，装料时预留1 cm左右的顶隙。

(6) 排气、封瓶　装瓶完成后立即旋盖，但要留有一定的缝隙，然后将瓶子放入自动封装机进行抽真空排气，排气完成后立即封瓶。

（7）杀菌、冷却 将封瓶后的松茸牛肉酱产品放入立式压力蒸汽灭菌锅中进行高压杀菌，采用 121℃杀菌 30 min，然后冷却至室温。

（8）检验 检查瓶身是否存在裂纹，瓶盖是否封严，是否有油渗出等，经检验产品合格后贴上产品标签，打检、装箱、出厂。

4.产品主要指标

（1）感官指标 色泽：棕红油亮；形态：稠度适宜，酱汁完全包裹牛肉丁；风味：肉香和酱香浓郁，鲜香滋味突出，有嚼劲，牛肉和松茸香气完美融合；杂质：无肉眼可见杂质。

（2）理化指标 食盐含量≤6%；总酸（以乳酸计）<2%；氨基酸态氮≥0.4%；脂肪≥7%。

（3）微生物指标 细菌总数≤2000 CFU/g；大肠菌群≤30 MPN/100 g；致病菌（如沙门氏菌、金黄色葡萄球菌、副溶血性弧菌、志贺氏菌等）不得检出。

（十三）香辣鸡枞菌牛肉酱

1.原料配方

鸡枞菌 1 kg，牛肉 750 g，色拉油 1 kg，辣椒粉 600 g，黄豆酱 300 g，淀粉 300 g，熟花生仁 200 g，豆豉 250 g，食盐 100 g，生姜 100 g，洋葱 100 g，鸡精 50 g，料酒 50 g，白砂糖 50 g，大蒜 50 g，白芝麻 25 g，胡椒粉 25 g，花椒粉 25 g，十三香粉 25 g。

2.工艺流程

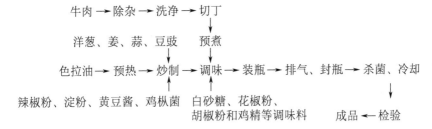

3.操作要点

（1）牛肉丁制备 选用符合食品安全标准的新鲜牛肉，剔除筋腱、脂肪和淋巴，将淤血等洗净后，将其切成约 0.4 cm 见方的牛肉丁，预煮 25 min 后，捞出备用。

（2）鸡枞菌制备 挑选优质新鲜的鸡枞菌：伞盖呈现均匀的蛋黄色，且直径 3cm 以上；菌柄光滑而内实，且长 3.5 cm 以上。将挑选出的鸡枞菌放入 1% 的食盐（不包含在配方食盐的量中）水中浸泡 10 min 进行护色，然后洗净，沥干，切成约 0.5 cm 见方的鸡枞菌丁备用。

（3）花生制备 将形态完整、颗粒饱满的花生仁置于烤盘里，放入烤箱烤熟（把握好时间和温度，避免不熟或烤煳），然后待花生仁冷却至室温，脱皮，绞成小碎粒备用。

（4）炒制　将色拉油倒入锅中烧热，倒入洋葱、姜、蒜、豆豉等原料翻炒 5 min，然后加入辣椒粉，炒出香味后加入淀粉和黄豆酱，炒出酱香味道，加入鸡枞菌翻炒 2 min。

（5）调味　加入预熟的牛肉丁，然后加入白砂糖、花椒粉、胡椒粉、鸡精、食盐调味，继续翻炒 5 min，加入料酒、熟白芝麻和十三香粉，出锅。

（6）装瓶　将搅拌均匀的香辣鸡枞菌牛肉酱趁热装入干燥洁净的四旋玻璃瓶中，灌装时要注意避免将酱料散落在瓶口，否则容易导致微生物污染，装料时预留 1 cm 左右的顶隙。

（7）排气、封瓶　装瓶完成后立即旋盖，但要留有一定的缝隙，然后将瓶子放入自动封装机进行抽真空排气，排气完成后立即封瓶。

（8）杀菌、冷却　将封瓶后的香辣鸡枞菌牛肉酱产品放入立式压力蒸汽灭菌锅中进行高压杀菌，采用 118℃ 杀菌 17 min，然后分段冷却至室温。

（9）检验　检查瓶身是否存在裂纹，瓶盖是否封严，是否有油渗出等，经检验产品合格后贴上产品标签，打检、装箱、出厂。

4.产品主要指标

（1）感官指标　色泽：红褐色，颜色鲜亮，油润有光泽；形态：酱体浓稠适中，组织细腻均匀，无分层；风味：酱香浓郁，咀嚼感良好，口感细腻，香辣味适中，牛肉香气和鸡枞菌特有香气完美融合；杂质：无肉眼可见杂质。

（2）理化指标　食盐含量≤6%。

（3）微生物指标　细菌总数≤2000 CFU/g；大肠菌群≤30 MPN/100 g；致病菌（如沙门氏菌、金黄色葡萄球菌、副溶血性弧菌、志贺氏菌等）不得检出。

二、鸡肉酱

（一）川味香菇鸡肉酱

1.原料配方

鸡肉丁 1700 g，干香菇 1200 g，干辣椒 2000 g，葵花籽油 5500 g，蒜 600 g，葱 500 g，姜 300 g，食盐 500 g，绵白糖 200 g，红花椒粉 100 g，丁香粉 20 g，桂皮粉 20 g，八角粉 50 g，小茴香粉 10 g。

2.工艺流程

鸡肉 → 切丁 → 洗净 → 腌制　辣椒酱等调味料

葵花籽油 → 预热 → 炒制 → 调味 → 装瓶 → 排气、封瓶 → 杀菌、冷却

蒜、香菇丁　　　　　　　　　　　　　　成品 ← 检验

3.操作要点

(1) 鸡肉丁制备　将符合食品安全标准的冷鲜鸡腿肉切成约 1 cm 见方的鸡肉丁，用冷水将血污等冲洗干净，沥干，加入适量的食盐、姜片和葱段腌制 7 min，备用。

(2) 香菇丁制备　挑选形态完整的干香菇，洗净，用约 40 ℃温水将干香菇浸泡 40 min 至其完全水发，去除杂质，将菌柄与菌盖分离，并切约 0.5 cm 见方的香菇丁，备用。

(3) 辣椒酱制备　挑选形态完整、无霉变腐烂、无病虫害的干辣椒，去除其梗和籽，用冷水洗净，用约 55 ℃温水浸泡 5 h 至表皮柔软，剁成辣椒碎。将葵花籽油倒入锅中烧热，加入姜和蒜小火翻炒出香味，加入辣椒碎继续翻炒，直至辣椒碎与葵花籽油充分混匀、酱体黏稠、酱色红亮，然后加入食盐和红花椒粉，即得辣椒酱。

(4) 炒制　将葵花籽油倒入锅中烧热，加入蒜瓣煸炒出蒜香味，然后加入香菇丁炒干水分，再将鸡肉丁倒入一起翻炒，直至鸡肉丁八成熟。

(5) 调味　加入辣椒酱，与鸡肉丁和香菇丁一起小火翻炒均匀，然后加入丁香粉、八角粉、小茴香粉和桂皮粉进行调香，加入绵白糖和水，焖煮 25 min 至香菇丁和鸡肉丁入味、上色，大火收汁，出锅。

(6) 装瓶　将搅拌均匀的川味香菇鸡肉酱趁热装入干燥洁净的四旋玻璃瓶中，灌装时要注意避免将酱料散落在瓶口，否则容易导致微生物污染，装料时预留 1 cm 左右的顶隙。

(7) 排气、封瓶　装瓶完成后立即旋盖，但要留有一定的缝隙，然后将瓶子放入自动封装机进行抽真空排气，排气完成后立即封瓶。

(8) 杀菌、冷却　将封瓶后的川味香菇鸡肉酱放入立式压力蒸汽灭菌锅中进行高压杀菌，采用 121 ℃杀菌 20 min，然后冷却至室温。

(9) 检验　检查瓶身是否存在裂纹，瓶盖是否封严，是否有油渗出等，经检验产品合格后贴上产品标签，打检、装箱、出厂。

4.产品主要指标

(1) 感官指标　色泽：棕红色，油色清亮；形态：酱体黏稠适宜，均匀；风味：滋味鲜辣爽口而不燥，油润味足，鸡肉和香菇丁鲜香扑鼻；杂质：无肉眼可见杂质。

(2) 理化指标　食盐含量≤6%。

(3) 微生物指标　细菌总数≤2000 CFU/g；大肠菌群≤30 MPN/100 g；致病菌（如沙门氏菌、金黄色葡萄球菌、副溶血性弧菌、志贺氏菌等）不得检出。

(二) 杏鲍菇鸡肉酱

1.原料配方

杏鲍菇 3900 g，鸡胸肉 1300 g，黄豆酱 650 g，辣椒粉 260 g，玉米淀粉 65 g，

料酒 78 g，低钠食盐 65 g，鸡精 65 g，白砂糖 52 g。

2.工艺流程

鸡肉 → 洗净 → 切丁　　食盐和鸡精等调味料，玉米淀粉
　　　　　　　　　　　　↓　　　　↓
调和油 → 预热 → 熬制 → 调味 → 装瓶 → 排气、封瓶 → 杀菌、冷却 → 检验
　　　　　　↑　　　　　　　　　　　　　　　　　　　　　　　　　↓
杏鲍菇、黄豆酱、辣椒粉　　　　　　　　　　　　　　　　　　　成品

3.操作要点

（1）鸡肉丁制备　选取符合食品安全标准的冷鲜鸡胸肉，将血污等冲洗干净，沥干，切成约 0.5 cm 见方的鸡肉丁，备用。

（2）杏鲍菇丁制备　挑选形态完整的新鲜杏鲍菇，洗净，沥干，去除杂质，切成约 0.5 cm 见方的杏鲍菇丁，备用。

（3）熬制　将调和油倒入锅中烧热，加入杏鲍菇和鸡胸肉炒制，然后加入黄豆酱、辣椒粉和适量的水，搅拌熬制。

（4）调味　加入食盐、鸡精、白砂糖和料酒调味，出锅前加入用水溶解的玉米淀粉，继续熬制到酱体黏稠但不粘锅时出锅。

（5）装瓶　将搅拌均匀的杏鲍菇鸡肉酱趁热装入干燥洁净的四旋玻璃瓶中，灌装时要注意避免将酱料散落在瓶口，否则容易导致微生物污染，装料时预留 1 cm 左右的顶隙。

（6）排气、封瓶　装瓶完成后立即旋盖，但要留有一定的缝隙，然后将瓶子放入自动封装机进行抽真空排气，排气完成后立即封瓶。

（7）杀菌、冷却　将封瓶后的杏鲍菇鸡肉酱放入立式压力蒸汽灭菌锅中进行高压杀菌，采用 121℃杀菌 15 min，然后冷却至室温。

（8）检验　检查瓶身是否存在裂纹，瓶盖是否封严，是否有油渗出等，经检验产品合格后贴上产品标签，打检、装箱、出厂。

4.产品主要指标

（1）感官指标　色泽：颜色鲜亮，酱体表面油色清亮；形态：酱料质地均匀，可见清晰颗粒分布；风味：咸辣爽口，酱香浓郁，杏鲍菇和鸡肉鲜香扑鼻；杂质：无肉眼可见杂质。

（2）理化指标　食盐含量≤6%；总砷≤0.5 mg/kg；铅≤1.0 mg/kg；汞≤0.01 mg/kg；镉≤0.05 mg/kg；黄曲霉毒素 B_1≤5.0 μg/kg。

（3）微生物指标　细菌总数≤2000 CFU/g；大肠菌群≤30 MPN/100 g；致病菌（如沙门氏菌、金黄色葡萄球菌、副溶血性弧菌、志贺氏菌等）不得检出。

三、猪肉酱

（一）香菇猪肉酱

1.原料配方

猪肉 500 g，干香菇 300 g，豆豉 500 g，大豆油 2000 g，辣豆瓣酱 250 g，辣椒粉 250 g，白砂糖 200 g，食盐 100 g，味精 100 g，葱 100 g，姜 75 g，蒜 75 g，花椒粉 25 g，山梨酸钾 4 g。

2.工艺流程

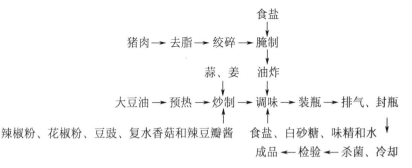

3.操作要点

（1）油炸猪肉粒制备　选取符合食品安全标准的新鲜猪肉，修去多余脂肪，用绞肉机绞碎。按猪肉量的2%加入食盐，腌制8~10 h，然后在150℃左右油温下油炸1 min，备用。

（2）香菇粒制备　加入3倍干香菇量的水，将干香菇浸泡1 h左右进行复水，沥干多余水分，绞碎备用。

（3）炒制　将大豆油加入夹层锅中加热，加入蒜泥和姜翻炒5 min，然后加入辣椒粉、花椒粉、豆豉、复水香菇和辣豆瓣酱翻炒5 min。

（4）调味　加入油炸猪肉粒、食盐、白砂糖、味精和适量的水，继续炒制至猪肉粒成熟，出锅前加入山梨酸钾翻炒均匀。

（5）装瓶　将搅拌均匀的香菇猪肉酱趁热装入干燥洁净的四旋玻璃瓶中，灌装时要注意避免将酱料散落在瓶口，否则容易导致微生物污染，装料时预留1 cm左右的顶隙。

（6）排气、封瓶　装瓶完成后立即旋盖，但要留有一定的缝隙，然后将瓶子放入自动封装机进行抽真空排气，排气完成后立即封瓶。

（7）杀菌、冷却　将封瓶后的香菇猪肉酱放入沸水浴中杀菌15 min，然后快速分段冷却至室温。

（8）检验　检查瓶身是否存在裂纹，瓶盖是否封严，是否有油渗出等，经检验产品合格后贴上产品标签，打检、装箱、出厂。

4.产品主要指标

（1）感官指标　色泽：颜色红亮；形态：有适宜的红油层，猪肉粒和香菇粒分布均匀且清晰可见；风味：酱香浓郁，猪肉粒和香菇粒鲜香扑鼻；杂质：无肉眼可见杂质。

（2）理化指标　食盐含量≤6%。

（3）微生物指标　细菌总数≤2000 CFU/g；大肠菌群≤30 MPN/100 g；致病菌（如沙门氏菌、金黄色葡萄球菌、副溶血性弧菌、志贺氏菌等）不得检出。

（二）番茄猪肉酱

1.原料配方

五花肉 2 kg，番茄 2.4 kg，调和油 1.6 kg，豆瓣酱 640 g，水 16 kg，生姜 480 g，大蒜 480 g，大葱 400 g，白砂糖 160 g，食用盐 80 g，料酒 80 g，味精 80 g，辣椒粉 8 g，花椒粉 8 g。

2.工艺流程

```
                猪肉 → 绞碎     豆瓣酱、番茄汁
                        ↓            ↓
调和油 → 预热 → 炒制 → 调味 → 装瓶 → 排气、封瓶 → 杀菌、冷却 → 检验 → 成品
                ↑            ↑
            葱、姜、蒜    白砂糖、食用盐、味精等调味料
```

3.操作要点

（1）猪肉粒制备　选取符合食品安全标准的新鲜猪五花肉，用绞肉机绞成细小颗粒，备用。

（2）番茄汁制备　选用颜色鲜红、表面光滑、无病变的优质番茄，洗净，放入沸水中煮 3 min，捞出冷却后去除表皮，切成小块，放入搅拌机中制备番茄汁，备用。

（3）炒制　将调和油加入锅中加热，加入葱、姜、蒜翻炒出香味后捞出，然后加入五花肉和料酒翻炒 1 min。

（4）调味　加入豆瓣酱翻炒出酱香味后加入番茄汁和少量水，中火熬制至酱体浓稠，加入白砂糖、食用盐、味精、辣椒粉和花椒粉等各种调味料进行调味，搅拌均匀，出锅。

（5）装瓶　将搅拌均匀的番茄猪肉酱趁热装入干燥洁净的四旋玻璃瓶中，灌装时要注意避免将酱料散落在瓶口，否则容易导致微生物污染，装料时预留 1 cm 左右的顶隙。

（6）排气、封瓶　装瓶完成后立即旋盖，但要留有一定的缝隙，然后将瓶子放入自动封装机进行抽真空排气，排气完成后立即封瓶。

（7）杀菌、冷却　将封瓶后的番茄猪肉酱放入立式压力蒸汽灭菌锅中进行高压杀菌，采用 121 ℃杀菌 15 min，然后冷却至室温。

（8）检验　检查瓶身是否存在裂纹，瓶盖是否封严，是否有油渗出等，经检验产品合格后贴上产品标签，打检、装箱、出厂。

4.产品主要指标

（1）感官指标　色泽：酱体油亮，光泽度好；形态：酱体均匀，流动性较好；风味：味道鲜美，咸淡适中，酱香浓郁，口感细腻，猪肉和番茄味道突出，肉咀嚼性好；杂质：无肉眼可见杂质。

（2）理化指标　食盐含量≤6%。

（3）微生物指标　细菌总数≤2000 CFU/g；大肠菌群≤30 MPN/100 g；致病菌（如沙门氏菌、金黄色葡萄球菌、副溶血性弧菌、志贺氏菌等）不得检出。

（三）牛蒡香菇猪肉酱

1.原料配方

新鲜牛蒡3200 g，新鲜香菇800 g，猪肉1000 g，豆瓣酱2000 g，色拉油1000 g，白砂糖500 g，干辣椒400 g，姜200 g，洋葱200 g，黄酒200 g，香辛料200 g，熟芝麻100 g，味精100 g，花生100 g。

2.工艺流程

牛蒡 → 洗净 → 去皮 → 护色 → 腌制 → 脱盐 → 切丁 → 炸制

猪肉 → 洗净 → 切丁 → 炸制　　　　白砂糖等调味料

色拉油 → 预热 → 炒制 → 调味 → 装瓶

芝麻、花生、辣椒、洋葱、姜、豆瓣酱

香菇 → 去杂 → 护色 → 洗净 → 切丁 → 腌制 → 炸制

成品 ← 检验 ← 杀菌、冷却 ← 排气、封瓶

3.操作要点

（1）猪肉丁制备　选用符合食品安全标准的新鲜猪里脊肉，将血污等冲洗干净，切成约0.5 cm见方的猪肉丁，备用。

（2）香菇丁制备　挑选菇形圆整、菌肉肥厚、菌褶白色整齐、菌柄短粗、菌盖下卷、大小均匀的鲜嫩香菇作为原料，除去香菇根部，放入浓度为1%的食盐水中浸泡10 min进行护色，捞出洗净，切成约0.5 cm见方的香菇丁，放入3%的大料水中浸泡2 h，捞出，沥干，待锅内色拉油的油温升至160℃左右时将香菇丁倒入锅内，炸至金黄色后捞出备用。

（3）牛蒡丁制备　选择无机械损伤、糠心和病斑，且粗细均匀的新鲜牛蒡作为原料，洗净，去皮，切成15 cm左右的段，立刻投入护色液（含0.5%抗坏血酸、0.5%柠檬酸和0.5%氯化钙）中护色30 min。然后将牛蒡段投入浓度为18%的食盐水（此

外含 0.5%的异抗坏血酸钠）中腌制 5 d，捞出用清水脱盐，沥干，切成约 0.5 cm 见方的牛蒡丁，待锅内色拉油的油温升至 160℃左右时将牛蒡丁倒入锅内，炸制 5 min 捞出备用。

（4）炒制　将色拉油倒入锅中加热，待油温升至 140℃左右时加入事先已经炒熟的芝麻和花生，快速翻炒，然后加入约 0.5 cm 长的辣椒段，炸出香味（控制好炸制温度和时间，避免炸制过度产生焦煳味），加入洋葱末和姜末，爆出香味，再加入豆瓣酱炒出酱香味（控制好炸制温度和时间，避免炸制时间短造成酱体香味不够丰满及炸制过度产生焦煳味和苦味），加入猪肉丁，炒制 5 min 左右。

（5）调味　加入炸好的牛蒡丁和香菇丁及白砂糖、香辛料，煮沸 10 min，起锅前加入黄酒和味精。

（6）装瓶　将搅拌均匀的牛蒡香菇猪肉酱趁热装入干燥洁净的四旋玻璃瓶中，灌装时要注意避免将酱料散落在瓶口，否则容易导致微生物污染，装料时预留 1 cm 左右的顶隙。

（7）排气、封瓶　装瓶完成后立即旋盖，但要留有一定的缝隙，然后将瓶子放入自动封装机进行抽真空排气，排气完成后立即封瓶。

（8）杀菌、冷却　将封瓶后的牛蒡香菇猪肉酱放入立式压力蒸汽灭菌锅中进行高压杀菌，采用 115℃杀菌 20 min，然后分段冷却至室温。

（9）检验　检查瓶身是否存在裂纹，瓶盖是否封严，是否有油渗出等，经检验产品合格后贴上产品标签，打检、装箱、出厂。

4.产品主要指标

（1）感官指标　色泽：颜色鲜亮，红色与褐色相间，油润有光泽；形态：浓稠适中，组织细腻均匀，牛蒡粒、香菇粒与猪肉粒分布均匀，无分层；风味：酱香浓郁，有猪肉的香味，具有香菇和牛蒡特有的风味，咀嚼感良好，牛蒡脆嫩，口感细腻，味道鲜美，甜辣味适中，无焦煳、苦涩及其他异味；杂质：无肉眼可见杂质。

（2）理化指标　食盐含量≤6%。

（3）微生物指标　细菌总数≤2000 CFU/g；大肠菌群≤30 MPN/100 g；致病菌（如沙门氏菌、金黄色葡萄球菌、副溶血性弧菌、志贺氏菌等）不得检出。

（四）羊肚菌猪肉酱

1.原料配方

猪肉 1900 g，羊肚菌 700 g，菜籽油 5000 g，花生碎 300 g，白芝麻 300 g，辣椒面 1000 g，蒜 400 g，姜 300 g，食用盐 300 g，花椒粉 150 g，白砂糖 100 g，胡椒粉 100 g，味精 50 g。

2.工艺流程

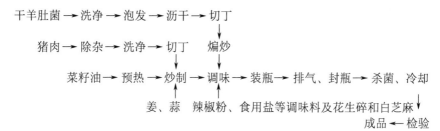

3.操作要点

(1) 猪肉丁制备　将符合食品安全标准的新鲜猪精瘦肉，去除筋膜，将血污等冲洗干净，沥干，切成约0.5 cm见方的猪肉丁，备用。

(2) 羊肚菌丁制备　挑选无损伤、无霉变、无腐烂、无虫害的优质干羊肚菌，洗净，放入温水中泡发2~3 h进行复水，沥干，切成约0.5 cm见方的羊肚菌丁，放入锅中煸干、煸香，备用。

(3) 花生碎制备　待菜籽油油温六成热时，将成熟、形态完整、颗粒饱满的花生米倒入，小火翻炒至花生米呈深红色，熟香飘溢，捞出控油，自然冷却至室温，去除花生红衣，压制成花生碎，备用。

(4) 熟芝麻制备　选择白色、成熟、饱满、干燥、皮薄、油多的当年产新鲜芝麻。采用微火炒制白芝麻，待到白芝麻香气充足则停止加热。注意炒制时不宜过熟，也不要炒焦，这样才能更好地保持白芝麻特有的香气。

(5) 炒制　将菜籽油倒入锅中加热至七八成热时，依次倒入姜末、蒜末、精瘦肉丁，大火爆香2~3 min。

(6) 调味　加入羊肚菌及辣椒粉、食用盐、花椒粉、白砂糖和胡椒粉等调味料，文火翻炒8~10 min，加入花生碎和白芝麻翻炒均匀，出锅。

(7) 装瓶　将搅拌均匀的羊肚菌猪肉酱趁热装入干燥洁净的四旋玻璃瓶中，灌装时要注意避免将酱料散落在瓶口，否则容易导致微生物污染，装料时预留1 cm左右的顶隙。

(8) 排气、封瓶　装瓶完成后立即旋盖，但要留有一定的缝隙，然后将瓶子放入自动封装机进行抽真空排气，排气完成后立即封瓶。

(9) 杀菌、冷却　将封瓶后的羊肚菌猪肉酱放入立式压力蒸汽灭菌锅中进行高压杀菌，采用121℃杀菌20 min，然后分段冷却至室温。

(10) 检验　检查瓶身是否存在裂纹，瓶盖是否封严，是否有油渗出等，经检验产品合格后贴上产品标签，打检、装箱、出厂。

4.产品主要指标

(1) 感官指标　色泽：色泽亮红，油色清亮有光泽；形态：均匀酱状，浓稠适宜；风味：香辣爽口，有精瘦肉和羊肚菌的鲜香味，气味协调，香气纯正，无焦煳、苦涩及其他异味；杂质：无肉眼可见杂质。

（2）理化指标　食盐含量≤6%；酸价（以脂肪计，KOH）≤5.0 mg/g；过氧化值（以脂肪计）≤0.25 g/100 g。

（3）微生物指标　细菌总数≤2000 CFU/g；大肠菌群≤30 MPN/100 g；致病菌（如沙门氏菌、金黄色葡萄球菌、副溶血性弧菌、志贺氏菌等）不得检出。

（五）香辣香菇火腿酱

1.原料配方

火腿丁 1100 g，干香菇 300 g，油辣椒 4800 g，盐坯辣椒 700 g，大豆油 400 g，火腿油 400 g，豆瓣酱 400 g，大蒜 600 g，黄酒 500 g，生姜 500 g，芝麻 300 g，食用盐 200 g，醋 200 g，白砂糖 300 g，味精 100 g。

2.工艺流程

```
                                 香菇丁
                                   ↓
辣椒 → 去柄 → 粉碎 → 浸油 ┐
                          ├→ 调配、熬制 → 装瓶 → 排气、封瓶 → 杀菌、冷却
火腿 →      切丁 ┘                                              ↓
                                   ↑
                                 各种调味料                    成品 ← 检验
```

3.操作要点

（1）碎火腿肉丁制备　将火腿分割时剔下的碎肉切成约 0.3 cm 见方的碎火腿肉丁，备用。

（2）香菇丁制备　挑选无霉变的干香菇，浸泡，煮软，切成约 0.5 cm 见方的香菇丁，备用。

（3）油辣椒制备　挑选形态完整、无霉变腐烂、无病虫害、色泽鲜红的干辣椒，去除辣椒柄，用粉碎机将干辣椒粉碎，装入不锈钢桶中，将 90℃左右的食用油（大豆油和火腿油）慢慢倒入其中，边倒边搅拌，直至辣椒粉全部被食用油浸润。

（4）调配、熬制　按配方将各种原辅料倒入夹层锅中，边加热边搅拌，烧开后熬制 5 min。

（5）装瓶　将熬制好并搅拌均匀的香辣香菇火腿酱趁热装入干燥洁净的四旋玻璃瓶中，灌装时要注意避免将酱料散落在瓶口，否则容易导致微生物污染，装料时预留 1 cm 左右的顶隙。

（6）排气、封瓶　装瓶完成后立即旋盖，但要留有一定的缝隙，然后将瓶子放入自动封装机进行抽真空排气，排气完成后立即封瓶。

（7）杀菌、冷却　将封瓶后的香辣香菇火腿酱放入立式压力蒸汽灭菌锅中进行高压杀菌，采用 121℃杀菌 15 min，然后分段冷却至室温。

（8）检验　检查瓶身是否存在裂纹，瓶盖是否封严，是否有油渗出等，抽取样

品经 37℃保温 10 d 后进行检验，经检验产品合格后贴上产品标签，打检、装箱、出厂。

4.产品主要指标

（1）感官指标　色泽：红色或红棕色，油润有光泽；形态：黏稠适中，组织细腻均匀，无水析出；风味：味辣爽口，味鲜回甜，具有辣椒和火腿特有的芳香气味，香气纯正；杂质：无肉眼可见杂质。

（2）理化指标　食盐含量≤6%。

（3）微生物指标　细菌总数≤2000 CFU/g；大肠菌群≤30 MPN/100 g；致病菌（如沙门氏菌、金黄色葡萄球菌、副溶血性弧菌、志贺氏菌等）不得检出。

（六）川味香辣腊肉酱

1.原料配方

腊肉 2550 g，黄豆酱 1050 g，菜籽油 8100 g，干辣椒 1500 g，郫县豆瓣酱 600 g，干花生米 300 g，蒜瓣 750 g，酱油 300 g，鸡精 90 g，食用盐 75 g，白砂糖 45 g，姜粉 15 g，花椒粉 15 g，香砂粉 15 g，小茴香粉 9 g，椒盐粉 9 g，黑胡椒粉 7.5 g，桂皮粉 3 g，丁香粉 3 g，八角粉 3 g。

2.工艺流程

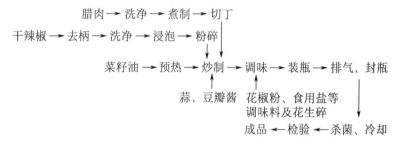

3.操作要点

（1）腊肉丁制备　用热水将腊肉表面烟熏造成的黑渍洗净，煮制 10 min，捞出，用切肉机切成约 0.6 cm 见方的腊肉丁，倒入含少许精炼菜籽油的锅中煸炒至水分完全蒸发，并有少量油脂浸出，捞出备用。

（2）辣椒酱制备　挑选形态完整、无霉变腐烂、无病虫害、色泽鲜红、形状较长且较粗的干辣椒（辣味适中），去除辣椒柄，洗净，温水浸泡 4～5 h，完全湿软后捞出沥干，粉碎。

（3）花生碎制备　待菜籽油油温六成热时，将成熟、形态完整、颗粒饱满的花生米倒入，小火翻炒至花生米呈深红色，熟香飘溢，捞出控油，自然冷却至室温，去除花生红衣，压制成花生碎，备用。

（4）炒制　将菜籽油倒入锅中加热至七成热时，倒入蒜末爆香，然后加入辣椒酱，炸出香味（控制好炒制温度不超过 150℃，避免炒制过度产生焦煳味），再加入郫县豆瓣酱炒出酱香味（控制好炒制温度和时间，避免炒制时间短造成酱体香味不够丰满及炒制过度产生焦煳味和苦味）。加入腊肉丁，炒制 5 min 左右。

（5）调味　加入食用盐、花椒粉、白砂糖、香砂粉、小茴香粉、椒盐粉、黑胡椒粉、桂皮粉、丁香粉和八角粉等调味料及花生碎，文火翻炒 3 min 左右，翻炒均匀后出锅。

（6）装瓶　将翻炒均匀的川味香辣腊肉酱趁热装入干燥洁净的四旋玻璃瓶中，灌装时要注意避免将酱料散落在瓶口，否则容易导致微生物污染，装料时预留 1 cm 左右的顶隙。

（7）排气、封瓶　装瓶完成后立即旋盖，但要留有一定的缝隙，然后将瓶子放入自动封装机进行抽真空排气，排气完成后立即封瓶。

（8）杀菌、冷却　将封瓶后的川味香辣腊肉酱放入立式压力蒸汽灭菌锅中进行高压杀菌，采用 121℃杀菌 15 min，然后分段冷却至室温。

（9）检验　检查瓶身是否存在裂纹，瓶盖是否封严，是否有油渗出等，经检验产品合格后贴上产品标签，打检、装箱、出厂。

4.产品主要指标

（1）感官指标　色泽：颜色鲜亮，红色与褐色相间，油润有光泽；形态：均匀酱状；风味：味辣爽口，腊肉的烟熏味足，酱香浓郁，气味协调，无焦煳、酸、苦及其他不良异味；杂质：无肉眼可见杂质。

（2）理化指标　食盐含量≤6%。

（3）微生物指标　细菌总数≤2000 CFU/g；大肠菌群≤30 MPN/100 g；致病菌（如沙门氏菌、金黄色葡萄球菌、副溶血性弧菌、志贺氏菌等）不得检出。

四、羊肉酱

1.原料配方

（1）麻辣味配方　羊肉 5400 g，蔬菜（等量的番茄酱、胡萝卜和洋葱）900 g，花生 180 g，白芝麻 90 g，植物油 300 g，食盐 108 g，白砂糖 180 g，酱油 150 g，味精 54 g，花椒 120 g，胡椒 27 g，辣椒 150 g，孜然 18 g，八角 36 g，茴香 18 g，姜粉 36 g，豆瓣酱 180 g。

（2）咸辣味配方　羊肉 5400 g，蔬菜（等量的番茄酱、胡萝卜和洋葱）900 g，花生 180 g，白芝麻 90 g，植物油 300 g，食盐 144 g，白砂糖 180 g，酱油 120 g，味精 45 g，花椒 18 g，胡椒 27 g，辣椒 150 g，孜然 45 g，八角 27 g，茴香 18 g，姜粉 18 g，豆瓣酱 240 g。

（3）咸甜味配方　羊肉 5400 g，蔬菜（等量的番茄酱、胡萝卜和洋葱）900 g，花生 180 g，白芝麻 90 g，植物油 300 g，食盐 108 g，白砂糖 480 g，酱油 120 g，味精 63 g，花椒 18 g，胡椒 18 g，孜然 36 g，八角 18 g，姜粉 36 g，豆瓣酱 240 g，甜面酱 300 g。

（4）孜然味配方　羊肉 5400 g，蔬菜（等量的番茄酱、胡萝卜和洋葱）900 g，花生 180 g，白芝麻 90 g，植物油 300 g，食盐 108 g，白砂糖 180 g，酱油 90 g，味精 45 g，花椒 18 g，胡椒 18 g，辣椒 54 g，孜然 180 g，八角 18 g，茴香 18 g，姜粉 27 g，豆瓣酱 180 g。

2.工艺流程

3.操作要点

（1）羊肉粒制备　选择符合食品安全标准的肉质细嫩、膻味较小的新鲜绵羊肉，剔净羊骨，切除皮筋和淋巴组织，将血污及表面污物等冲洗干净，切成细肉条，然后用斩拌机或绞肉机将羊肉绞成约 0.5 cm 见方的羊肉粒，备用。

（2）花生碎制备　待植物油油温六成热时，将成熟、形态完整、颗粒饱满的花生米倒入，小火翻炒至花生米呈深红色，熟香飘溢，捞出控油，自然冷却至室温，去除花生红衣，压制成花生碎，备用。

（3）熟芝麻制备　选择白色、成熟、饱满、干燥、皮薄、油多的当年产新鲜芝麻。采用微火炒制白芝麻，待到白芝麻香气充足则停止加热。注意炒制时不宜过熟，也不要炒焦，这样才能更好地保持白芝麻特有的香气。

（4）炒制　将植物油倒入锅中加热至开始起烟时（约 200 ℃），倒入羊肉，不停翻炒，炒至锅内羊肉的大部分水分蒸发掉。

（5）调味　将各种调味料按不同风味类型产品的配比加入锅中，翻炒至锅内羊肉水分完全蒸发时，加入复合蔬菜（胡萝卜、番茄酱和洋葱），补加适量的水，先用大火将肉酱烧开 5 min，然后改用文火熬煮至羊肉完全软熟。在起锅前加入炒花生碎、熟白芝麻和味精，翻炒均匀，出锅。

（6）装瓶/袋　将翻炒均匀的复合蔬菜羊肉酱趁热装入干燥洁净的四旋玻璃瓶中，灌装时要注意避免将酱料散落在瓶口，否则容易导致微生物污染，装料时预留 0.5 cm 左右的顶隙，以防止杀菌时热胀顶开瓶盖。或者选用安全无毒、耐高温且真空度高的蒸煮袋对复合蔬菜羊肉酱进行灌装，灌装时不宜太满，以便于封口。

（7）排气、封瓶/袋　装瓶完成后立即旋盖，但要留有一定的缝隙，然后将瓶子放入自动封装机进行抽真空排气，排气完成后立即封瓶。袋装灌装结束之后用真空封口机排气后将袋口封严实。

（8）杀菌、冷却　将封瓶/袋后的复合蔬菜羊肉酱进行沸水杀菌。根据瓶/袋的容积选取合适的杀菌时间：120 mL 瓶装酱杀菌 25 min，260 mL 瓶装酱杀菌 40 min；17 cm×11.8 cm、21 cm×15.8 cm、32 cm×17.8 cm 规格的蒸煮袋的杀菌时间分别为 20 min、30 min、40 min。杀菌结束后，瓶装酱在室温条件下自然冷却至室温，袋装酱可用凉水快速冷却至室温。

（9）检验　检查瓶身是否存在裂纹，瓶盖是否封严，是否有油渗出等；或检查是否存在胀袋，袋是否封严等。常温下保存 3 d 后再次进行感官检验，经检验产品合格后，将瓶/袋擦干净，贴上产品标签，打检、装箱、入库或出厂。

4.产品主要指标

（1）感官指标　色泽：暗红色；形态：酱体黏稠适中，久存不泌汁、不分层；风味：酱香浓郁，具有羊肉特有的鲜香味，口嚼柔软细嫩，无异味；杂质：无肉眼可见杂质。

（2）理化指标　食盐含量≤6%；总砷≤0.5 mg/kg；铅≤0.5 mg/kg；汞≤0.05 mg/kg；镉≤0.1 mg/kg。

（3）微生物指标　细菌总数≤2000 CFU/g；大肠菌群≤30 MPN/100 g；致病菌（如沙门氏菌、金黄色葡萄球菌、副溶血性弧菌、志贺氏菌等）不得检出。

五、禽畜肝酱

（一）鹅肥肝酱

1.原料配方

鹅肥肝 4400 g，葵花籽油 200 g，洋葱 200 g，精盐 75 g，鲜姜 25 g，曲酒 25 g，白砂糖 25 g，酪蛋白 25 g，五香粉 10 g，味精 5 g，香油 5 g，胡椒粉 2.5 g，维生素 E 2.5 g。

2.工艺流程

```
                             各种辅料
                               ↓
鹅肥肝 → 解冻 → 洗净 → 热烫 → 打浆 → 装瓶 → 排气、封瓶 → 杀菌、冷却 → 检验
                                                                        ↓
                                                                      成品
```

3.操作要点

（1）鹅肥肝制备　将符合食品安全标准的冻结鹅肥肝（150 g 以上）置于冰箱冷藏室缓慢解冻，用清水将血污等冲洗干净，放入 85～95 ℃的水中进行热烫处理，达到灭酶和抑制微生物生长的目的。

（2）打浆　按配方比例称取各种原辅料，用打浆机将其粉碎成均匀的浆液。

（3）装瓶　将浆液装入干燥洁净的四旋玻璃瓶中，灌装时要注意避免将酱料散

落在瓶口，否则容易导致微生物污染，装料时预留1 cm左右的顶隙，以防止杀菌时热胀顶开瓶盖。

（4）排气、封瓶　装瓶完成后立即旋盖，但要留有一定的缝隙，然后将瓶子放入自动封装机进行抽真空排气，排气完成后立即封瓶。

（5）杀菌、冷却　将封瓶后的鹅肥肝酱放入立式压力蒸汽灭菌锅中进行高压杀菌，采用115～118℃杀菌30～40 min，然后冷却至室温。

（6）检验　检查瓶身是否存在裂纹，瓶盖是否封严等，抽取一定量样品于35℃保温1周，经检验产品合格后，将瓶擦干净，贴上产品标签，打检、装箱、入库或出厂。

4.产品主要指标

（1）感官指标　色泽：鹅肥肝酱呈灰黄色；形态：泥糊状，稀稠适中，质地细腻柔软，开盖后有约1 mm厚的白色油脂层；风味：香味浓郁，咸淡适中，味道鲜美；杂质：无肉眼可见杂质。

（2）理化指标　食盐含量≤2%。

（3）微生物指标　细菌总数≤2000 CFU/g；大肠菌群≤30 MPN/100 g；致病菌（如沙门氏菌、金黄色葡萄球菌、副溶血性弧菌、志贺氏菌等）不得检出。

（二）猪肥膘鹅肝酱

1.原料配方

鹅肝5 kg，猪背膘2.5 kg，白酒10 kg，红酒250 g，葵花籽油250 g，精盐150 g，酪蛋白125 g，味精25 g，五香粉5 g，葱姜粉5 g，亚硝酸钠50 mg。

2.工艺流程

3.操作要点

（1）鹅肝糜制备　选择符合食品安全标准的肝体肥大、色泽粉红色或浅黄色、外形结构完整、无损伤的冻鹅肝，在0～4℃下完全解冻，或选用新鲜鹅肝。用清水将血污等冲洗干净，去除筋膜，放入浸泡液（含白酒和红酒，适量的香辛料，少许薄荷叶）在冷库（0～4℃）中腌制12 h。然后将腌制好的鹅肝捞出，放入匀浆机中匀浆10 min，加入精盐、亚硝酸钠和味精继续匀浆5 min。

（2）猪背膘糜制备　选择符合食品安全标准的猪背膘，洗净，切块，放入沸水中煮沸，20 min后把煮熟的猪背膘与1/6体积的猪背膘汤汁混合，匀浆15 min，其间加入乳化剂酪蛋白，并加入与汤汁等体积的冰水。

（3）混合打浆　将鹅肝糜和猪背膘糜混合，加入五香粉、葱姜粉、葵花籽油，此外添加适量冰块保证混合温度在10℃以下，高速匀浆15 min使各种原辅料混合均匀。

（4）装瓶、煮制　将浆液装入干燥洁净的250 mL四旋玻璃瓶中，铁盖微旋，于85℃水浴中煮制3.5 h。

（5）排气、封瓶　煮制完成后立即旋盖，但要留有一定的缝隙，然后将瓶子放入自动封装机进行抽真空排气，排气完成后立即封瓶。

（6）杀菌、冷却　将封瓶后的猪肥膘鹅肝酱放入立式压力蒸汽灭菌锅中进行高压杀菌，采用121℃杀菌30 min，然后冷却至室温，之后于4℃冷藏。

（7）检验　检查瓶身是否存在裂纹，瓶盖是否封严等，经检验产品合格后，将瓶擦干净，贴上产品标签，打检、装箱、入库或出厂。

4.产品主要指标

（1）感官指标　色泽：灰黄色；形态：泥糊状，稀稠适中，质地细腻，无油肉分离；风味：香味浓郁，咸淡适中，咀嚼性适中，口感细腻；杂质：无肉眼可见杂质。

（2）理化指标　食盐含量≤2%。

（3）微生物指标　细菌总数≤2000 CFU/g；大肠菌群≤30 MPN/100 g；致病菌（如沙门氏菌、金黄色葡萄球菌、副溶血性弧菌、志贺氏菌等）不得检出。

（三）凤尾菇鹅肝酱

1.原料配方

鹅肥肝5 kg，凤尾菇3 kg，冰水3 kg，植物油600 g，羧甲基纤维素钠150 g，β-环糊精150 g，食盐150 g，味精25 g，白砂糖25 g，五香粉5 g，维生素E 2.5 g。

2.工艺流程

```
                                                        各种辅料
                                                          ↓
鹅肥肝 → 解冻 → 洗净 → 切块 → 腌制 → 预煮 → 搅打 ┐
                                                  ├ 混合、均质 → 装瓶
凤尾菇 → 洗净 → 烫漂 → 切块 → 搅打 ┘
                        成品 ← 检验 ← 杀菌、冷却 ← 排气、封瓶
```

3.操作要点

（1）鹅肥肝糜制备　将符合食品安全标准的肝体肥大、色泽粉红色或浅黄色、外形结构完整、无损伤的冻鹅肥肝在4℃下缓慢解冻，用清水将血污等冲洗干净，切分成2~3份，放入浸泡液（含食盐、白砂糖和少许维生素E）中于0~5℃腌制10 h左右。然后将其放入85~90℃水中预煮，以抑制酶的活性，防止微生物生长繁殖。将预煮好的鹅肝放入搅拌机中搅打成肉糜状。

（2）凤尾菇丁制备　去除凤尾菇根部杂质，洗净，热水烫漂，凉水冷却后捞出，

切块，放入搅拌机绞碎。

（3）混合、均质　将鹅肥肝糜、凤尾菇丁、植物油、食盐、白砂糖、味精、羧甲基纤维素钠、β-环糊精、维生素 E、五香粉及适量冰水搅拌混合，倒入均质机进行均质。

（4）装瓶　将均质后的浆液装入干燥洁净的四旋玻璃瓶中，灌装时要注意避免将酱料散落在瓶口，否则容易导致微生物污染，装料时预留 1 cm 左右的顶隙，以防止杀菌时热胀顶开瓶盖。

（5）排气、封瓶　装瓶后立即旋盖，但要留有一定的缝隙，然后将瓶子放入自动封装机进行抽真空排气，排气完成后立即封瓶。

（6）杀菌、冷却　将封瓶后的凤尾菇鹅肝酱放入立式压力蒸汽灭菌锅中进行高压杀菌，采用 112℃杀菌 15～20 min，然后冷却至室温。

（7）检验　检查瓶身是否存在裂纹，瓶盖是否封严等，经检验产品合格后，将瓶擦干净，贴上产品标签，打检、装箱、入库或出厂。

4.产品主要指标

（1）感官指标　色泽：浅棕色；形态：混合均匀，质地细腻，流动性佳，呈酱状；风味：香气浓郁，有鹅肝和凤尾菇菌类特有的香味，无腥味，口感细腻，入口即化，咸度适中可口；杂质：无肉眼可见杂质。

（2）理化指标　食盐含量≤2%。

（3）微生物指标　细菌总数≤2000 CFU/g；大肠菌群≤30 MPN/100 g；致病菌（如沙门氏菌、金黄色葡萄球菌、副溶血性弧菌、志贺氏菌等）不得检出。

（四）胡萝卜鹅肝酱

1.原料配方

鹅肝 6000 g，胡萝卜 3600 g，植物油 720 g，大豆蛋白粉 300 g，淀粉 240 g，黄原胶 60 g，味精 30 g，精盐 324 g，黄酒 120 g，丁香粉 30 g，肉桂粉 6 g，生姜 30 g，五香粉 12 g，异抗坏血酸钠 1.35 g，白砂糖 3.6 g。

2.工艺流程

```
                                                      各种辅料
                                                        ↓
鹅肝 → 解冻 → 洗净 → 切块 → 浸制 → 腌制 → 预煮 → 搅打 ┐
                                                        ├→ 一次混合
胡萝卜 → 洗净 → 去皮 → 切块 → 预煮 → 搅打 ───────────┘
                                                        ↓
                                                   胶体磨二次混合
                                                        ↓
成品 ← 检验 ← 杀菌、冷却 ← 排气、封瓶 ← 装瓶
```

3.操作要点

（1）鹅肝糜制备　将符合食品安全标准的肝体肥大、色泽粉红色或浅黄色、外

形结构完整、无损伤的冻鹅肝在 4℃下缓慢解冻，用清水将血污等冲洗干净，同时剔除不符合要求的原料，切分成 2~3 份，放入 1%食盐水（不包含在配方食盐量中）中于 0~5℃浸制 2~3 h。将浸制后的鹅肝放入腌制液（按配方一半量加入食盐，按配方量加入白砂糖和异抗坏血酸钠）中于 0~5℃腌制 8~12 h。然后将腌制好的鹅肝放入夹层锅中，加入 30%的水（含配方量的丁香粉、肉桂粉、五香粉、生姜和黄酒），预煮 10~15 min，其间保持不断翻动。将预煮好的鹅肝放入搅拌机中搅打成肉糜状。

（2）胡萝卜泥制备　将胡萝卜洗净，去皮，切成约 4 cm 长的小块，预煮 5~10 min，然后放入搅拌机中搅拌成糊状。

（3）一次混合　将鹅肝糜和胡萝卜泥混合后，依次加入植物油、大豆蛋白粉、食盐、味精、预糊化淀粉、黄原胶、适量香辛料及与鹅肝糜等量的冰水充分搅拌混合成糜状。

（4）胶体磨二次混合　将一次混合的糜状物，加入胶体磨进行二次混合均质。

（5）装瓶　将二次混合均质后的浆液加热至 80~85℃，趁热装入干燥洁净的四旋玻璃瓶中，灌装时要注意避免将酱料散落在瓶口，否则容易导致微生物污染，装料时预留 1 cm 左右的顶隙，以防止杀菌时热胀顶开瓶盖。

（6）排气、封瓶　装瓶后立即旋盖，但要留有一定的缝隙，然后将瓶子放入自动封装机进行抽真空排气，排气完成后立即封瓶。

（7）杀菌、冷却　将封瓶后的凤尾菇鹅肝酱放入立式压力蒸汽灭菌锅中进行高压杀菌，采用 115~118℃杀菌 30~40 min，然后冷却至室温。

（8）检验　检查瓶身是否存在裂纹，瓶盖是否封严等，抽取一定量样品于 37℃保温 1 周，经检验产品合格后，将瓶擦干净，贴上产品标签，打检、装箱、入库或出厂。

4.产品主要指标

（1）感官指标　色泽：橙红色或者橙黄色，光泽均匀一致；形态：泥糊状，稀稠适中，组织细腻，加少量水析出；风味：香气浓郁，有鹅肝和胡萝卜特有的香味，无腥味，口感细腻，咸度适中；杂质：无肉眼可见杂质。

（2）理化指标　食盐含量≤3%。

（3）微生物指标　细菌总数≤2000 CFU/g；大肠菌群≤30 MPN/100 g；致病菌（如沙门氏菌、金黄色葡萄球菌、副溶血性弧菌、志贺氏菌等）不得检出。

（五）鸭肝酱

1.原料配方

（1）原味配方　鸭肝 9000 g，食盐 180 g，陈皮 12 g，桂皮 12 g，白芷 12 g，

小茴香 12 g，肉豆蔻 6 g，花椒 12 g，草果 12 g，丁香 12 g，姜 12 g，砂仁 6 g，山奈 12 g，八角 12 g，香叶 6 g，黄酒 12 g。

（2）辣味配方　鸭肝 9000 g，食盐 180 g，红辣椒 120 g，陈皮 12 g，桂皮 12 g，白芷 12 g，小茴香 12 g，肉豆蔻 6 g，花椒 12 g，草果 12 g，丁香 12 g，姜 12 g，砂仁 6 g，山奈 12 g，八角 12 g，香叶 6 g，黄酒 12 g。

（3）麻辣味配方　鸭肝 9000 g，食盐 180 g，红辣椒 120 g，陈皮 12 g，桂皮 12 g，白芷 12 g，小茴香 12 g，肉豆蔻 6 g，花椒 50 g，草果 12 g，丁香 12 g，姜 12 g，砂仁 6 g，山奈 12 g，八角 12 g，香叶 6 g，黄酒 12 g。

（4）啤酒味配方　鸭肝 9000 g，食盐 180 g，啤酒 1200 mL，陈皮 12 g，桂皮 12 g，白芷 12 g，小茴香 12 g，肉豆蔻 6 g，花椒 12 g，草果 12 g，丁香 12 g，姜 12 g，砂仁 6 g，山奈 12 g，八角 12 g，香叶 6 g，黄酒 12 g。

2.工艺流程

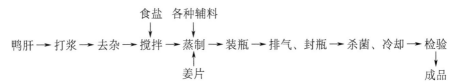

3.操作要点

（1）鸭肝糜制备　将符合食品安全标准的鸭肝搅成泥糊状，剔除肝中的筋条，加入食盐，搅拌均匀，放置半小时，加入适量姜片去腥，然后放入煮开 10 min 的调味液（含原味配方量的陈皮、桂皮、白芷、小茴香、肉豆蔻、花椒、草果、丁香、姜、砂仁、山奈、八角、香叶和黄酒，辣味、麻辣味和啤酒味则分别加入比原味配方多出的辣椒、花椒和啤酒）中先大火蒸 10 min，然后文火焖蒸 30 min，至鸭肝香味浓郁，腥味去除，然后弃去鸭肝泥中的姜片。

（2）调味　辣味、麻辣味和啤酒味则分别加入适量的辣椒油、麻辣调味料和 20 mL 啤酒（不包含在原料配方中），然后搅匀即可。

（3）装瓶　将搅拌均匀的鸭肝酱加热至 80～85℃，趁热装入干燥洁净的四旋玻璃瓶中，灌装时要注意避免将酱料散落在瓶口，否则容易导致微生物污染，装料时预留 1 cm 左右的顶隙，以防止杀菌时热胀顶开瓶盖。

（4）排气、封瓶　装瓶后立即旋盖，但要留有一定的缝隙，然后将瓶子放入自动封装机进行抽真空排气，排气完成后立即封瓶。

（5）杀菌、冷却　将封瓶后的鸭肝酱放入立式压力蒸汽灭菌锅中进行高压杀菌，采用 121℃杀菌 20 min，然后冷却至室温。

（6）检验　检查瓶身是否存在裂纹，瓶盖是否封严等，经检验产品合格后，将瓶擦干净，贴上产品标签，打检、装箱、入库或出厂。

4.产品主要指标

（1）感官指标　色泽：棕红色；形态：泥糊状，表面油润；风味：有丰郁的肝香味，口感细腻，香辣可口（辣味），麻辣可口（麻辣味），有啤酒香味（啤酒味）；杂质：无肉眼可见杂质。

（2）理化指标　食盐含量≤2%。

（3）微生物指标　细菌总数≤2000 CFU/g；大肠菌群≤30 MPN/100 g；致病菌（如沙门氏菌、金黄色葡萄球菌、副溶血性弧菌、志贺氏菌等）不得检出。

（六）复合肉鸭肝酱

1.原料配方

鸭肝 4 kg，瘦猪肉 2 kg，鸡肉 2 kg，大豆油 800 g，冰水 6.4 L、食盐 480 g，白砂糖 560 g，料酒 160 g，醋 160 g，生姜 100 g，胡椒粉 88 g，五香粉 88 g，柠檬酸 16 g，β-环糊精 8 g，陈皮 12 g，砂仁 12 g，山奈 12 g，八角 36 g，花椒 36 g，小茴香 12 g，白芷 12 g，胡椒 36 g，肉豆蔻 12 g，草果 12 g，桂皮 12 g，香叶 12 g。

2.工艺流程

```
                                          各种调味料  冰水
                                              ↓     ↓
鸭肝 → 去杂 → 洗净 → 浸制 → 洗净 → 焯水 ┐
                                      ├→ 煮制 → 匀浆
猪肉、鸡肉 → 洗净 → 浸制 → 洗净 → 焯水 ┘           ↓
                                              胶体磨细化
                                                  ↓
成品 ← 检验 ← 杀菌、冷却 ← 排气、封瓶 ← 装瓶 ← 调配
```

3.操作要点

（1）鸭肝制备　选择符合食品安全标准的鲜鸭肝，剔除鸭肝中央的主要血管，用清水将血污等冲洗干净，添加 2 倍鸭肝体积的水，放入白砂糖（120 g）、生姜（40 g）、胡椒粉（4 g）、五香粉（4 g）、料酒（80 g）和醋（80 g）在 50℃浸制 45 min，然后用温水（40～60℃）冲洗 3 遍，再用开水焯 3 遍。

（2）复合肉制备　将符合食品安全标准的瘦猪肉和鸡肉混合，洗净，添加 2 倍瘦猪肉和鸡肉体积的水，放入白砂糖（120 g）、生姜（40 g）、胡椒粉（4 g）、五香粉（4 g）、料酒（80 g）和醋（80 g）在 50℃浸制 45 min，然后用温水（40～60℃）冲洗 3 遍，再用开水焯 3 遍。

（3）煮制　将瘦猪肉和鸡肉倒入锅中，添加水至没过原料，用纱布将陈皮、砂仁、山奈、八角、花椒、小茴香、白芷、胡椒、肉豆蔻、草果、桂皮、香叶包裹后加入，大火煮制 10 min，然后小火保持沸腾煮制 30 min。鸭肝单独煮制，同样的调味料大火煮制 10 min，然后小火保持沸腾煮制 20 min。

（4）匀浆　将煮熟鸭肝、瘦猪肉和鸡肉混合后，加入去皮生姜（20 g），匀浆 15 min，其间加入冰水降温，使肉糜组织状态良好。

（5）胶体磨细化　将匀浆的肉糜用胶体磨进行细化处理。

（6）调配　添加大豆油、食盐、白砂糖（320 g）、胡椒粉（80 g）、五香粉（80 g）、柠檬酸、β-环糊精，将所有原辅料搅拌均匀。

（7）装瓶　将搅拌均匀的浆液加热至 80～85℃，趁热装入干燥洁净的四旋玻璃瓶中，灌装时要注意避免将酱料散落在瓶口，否则容易导致微生物污染，装料时预留 1 cm 左右的顶隙，以防止杀菌时热胀顶开瓶盖。

（8）排气、封瓶　装瓶后立即旋盖，但要留有一定的缝隙，然后将瓶子放入自动封装机进行抽真空排气，排气完成后立即封瓶。

（9）杀菌、冷却　将封瓶后的复合肉鸭肝酱放入立式压力蒸汽灭菌锅中进行高压杀菌，采用 115～120℃杀菌 20 min，然后冷却至室温。

（10）检验　检查瓶身是否存在裂纹，瓶盖是否封严等，经检验产品合格后，将瓶擦干净，贴上产品标签，打检、装箱、入库或出厂。

4.产品主要指标

（1）感官指标　色泽：淡棕色，有光泽；形态：呈酱状，质地均匀细腻，流动性佳；风味：香气浓郁，有鸭肝特有的香味且无鸭肝腥味，有清淡的鸡肉和猪肉香味，口感细腻，咸味适中可口，有黏稠感；杂质：无肉眼可见杂质。

（2）理化指标　食盐含量≤3%。

（3）微生物指标　细菌总数≤2000 CFU/g；大肠菌群≤30 MPN/100 g；致病菌（如沙门氏菌、金黄色葡萄球菌、副溶血性弧菌、志贺氏菌等）不得检出。

（七）凤尾菇鸭肝酱

1.原料配方

鸭肝 4000 g，凤尾菇 2500 g，黄油 2000 g，大豆卵磷脂 400 g，食盐 120 g，单甘酯 100 g，蔗糖酯 50 g，硬脂酰乳酸钠 50 g，料酒 40 g，味精 20 g，白砂糖 20 g，红葱头 10 g，大蒜 10 g，丁香粉 10 g，生姜 10 g，小茴香 10 g，陈皮 10 g，桂皮 10 g，草果 10 g，山柰 10 g，八角 10 g，香叶 5 g，砂仁 5 g，肉豆蔻 5 g，五香粉 4 g，维生素 E 2 g，肉桂粉 2 g。

2.工艺流程

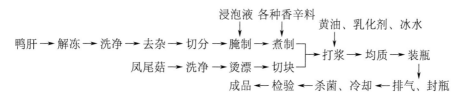

3.操作要点

（1）鸭肝制备　将符合食品安全标准的冻鸭肝在4℃下缓慢解冻，用清水将血污等冲洗干净，去除鸭肝表面的白色筋膜，切分成2份，放入浸泡液（含食盐、白糖、味精、维生素E和料酒）中于4℃腌制8h左右。将红葱头、姜、蒜、小茴香、陈皮、桂皮、草果、山柰、八角等香辛料用纱布包好加入锅中煮制30 min，然后将腌制好的鸭肝加入其中煮制10 min，去除鸭肝腥味。

（2）凤尾菇制备　去除凤尾菇根部杂质，洗净，热水烫漂，凉水冷却后捞出，切块。

（3）打浆　将煮好的鸭肝放入打浆机中打浆，然后依次放入黄油、凤尾菇、乳化剂（大豆卵磷脂、单甘酯、蔗糖酯和硬脂酰乳酸钠）搅打均匀，搅打期间要加入冰水降温，使糜状混合物组织状态良好。

（4）均质　将搅打后的糜状混合物投入胶体磨中进行均质。

（5）装瓶　将均质后的糜状混合物加热至85℃以上，趁热装入干燥洁净的四旋玻璃瓶中，灌装时要注意避免将酱料散落在瓶口，否则容易导致微生物污染，装料时预留1 cm左右的顶隙，以防止杀菌时热胀顶开瓶盖。

（6）排气、封瓶　装瓶后立即旋盖，但要留有一定的缝隙，然后将瓶子放入自动封装机进行抽真空排气，排气完成后立即封瓶。

（7）杀菌、冷却　将封瓶后的凤尾菇鸭肝酱放入立式压力蒸汽灭菌锅中进行高压杀菌，采用121℃杀菌20 min，然后冷却至室温。

（8）检验　检查瓶身是否存在裂纹，瓶盖是否封严等，经检验产品合格后，将瓶擦干净，贴上产品标签，打检、装箱、入库或出厂。

4.产品主要指标

（1）感官指标　色泽：偏粉色；形态：无气孔，质地均匀细腻，流动性佳，呈酱状；风味：香气浓郁，有鸭肝特有的香味，无腥味，口感细腻，入口即化，咸度适中可口；杂质：无肉眼可见杂质。

（2）理化指标　食盐含量≤2%。

（3）微生物指标　细菌总数≤2000 CFU/g；大肠菌群≤30 MPN/100 g；致病菌（如沙门氏菌、金黄色葡萄球菌、副溶血性弧菌、志贺氏菌等）不得检出。

（八）胡萝卜鸭肝酱

1.原料配方

鸭肝2100 g，胡萝卜900 g，植物油315 g，冰水2100 g，复合增稠剂270 g（β-环糊精135 g和羧甲基纤维素钠135 g），辣椒粉105 g，料酒90 g，姜粉60 g，白砂糖45 g，十三香45 g，精盐30 g，鸡精30 g，花椒粒30 g，复合乳化剂18 g（单甘酯9 g和蔗糖酯9 g），复合磷酸盐12 g（焦磷酸钠4 g，三聚磷酸钠6 g，六偏磷酸钠2 g）。

2.工艺流程

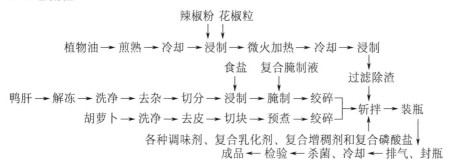

3.操作要点

(1) 鸭肝粒制备 将符合食品安全标准的冻鸭肝在 4℃下缓慢解冻,用清水将血污等冲洗干净,去除鸭肝表面的白色筋膜和胆囊等杂质,切分成 2~3 份,放入 1% 食盐水中于 4℃浸制 3 h 左右,捞出,沥干,然后放入含食盐 60 g,白砂糖 2 g,异抗坏血酸钠 0.5 g 和亚硝酸钠 0.3 g 的复合腌制液(不包含在原料配方中)中在 5℃下腌制 12 h 左右。然后将腌制好的鸭肝在 5℃左右的环境下将其绞碎成约 0.5 cm 见方的颗粒,低温保存备用。

(2) 麻辣红油制备 将植物油倒入锅中煎熟后冷却至约五成热,加入辣椒粉搅拌数分钟后浸制 1 h,然后加入花椒粒,微火加热至略有花椒的麻香味后停止加热,自然冷却,再浸制 6~8 h,然后用 3~4 层纱布过滤除渣,得到麻辣红油备用。

(3) 胡萝卜泥制备 将胡萝卜洗净,去皮,切成小块,预煮 5 min,冷却后放入搅拌机中绞碎成糊状,备用。

(4) 斩拌 将鸭肝粒和胡萝卜泥混合,然后依次加入麻辣红油、各种调味剂、复合乳化剂、完全溶解的复合增稠剂和复合磷酸盐进行斩拌,其间分批数次加入冰水以控制温度在 10℃以下,充分斩拌至混合物成均匀而细腻的糜状即可。

(5) 装瓶 将糜状混合物加热至 85℃以上,趁热装入干燥洁净的四旋玻璃瓶中,灌装时要注意避免将酱料散落在瓶口,否则容易导致微生物污染,装料时预留 1 cm 左右的顶隙,以防止杀菌时热胀顶开瓶盖。

(6) 排气、封瓶 装瓶后立即旋盖,但要留有一定的缝隙,然后将瓶子放入自动封装机进行抽真空排气,排气完成后立即封瓶。

(7) 杀菌、冷却 将封瓶后的胡萝卜鸭肝酱放入立式压力蒸汽灭菌锅中进行高压杀菌,采用 121℃杀菌 20 min,然后冷却至室温。

(8) 检验 检查瓶身是否存在裂纹,瓶盖是否封严等,经检验产品合格后,将瓶擦干净,贴上产品标签,打检、装箱、入库或出厂。

4.产品主要指标

(1) 感官指标 色泽:橙黄色或者橙红色,色泽均匀而有光泽;形态:泥糊状,稀稠适中，组织稍粗糙，有气孔，开盖后有较少水分析出；风味：有鸭肝特有的香味，有轻微鸭肝腥味，香辣可口，口感稍粗糙，无酸、苦、涩、焦煳及其他异味；杂质：无肉眼可见杂质。

（2）理化指标　食盐含量≤2%。

（3）微生物指标　细菌总数≤2000 CFU/g；大肠菌群≤30 MPN/100 g；致病菌（如沙门氏菌、金黄色葡萄球菌、副溶血性弧菌、志贺氏菌等）不得检出。

（九）鸡肝酱

1.原料配方

鸡肝 4 kg，鸡肉 3 kg，鸡油 2 kg，味精 40 g，五香粉 40 g，生姜粉 20 g，胡椒粉 20 g，草果 8 g，冰水 1460 mL，花椒油 184 mL。

2.工艺流程

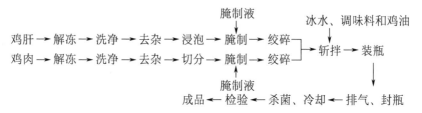

3.操作要点

（1）鸡肝粒制备　将符合食品安全标准的冻鸡肝自然解冻，清洗，去除鸡肝表面的血管等杂质，浸泡 2 h，去除血水。放入含食盐 100 g，白砂糖 100 g，料酒 60 g，十三香 20 g 和亚硝酸盐 0.2 g 的复合腌制液（不包含在原料配方中）中，在 0～4 ℃下腌制 12 h 左右。然后将腌制好的鸡肝绞碎成约 0.5 cm 见方的颗粒，-18 ℃下冻结备用。

（2）鸡肉粒制备　将符合食品安全标准的冻鸡肉自然解冻，清洗，去除血管，剔除骨头、筋腱和结缔组织等杂质，切分成 50 g 左右的条块状。放入含食盐 45 g，白砂糖 30 g，料酒 45 g，十三香 15 g 和亚硝酸盐 0.15 g 的复合腌制液（不包含在原料配方中）中，在 0～4 ℃下腌制 12 h 左右。然后将腌制好的鸡肉绞碎成约 0.5 cm 见方的颗粒，-18 ℃下冻结备用。

（3）斩拌　依次将冻结的鸡肉粒、冻结的鸡肝粒、冰水（分多次加入）、调味料和鸡油投入斩拌机中，中速斩拌约 8 min，通过多次加入冰水控制斩拌温度在 10 ℃以下，充分斩拌至混合物成糜状，且光滑细腻而有弹性。

（4）装瓶　将糜状混合物加热至 85 ℃以上，趁热装入干燥洁净的四旋玻璃瓶中，灌装时要注意避免将酱料散落在瓶口，否则容易导致微生物污染，装料时预留 1 cm 左右的顶隙，以防止杀菌时热胀顶开瓶盖。

(5) 排气、封瓶　装瓶后立即旋盖，但要留有一定的缝隙，然后将瓶子放入自动封装机进行抽真空排气，排气完成后立即封瓶。

(6) 杀菌、冷却　将封瓶后的鸡肝酱放入立式压力蒸汽灭菌锅中进行高压杀菌，采用121℃杀菌30 min，然后冷却至室温。

(7) 检验　检查瓶身是否存在裂纹，瓶盖是否封严等，抽取一定量样品于37℃保温1周，经检验产品合格后，将瓶擦干净，贴上产品标签，打检、装箱、入库或出厂。

4.产品主要指标

(1) 感官指标　色泽：酱红色，略有不均，油呈亮黄色；形态：表面光滑，质地细腻，组织略有松散，无大气孔，切片不完整；风味：香味浓郁，有鸡肝特有的香味，咸淡适中，口感鲜美；杂质：无肉眼可见杂质。

(2) 理化指标　食盐含量≤2%；亚硝酸盐（以亚硝酸钠计）≤10 mg/kg；过氧化值≤0.5 g/100 g。

(3) 微生物指标　细菌总数≤2000 CFU/g；大肠菌群≤30 MPN/100 g；致病菌（如沙门氏菌、金黄色葡萄球菌、副溶血性弧菌、志贺氏菌等）不得检出。

（十）木耳鸡肝酱

1.原料配方

干木耳3000 g，鸡肝2000 g，白砂糖20 g，食盐15 g，花椒粉15 g，姜粉10 g，大料粉5 g。

2.工艺流程

```
                                  各种辅料
                                    ↓
鸡肝 → 洗净 → 除杂 → 打泥 ┐
                          ├→ 调配、熬制 → 装袋 → 排气 → 封袋
干木耳 → 去杂 → 浸泡 → 烫漂 → 冷却 → 粉碎 ┘                    ↓
                          成品 ← 检验 ← 杀菌、冷却
```

3.操作要点

(1) 鸡肝泥制备　选择符合食品安全标准的新鲜鸡肝，清洗，去除鸡肝上的胆管等杂质，置于粉碎机中打成泥状备用。

(2) 木耳粒制备　选择优质干木耳，将其中的碎干草、泥沙等杂质去除，在温水中浸泡2 h将干木耳完全泡发，然后放入沸水中烫漂3 min，冷却后将其置于粉碎机中打碎备用。

(3) 调配、熬制　将鸡肝泥、木耳、白砂糖、食盐、花椒粉、姜粉和大料粉加入适量的水，充分搅拌至混合均匀，倒入锅中熬制10~15 min，将糜状混合物煮熟并浓缩。

（4）装袋　选用安全无毒耐高温真且空度高的蒸煮袋对木耳鸡肝酱进行灌装，灌装时不宜太满，以便于封口。

（5）排气、封袋　灌装结束之后用真空封口机排气后将袋口封严实。

（6）杀菌、冷却　将封袋后的木耳鸡肝酱置于沸水中杀菌 10 min。杀菌结束后，用凉水将袋装酱快速冷却至室温。

（7）检验　检查是否存在胀袋，袋是否封严等，常温下保存 3 d 后再次进行检验，经检验产品合格后，将袋擦干净，贴上产品标签，打检、装箱、入库或出厂。

4.产品主要指标

（1）感官指标　色泽：肉色与黑色均匀分布，有光泽；形态：组织均匀一致，黏度适中；风味：香味浓郁，滋味鲜美，具有鸡肝特有的风味，花椒等配料入味协调，木耳小粒润滑适口，咸淡适中，口感柔和，无刺激性；杂质：无肉眼可见杂质。

（2）理化指标　食盐含量≤2%。

（3）微生物指标　细菌总数≤2000 CFU/g；大肠菌群≤30 MPN/100 g；致病菌（如沙门氏菌、金黄色葡萄球菌、副溶血性弧菌、志贺氏菌等）不得检出。

（十一）鸡骨泥鸡肝酱

1.原料配方

鸡肝 3600 g，鸡骨泥 1200 g，鸡油 520 g，玉米胚芽油 520 g，白砂糖 200 g，食盐 200 g，酱油 112 g，卡拉胶 40 g，酪蛋白 40 g，白酒 40 g。

2.工艺流程

3.操作要点

（1）鸡肝泥制备　选择符合食品安全标准的新鲜鸡肝，洗净，去除筋腱、血管和结缔组织，煮熟，沥干，放入绞肉机中搅碎，备用。

（2）鸡骨泥制备　选择符合食品安全标准的鲜鸡骨架，洗净，去除残留鸡肉等，再次洗净，沥干，放到-25 ℃的冷库中冷冻 24 h，然后进行解冻，分割成小骨块，放入骨泥机中研磨至骨泥颗粒大小为 70 μm 以下，备用。

（3）鸡油糜制备　选择符合食品安全标准的鲜鸡油，洗净，去除鸡皮和杂质等，放入绞肉机中搅碎，备用。

（4）匀浆　将白砂糖和食盐等调味料用适量水溶解，与鸡肝泥、鸡骨泥、鸡油糜和玉米胚芽油等及适量冰水按配方比例放入料理机中匀浆成黏稠状。

（5）装袋　选用安全无毒耐高温且真空度高的蒸煮袋对鸡骨泥鸡肝酱进行灌装，灌装时不宜太满，以便于封口。

（6）排气、封袋　灌装结束之后用真空封口机排气后将袋口封严实。

（7）杀菌、冷却　将封袋后的鸡骨泥鸡肝酱放入立式压力蒸汽灭菌锅中进行高压杀菌，采用 121 ℃杀菌 15 min。杀菌结束后，用凉水将袋装酱快速冷却至室温。

（8）检验　检查是否存在胀袋，袋是否封严等，于常温下保存 3 d 后再次进行检验，经检验产品合格后，将袋擦干净，贴上产品标签，打检、装箱、入库或出厂。

4.产品主要指标

（1）感官指标　色泽：棕红色，色泽光亮；形态：组织均匀一致，黏度适中，水油结合效果理想，具有良好的涂抹性；风味：口感细腻香嫩，软硬适中，风味独特，具有鸡肝特有的风味，咸淡适中；杂质：无肉眼可见杂质。

（2）理化指标　食盐含量≤3%。

（3）微生物指标　细菌总数≤2000 CFU/g；大肠菌群≤30 MPN/100 g；致病菌（如沙门氏菌、金黄色葡萄球菌、副溶血性弧菌、志贺氏菌等）不得检出。

（十二）猪肝酱

1.原料配方

猪肝 5000 g，植物油 1250 g，姜 367.5 g，大蒜 367.5 g，面酱糊精 350 g，食盐 187.5 g，料酒 125 g，淀粉 175 g，白砂糖 85 g，五香粉 50 g，味精 25 g，亚硝酸钠 250 mg，复合磷酸盐 200 mg。

2.工艺流程

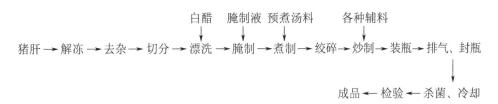

3.操作要点

（1）猪肝粒制备　将符合食品安全标准的冷冻猪肝在 0 ~ 4 ℃下解冻 0.5 h，去除筋膜，分割成约 50 g、长 10 ~ 15 cm、宽约 4 cm、厚约 1 cm 的条状，放入 30 ℃左右的 3%白醋溶液中漂洗 2 ~ 3 min。放入含白砂糖 85 g，料酒 125 g、蒜 180 g 和姜 180 g 的复合腌制液（包含在原料配方中）中，在 0 ~ 4 ℃下滚揉腌制 0.5 h 左右。然后将腌制好的猪肝连同腌制辅料（蒜和姜）一起捞出，再按 1.2%料酒和 1.2%生抽配制预煮汤料（不包含在原料配方中），加热至沸腾后再煮制 3 min，捞出猪肝，沥干，冷却，绞碎成约 0.3 cm 见方的颗粒备用。

（2）炒制　将植物油加入锅中，加热至 120℃左右，将剩余的姜和蒜剁成姜末和蒜末后加入，出味后依次加入五香粉、食盐、味精、淀粉、面酱糊精进行炒制，出锅时加入亚硝酸钠和复合磷酸盐。

（3）装瓶　将炒制好的糜状混合物趁热装入干燥洁净的四旋玻璃瓶中，灌装时要注意避免将酱料散落在瓶口，否则容易导致微生物污染，装料时预留 1 cm 左右的顶隙，以防止杀菌时热胀顶开瓶盖。

（4）排气、封瓶　装瓶后立即旋盖，但要留有一定的缝隙，然后将瓶子放入自动封装机进行抽真空排气，排气完成后立即封瓶。

（5）杀菌、冷却　将封瓶后的猪肝酱放入立式压力蒸汽灭菌锅中进行高压杀菌，采用 121℃杀菌 15 min，然后冷却至室温。

（6）检验　检查瓶身是否存在裂纹，瓶盖是否封严等，抽取一定量样品于 37℃保温 1 周，经检验产品合格后，将瓶擦干净，贴上产品标签，打检、装箱、入库或出厂。

4.产品主要指标

（1）感官指标　色泽：鲜亮有光泽，酱体呈乳白色或乳白色与焦黄色相间；形态：酱体细腻润滑，易于涂抹，有黏性且涂抹均匀，酱体混合均匀，无结块，无分层；风味：具有炒制猪肝特有的香气和质感，不油腻，香料味不重；杂质：无肉眼可见杂质。

（2）理化指标　食盐含量≤4%。

（3）微生物指标　细菌总数≤2000 CFU/g；大肠菌群≤30 MPN/100 g；致病菌（如沙门氏菌、金黄色葡萄球菌、副溶血性弧菌、志贺氏菌等）不得检出。

六、鸡胗酱

1.原料配方

鸡胗 4 kg，植物油 800 g，豆瓣酱 600 g，食用盐 72 g，白砂糖 48 g，鲜姜末40 g，大葱末 40 g，酿造酱油 40 g，鸡膏 16 g，五香粉 3.6 g，味精 2.4 g。

2.工艺流程

鸡胗 → 解冻 → 去杂 → 浸泡 → 洗净 → 绞碎　　各种调味料

植物油 → 加热 → 爆炒 → 调味 → 冷却 → 低温发酵 → 装瓶

鲜姜末、大葱末和豆瓣酱

成品 ← 检验 ← 杀菌、冷却 ← 排气、封瓶

3.操作要点

（1）鸡胗碎制备　将符合食品安全标准的冷冻鸡胗自然解冻至中心温度0~4℃，剔除筋膜、黄皮等，然后用白醋水（白醋与水质量比为1∶4）浸泡，其间不断搅拌使其浸泡充分，20 min后捞出，用清水冲洗干净，沥干，然后用直径8 mm的孔板绞制成鸡胗碎，备用。

（2）爆炒　将锅烧热后加入植物油，加热至约160℃，倒入鲜姜末和大葱末翻炒后倒入豆瓣酱，炒出香味后倒入鸡胗碎翻炒至八成熟。

（3）调味　加入食用盐、白砂糖、酿造酱油、五香粉、味精等其余调味料，翻炒至全熟后出锅。

（4）冷却　自然冷却至10℃以下。

（5）低温发酵　冷却后密封起来，存放于0~4℃条件下发酵16~24 h。

（6）装瓶　将低温发酵后的鸡胗酱加热至85℃以上，趁热装入干燥洁净的四旋玻璃瓶中，灌装时要注意避免将酱料散落在瓶口，否则容易导致微生物污染，装料时预留1 cm左右的顶隙，以防止杀菌时热胀顶开瓶盖。

（7）排气、封瓶　装瓶后立即旋盖，但要留有一定的缝隙，然后将瓶子放入自动封装机进行抽真空排气，排气完成后立即封瓶。

（8）杀菌、冷却　将封瓶后的鸡胗酱放入立式压力蒸汽灭菌锅中进行高压杀菌，采用108℃杀菌20 min，然后冷却至室温。

（9）检验　检查瓶身是否存在裂纹，瓶盖是否封严等，抽取一定量样品于37℃保温一周，经检验产品合格后，将瓶擦干净，贴上产品标签，打检、装箱、入库或出厂。

4.产品主要指标

（1）感官指标　色泽：红褐色，颜色均匀有光泽；形态：浓稠适中；风味：脆爽有弹性且不硬，香味浓郁而柔和，醇香而不腻；杂质：无肉眼可见杂质。

（2）理化指标　食盐含量≤6%。

（3）微生物指标　细菌总数≤2000 CFU/g；大肠菌群≤30 MPN/100 g；致病菌（如沙门氏菌、金黄色葡萄球菌、副溶血性弧菌、志贺氏菌等）不得检出。

第二节 水产类酱

一、鱼肉酱

（一）富钙低值鱼鱼肉酱

1.原料配方

龙头鱼 5 kg，豆瓣酱 5 kg，鱼骨粉 200 g，瓜尔豆胶 11.5 g。

2.工艺流程

龙头鱼骨 → 烘干 → 研碎 → 过筛 → 胶体磨二次粉碎

龙头鱼 → 去杂 → 洗净 → 剔肉 → 脱腥 → 洗净 → 绞碎 → 混料 → 装瓶

水、豆瓣酱、瓜尔豆胶

成品 ← 检验 ← 杀菌、冷却 ← 排气、封瓶

3.操作要点

（1）龙头鱼肉碎制备　将符合食品安全标准的冷冻龙头鱼用流水解冻,剔除头、鳍、内脏和尾等,洗净,用剖片刀沿脊椎骨将鱼肉剔下,把鱼脊椎骨取出备用。然后按鱼肉：脱腥液（4%食盐与 0.25%柠檬酸等比例混合,不包含在配方中）为 1：5 的比例混合以去除鱼肉的腥味。脱腥结束后将鱼肉捞出洗净,沥干,然后用绞肉机绞碎。

（2）龙头鱼骨粉制备　把龙头鱼剔肉时取下的脊椎骨烘干,然后用中药研磨机将其粉碎,过 20 目筛,然后过胶体磨进一步粉碎,使鱼骨粉末更细、更均匀,颗粒直径达到 30 ~ 50 μm。

（3）混料　将龙头鱼肉碎与等质量的水混合,然后加入豆瓣酱、瓜尔豆胶和龙头鱼骨粉,混合均匀。

（4）装瓶　将龙头鱼鱼肉酱加热至 85 ℃以上,趁热装入干燥洁净的四旋玻璃瓶中,灌装时要注意避免将酱料散落在瓶口,否则容易导致微生物污染,装料时预留 1 cm 左右的顶隙,以防止杀菌时热胀顶开瓶盖。

（5）排气、封瓶　装瓶后立即旋盖,但要留有一定的缝隙,然后将瓶子放入自动封装机进行抽真空排气,排气完成后立即封瓶。

（6）杀菌、冷却　将封瓶后的龙头鱼鱼肉酱放入立式压力蒸汽灭菌锅中进行高压杀菌,采用 121 ℃杀菌 15 min,然后冷却至室温。

（7）检验　检查瓶身是否存在裂纹,瓶盖是否封严等,抽取一定量样品于 37 ℃保温一周,经检验产品合格后,将瓶擦干净,贴上产品标签,打检、装箱、入库或

出厂。

4.产品主要指标

（1）感官指标　色泽：褐色，颜色均匀有光泽；形态：黏稠度适中，呈均匀酱状，无汁液分泌；风味：具有鱼鲜香味和豆瓣酱的特殊风味，无腥味，口感细腻、爽滑，无骨渣等颗粒感；杂质：无肉眼可见杂质。

（2）理化指标　食盐含量≤6%。

（3）微生物指标　细菌总数≤1000 CFU/g；大肠菌群≤30 MPN/100 g；致病菌（如沙门氏菌、金黄色葡萄球菌、副溶血性弧菌、志贺氏菌等）不得检出。

（二）香菇鱼肉酱

1.原料配方

鱼肉 5 kg，香菇 2.4 kg，糖浆 2.4 kg，豆酱 1.6 kg，辣椒油 760 g，姜汁 300 g，葱 240 g，蒜 240 g，食盐 200 g，味精 50 g，高粱酒 40 g。

2.工艺流程

香菇丝、豆酱、糖浆、食盐、味精、辣椒油等原辅料

马鲛鱼或草鱼 → 去杂 → 洗净 → 剔肉 → 切丁 → 浸泡 → 炒制 → 装瓶 → 排气、封瓶

高粱酒　成品 ← 检验 ← 杀菌、冷却

3.操作要点

（1）鱼肉丁的制备　将符合食品安全标准的新鲜马鲛鱼或草鱼，剔除头、鳍、内脏和尾等，洗净，用剖片刀沿脊椎骨将鱼骨剔除，剔下鱼肉切成约 1 cm 见方的鱼肉丁，加入高粱酒浸泡约 15 min，备用。

（2）香菇丝的制备　将肉质较厚、无霉变、无虫咬的干香菇用温水泡软，搓洗去除杂质，洗净后将香菇切成约 2 cm×0.5 cm 的丝状，沥干，备用。

（3）糖浆（70°Bx）的制备　把白砂糖和水加入蒸汽搅拌锅中，打开蒸汽加热，并不断搅拌防止局部过热变焦，控制水的比例将其制成 70°Bx 的糖浆。

（4）炒制　将鱼肉丁、香菇丝、豆酱、糖浆、食盐、味精、辣椒油、姜汁和葱等按配方比例混合，在蒸汽搅拌锅中进行炒制，直至原辅料完全混合均匀且成熟。

（5）装瓶　将香菇鱼肉酱趁热装入干燥洁净的四旋玻璃瓶中，灌装时要注意避免将酱料散落在瓶口，否则容易导致微生物污染，装料时预留 1 cm 左右的顶隙，以防止杀菌时热胀顶开瓶盖。

（6）排气、封瓶　装瓶后立即旋盖，但要留有一定的缝隙，然后将瓶子放入自动封装机进行抽真空排气，排气完成后立即封瓶。

（7）杀菌、冷却　将封瓶后的香菇鱼肉酱放入立式压力蒸汽灭菌锅中进行高压杀菌，采用 118℃杀菌 20 min，然后冷却至室温。

（8）检验　检查瓶身是否存在裂纹，瓶盖是否封严，是否有油渗出等，抽取一定量样品于37℃保温一周，经检验产品合格后，将瓶擦干净，贴上产品标签，打检、装箱、入库或出厂。

4.产品主要指标

（1）感官指标　色泽：酱红色；形态：黏稠度适中，呈均匀酱状；风味：具有浓郁的鱼肉、香菇和豆酱混合特有的滋味和香气，肉质软硬适度，口感较好；杂质：无肉眼可见杂质。

（2）理化指标　食盐含量≤2%。

（3）微生物指标　细菌总数≤2000 CFU/g；大肠菌群≤30 MPN/100 g；致病菌（如沙门氏菌、金黄色葡萄球菌、副溶血性弧菌、志贺氏菌等）不得检出。

（三）鲟鱼肉酱

1.原料配方

鲟鱼肉 3 kg，豆豉 2 kg，白砂糖 1 kg，调和油 1 kg，生姜 500 g，食盐 350 g，大蒜 300 g，辣椒粉 300 g，大葱 200 g，浓香型白酒 200 g。

2.工艺流程

豆豉、辣椒粉、白砂糖、食盐、浓香型白酒、炸油等辅料

鲟鱼 → 去杂 → 洗净 → 剔肉 → 切丁 → 浸泡 → 煮酱 → 装瓶 → 排气、封瓶

食盐水　成品 ← 检验 ← 杀菌、冷却

3.操作要点

（1）鱼肉丁的制备　将符合食品安全标准的新鲜鲟鱼宰杀，剔除头、尾、皮和内脏等，洗净，剔下背部鱼肉切成约 0.5 cm 见方的鱼肉丁，然后用 4%的食盐水（不包含在原料配方中）浸泡约 15 min，捞出，用清水洗净，沥干，备用。

（2）炸油的制备　将调和油倒入油锅加热，加入葱末、姜末和蒜末，炸出微香，捞出葱末、姜末和蒜末，炸油备用。

（3）煮酱　将鱼肉丁加入锅中煮沸并不断搅拌约 1 min，加入豆豉、辣椒粉、白砂糖、食盐、浓香型白酒、炸油、水等辅料进行煮制，其间不断搅拌使各种原辅料充分混合均匀，同时可以防止煳锅底，沸腾后改用小火煮制 10 min。

（4）装瓶　将煮制好的鲟鱼肉酱趁热装入干燥洁净的四旋玻璃瓶中，灌装时要注意避免将酱料散落在瓶口，否则容易导致微生物污染，装料时预留 1 cm 左右的顶隙，以防止杀菌时热胀顶开瓶盖。

（5）排气、封瓶　装瓶后立即旋盖，但要留有一定的缝隙，然后将瓶子放入自动封装机进行抽真空排气，排气完成后立即封瓶。

（6）杀菌、冷却　将封瓶后的鲟鱼肉酱放入立式压力蒸汽灭菌锅中进行高压杀

菌，采用 121℃杀菌 30 min，然后冷却至室温。

（7）检验　检查瓶身是否存在裂纹，瓶盖是否封严，是否有油渗出等，经检验产品合格后，将瓶擦干净，贴上产品标签，打检、装箱、入库或出厂。

4.产品主要指标

（1）感官指标　色泽：酱体红褐色；形态：黏稠度适中，呈均匀酱状，质地细腻；风味：咸甜适中，鱼肉细腻爽滑，具有浓郁的鱼肉、葱、姜、蒜等综合鲜香味，余味浓郁，无其他异味；杂质：无肉眼可见杂质。

（2）理化指标　食盐含量≤6%。

（3）微生物指标　细菌总数≤1000 CFU/g；大肠菌群≤20 MPN/100 g；致病菌（如沙门氏菌、金黄色葡萄球菌、副溶血性弧菌、志贺氏菌等）不得检出。

（四）麻辣金枪鱼肉酱

1.原料配方

金枪鱼 5 kg，麻辣油 4.5 kg，调料油 500 g，花椒 400 g，小米椒 250 g，白砂糖 105 g，食用盐 100 g，蚝油 100 g，味精 40 g，辣椒粉 25 g，酱油 10 g，姜粉 5 g，蒜粉 5 g。

其中麻辣油配方为：豆油 1 kg，花椒 56 g，小米椒 35 g，白芝麻 35 g；调料油配方为：豆油 500 g，小米椒 9 g，大葱 9 g，蒜头 6.75 g，生姜 6.75 g，桂皮 3.6 g，大料 2.7 g，花椒 1.8 g，香叶 1.125 g，鸡精 0.27 g。

2.工艺流程

```
                                    麻辣油和调料油
                                         ↓
熟制金枪鱼 → 解冻 → 绞碎 → 脱腥 → 烤制 → 炒制 → 装瓶 → 排气、封瓶
料酒、黑胡椒粉、食盐、洋葱碎和生姜碎    蚝油、酱油、味精、白砂糖            ↓
                                    和辣椒粉等调味料
                                    成品 ← 检验 ← 杀菌、冷却
```

3.操作要点

（1）鱼肉碎的制备　将符合食品安全标准的冷冻熟制金枪鱼肉自然解冻，待解冻后搅成金枪鱼肉碎，然后依次加入 135 g 的料酒、20 g 的黑胡椒粉、100 g 的食盐、200 g 的洋葱碎和 200 g 的生姜碎（不包含在原料配方中），充分搅拌混合均匀进行脱腥。

（2）麻辣油的制备　将豆油加热，待油温升至 120～140℃后停止加热，加入配方量的花椒、小米椒末（洗净后切成 0.2～0.4 cm 的碎末）和白芝麻，待加入的辅料出现轻微焦煳后捞出辅料，制得麻辣油。

（3）调料油的制备　将豆油加热，待油温升至 120～140℃，加入配方量的小米椒末、大葱末、花椒、桂皮、蒜末、大料、香叶、生姜末和鸡精等辅料，出现轻微焦煳后停止加热，捞出辅料，制得调料油。

（4）烤制　将脱腥好的金枪鱼肉碎置于180℃预热后的烤箱中烤制18 min，取出冷却后，备用。

（5）炒制　向锅中加入麻辣油和调料油，待油温升至120～140℃后加入烤制好的金枪鱼肉碎翻炒30 s，然后加入蚝油、酱油、味精、白砂糖、小米椒、蒜粉、姜粉和辣椒粉，停止加热，继续翻炒20 s，充分翻炒均匀后得到麻辣风味的金枪鱼肉酱。

（6）装瓶　将炒制好的麻辣金枪鱼肉酱趁热装入干燥洁净的四旋玻璃瓶中，灌装时要注意避免将酱料散落在瓶口，否则容易导致微生物污染，装料时预留1 cm左右的顶隙，以防止杀菌时热胀顶开瓶盖。

（7）排气、封瓶　装瓶后立即旋盖，但要留有一定的缝隙，然后将瓶子放入自动封装机进行抽真空排气，排气完成后立即封瓶。

（8）杀菌、冷却　将封瓶后的麻辣金枪鱼肉酱放入立式压力蒸汽灭菌锅中进行高压杀菌，采用121℃杀菌20 min，然后冷却至室温。

（9）检验　检查瓶身是否存在裂纹，瓶盖是否封严，是否有油渗出等，抽取一定量样品于37℃保温一周，经检验产品合格后，将瓶擦干净，贴上产品标签，打检、装箱、入库或出厂。

4.产品主要指标

（1）感官指标　色泽：均匀的亮红色；形态：黏稠度适中，呈均匀酱状，无分层，无沉淀；风味：香味浓郁，咸甜适中，鱼肉细腻爽滑，口感协调，具有浓郁的鱼肉、葱、姜、蒜等综合鲜香味，无其他异味；杂质：无肉眼可见杂质。

（2）理化指标　食盐含量≤2%。

（3）微生物指标　细菌总数≤2000 CFU/g；大肠菌群≤30 MPN/100 g；致病菌（如沙门氏菌、金黄色葡萄球菌、副溶血性弧菌、志贺氏菌等）不得检出。

（五）川味酸菜鱼肉酱

1.原料配方

草鱼6 kg，酸菜4 kg，菜籽油1.8 kg，生姜800 g，花生600 g，大蒜400 g，二荆条干红辣椒400 g，白芝麻200 g，食用盐100 g，干花椒32 g，五香粉4 g，八角2.4 g，山柰2.4 g，香叶1.2 g。

2.工艺流程

```
草鱼 → 去杂 → 洗净 → 绞碎
                        ↓
菜籽油 → 预热 → 炒制 → 装瓶 → 排气、封瓶 → 杀菌、冷却 → 检验
                  ↑
红辣椒碎等调味料和酸菜  熟白芝麻、花生碎、五香粉和食盐              成品
```

3.操作要点

（1）鱼肉碎的制备　将符合食品安全标准的新鲜草鱼宰杀，去除内脏和鱼鳃

等，洗净，使用鱼肉采肉机采肉去刺，绞碎。

（2）酸菜碎的制备　将市售泡酸菜剁碎，清洗一两遍去盐，清洗次数不宜过多，以免影响酸菜风味，清洗后沥干备用。

（3）花生碎的制备　将形态完整、颗粒饱满的花生米放入炒锅中煸干水分以增加花生的香气和酥脆的口感，去除红衣，压制成花生碎，备用。

（4）熟白芝麻的制备　选择白色、成熟、饱满、干燥、皮薄、油多的当年产新鲜芝麻。采用微火炒制白芝麻，待到白芝麻香气充足则停止加热。注意炒制时不宜过熟，也不要炒焦，这样才能更好地保持白芝麻特有的香气。

（5）炒制　将菜籽油倒入锅中加热，待油温升至120～160℃后加入二荆条干红辣椒碎、八角、香叶、山柰和花椒等调味料，煸香后用漏勺将调味料捞出，放入姜末和蒜末小火煸炒30 s，然后放入酸菜碎大火炒制2～3 min，倒入鱼肉，大火炒制8～10 min，再小火炒制至水分挥干，放入熟白芝麻、花生碎、五香粉和食盐再炒制3～5 min，川味酸菜鱼肉酱则制作完成。

（6）装瓶　将炒制好的川味酸菜鱼肉酱趁热装入干燥洁净的四旋玻璃瓶中，灌装时要注意避免将酱料散落在瓶口，否则容易导致微生物污染，装料时预留1 cm左右的顶隙，以防止杀菌时热胀顶开瓶盖。

（7）排气、封瓶　装瓶后立即旋盖，但要留有一定的缝隙，然后将瓶子放入自动封装机进行抽真空排气，排气完成后立即封瓶。

（8）杀菌、冷却　将封瓶后的川味酸菜鱼肉酱放入立式压力蒸汽灭菌锅中进行高压杀菌，采用110℃杀菌20 min，然后冷却至室温。

（9）检验　检查瓶身是否存在裂纹，瓶盖是否封严，是否有油渗出等，抽取一定量样品于37℃保温一周，经检验产品合格后，将瓶擦干净，贴上产品标签，打检、装箱、入库或出厂。

4.产品主要指标

（1）感官指标　色泽：白色，明亮有光泽；形态：肉粒与酸菜分布均匀，稠度好；风味：肉香浓郁，酸菜风味适宜，酸咸度适中，肉粒韧爽，口感协调，无其他异味；杂质：无肉眼可见杂质。

（2）理化指标　食盐含量<4%。

（3）微生物指标　细菌总数≤2000 CFU/g；大肠菌群≤30 MPN/100 g；致病菌（如沙门氏菌、金黄色葡萄球菌、副溶血性弧菌、志贺氏菌等）不得检出。

（六）香菇草鱼肉酱

1.原料配方

草鱼6 kg，黄豆10 kg，香菇4 kg，大豆油12 kg，郫县豆瓣酱3.2 kg，葱2 kg，蒜1 kg，白砂糖1 kg，辣椒粉800 g，姜600 g，花生600 g，黄酒400 g，花椒粉300 g，

番茄酱 300 g，芝麻油 200 g，酱油 200 g，五香粉 200 g，鸡精 100 g。

2.工艺流程

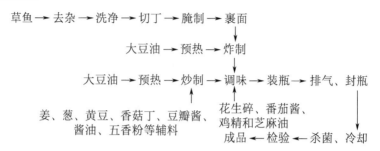

3.操作要点

（1）鱼肉丁的制备　将符合食品安全标准的新鲜草鱼宰杀，去除鱼刺、内脏、鱼肠和鱼鳃等杂物，洗净，切分成约 2 cm 见方的草鱼肉丁。用食盐在常温下先腌制 0.5 h，加少许面粉，搅拌，使少许面粉包裹草鱼肉丁，备用。

（2）香菇丁的制备　将干香菇用冷水泡发柔软后搓洗去除杂质，洗净后切分成约 1 cm 见方的香菇丁，沥干备用。

（3）花生碎制备　将形态完整、颗粒饱满的花生米放入炒锅中焙干水分以增加花生的香气和酥脆的口感，去除红衣，压制成花生碎，备用。

（4）炸制　将大豆油倒入锅中加热，待油温升至约 160 ℃时加入面粉包裹的草鱼肉丁，炸制 1 min，捞出，备用。

（5）炒制　将大豆油倒入锅中加热，待油温升至约 160 ℃时加入姜末和葱末，翻炒片刻，加入煮熟的黄豆、香菇丁和郫县豆瓣酱，翻炒出酱香味，随后加入酱油、黄酒、蒜末、五香粉、花椒粉、辣椒粉和白砂糖等调味料，翻炒 2 min。

（6）调味　加入炸制好的草鱼肉丁、花生碎、番茄酱、鸡精和芝麻油，翻搅均匀后立即出锅。

（7）装瓶　将炒制调味好的香菇草鱼肉酱趁热装入干燥洁净的四旋玻璃瓶中，灌装时要注意避免将酱料散落在瓶口，否则容易导致微生物污染，装料时预留 1 cm 左右的顶隙，以防止杀菌时热胀顶开瓶盖。

（8）排气、封瓶　装瓶后立即旋盖，但要留有一定的缝隙，然后将瓶子放入自动封装机进行抽真空排气，排气完成后立即封瓶。

（9）杀菌、冷却　将封瓶后的香菇草鱼肉酱放入立式压力蒸汽灭菌锅中进行高压杀菌，采用 118 ℃杀菌 18 min，然后冷却至室温。

（10）检验　检查瓶身是否存在裂纹，瓶盖是否封严，是否有油渗出等，经检验产品合格后，将瓶擦干净，贴上产品标签，打检、装箱、入库或出厂。

4.产品主要指标

（1）感官指标　色泽：酱体红褐色，且明亮有光泽，黄豆呈鲜黄色；形态：黏稠适中，质地均匀，有鱼粒、香菇粒和黄豆粒，颗粒大小均匀；风味：鲜香味美，具有香菇和鱼肉特有的滋味和香气，具有芝麻油和香菇的清香味，咸甜适中，口感协调，咀嚼性好，无其他异味；杂质：无肉眼可见杂质。

（2）理化指标　食盐含量≤2%。

（3）微生物指标　细菌总数≤2000 CFU/g；大肠菌群≤30 MPN/100 g；致病菌（如沙门氏菌、金黄色葡萄球菌、副溶血性弧菌、志贺氏菌等）不得检出。

二、籽酱

（一）鲟鱼籽酱

1.原料配方

鲟鱼籽 10 kg，食用盐 500 g，山梨酸钾 5 g，抗坏血酸 2 g，乳酸链球菌素（Nisin） 2 g。

2.工艺流程

选鱼暂养 → 杀鱼沥血 → 取卵搓卵 → 漂洗沥干 → 腌制装盒 → 低温脱水 → 成品贮藏（防腐剂）

食盐　　　　　　　　　　　成品 ← 检验

3.操作要点

（1）选鱼暂养　选择无疾病、无明显外伤、无畸形、5 龄以上，且卵母细胞发育到 IV 期，卵直径达到 2.6 mm 以上的活雌鲟鱼，转入有冷水循环系统的暂养池中暂养 1~2 个月，暂养池的水温控制在 12~15 ℃，暂养期间不需要投喂饲料。

（2）杀鱼沥血　将暂养池中的雌鲟鱼捞出，先用取卵器取出少量鱼卵进行检查，切片检查鲟鱼卵极化指数，若极化指数达到 1/15~1/5，卵直径达 2.6 mm 以上，则可用于鲟鱼籽酱的加工。经检验合格的雌鲟鱼立即用大铁锤在鱼头处猛击使鱼迅速死亡，然后抬高雌鲟鱼尾，使雌鲟鱼头朝下，立即用刀切割雌鲟鱼腮动脉进行快速放血。

（3）取卵搓卵　将沥血完毕的雌鲟鱼迅速转移至解剖室，放在干净的钢板上，用生理盐水将余血冲洗干净，再用消毒后的手术刀划开雌鲟鱼腹，割透肌肉，取出两侧的卵巢，然后将卵巢分几次通过一个不锈钢铁丝网或其他网眼材料，轻轻地揉搓，使鲟鱼卵通过网眼，相连的组织则被截留在网上面。

（4）漂洗沥干　鲟鱼卵全搓完后立即用生理盐水反复漂洗，其间用小镊子将漂浮在水中的细小脂肪或性腺捡出弃去，直至搅动鲟鱼卵后水体清澈，然后将鲟鱼卵倒在过滤筛过滤至无水珠滴下。

（5）腌制装盒　采用拌盐腌制，即将沥干水后的鲟鱼卵平铺于盆中，将食盐均匀洒在鲟鱼卵面上，然后用光滑的木勺逆时针均匀搅拌，待食盐溶解后再均匀搅拌，直到用勺子轻压鲟鱼卵表面有气泡产生且很快消失为止，然后用光滑的木铲直接将鲟鱼卵按规定质量装入消毒后的盒子里。每条雌鲟鱼从开始杀鱼沥血到完成腌制的时间要控制在15 min以内，以免时间过长影响产品的品质。

（6）低温脱水　装鲟鱼籽酱的量较盒子体积稍大，刚开始盒盖无法盖紧，中间会留有一小缝隙，将不能盖紧的盒子放在大托盘内，3盒为1叠，在最上层盒子上面轻轻放上一块重约1 kg的干净物体，然后将大托盘放入冰箱内，温度控制在-4～4℃之间。随着鲟鱼籽酱的水分被逐渐挤出来，上下盒子间的距离逐渐缩短，至最终盒子盖紧时脱水工作完成，移去盒顶上的重物。脱水期间及时吸走大托盘内的积水。

（7）成品贮藏　添加防腐剂，然后盖紧鲟鱼籽酱盒子，立即转移到冷冻室，贮藏温度控制在-18℃以下。

（8）检验出厂　经检验产品合格后将盒子擦干净，贴上产品标签，打检、装箱、冷库冻藏或冷链出厂。

4.产品主要指标

（1）感官指标　色泽：多为褐色、灰色、淡灰色和灰黑色，色泽清亮透明，甚至微微泛着金黄的色泽；形态：颗粒圆润饱满，有弹性；风味：口感好，口味纯正，具有青草味和腥味，具有独特的柠檬香、木香等清新气味；杂质：无肉眼可见杂质。

（2）理化指标　食盐含量≤5%。

（3）微生物指标　细菌总数≤$1×10^6$ CFU/g；大肠菌群≤30 MPN/100 g；致病菌（如沙门氏菌、金黄色葡萄球菌、副溶血性弧菌、志贺氏菌等）不得检出。

（二）大黄鱼鱼籽酱

1.原料配方

大黄鱼鱼籽5 kg，干香菇500 g，花生油250 g，淀粉200 g，蚝油150 g，食盐150 g，浓缩鸡汁150 g，白砂糖50 g。

2.工艺流程

水、花生油、大黄鱼鱼籽、香菇丁和浓缩鸡汁等调味料、淀粉

大黄鱼鱼卵 → 解冻 → 清洗 → 脱腥 → 漂洗 → 沥干 → 蒸煮、冷却 → 去杂 → 调味
　　　　　　　　　　　　↑　　　　　　　　　　　　　　　　　　　↓
　　　　　　　　　　　脱腥液　　　　　　　　　　　　　　　　装罐
　　　　　　　　　　　　　　　　　　　　　　　　　　　　　　　↓
　　　　　　　成品 ← 检验 ← 杀菌、冷却 ← 封罐

3.操作要点

（1）鱼卵前处理　将符合食品安全标准的冷冻大黄鱼鱼卵自然解冻，然后放于漏勺或其他网眼材料上轻轻置于水中清洗，将清洗好的大黄鱼鱼卵在5～10℃环境

中用脱腥溶液（包含 3.0% 的紫苏液、2.0% 的姜汁、2.0% 的酒和 1.0% 的食盐，不包含在原料配方中）浸泡 180 min，然后用清水漂洗，然后置于有网孔的筐中沥干，备用。

(2) 香菇丁制备　用温水将干香菇浸泡 2~4 h。如果是鲜香菇，则浸泡时需要在浸泡液中加入 0.03% 的焦亚硫酸钠（不包含在原料配方中）进行护色处理，防止颜色发暗影响产品感官品质。洗净后将香菇切成约 0.3 cm 见方的香菇丁，尽量大小均匀，备用。

(3) 蒸煮、冷却　将沥干的大黄鱼鱼卵蒸煮 15~20 min 使大黄鱼鱼卵熟透，然后平摊于盘子上进行冷却，备用。

(4) 调味　将蒸煮冷却好的大黄鱼鱼籽倒入料理机，捣碎并过 10 目筛以进一步除去杂质（主要是皮膜）。锅中加入水，将花生油、大黄鱼鱼籽、香菇丁和浓缩鸡汁等调味料下锅，搅拌均匀后升温，升至 80 ℃时，将事先用冷水溶解好的淀粉缓缓倒入锅中，搅拌均匀，煮开后待产品黏稠收汁出锅，备用。

(5) 装罐　空罐用蒸汽消毒 12 s 以上，按一定质量规格将大黄鱼鱼籽酱装入洁净已消毒的马口铁罐，灌装顶隙应预留（7±5）mm，产品温度≥60 ℃。

(6) 封罐　将封口机的真空度控制在 0.04~0.05 MPa 进行封罐。

(7) 杀菌　把密封好的罐头装进钢制杀菌筐内，产品分层放置，并用垫板隔开，罐头封口后（指每锅第 1 罐封口后）到杀菌的时间控制在 30 min 以内，最长不要超过 1 h。在 121 ℃下杀菌 20 min 以达到商业无菌状态。

(8) 冷却　将大黄鱼鱼籽酱罐头产品迅速冷却至 40 ℃以下，杀菌冷却水中的有效氯含量为 0.0005‰~0.0010‰，杀菌锅冷却排放水余氯含量需在 0.0005‰及以上，必须每锅测定，并做好记录，最后用干毛巾擦干大黄鱼鱼籽酱罐头表面的水渍。

(9) 检验出厂　随机抽取一定数量的大黄鱼鱼籽酱罐头，检测埋头度、卷边厚度、卷边宽度、罐身高度、身钩、盖钩、叠接率、紧密度、接缝盖钩完整率、罐身压痕，各罐型的"三率"要求均应达 50% 以上。经检验产品合格后贴上产品标签，打检、装箱、入库或出厂。

4.产品主要指标

(1) 感官指标　色泽：酱体呈浅黄色或黄褐色，酱料鲜亮富有光泽；形态：黏结性优，流动性好，成型好，酱体均匀细致，组织致密，无析出液；风味：咸甜适口，鲜味适口，口感好，咸鲜甜等味道协调，无腥味，香气浓郁纯正；杂质：无肉眼可见杂质。

(2) 理化指标　食盐含量≤3%。

(3) 微生物指标　细菌总数≤2000 CFU/g；大肠菌群≤30 MPN/100 g；致病菌（如沙门氏菌、金黄色葡萄球菌、副溶血性弧菌、志贺氏菌等）不得检出。

(三) 虾籽酱

1.原料配方

虾籽 5 kg，食盐 550 g，白砂糖 350 g，黄酒 250 g，碱性蛋白酶（酶活为 16×10^4 U/g）15 g。

2.工艺流程

虾籽 → 解冻 → 清洗 → 沥干 → 打浆 → 酶解 → 灭酶 → 发酵 → 二次发酵 → 装罐

（食盐在"发酵"处加入；黄酒和白砂糖在"二次发酵"处加入）

成品 ← 检验 ← 杀菌、冷却 ← 封罐

3.操作要点

（1）虾籽处理　将符合食品安全标准的冷冻虾籽自然解冻，然后放于漏勺或其他网眼材料上轻轻置于水中清洗，将清洗好的虾籽沥干，然后用打浆机打浆，之后用碱性蛋白酶在 53℃、pH 值 7.9 下酶解 4.7 h，酶解结束后将其置于沸水浴中 15 min 进行灭酶，备用。

（2）发酵　在灭酶完成后的虾籽酶解液中添加食盐，在 20℃条件下初发酵 7 d，然后添加黄酒和白砂糖继续发酵 21 d。

（3）装罐　将发酵完成的虾籽酱加热至 85℃以上，然后趁热按一定质量规格装入事先用蒸汽消毒 12 s 以上的洁净马口铁罐，灌装时要注意避免将酱料散落在瓶口，否则容易导致微生物污染，灌装顶隙应预留（7±5）mm。

（4）封罐　将封口机的真空度控制在 0.04～0.05 MPa 进行封罐。

（5）杀菌　把密封好的罐头装进钢制杀菌筐内，产品分层放置，并用垫板隔开，罐头封口后（指每锅第 1 罐封口后）到杀菌的时间控制在 30 min 以内，最长不要超过 1 h。在 121℃下杀菌 20 min 以达到商业无菌状态。

（6）冷却　将虾籽酱罐头产品迅速冷却至 40℃以下，杀菌冷却水中的有效氯含量为 0.0005‰～0.0010‰，杀菌锅冷却排放水余氯含量需在 0.0005‰及以上，必须每锅测定，并做好记录，最后用干毛巾擦干虾籽酱罐头表面的水渍。

（7）检验出厂　随机抽取一定数量的虾籽酱罐头，检测埋头度、卷边厚度、卷边宽度、罐身高度、身钩、盖钩、叠接率、紧密度、接缝盖钩完整率、罐身压痕，各罐型的"三率"要求均应达 50%以上。经检验产品合格后贴上产品标签，打检、装箱、入库或出厂。

4.产品主要指标

（1）感官指标　色泽：棕褐色或红褐色，颜色鲜艳，光泽度高；形态：黏稠适度，质地均匀呈半流体状，无沉淀及悬浮物；风味：鲜味强，回味绵长，咸淡适宜，口感细腻，风味强，无腥臭味或异味；杂质：无肉眼可见杂质。

（2）理化指标　食盐含量≤10%。

（3）微生物指标　细菌总数≤2000 CFU/g；大肠菌群≤30 MPN/100 g；致病菌（如沙门氏菌、金黄色葡萄球菌、副溶血性弧菌、志贺氏菌等）不得检出。

三、虾酱

（一）虾头酱

1.原料配方

虾头粉 10 kg，豆瓣辣酱 6 kg，大蒜 1 kg，花生酱 1 kg，植物油 3.6 kg，食盐 1.6 kg，黄酒 1.4 kg，白砂糖 1 kg，鸡精 600 g，味精 400 g，芝麻油 400 g，胡椒粉 400 g，生姜 360 g，香料粉 200 g，黄原胶 200 g，苯甲酸钠 36 g。

2.工艺流程

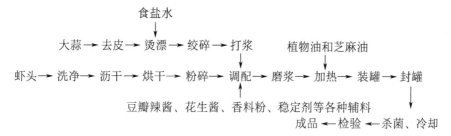

3.操作要点

（1）虾头粉制备　首先将虾头彻底洗净（由于虾头基本上是当作废弃物处理的，所以有很多杂质等混入，在清洗时要将附着在虾头上的泥沙等杂质彻底清洗干净），捞起沥水，沥干后放入烘箱在 50～60℃下烘干，然后用粉碎机先进行粗粉碎，将虾头粉碎成虾末，再用超微粉碎机进一步粉碎，过 200 目筛后备用。

（2）大蒜浆制备　将去皮后的大蒜瓣置于 70% 的食盐水（不包含在原料配方中）中，沸水烫漂 4～5 min 以钝化蒜酶，从而抑制大蒜臭味的产生，同时软化组织，方便破碎。然后将烫漂好的大蒜瓣倒入绞碎机中绞碎，再经过打浆处理得到大蒜浆。

（3）香料粉制备　将花椒、茴香、陈皮、丁香、砂仁、草果、香叶、肉豆蔻、山奈、八角、白芷和桂皮等十几种香料烘炒出香味，然后用粉碎机粉碎成粉，过网筛备用。

（4）稳定剂制备　将黄原胶加适量的温水溶解后备用。

（5）调配　按原料配方称取虾头粉及豆瓣辣酱、花生酱、黄酒、白砂糖、鸡精、香料粉、稳定剂等各种辅料，倒入调配槽中，并添加适量的水，不停地搅拌使之混合均匀。

（6）磨浆　将调配好的半成品虾头酱过胶体磨进一步细化，使酱体更加细腻。

（7）装罐　将磨浆完成的虾头酱、植物油和芝麻油倒入夹层锅中加热至 85℃以上，混合均匀后趁热按一定质量规格装入事先用蒸汽消毒 12 s 以上的洁净马口铁罐，灌装时要注意避免将酱料散落在瓶口，否则容易导致微生物污染，灌装顶隙应预留（7±5）mm。

（8）封罐 将封口机的真空度控制在 0.04～0.05 MPa 进行封罐。

（9）杀菌 把密封好的罐头装进钢制杀菌筐内，产品分层放置，并用垫板隔开，罐头封口后（指每锅第 1 罐封口后）到杀菌的时间控制在 30 min 以内，最长不要超过 1 h。在 121℃下杀菌 20 min 以达到商业无菌状态。

（10）冷却 将虾头酱罐头产品迅速冷却至 40℃以下，杀菌冷却水中的有效氯含量为 0.0005‰～0.0010‰，杀菌锅冷却排放水余氯含量需在 0.0005‰及以上，必须每锅测定，并做好记录，最后用干毛巾擦干虾头酱罐头表面的水渍。

（11）检验出厂 随机抽取一定数量的虾头酱罐头，检测埋头度、卷边厚度、卷边宽度、罐身高度、身钩、盖钩、叠接率、紧密度、接缝盖钩完整率、罐身压痕，各罐型的"三率"要求均应达 50%以上。经检验产品合格后贴上产品标签，打检、装箱、入库或出厂。

4.产品主要指标

（1）感官指标 色泽：棕褐色或红褐色，颜色鲜艳，光泽度高；形态：黏稠适宜，质地均匀呈半流体状，无沉淀及悬浮物；风味：咸辣适中，具有较明显的鲜虾气味，风味强，无其他异味；杂质：无肉眼可见杂质。

（2）理化指标 食盐含量≤10%；砷<0.5 mg/kg；铅≤1.0 mg/kg；黄曲霉毒素 B_1≤5.0 μg/kg；酸价（以脂肪计）≤5 mg/kg。

（3）微生物指标 细菌总数≤10000 CFU/g；大肠菌群≤30 MPN/100 g；致病菌（如沙门氏菌、金黄色葡萄球菌、副溶血性弧菌、志贺氏菌等）不得检出。

（二）香辣克氏原螯虾头酱

1.原料配方

克氏原螯虾（俗称小龙虾）头酶解液 6 kg，新鲜指天辣椒 2.4 kg，复合发酵剂（木糖葡萄球菌：戊糖片球菌：鲁氏酵母菌=1：3：3）1.2 kg，食盐 300 g，动物蛋白水解酶 4.5 g，风味蛋白酶 4.5 g。

2.工艺流程

```
                    食盐    水    动物蛋白水解酶和风味蛋白酶
                     ↓      ↓              ↓
虾头 → 解冻 → 洗净 → 沥干 → 粉碎 → 腌制 → 均质 → 酶解 → 灭酶
                                                           ↓
                                                         酶解液
                                                           ↓
            菌种 → 活化 → 菌悬液 → 发酵 ← 辣椒碎
                                    ↓
      成品 ← 检验 ← 杀菌、冷却 ← 封罐 ← 装罐
```

3.操作要点

(1) 虾头酶解液制备　取冷冻的克氏原螯虾头置于冰箱冷藏室缓慢解冻，洗净，沥干，用粉碎机将克氏原螯虾头粉碎，然后添加食盐腌制 3 h，加入等质量的水均质 10 min（转速 6000 r/min），添加动物蛋白水解酶（140000 U/g）和风味蛋白酶（120000 U/g）在 45℃下搅拌酶解 3 h，酶解结束后置于 90～100℃的水浴中加热 10 min 将蛋白酶灭活，然后将溶液于 4500 r/min、4℃下离心 10 min，得上清液即为虾头酶解液（pH 值为 7.8）。

(2) 辣椒碎制备　将新鲜指天辣椒清洗干净，去蒂，放入多功能料理机，中速绞打 10 min 得辣椒碎。

(3) 复合发酵剂制备　将木糖葡萄球菌、戊糖片球菌和鲁氏酵母菌分别接种到营养琼脂培养基、MRS 培养基和麦芽汁琼脂培养基中活化 3 次，然后在各自对应的液体培养基中进行扩大培养。培养条件木糖葡萄球菌和戊糖片球菌为 37℃培养 32 h，鲁氏酵母菌为 30℃培养 48 h。培养结束后，将各菌悬液在 4℃下以转速 3500 r/min 离心 15 min，然后将离心得到的菌体沉淀溶入 0.85% 的生理盐水中，调整菌液浓度为 10^8 CFU/mL。然后将木糖葡萄球菌、戊糖片球菌和鲁氏酵母菌按 1∶3∶3 的比例进行混合，制得复合发酵剂。

(4) 发酵　按原料配方比例将克氏原螯虾头酶解液、辣椒碎与复合发酵剂混合，在 33℃下发酵 25 h。

(5) 装罐　将发酵完成的发酵液混合物倒入夹层锅中加热至 85℃以上，趁热按一定质量规格装入事先用蒸汽消毒 12 s 以上的洁净马口铁罐，灌装时要注意避免将酱料散落在瓶口，否则容易导致微生物污染，灌装顶隙应预留（7±5）mm。

(6) 封罐　将封口机的真空度控制在 0.04～0.05 MPa 进行封罐。

(7) 杀菌　把密封好的罐头装进钢制杀菌筐内，产品分层放置，并用垫板隔开，罐头封口后（指每锅第 1 罐封口后）到杀菌的时间控制在 30 min 以内，最长不要超过 1 h。在 121℃下杀菌 20 min 以达到商业无菌状态。

(8) 冷却　将香辣克氏原螯虾头酱罐头产品迅速冷却至 40℃以下，杀菌冷却水中的有效氯含量为 0.0005‰～0.0010‰，杀菌锅冷却排放水余氯含量需在 0.0005‰ 及以上，必须每锅测定，并做好记录，最后用干毛巾擦干香辣克氏原螯虾头酱罐头表面的水渍。

(9) 检验出厂　随机抽取一定数量的香辣克氏原螯虾头酱罐头，检测埋头度、卷边厚度、卷边宽度、罐身高度、身钩、盖钩、叠接率、紧密度、接缝盖钩完整率、罐身压痕，各罐型的"三率"要求均应达 50% 以上。经检验产品合格后贴上产品标签、打检、装箱、入库或出厂。

4.产品主要指标

(1) 感官指标　色泽：红润鲜亮，光泽度优秀；形态：细腻度优，无颗粒感，分散性优；风味：风味浓郁，极鲜，辣度适口，与鲜味协调很好，无其他异味；杂质：无肉眼可见杂质。

（2）理化指标　食盐含量≤5%；砷≤0.5 mg/kg；铅≤1.0 mg/kg；黄曲霉毒素B_1≤5.0 μg/kg。

（3）微生物指标　细菌总数≤10000 CFU/g；大肠菌群≤30 MPN/100 g；致病菌（如沙门氏菌、金黄色葡萄球菌、副溶血性弧菌、志贺氏菌等）不得检出。

（三）虾头虾壳酱

1.原料配方

虾头虾壳酶解液 6.6 kg，黄豆酱 1.2 kg，淀粉 840 g，枯草芽孢杆菌中性蛋白酶 360 g，羧甲基纤维素钠 240 g。

2.工艺流程

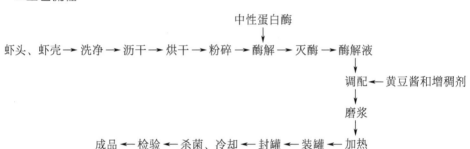

中性蛋白酶

虾头、虾壳 → 洗净 → 沥干 → 烘干 → 粉碎 → 酶解 → 灭酶 → 酶解液

调配 ← 黄豆酱和增稠剂

磨浆

成品 ← 检验 ← 杀菌、冷却 ← 封罐 ← 装罐 ← 加热

3.操作要点

（1）虾头虾壳酶解液制备　首先将虾头、虾壳彻底洗净（由于虾头、虾壳基本上是当作废弃物处理的，所以有很多杂质等混入，在清洗时要将附着在虾头、虾壳上的泥沙等杂质彻底清洗干净），捞起沥水，沥干后放入烘箱在 50~60℃下烘干。然后用粉碎机先将虾头、虾壳进行粗粉碎，再用超微粉碎机进一步粉碎，过 200 目筛。然后加入等质量的水，用 HCl 和 NaOH 调 pH 值到中性，添加枯草芽孢杆菌中性蛋白酶在 60℃下搅拌酶解 7 h。酶解结束后置于 90℃的水浴中加热 20 min 将蛋白酶灭活，然后用四层纱布过滤，所得滤液即为虾头虾壳酶解液。

（2）增稠剂制备　将羧甲基纤维素钠加适量的温水溶解后备用。

（3）调配　按原料配方称取虾头虾壳酶解液、黄豆酱、淀粉和增稠剂，倒入调配槽中，不停地搅拌使之混合均匀。

（4）磨浆　将调配好的半成品虾头虾壳酱过胶体磨进一步细化，使酱体更加细腻。

（5）装罐　将磨浆完成的虾头虾壳酱倒入夹层锅中加热至 85℃以上，趁热按一定质量规格装入事先用蒸汽消毒 12 s 以上的洁净马口铁罐，灌装时要注意避免将酱料散落在瓶口，否则容易导致微生物污染，灌装顶隙应预留（7±5）mm。

（6）封罐　将封口机的真空度控制在 0.04 ~ 0.05 MPa 进行封罐。

（7）杀菌　把密封好的罐头装进钢制杀菌筐内，产品分层放置，并用垫板隔开，罐头封口后（指每锅第 1 罐封口后）到杀菌的时间控制在 30 min 以内，最长不要超过 1 h。在 121 ℃下杀菌 20 min 以达到商业无菌状态。

（8）冷却　将虾头虾壳酱罐头产品迅速冷却至 40 ℃以下，杀菌冷却水中的有效氯含量为 0.0005‰ ~ 0.0010‰，杀菌锅冷却排放水余氯含量需在 0.0005‰及以上，必须每锅测定，并做好记录，最后用干毛巾擦干虾头虾壳酱罐头表面的水渍。

（9）检验出厂　随机抽取一定数量的虾头虾壳酱罐头，检测埋头度、卷边厚度、卷边宽度、罐身高度、身钩、盖钩、叠接率、紧密度、接缝盖钩完整率、罐身压痕，各罐型的"三率"要求均应达 50%以上。经检验产品合格后贴上产品标签，打检、装箱、入库或出厂。

4.产品主要指标

（1）感官指标　色泽：红褐色或棕褐色，光泽度优秀；形态：黏稠适度，呈半流体状，无颗粒感，均一性好，无沉淀，不分层；风味：风味浓郁，具有海鲜的风味，鲜美适口，无苦涩或其他异味；杂质：无肉眼可见杂质。

（2）理化指标　食盐含量≤4%；砷≤0.5 mg/kg；铅≤1.0 mg/kg；黄曲霉毒素 B_1≤5.0 μg/kg。

（3）微生物指标　细菌总数≤2000 CFU/g；大肠菌群≤30 MPN/100 g；致病菌（如沙门氏菌、金黄色葡萄球菌、副溶血性弧菌、志贺氏菌等）不得检出。

（四）萝卜干牛肉虾肉酱

1.原料配方

虾肉 5 kg，牛肉 6 kg，萝卜干 2.5 kg，郫县豆瓣酱 10 kg，食用油 7.5 kg，白砂糖 2750 g，指天椒 300 g。

2.工艺流程

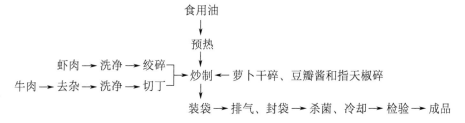

3.操作要点

（1）虾肉碎制备　选取经卫生检验合格的虾肉，洗净，将其绞打成酱状备用。

（2）牛肉丁制备　选取经卫生检验合格的牛前肩肉或者后臀肉，剔除筋腱和淋巴等非肉部位，用温水将淤血等洗净，将其切成约 1 cm 见方的肉丁备用。

（3）萝卜干碎制备　将符合食品安全标准的萝卜干剁成约 1 cm 见方的萝卜干碎备用。

（4）指天椒碎制备　选择形态完整，色泽均匀光亮，呈红色或深红色，无虫害、霉味、异味，长度为 4~7 cm 的指天椒，去除指天椒的柄，洗净灰尘等杂质，沥干表面水分，剁碎备用。

（5）炒制　将食用油加入锅内加热，待升温至约 160 ℃，倒入萝卜干碎翻炒 2 min，再倒入郫县豆瓣酱炒出酱香味（控制好炒制温度和时间，避免炒制时间短造成酱体香味不够丰满及炒制过度产生焦煳味和苦味），然后加入指天椒碎、虾肉碎和牛肉丁等翻炒约 12 min。

（6）真空灌装封袋　将炒制好的萝卜干牛肉虾肉酱趁热装入内衬为锡箔的塑料包装袋中。在灌装过程中要注意边搅拌边灌装以保证萝卜干牛肉虾肉酱的均匀性，并且灌装温度不能低于 85 ℃，以更好地防止微生物污染，灌装好后应快速趁热封口。将酱料包装袋放入真空包装机里，在 0.06~0.08 MPa 的压力环境下进行排气，热封 3~5 s。

（7）杀菌　将封装好的萝卜干牛肉虾肉酱放入杀菌锅中，在 121 ℃下杀菌 20 min，然后冷却到 45 ℃以下出锅。

（8）检验出厂　将冷却出锅的萝卜干牛肉虾肉酱放入恒温培养箱中于 37 ℃保温检验 7 d，每天观察是否存在胀袋现象，7 d 后取出观察，若无胀袋现象，则进一步开袋对其色、香、味有无异常变化进行感官检验，并可通过理化检验和微生物学检验来对杀菌效果进行进一步评价。经检验产品合格后贴上产品标签，打检、装箱、入库或出厂。

4.产品主要指标

（1）感官指标　色泽：棕红色，油润发亮；形态：质地均匀，颗粒大小均匀相间；风味：口感脆嫩，味道醇厚，香辣鲜美，回味无穷，鲜香味浓郁，有淡淡的萝卜干的清香；杂质：无肉眼可见杂质。

（2）理化指标　食盐含量≤5%。

（3）微生物指标　细菌总数≤2000 CFU/g；大肠菌群≤30 MPN/100 g；致病菌（如沙门氏菌、金黄色葡萄球菌、副溶血性弧菌、志贺氏菌等）不得检出。

（五）麻辣小虾酱

1.原料配方

小虾（虾仁加工过程中剩下的下脚料）5 kg，牛角椒 4 kg，植物油 8 kg，花椒 1.2 kg，食盐 600 g，白砂糖 400 g，生姜 400 g，花生 200 g，白芝麻 200 g，味精 100 g。

2.工艺流程

小虾 → 浸泡 → 洗净 → 沥干 → 粉碎

食用油 → 预热 → 炒制 → 装瓶 → 排气、封瓶 → 杀菌、冷却

生姜　牛角椒碎、白砂糖、花椒、　成品 ← 检验
　　　食盐、味精、花生碎等辅料

3.操作要点

（1）小虾碎制备　将符合食品安全标准的冷冻小虾浸泡于水中 1 h，使泥沙等杂质沉淀，然后用清水洗净，捞出沥干，然后用粉碎机将小虾粉碎，备用。

（2）牛角椒碎制备　选择形态完整，色泽均匀光亮，呈红色或深红色，无虫害、霉味、异味，辣味适中的牛角椒，去除牛角椒的柄，洗净灰尘等杂质，沥干表面水分，剁碎备用。

（3）花生碎制备　将形态完整、颗粒饱满的花生米放入炒锅中煸干水分以增加花生的香气和酥脆的口感，去除红衣，压碎成花生碎，备用。

（4）熟芝麻制备　选用白色、成熟、饱满、皮薄多油的当年新鲜芝麻，采用小火炒制白芝麻，待到白芝麻香气溢开则停止加热。注意炒制时不宜过熟，也不要炒焦，这样才能更好地保持白芝麻特有的香气。

（5）炒制　将食用油加入锅内加热，待升温至约 280 ℃，倒入生姜、小虾碎翻炒，此时油温降至约 160 ℃，加入牛角椒碎、白砂糖、花椒翻炒约 5 min，然后加入食盐、味精、花生碎和熟白芝麻翻炒均匀出锅。

（6）装瓶　将翻炒均匀的麻辣小虾酱趁热装入干燥洁净的四旋玻璃瓶中，灌装时要注意避免将酱料散落在瓶口，否则容易导致微生物污染，装料时预留 1 cm 左右的顶隙。

（7）排气、封瓶　装瓶完成后立即旋盖，但要留有一定的缝隙，然后将瓶子放入自动封装机进行抽真空排气，排气完成后立即封瓶。

（8）杀菌、冷却　将封瓶后的麻辣小虾酱产品放入立式压力蒸汽灭菌锅中进行高压杀菌，采用 121 ℃杀菌 20 min，然后冷却至室温。

（9）检验　检查瓶身是否存在裂纹，瓶盖是否封严，是否有油渗出等，抽取一定量样品于 37 ℃保温一周，经检验产品合格后，将瓶擦干净，贴上产品标签，打检、装箱、入库或出厂。

4.产品主要指标

（1）感官指标　色泽：深红色，油润发亮；形态：黏稠适度，无分层现象；风味：鲜、咸、麻、辣味适口，具有小虾特有的鲜味，香味浓郁，无其他不良气味；杂质：无肉眼可见杂质。

（2）理化指标　食盐含量≤3%。

（3）微生物指标　细菌总数≤2000 CFU/g；大肠菌群≤30 MPN/100 g；致病菌（如沙门氏菌、金黄色葡萄球菌、副溶血性弧菌、志贺氏菌等）不得检出。

（六）蟛子虾酱

1.原料配方

蟛子虾5 kg，食盐900 g，碱性蛋白酶（酶活为500000 U/g，最适pH值为7.0～8.5）625 g。

2.工艺流程

```
                                         碱性蛋白酶
                                              ↓
蟛子虾 → 去杂 → 洗净 → 沥干 → 粉碎 → 酶解、发酵 → 装袋 → 排气、封袋
                                              ↑
                                   食盐    成品 ← 检验 ← 杀菌、冷却
```

3.操作要点

（1）蟛子虾碎制备　选择刚捕捞不久的新鲜蟛子虾，剔除杂草及小鱼虾，清洗至虾体呈半透明青灰色，捞出沥干，然后用组织捣碎机将蟛子虾稍加粉碎，备用。

（2）酶解、发酵　将蟛子虾碎加热到50℃，自溶0.5h，然后按400 U/g的比例加入碱性蛋白酶，搅拌均匀，在最适pH值条件下于50℃恒温水浴内酶解、自然发酵4 h，再加入食盐，继续保温酶解、自然发酵3 d。

（3）装袋　选用安全无毒耐高温且真空度高的蒸煮袋对蟛子虾酱进行灌装，灌装时不宜太满，以便于封口。

（4）排气、封袋　灌装结束之后用真空封口机排气后将袋口封严实。

（5）杀菌、冷却　将封袋后的蟛子虾酱进行沸水杀菌30 min。杀菌结束后，用凉水将袋装酱快速冷却至室温。

（6）检验　检查是否存在胀袋，袋是否封严等，常温下保存3 d后再次进行检验，经检验产品合格后，将袋擦干净，贴上产品标签，打检、装箱、入库或出厂。

4.产品主要指标

（1）感官指标　色泽：褐红色；形态：质地均匀；风味：鲜、咸、香味适口，尤其是鲜味浓郁，具有虾酱固有的气味，无其他不良气味；杂质：无肉眼可见杂质。

（2）理化指标　食盐含量≤18%。

（3）微生物指标　细菌总数≤30000 CFU/g；大肠菌群≤30 MPN/100 g；致病菌（如沙门氏菌、金黄色葡萄球菌、副溶血性弧菌、志贺氏菌等）不得检出。

（七）什锦虾酱

1.原料配方

中国毛虾5 kg，鸡肉500 g，食盐500 g，花生油250 g，胡萝卜250 g，莴苣250 g，

花生米 200 g，葱粉 100 g，姜粉 100 g，味精 100 g，蛋白酶 25 g，瓜尔豆胶 20 g，异抗坏血酸钠 1.5 g，脱氢乙酸 0.5 g。

2.工艺流程

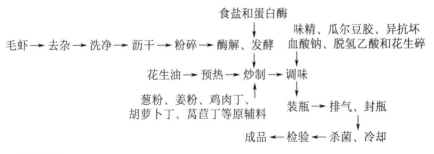

3.操作要点

（1）毛虾碎制备　选择刚捕捞不久的新鲜毛虾，去除杂草等杂质，清洗至虾体呈半透明青灰色，捞出沥干，然后用组织捣碎机将毛虾稍加粉碎，备用。

（2）花生碎制备　将形态完整、颗粒饱满的花生米放入炒锅中焙干水分以增加花生的香气和酥脆的口感，去除红衣，压制成花生碎，备用。

（3）鸡肉丁制备　选取符合食品安全标准的冷鲜鸡腿肉，将血污等冲洗干净，沥干，切成约 0.5 cm 见方的鸡肉丁，备用。

（4）酶解、发酵　将毛虾碎加热到 50 ℃，自溶 0.5 h，然后加入食盐和蛋白酶，搅拌均匀，在最适 pH 值条件下于 40 ℃恒温水浴内酶解、自然发酵 3 h。

（5）炒制　将花生油倒入夹层锅内加热，待升温至约 160 ℃时，倒入葱粉、姜粉、发酵好的毛虾碎、鸡肉丁、胡萝卜丁、莴苣丁和食盐等翻炒至熟。

（6）调味　加入味精、瓜尔豆胶、异抗坏血酸钠、脱氢乙酸和花生碎翻炒均匀出锅。

（7）装瓶　将调味好的什锦虾酱趁热装入干燥洁净的四旋玻璃瓶中，灌装时要注意避免将酱料散落在瓶口，否则容易导致微生物污染，装料时预留 1 cm 左右的顶隙。

（8）排气、封瓶　装瓶完成后立即旋盖，但要留有一定的缝隙，然后将瓶子放入自动封装机进行抽真空排气，排气完成后立即封瓶。

（9）杀菌、冷却　将封瓶后的什锦虾酱产品放入立式压力蒸汽灭菌锅中进行高压杀菌，采用 121 ℃杀菌 20 min，然后冷却至室温。

（10）检验　检查瓶身是否存在裂纹，瓶盖是否封严，是否有油渗出等，抽取一定量样品于 37 ℃保温一周，经检验产品合格后，将瓶擦干净，贴上产品标签，打检、装箱、入库或出厂。

4.产品主要指标

（1）感官指标　色泽：红褐色；形态：均匀黏稠酱状；风味：鲜、咸、香味适口，具有虾酱特有的芳香，无其他不良气味；杂质：无肉眼可见杂质。

（2）理化指标　食盐含量≤7%。

（3）微生物指标　细菌总数≤2000 CFU/g；大肠菌群≤30 MPN/100 g；致病菌（如沙门氏菌、金黄色葡萄球菌、副溶血性弧菌、志贺氏菌等）不得检出。

（八）香菇虾米酱

1.原料配方

虾米 6 kg，甜面酱 14 kg，香菇 12 kg，调和油 4 kg，白芝麻 2 kg，食盐 2 kg，白砂糖 1.2 kg，小茴香 1.2 kg，干辣椒 800 g，花椒粉 800 g。

2.工艺流程

```
                  香菇丁、辣椒粉、甜面酱等原辅料
                          ↓
调和油 → 预热 → 炒制 → 调味 → 装瓶 → 排气、封瓶 → 杀菌、冷却 → 检验
                          ↑
虾米 → 粉碎      味精、食盐、花椒粉、熟白芝麻和白砂糖等        成品
```

3.操作要点

（1）虾米泥制备　选取符合食品安全标准的虾米，用粉碎机将虾米粉碎成虾米泥，备用。

（2）香菇丁制备　挑选形态完整的干香菇，洗净，用约 40 ℃温水将干香菇浸泡 40 min 至其完全水发，去除杂质，将菌柄与菌盖分离，并切成约 0.5 cm 见方的香菇丁，备用。

（3）熟芝麻制备　选用白色、成熟、饱满、皮薄多油的当年新鲜芝麻，采用小火炒制白芝麻，待到白芝麻香气溢开则停止加热。注意炒制时不宜过熟，也不要炒焦，这样才能更好地保持白芝麻特有的香气。

（4）辣椒粉制备　选择形态完整、颜色鲜亮、无霉变和无虫害的干辣椒，洗净，剔除辣椒籽，沥干，用粉碎机将其粉碎成辣椒粉。

（5）炒制　将调和油倒入夹层锅内加热，待升温至约 160 ℃时，倒入香菇丁、虾米泥、辣椒粉、甜面酱等原辅料，翻炒至熟。

（6）调味　加入味精、食盐、小茴香、花椒粉、熟白芝麻和白砂糖等翻炒均匀出锅。

（7）装瓶　将调味好的香菇虾米酱趁热装入干燥洁净的四旋玻璃瓶中，灌装时要注意避免将酱料散落在瓶口，否则容易导致微生物污染，装料时预留 1 cm 左右的顶隙。

（8）排气、封瓶　装瓶完成后立即旋盖，但要留有一定的缝隙，然后将瓶子放入自动封装机进行抽真空排气，排气完成后立即封瓶。

（9）杀菌、冷却　将封瓶后的香菇虾米酱产品放入立式压力蒸汽灭菌锅中进行高压杀菌，采用 121 ℃杀菌 20 min，然后冷却至室温。

（10）检验　检查瓶身是否存在裂纹，瓶盖是否封严，是否有油渗出等，抽取一定量样品于37℃保温一周，经检验产品合格后，将瓶擦干净，贴上产品标签，打检、装箱、入库或出厂。

4.产品主要指标

（1）感官指标　色泽：红褐色或暗红色；形态：黏稠适度；风味：滋味香美，咸淡适口，辣味适中，具有酱香和酯香气味以及海鲜味，无其他不良气味；杂质：无肉眼可见杂质。

（2）理化指标　食盐含量≤5%。

（3）微生物指标　细菌总数≤2000 CFU/g；大肠菌群≤30 MPN/100 g；致病菌（如沙门氏菌、金黄色葡萄球菌、副溶血性弧菌、志贺氏菌等）不得检出。

（九）香辣即食虾酱

1.原料配方

毛虾1650 g，发酵虾酱750 g，玉米油1250 g，干香菇350 g，辣椒粉300 g，大蒜100 g，白砂糖100 g，鸡精30 g，味精25 g，白芝麻25 g，八角粉15 g，黑胡椒粉15 g，姜粉10 g，桂皮粉5 g，I+G 2.5 g。

2.工艺流程

```
              大蒜、辣椒粉、香菇丁、黑胡椒粉、发酵虾酱等原辅料
                              ↓
  玉米油 → 预热 → 炒制 → 调味 → 装罐 → 排气、封罐 → 杀菌、冷却
                      ↑
毛虾 → 去杂 → 洗净 → 沥干 → 粉碎   白砂糖、味精、          成品 ← 检验
                              鸡精和熟白芝麻等
```

3.操作要点

（1）毛虾碎制备　选择刚捕捞不久的新鲜毛虾，去除杂草等杂质，清洗至虾体呈半透明青灰色，捞出沥干，然后用组织捣碎机将毛虾粉碎，备用。

（2）香菇丁制备　挑选形态完整的干香菇，洗净，用约40℃温水将干香菇浸泡1~2 h，去除杂质，将菌柄与菌盖分离，并切成约0.5 cm见方的香菇丁，备用。

（3）熟芝麻制备　选用白色、成熟、饱满、皮薄多油的当年新鲜芝麻，采用小火炒制白芝麻，待到白芝麻香气溢开则停止加热。注意炒制时不宜过熟，也不要炒焦，这样才能更好地保持白芝麻特有的香气。

（4）发酵虾酱的挑选　挑选紫红色或灰紫色，具有发酵虾酱的滋味和香气，黏稠度适中，质地均匀，无异味，无异物的发酵虾酱。

（5）炒制　将玉米油倒入锅中加热，待升温至约140℃时，倒入大蒜炒制2 min，再倒入辣椒粉和香菇丁炒香，加入黑胡椒粉、姜粉、桂皮粉和八角粉等调味料翻炒30 s，倒入发酵虾酱翻炒4 min，再倒入毛虾碎翻炒1 min。

（6）调味　加入白砂糖、味精、鸡精、I+G、熟白芝麻等翻炒均匀出锅。

（7）装罐　将调味好的香辣即食虾酱趁热按一定质量规格装入事先用蒸汽消毒12 s以上的洁净马口铁罐，灌装时要注意避免将酱料散落在瓶口，否则容易导致微生物污染，灌装顶隙应预留（7±5）mm。

（8）封罐　将封口机的真空度控制在0.04～0.05 MPa进行封罐。

（9）杀菌　把密封好的罐头装进钢制杀菌筐内，产品分层放置，并用垫板隔开，罐头封口后（指每锅第1罐封口后）到杀菌的时间控制在30 min以内，最长不要超过1 h。在118℃下杀菌15 min以达到商业无菌状态。

（10）冷却　将香辣即食虾酱罐头产品迅速冷却至40℃以下，杀菌冷却水中的有效氯含量为0.0005‰～0.0010‰，杀菌锅冷却排放水余氯含量需在0.0005‰及以上，必须每锅测定，并做好记录，最后用干毛巾擦干香辣即食虾酱罐头表面的水渍。

（11）检验出厂　经常温存放10 d后随机抽取一定数量的香辣即食虾酱罐头，检测埋头度、卷边厚度、卷边宽度、罐身高度、身钩、盖钩、叠接率、紧密度、接缝盖钩完整率、罐身压痕，各罐型的"三率"要求均应达50%以上。经检验产品合格后贴上产品标签，打检、装箱、入库或出厂。

4.产品主要指标

（1）感官指标　色泽：红亮，油润有光泽；形态：浓稠度适中，组织均匀，可见虾和香菇颗粒；风味：香气浓郁，虾味和香菇味协调，鲜辣微甜，有咀嚼感，无其他不良气味；杂质：无肉眼可见杂质。

（2）理化指标　食盐含量≤5%。

（3）微生物指标　细菌总数≤1000 CFU/g；大肠菌群≤20 MPN/100 g；致病菌（如沙门氏菌、金黄色葡萄球菌、副溶血性弧菌、志贺氏菌等）不得检出。

（十）香辣发酵虾酱

1.原料配方

鲜虾（斑节对虾）肉3.5 kg，新鲜二荆条辣椒1.5 kg，食盐1 kg，乳酸菌550 g，葡萄糖550 g。

2.工艺流程

斑节对虾 → 去杂 → 洗净 → 搅碎
　　　　　　　　　　　　　　↓
乳酸菌 → 活化 → 发酵 → 装袋 → 排气、封袋 → 杀菌、冷却 → 检验
　　　　　　↑　　↑　　　　　　　　　　　　　　　　　　　　↓
　　　　　葡萄糖　辣椒碎和食盐　　　　　　　　　　　　　　成品

3.操作要点

（1）对虾肉茸制备　选择刚捕捞不久的新鲜斑节对虾，去除虾线、虾头和虾壳等废弃物，取虾肉，洗净，然后用多功能料理机将新鲜对虾净肉中速搅打5 min，使

虾肉成茸状，备用。

（2）辣椒碎制备　将新鲜二荆条辣椒清洗干净，去蒂，放入多功能料理机，中速搅打 5 min 得辣椒碎。

（3）发酵　将葡萄糖溶液与乳酸菌混合，在 23℃下活化 1 h，加入对虾肉茸、辣椒碎和食盐，搅拌均匀，在 35℃下放置 8 h，然后放入密封容器中，在 35℃下厌氧发酵 25 d。

（4）装袋　选用安全无毒耐高温且真空度高的蒸煮袋对香辣发酵虾酱进行灌装，灌装时不宜太满，以便于封口。

（5）排气、封袋　灌装结束之后用真空封口机排气后将袋口封严实。

（6）杀菌、冷却　将封袋后的香辣发酵虾酱进行巴氏杀菌。杀菌结束后，自然冷却至室温。

（7）检验　检查是否存在胀袋，袋是否封严等，于常温下保存 3 d 后再次进行检验，经检验产品合格后，将袋擦干净，贴上产品标签，打检、装箱、入库或出厂。

4.产品主要指标

（1）感官指标　色泽：颜色红亮，表面油润，有发酵的自然光泽；形态：浓稠度适中，酱体均匀，可见虾茸以及辣椒碎；风味：香辣适口，咸度适中，回味醇厚，香气浓郁，略有淡淡的虾腥味，无其他不良气味；杂质：无肉眼可见杂质。

（2）理化指标　食盐含量≤14%。

（3）微生物指标　细菌总数≤30000 CFU/g；大肠菌群≤30 MPN/100 g；致病菌（如沙门氏菌、金黄色葡萄球菌、副溶血性弧菌、志贺氏菌等）不得检出。

（十一）沙茶酱

1.原料配方

虾仁 900 g，比目鱼干 1050 g，花生仁 6 kg，植物油 4.8 kg，白砂糖 1.8 kg，大蒜头 1050 g，芝麻酱 960 g，食盐 180 g，香葱 450 g，辣椒粉 450 g，芥末粉 180 g，五香粉 180 g，山奈粉 90 g，香菜籽 90 g，香木草 12 根。

2.工艺流程

```
         比目鱼干 → 剔刺
                      ↓
植物油 → 预热 → 炸酥 → 粉碎
                              ↓
    植物油 → 预热 → 炒制 → 装瓶 → 排气、封瓶 → 杀菌、冷却 → 检验 → 成品
                      ↑
    香菜籽、五香粉、芝麻酱、虾仁末和花生碎等原辅料
```

3.操作要点

（1）比目鱼干粉制备　将符合食品安全标准的比目鱼干剔尽鱼刺，倒入部分植物油烧至七成热的锅中，炸酥，捞出，粉碎，备用。

（2）花生碎制备　将形态完整、颗粒饱满、外层红衣光亮、色泽均匀、无霉变、无异味的花生米放入炒锅中焖干水分以增加花生的香气和酥脆的口感，去除红衣，压制成花生碎，备用。

（3）香葱油制备　将部分植物油烧热，加入香葱炸干，捞出葱段干，得葱油备用，同时将葱段干粉碎成香葱粉备用。

（4）辣椒油制备　选择形态完整、颜色鲜亮、无霉变和无虫害的干辣椒，洗净，剔除辣椒籽，沥干，用粉碎机将其粉碎成辣椒粉，然后倒入烧热后稍微冷却的部分植物油中炸成辣椒油，备用。

（5）蒜蓉油制备　将部分植物油烧热，热后稍微冷却后加入蒜蓉炸成蒜蓉油，备用。

（6）炒制　将剩余的部分植物油倒入锅中加热，待升温至约160℃时，倒入香菜籽和五香粉略炒，再倒入芝麻酱、虾仁末、花生碎、比目鱼干粉、芥末粉和山柰粉翻炒均匀，再加入蒜蓉油、辣椒油、香葱油、香葱粉、食盐、白砂糖和香木草粉翻炒均匀，文火炒制0.5 h左右至锅内无泡沫时关火，其间不停翻炒，避免煳锅而影响产品的感官品质。

（7）装瓶　将炒制好的沙茶酱趁热装入干燥洁净的四旋玻璃瓶中，灌装时要注意避免将酱料散落在瓶口，否则容易导致微生物污染，装料时预留1 cm左右的顶隙。

（8）排气、封瓶　装瓶完成后立即旋盖，但要留有一定的缝隙，然后将瓶子放入自动封装机进行抽真空排气，排气完成后立即封瓶。

（9）杀菌、冷却　将封瓶后的沙茶酱产品于沸水浴中杀菌10 min，然后冷却至室温。

（10）检验　检查瓶身是否存在裂纹，瓶盖是否封严，是否漏油等，抽取一定量样品于37℃保温一周，经检验产品合格后，将瓶擦干净，贴上产品标签，打检、装箱、入库或出厂。

4.产品主要指标

（1）感官指标　色泽：棕褐色，鲜亮有光泽；形态：黏稠度适宜；风味：鲜美可口，后味绵长，具有浓郁的香气，无其他不良气味；杂质：无肉眼可见杂质。

（2）理化指标　食盐含量≤2%。

（3）微生物指标　细菌总数≤2000 CFU/g；大肠菌群≤30 MPN/100 g；致病菌（如沙门氏菌、金黄色葡萄球菌、副溶血性弧菌、志贺氏菌等）不得检出。

四、蟹酱

（一）酶法蟹酱

1.原料配方

蟹浆水解液5 kg，食盐650 g，白砂糖500 g，豆豉400 g，味精250 g，生姜

200 g，复合增稠剂 200 g，大蒜 150 g，葱 150 g。

2.工艺流程

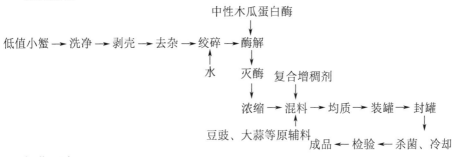

3.操作要点

（1）蟹浆制备　挑选符合食品安全标准的鲜度较好的个体较小的低值蟹，洗净，剥壳，去腮，然后再次水洗除去泥沙、污物和杂质等，用刀或破碎机将蟹破碎成小块，倒入绞肉机将蟹壳等一起绞成浆状，备用。

（2）蟹浆水解液制备　向蟹浆中加入等量的水，用稀盐酸将其 pH 值调整到 7 左右，于 70 ℃恒温水浴加热，待蟹浆温度达到 70 ℃时，加入 0.3%的中性木瓜蛋白酶（不包含在原料配方中）水解 4 h，然后沸水加热 20 min 以灭酶，趁热使用沉降式离心机在 3500 r/min 的转速下离心 15 min 左右，将中上层浆液收集起来先常温浓缩 25%左右，然后用旋转蒸发仪在 70 ℃左右真空浓缩至 50%左右，冷藏备用。

（3）混料　将浓缩的蟹浆水解液倒入事先溶解好的复合增稠剂中，搅拌均匀，然后再加入食盐、白砂糖、豆豉、大蒜等原辅料，搅拌均匀。

（4）均质　用胶体磨将搅拌均匀的原辅料均质。

（5）装罐　将均质好的酶法蟹酱加热至 85 ℃以上，趁热按一定质量规格装入事先用蒸汽消毒 12 s 以上的洁净马口铁罐，灌装时要注意避免将酱料散落在瓶口，否则容易导致微生物污染，灌装顶隙应预留 （7±5）mm。

（6）封罐　将封口机的真空度控制在 0.04～0.05 MPa 进行封罐。

（7）杀菌　把密封好的罐头装进钢制杀菌筐内，产品分层放置，并用垫板隔开，罐头封口后（指每锅第 1 罐封口后）到杀菌的时间控制在 30 min 以内，最长不要超过 1 h。在 118 ℃下杀菌 60 min 以达到商业无菌状态。

（8）冷却　将酶法蟹酱罐头产品迅速冷却至 40 ℃以下，杀菌冷却水中的有效氯含量为 0.0005‰～0.0010‰，杀菌锅冷却排放水余氯含量需在 0.0005‰及以上，必须每锅测定，并做好记录，最后用干毛巾擦干酶法蟹酱罐头表面的水渍。

（9）检验出厂　经常温存放 10 d 后随机抽取一定数量的酶法蟹酱罐头，检测埋头度、卷边厚度、卷边宽度、罐身高度、身钩、盖钩、叠接率、紧密度、接缝盖钩完整率、罐身压痕，各罐型的"三率"要求均应达 50%以上。经检验产品合格后贴上产品标签，打检、装箱、入库或出厂。

4.产品主要指标

(1) 感官指标　色泽：红褐色；形态：质地均匀细腻，黏稠度适中；风味：鲜香味浓，无其他不良气味；杂质：无肉眼可见杂质。

(2) 理化指标　食盐含量≤10%。

(3) 微生物指标　细菌总数≤2000 CFU/g；大肠菌群≤30 MPN/100 g；致病菌（如沙门氏菌、金黄色葡萄球菌、副溶血性弧菌、志贺氏菌等）不得检出。

（二）蟹黄酱

1.原料配方

蟹黄 5 kg，蟹肉 750 g，咸蛋黄 2.5 kg，棕榈油 6250 g，食醋 500 g，料酒 400 g，食盐 175 g，葱 80 g，白砂糖 75 g，大蒜 60 g，味精 30 g，白胡椒粉 25 g，生姜 20 g，琥珀酸二钠 15 g，生姜粉 12.5 g。

2.工艺流程

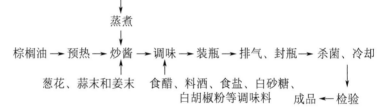

3.操作要点

(1) 原料解冻　挑选符合食品安全标准的冷冻蟹肉、冷冻蟹黄和咸蛋黄，在冰箱冷藏室解冻约 12 h，备用。

(2) 混料、绞碎　使用料理机将解冻好的蟹肉、蟹黄和咸蛋黄混合绞碎 2 min，备用。

(3) 蒸煮　将混料好的蟹肉、蟹黄和咸蛋黄蒸煮约 15 min，备用。

(4) 炒酱　将棕榈油倒入锅中加热，待升温至约 125 ℃时，倒入葱花、蒜末和姜末爆香后捞出，再倒入蒸煮好的蟹肉、蟹黄和咸蛋黄混合物继续炒制 4 min，其间不停翻炒，避免煳锅而影响产品的感官品质。

(5) 调味　加入食醋、料酒、食盐、白砂糖、味精、白胡椒粉、生姜粉和事先溶解好的琥珀酸二钠等调味料，继续翻炒 6 min。

(6) 装瓶　将调味好的蟹黄酱趁热装入干燥洁净的四旋玻璃瓶中，灌装时要注意避免将酱料散落在瓶口，否则容易导致微生物污染，装料时预留 1 cm 左右的顶隙。

(7) 排气、封瓶　装瓶完成后立即旋盖，但要留有一定的缝隙，然后将瓶子放入自动封装机进行抽真空排气，排气完成后立即封瓶。

（8）杀菌、冷却　将封瓶后的蟹黄酱产品放入95℃水浴锅中巴氏杀菌20 min，然后自然冷却至室温。

（9）检验　检查瓶身是否存在裂纹，瓶盖是否封严，是否漏油等，抽取一定量样品于37℃保温一周，经检验产品合格后，将瓶擦干净，贴上产品标签，打检、装箱、入库或出厂。

4.产品主要指标

（1）感官指标　色泽：金黄色，油润有光泽；形态：组织均匀细腻，黏稠度适中，油量适中，无出油现象；风味：蟹香浓郁，蟹味醇厚鲜美，咸鲜适中，有细腻的油沙感，整体气味协调性好，无其他不良气味；杂质：无肉眼可见杂质。

（2）理化指标　食盐含量≤2%。

（3）微生物指标　细菌总数≤2000 CFU/g；大肠菌群≤30 MPN/100 g；致病菌（如沙门氏菌、金黄色葡萄球菌、副溶血性弧菌、志贺氏菌等）不得检出。

（三）蟹肉酱

1.原料配方

蟹肉4.3 kg，黄豆酱20770 g，植物油10350 g，小米椒1715 g，白砂糖1575 g，大蒜1250 g，葱1250 g，生姜1250 g，白芝麻500 g，白酒500 g。

2.工艺流程

蟹肉 → 解冻 → 去杂

植物油 → 预热 → 炒制 → 蟹肉干

植物油 → 预热 → 炒制 → 熬制 → 调味 → 装瓶 → 排气、封瓶 → 杀菌、冷却

葱花、蒜末和姜末　　黄豆酱　　小米椒、白砂糖、熟白芝麻和白酒

成品 ← 检验

3.操作要点

（1）蟹肉干制备　挑选符合食品安全标准的冷冻蟹肉，流水解冻，除去混杂在其中的碎蟹壳，倒入加热至约220℃的植物油中，炒制5 min使蟹肉脱水，盛出备用。

（2）熟芝麻制备　采用小火炒制白芝麻，待到白芝麻香气溢开则停止加热。注意炒制时不宜过熟，也不要炒焦，这样才能更好地保持白芝麻特有的香气。

（3）炒制　将植物油倒入锅中加热至八成熟，倒入葱花、蒜末和姜末炒制呈金黄色后捞出。

（4）熬制　倒入黄豆酱小火熬至沸腾，然后倒入预处理好的蟹肉干熬制5 min左右，熬制期间要不断搅拌以防酱体变焦而影响酱料的色泽与风味。

（5）调味　依次加入小米椒、白砂糖和熟白芝麻，继续熬制3~5 min，其间不

断搅拌以防酱体变焦而影响酱料的色泽与风味，最后加入白酒，搅拌均匀出锅。

（6）装瓶　将调味好的蟹肉酱趁热装入干燥洁净的四旋玻璃瓶中，灌装时要注意避免将酱料散落在瓶口，否则容易导致微生物污染，装料时预留 1 cm 左右的顶隙。

（7）排气、封瓶　装瓶完成后立即旋盖，但要留有一定的缝隙，然后将瓶子放入自动封装机进行抽真空排气，排气完成后立即封瓶。

（8）杀菌、冷却　将封瓶后的蟹肉酱产品放入 90℃水浴锅中巴氏杀菌 30 min，然后快速分段冷却至室温。

（9）检验　检查瓶身是否存在裂纹，瓶盖是否封严，是否漏油等，抽取一定量样品于 37℃保温一周，经检验产品合格后，将瓶擦干净，贴上产品标签，打检、装箱、入库或出厂。

4.产品主要指标

（1）感官指标　色泽：酱体呈赤褐色，油亮红润，有光泽；形态：酱体均匀不流散，黏稠度适中；风味：蟹香浓郁，蟹味醇厚鲜美，肉质鲜嫩可口，咸鲜适中，咀嚼感好，具有小米椒的爽辣，整体气味协调性好，无其他不良气味；杂质：无肉眼可见杂质。

（2）理化指标　食盐含量≤7%；铅≤1.0 mg/kg；砷≤0.5 mg/kg；铬≤0.1 mg/kg。

（3）微生物指标　细菌总数≤2000 CFU/g；大肠菌群≤30 MPN/100 g；致病菌（如沙门氏菌、金黄色葡萄球菌、副溶血性弧菌、志贺氏菌等）不得检出。

五、贝类酱

（一）酸辣花蛤酱

1.原料配方

花蛤 5250 g，杏鲍菇 6250 g，菜籽油 4.5 kg，生抽 1125 g，料酒 1125 g，糟辣椒 1 kg，大蒜 375 g，味精 125 g，白芝麻 100 g，白砂糖 100 g，食盐 75 g。

2.工艺流程

```
        糟辣椒、大蒜末和生姜末        杏鲍菇碎
                    ↓               ↓
菜籽油 → 预热 → 炒制 → 调味 → 装罐 → 封罐 → 杀菌、冷却 → 检验
                    ↑               ↑                              ↓
花蛤 → 洗净 → 沥干    料酒、生抽等调味料和熟白芝麻              成品
```

3.操作要点

（1）花蛤的挑选　挑选符合食品安全标准的肉质坚实饱满、具有浓郁香气和滋味的新鲜花蛤，去壳，洗净，沥干，备用。

（2）杏鲍菇碎制备　挑选符合食品安全标准的无软烂、气味清香的新鲜杏鲍菇，洗净，切成约 0.3 cm 见方的杏鲍菇碎，沥干，备用。

（3）糟辣椒的挑选　挑选色泽红润、酸度与辣度合适、无腐败变质的糟辣椒，备用。

（4）熟芝麻制备　采用小火炒制白芝麻，待到白芝麻香气溢开则停止加热。注意炒制时不宜过熟，也不要炒焦，这样才能更好地保持白芝麻特有的香气。

（5）炒制　将菜籽油倒入锅中加热，待升温至约150℃时，倒入糟辣椒、大蒜末和生姜末翻炒1 min，再倒入花蛤和杏鲍菇碎炒制约8 min，其间不停翻炒，避免煳锅而影响产品的感官品质。

（6）调味　加入料酒、生抽、食盐、白砂糖、味精和熟白芝麻炒制约2 min，出锅。

（7）装罐　将调味好的酸辣花蛤酱趁热按一定质量规格装入事先用沸水消毒15 min并沥干的洁净马口铁罐，灌装时要注意避免将酱料散落在瓶口，否则容易导致微生物污染，灌装顶隙应预留8 mm左右。

（8）封罐　将封口机的真空度控制在0.04～0.05 MPa进行封罐。

（9）杀菌　把密封好的酸辣花蛤酱罐头装进钢制杀菌筐内，产品分层放置，并用垫板隔开，罐头封口后（指每锅第1罐封口后）到杀菌的时间控制在30 min以内，最长不要超过1 h。在115℃条件下杀菌15 min。

（10）冷却　将酸辣花蛤酱罐头产品迅速冷却至40℃以下，杀菌冷却水中的有效氯含量为0.0005‰～0.0010‰，杀菌锅冷却排放水余氯含量需在0.0005‰及以上，必须每锅测定，并做好记录，最后用干毛巾擦干酸辣花蛤酱罐头表面的水渍。

（11）检验出厂　经常温存放10 d后随机抽取一定数量的酸辣花蛤酱罐头，检测埋头度、卷边厚度、卷边宽度、罐身高度、身钩、盖钩、叠接率、紧密度、接缝盖钩完整率、罐身压痕，各罐型的"三率"要求均应达50%以上。经检验产品合格后贴上产品标签，打检、装箱、入库或出厂。

4.产品主要指标

（1）感官指标　色泽：颜色红润，鲜亮有光泽；形态：质地均匀，组织状态良好；风味：酸辣可口，有杏鲍菇和花蛤的鲜香味，气味协调，无苦腥味、焦煳味等不良气味；杂质：无肉眼可见杂质。

（2）理化指标　食盐含量<2%；铅≤1.5 mg/kg；镉≤2.0 mg/kg；砷≤0.5 mg/kg；汞≤0.5 mg/kg；铬≤2.0 mg/kg；多氯联苯≤0.5 mg/kg。

（3）微生物指标　细菌总数≤2000 CFU/g；大肠菌群≤30 MPN/100 g；致病菌（如沙门氏菌、金黄色葡萄球菌、副溶血性弧菌、志贺氏菌等）不得检出。

（二）香辣杏鲍菇蛤蜊酱

1.原料配方

蛤蜊3 kg，杏鲍菇1.2 kg，干辣椒4 kg，菜籽油11 kg，豆瓣酱1.2 kg，花生800 g，

食用盐 120 g，鸡精 100 g，蒜粉 60 g，丁香粉 40 g，白砂糖 40 g，姜粉 40 g，花椒粉 20 g。

2.工艺流程

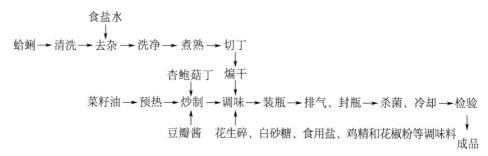

3.操作要点

（1）蛤蜊丁制备　挑选贝壳有光泽、半吐舌头或闭口的鲜活蛤蜊，先用清水淘洗几遍，再放入食盐水中喂养 3 ~ 4 h，使其将体内的泥沙吐干净，然后再用清水清洗一遍，煮熟，取出熟制的蛤蜊肉，切丁，煸干，备用。

（2）杏鲍菇丁制备　选择形态完整，颜色鲜亮，白色略带微黄，无霉味、异味，质地干脆而不碎的杏鲍菇，洗净灰尘等杂质，然后放入温水中泡发 2 ~ 3 h，沥干，切丁，煸干备用。

（3）花生碎制备　将形态完整、颗粒饱满、外层红衣光亮、色泽均匀、无霉变、无异味的花生米放入炒锅中煸干水分以增加花生的香气和酥脆的口感，去除红衣，压制成花生碎，备用。

（4）辣椒粉制备　选择形态完整、颜色鲜亮、无霉变和无虫害的干辣椒，洗净，剔除辣椒籽，沥干，用粉碎机将其粉碎成辣椒粉。

（5）炒制　将菜籽油倒入锅中加热至八成熟，加入豆瓣酱翻炒出酱香味，加入杏鲍菇丁翻炒至熟。

（6）调味　加入蛤蜊丁、花生碎、白砂糖、食用盐、鸡精、蒜粉、丁香粉、辣椒粉和花椒粉等各种调味料进行调味，搅拌均匀，出锅。

（7）装瓶　将调味好的香辣杏鲍菇蛤蜊酱趁热装入干燥洁净的四旋玻璃瓶中，灌装时要注意避免将酱料散落在瓶口，否则容易导致微生物污染，装料时预留 1 cm 左右的顶隙。

（8）排气、封瓶　装瓶完成后立即旋盖，但要留有一定的缝隙，然后将瓶子放入自动封装机进行抽真空排气，排气完成后立即封瓶。

（9）杀菌、冷却　将封瓶后的香辣杏鲍菇蛤蜊酱产品放入立式压力蒸汽灭菌锅中进行高压杀菌，采用 121℃杀菌 15 min，然后冷却至室温。

（10）检验　检查瓶身是否存在裂纹，瓶盖是否封严，是否漏油等，抽取一定量样品于37℃保温一周，经检验产品合格后，将瓶擦干净，贴上产品标签，打检、装箱、入库或出厂。

4.产品主要指标

(1) 感官指标　色泽：红中带白，油润鲜亮；形态：呈均匀酱状；风味：香辣可口，有杏鲍菇和蛤蜊的鲜香味，气味协调，无苦腥味、焦煳味等不良气味；杂质：无肉眼可见杂质。

(2) 理化指标　食盐含量≤2%。

(3) 微生物指标　细菌总数≤2000 CFU/g；大肠菌群≤30 MPN/100 g；致病菌（如沙门氏菌、金黄色葡萄球菌、副溶血性弧菌、志贺氏菌等）不得检出。

(三) 扇贝裙边酱

1.原料配方

扇贝裙边 6 kg，豆曲 1.5 kg，食盐 900 g。

2.工艺流程

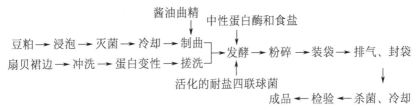

3.操作要点

(1) 扇贝裙边处理　将扇贝裙边用清水冲洗两三遍以冲掉泥沙，并加热至 80℃左右，维持 10 min 使扇贝裙边中的蛋白质适度变性。捞出扇贝裙边并用少量清水搓洗三遍，尽量搓洗除去其内脏团部分，保留白色的斧足和红色的生殖腺部分，备用。

(2) 制曲　将符合食品安全的豆粕添加适量的水，浸泡 12 h，然后放入高压灭菌锅中于 121℃灭菌 30 min，冷却至 38℃，添加 0.05%的沪酿 3.042 酱油曲精，保持充分的空气湿度，于 30℃制曲 36 h，备用。

(3) 菌种活化　将保藏于斜面的耐盐四联球菌接种于液体 MRS 培养基中，于26℃恒温培养箱中培养 32 h，连续传代三次对菌种进行活化，备用。

(4) 发酵　按原料配方量加入扇贝裙边和豆曲，混合均匀，按 2000 U/g（以每克物料混合后的总质量添加酶的活力计算）加入中性蛋白酶，添加食盐，于 40℃恒温培养箱中发酵 8 d，然后接种 1%的耐盐四联球菌，混合均匀，于 30℃恒温培养箱中发酵 7 d，然后将恒温培养箱温度降至 25℃，后熟 30 d。

(5) 粉碎　将发酵好的混合物用粉碎机进行粉碎。

(6) 装袋　选用安全无毒耐高温且真空度高的蒸煮袋对扇贝裙边酱进行灌装，灌装时不宜太满，以便于封口。

（7）排气、封袋　灌装结束之后用真空封口机排气后将袋口封严实。

（8）杀菌、冷却　将封袋后的扇贝裙边酱产品放入立式压力蒸汽灭菌锅中进行高压杀菌，采用121℃杀菌15 min。杀菌结束后，用凉水将袋装酱快速冷却至室温。

（9）检验　检查是否存在胀袋，袋是否封严等，于常温下保存3 d后再次进行检验，经检验产品合格后，将袋擦干净，贴上产品标签，打检、装箱、入库或出厂。

4.产品主要指标

（1）感官指标　色泽：棕黄色，鲜亮有光泽；形态：幼滑的酱状，黏稠度适宜；风味：细腻，味鲜，咸度适中，有典型海鲜味，带有淡淡的豆香，没有腥味，无苦涩等异味；杂质：无肉眼可见杂质。

（2）理化指标　食盐含量≤14%。

（3）微生物指标　细菌总数≤8000 CFU/g；大肠菌群≤30 MPN/100 g；致病菌（如沙门氏菌、金黄色葡萄球菌、副溶血性弧菌、志贺氏菌等）不得检出。

（四）扇贝豆酱

1.原料配方

扇贝柱6 kg，豆曲1.5 kg，食盐900 g。

2.工艺流程

```
                        酱油曲精  中性蛋白酶和食盐
                            ↓         ↓
豆粕 → 浸泡 → 灭菌 → 冷却 → 制曲 ┐
                               ├ 发酵 → 粉碎 → 装袋 → 排气、封袋
扇贝柱 ──────────→ 洗净 ┘                            ↓
                            成品 ← 检验 ← 杀菌、冷却
```

3.操作要点

（1）扇贝柱处理　将扇贝柱用清水洗净，备用。

（2）制曲　将符合食品安全的豆粕添加适量的水，浸泡12 h，然后放入高压灭菌锅中于121℃灭菌30 min，冷却至38℃，添加0.05%的沪酿3.042酱油曲精，保持充分的空气湿度，在30℃制曲36 h，备用。

（3）发酵　按原料配方量加入扇贝柱和豆曲，混合均匀，按2000 U/g（以每克物料混合后的总质量添加酶的活力计算）加入中性蛋白酶，添加食盐，于40℃恒温培养箱中发酵12 d。

（4）粉碎　将发酵好的混合物用粉碎机进行粉碎。

（5）装袋　选用安全无毒耐高温且真空度高的蒸煮袋对扇贝豆酱进行灌装，灌装时不宜太满，以便于封口。

（6）排气、封袋　灌装结束之后用真空封口机排气后将袋口封严实。

（7）杀菌、冷却　将封袋后的扇贝豆酱产品放入立式压力蒸汽灭菌锅中进行高

压杀菌，采用121℃杀菌15 min。杀菌结束后，用凉水将袋装酱快速冷却至室温。

(8) 检验　检查是否存在胀袋，袋是否封严等，于常温下保存3 d后再次进行检验，经检验产品合格后，将袋擦干净，贴上产品标签，打检、装箱、入库或出厂。

4.产品主要指标

(1) 感官指标　色泽：棕黄色，鲜亮有光泽；形态：幼滑的酱状，黏稠度适宜；风味：细腻，味鲜，咸度适中，有典型海鲜味，带有淡淡的豆香，没有腥味，无苦涩等异味；杂质：无肉眼可见杂质。

(2) 理化指标　食盐含量≤14%。

(3) 微生物指标　细菌总数≤8000 CFU/g；大肠菌群≤30 MPN/100 g；致病菌（如沙门氏菌、金黄色葡萄球菌、副溶血性弧菌、志贺氏菌等）不得检出。

第三节　蛋黄酱

一、原味蛋黄酱

1.原料配方

色拉油10.5 kg，蛋黄2.1 kg，白醋1950 g，食盐225 g，白砂糖225 g，芥末粉75 g，白胡椒粉75 g。

2.工艺流程

色拉油

鸡蛋 → 分离蛋黄 → 灭菌 → 搅拌 → 装瓶 → 产品冷藏

芥末粉、调味料、色拉油

3.操作要点

(1) 芥末粉处理　将芥末粉放入蒸锅上层用蒸汽消毒130 s，备用。

(2) 调味料处理　将食盐、白砂糖和白胡椒粉用白醋溶解，备用。

(3) 蛋黄处理　选择符合食品安全标准的鸡蛋，用清水洗净，并用1%的高锰酸钾溶液浸泡5 min进行消毒，打蛋去壳，分离蛋黄，50℃水浴190 s以杀灭可能存在的沙门氏菌等致病菌。用分散机在8600 r/min的搅拌速度下搅拌30 s以分散蛋黄，然后按2 s/滴的速度滴加色拉油，待酱体稳定后可加快色拉油的滴加速度。色拉油添加量过半后添加芥末粉和白醋溶解的调味料，然后加入剩余色拉油，搅拌4 min。

(4) 包装　将搅拌好的原味蛋黄酱装瓶，放入4℃冰箱冷藏。

4.产品主要指标

（1）感官指标 色泽：淡黄；形态：组织黏稠细腻，无油脂析出，无分层现象；风味：滋味酸咸，具有明显的蛋黄风味，无异味；杂质：无肉眼可见杂质。

（2）理化指标 食盐含量≤2%。

（3）微生物指标 细菌总数≤1000 CFU/g；大肠菌群≤30 MPN/100 g；致病菌（如沙门氏菌、金黄色葡萄球菌、副溶血性弧菌、志贺氏菌等）不得检出。

二、蒜香蛋黄酱

1.原料配方

色拉油5525 g，蛋黄1105 g，白醋765 g，大蒜425 g，白砂糖255 g，食盐212.5 g，芥末粉59.5 g，白胡椒粉59.5 g。

2.工艺流程

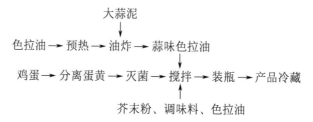

3.操作要点

（1）蒜味色拉油制备 将部分色拉油倒入锅中加热，待升温至160℃左右时，倒入大蒜泥油炸2 min，用漏勺捞出大蒜颗粒，制得蒜味色拉油，备用。

（2）芥末粉处理 将芥末粉放入蒸锅上层用蒸汽消毒130 s，备用。

（3）调味料处理 将食盐、白砂糖和白胡椒粉用白醋溶解，备用。

（4）蛋黄处理 选择符合食品安全标准的鸡蛋，用清水洗净，并用1%的高锰酸钾溶液浸泡5 min进行消毒，打蛋去壳，分离蛋黄，50℃水浴190 s以杀灭可能存在的沙门氏菌等致病菌。用分散机在8600 r/min的搅拌速度下搅拌30 s以分散蛋黄，然后按2 s/滴的速度滴加蒜味色拉油，待酱体稳定后可加快蒜味色拉油的滴加速度。色拉油添加量过半后添加芥末粉和白醋溶解的调味料，然后加入剩余色拉油，搅拌4 min。

（5）包装 将搅拌好的蒜香蛋黄酱装瓶，放入4℃冰箱冷藏。

4.产品主要指标

（1）感官指标 色泽：淡黄；形态：组织黏稠细腻，无油脂析出，无分层现象；风味：口感酸咸，具有明显的蛋黄风味，蒜香味浓郁，无异味；杂质：无肉眼可见杂质。

（2）理化指标 食盐含量≤3%。

（3）微生物指标　细菌总数≤1000 CFU/g；大肠菌群≤30 MPN/100 g；致病菌（如沙门氏菌、金黄色葡萄球菌、副溶血性弧菌、志贺氏菌等）不得检出。

三、百合鹌鹑蛋黄酱

1.原料配方

鹌鹑蛋 3.5 kg，色拉油 18 kg，百合精粉 500 g，食醋 2.5 kg，白砂糖 250 g，食盐 125 g，芥末粉 75 g，胡椒粉 25 g，味精 25 g。

2.工艺流程

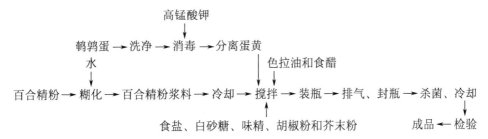

3.操作要点

（1）百合精粉浆料制备　称取配方量的百合精粉，加入 10 倍量的水，在 85℃恒温水浴锅中糊化 45 min，即得百合精粉浆料，冷却备用。

（2）鹌鹑蛋黄的处理　选择符合食品安全标准的鹌鹑蛋，用清水洗净，并用 1%的高锰酸钾溶液浸泡 5 min 进行消毒，打蛋去壳，分离蛋黄。用分散机在 8600 r/min的搅拌速度下搅拌 30 s 以分散蛋黄，然后交替加入色拉油和食醋，继续搅拌至鹌鹑蛋黄逐渐黏稠膨胀，最后加入百合精粉浆料、食盐、白砂糖、味精、胡椒粉和芥末粉，搅拌均匀。

（3）装瓶　将搅拌均匀的百合鹌鹑蛋黄酱装入干燥洁净的四旋玻璃瓶中，灌装时要注意避免将酱料散落在瓶口，否则容易导致微生物污染，装料时预留 1 cm 左右的顶隙。

（4）排气、封瓶　装瓶完成后立即旋盖，但要留有一定的缝隙，然后将瓶子放入自动封装机进行抽真空排气，排气完成后立即封瓶。

（5）杀菌、冷却　将封瓶后的百合鹌鹑蛋黄酱产品在 63℃恒温水浴锅中进行巴氏灭菌 30 min，然后冷却至室温。

（6）检验　检查瓶身是否存在裂纹，瓶盖是否封严，是否漏油等，经检验产品合格后，将瓶擦干净，贴上产品标签，打检、装箱、入库或出厂。

4.产品主要指标

（1）感官指标　色泽：细嫩的乳黄色，色泽协调；形态：均匀透明；风味：清香爽口，有韧性，香气正常，具有淡淡的百合清香，无异味；杂质：无肉眼可见杂质。

（2）理化指标　食盐含量≤0.5%。

（3）微生物指标　细菌总数≤2000 CFU/g；大肠菌群≤30 MPN/100 g；致病菌（如沙门氏菌、金黄色葡萄球菌、副溶血性弧菌、志贺氏菌等）不得检出。

四、刺梨蛋黄酱

1.原料配方

植物油 10.5 kg，蛋黄 2.1 kg，食醋 1650 g，食盐 225 g，白砂糖 225 g，刺梨汁 120 g，八角油 105 g，花椒油 105 g，味精 75 g。

2.工艺流程

```
                高锰酸钾                      食盐    味精、八角油和花椒油
                  ↓                           ↓           ↓
鸡蛋 → 洗净 → 消毒 → 分离蛋黄 → 消毒 → 搅拌 → 调味 → 装瓶 → 排气、封瓶
                                            ↑
                          白砂糖   植物油、食醋和刺梨汁  ↓
                            成品 ← 检验 ← 杀菌、冷却
```

3.操作要点

（1）蛋黄的处理　选择符合食品安全标准的蛋黄指数大于 0.4 的新鲜鸡或其他禽蛋，用清水洗净，并用 1%的高锰酸钾溶液浸泡 5 min 进行消毒，打蛋去壳，分离蛋黄，60℃左右水浴 3~5 min 进行巴氏消毒，以杀灭可能存在的沙门氏菌等致病菌，然后放入组织捣碎机中加入食盐先搅拌约 1 min，再加入白砂糖继续搅拌至白砂糖和食盐溶解。

（2）调味　将味精、八角油和花椒油等调味料加入其中，搅拌约 1 min，然后将植物油、食醋和刺梨汁分多次交替加入，其间不停搅拌，直至形成均匀细腻而稳定的蛋黄酱。

（3）装瓶　将调味好的刺梨蛋黄酱装入干燥洁净的四旋玻璃瓶中，灌装时要注意避免将酱料散落在瓶口，否则容易导致微生物污染，装料时预留 1 cm 左右的顶隙。

（4）排气、封瓶　装瓶完成后立即旋盖，但要留有一定的缝隙，然后将瓶子放入自动封装机进行抽真空排气，排气完成后立即封瓶。

（5）杀菌、冷却　将封瓶后的刺梨蛋黄酱产品放入立式压力蒸汽灭菌锅中进行高压杀菌，采用 121℃杀菌 15 min，然后冷却至室温。

（6）检验　检查瓶身是否存在裂纹，瓶盖是否封严，是否漏油等，经检验产品合格后，将瓶擦干净，贴上产品标签，打检、装箱、入库或出厂。

4.产品主要指标

（1）感官指标　色泽：细嫩的乳黄色，色泽协调，无杂色；形态：均匀稳定；

风味：清香爽口，口感醇香，无异味；杂质：无肉眼可见杂质。

（2）理化指标　食盐含量≤1.5%。

（3）微生物指标　细菌总数≤2000 CFU/g；大肠菌群≤30 MPN/100 g；致病菌（如沙门氏菌、金黄色葡萄球菌、副溶血性弧菌、志贺氏菌等）不得检出。

五、黑牛肝菌蛋黄酱

1.原料配方

黑牛肝菌 3 kg，蛋黄 6 kg，色拉油 21 kg，食醋 3 kg，大蒜泥 1.2 kg，食盐 900 g。

2.工艺流程

黑牛肝菌 → 去杂 → 烘干 → 粉碎 → 过筛 → 炒制

色拉油　　　　　冷却

鸡蛋 → 洗净 → 晾干 → 分离蛋黄 → 搅拌 → 均质 → 调配 → 磨制 → 装瓶

食醋　　　大蒜泥和食盐水

成品 ← 检验 ← 杀菌、冷却 ← 排气、封瓶

3.操作要点

（1）黑牛肝菌粉制备　挑选符合食品安全标准的菌体完整的黑牛肝菌，去除杂质，烘干，粉碎，过 60 目筛，放入炒锅中小火炒制，待菌粉散发出焦香味、颜色变黄后出锅，冷却备用。

（2）蛋黄酱制备　挑选符合食品安全标准的鸡蛋洗净，晾干，打蛋去壳，分离出蛋黄，用打蛋机搅拌分散蛋黄，缓缓加入色拉油，边加边搅拌使之形成乳化状液体，然后加入食醋，再用乳化器乳化，制得蛋黄酱，备用。

（3）均质　将蛋黄酱用均质机均质，使得膏体更加细腻，进一步提高 W/O 型乳化液的稳定性。

（4）大蒜泥制备　将大蒜捣碎成泥状，用微量植物油（不包含在原料配方中）炒熟，制成大蒜泥，备用。

（5）调配　按配方比例将黑牛肝菌粉、大蒜泥和预先用微量冷开水溶解好的食盐水边搅拌边加入蛋黄酱中。

（6）磨制　用胶体磨磨制调配好的黑牛肝菌蛋黄酱，提高物料的分散性。

（7）装瓶　将磨制好的黑牛肝菌蛋黄酱加热至 85℃以上，趁热装入干燥洁净的四旋玻璃瓶中，灌装时要注意避免将酱料散落在瓶口，否则容易导致微生物污染，装料时预留 1 cm 左右的顶隙。

（8）排气、封瓶　装瓶完成后立即旋盖，但要留有一定的缝隙，然后将瓶子放入自动封装机进行抽真空排气，排气完成后立即封瓶。

（9）杀菌、冷却　将封瓶后的黑牛肝菌蛋黄酱产品放入立式压力蒸汽灭菌锅中进行高压杀菌，采用 121℃杀菌 30 min，然后冷却至室温。

（10）检验　检查瓶身是否存在裂纹，瓶盖是否封严，是否漏油等，抽取一定量样品于 37℃保温一周，经检验产品合格后，将瓶擦干净，贴上产品标签，打检、装箱、入库或出厂。

4.产品主要指标

（1）感官指标　色泽：细嫩的乳黄色，略带浅褐色，色泽协调，无杂色；形态：均匀稳定；风味：香气馥郁，清香爽口，口感醇香，无异味；杂质：无肉眼可见杂质。

（2）理化指标　食盐含量≤3%。

（3）微生物指标　细菌总数≤2000 CFU/g；大肠菌群≤30 MPN/100 g；致病菌（如沙门氏菌、金黄色葡萄球菌、副溶血性弧菌、志贺氏菌等）不得检出。

第六章

菌菇、藻类酱的加工技术

第一节　菌菇类酱

一、香菇酱

（一）鲜辣香菇酱

1.原料配方

香菇丁（预处理后）5 kg，菜籽油 3 kg，黄豆酱 2.8 kg，辣椒粉 300 g，白芝麻 250 g，白砂糖 200 g，陈皮粉 150 g，花椒 150 g，生姜粉 100 g，食用盐 50 g，五香粉 50 g，味精 25 g。

2.工艺流程

干香菇 → 除杂 → 洗净 → 复水
　　　　　　　　　　　　↓
　　　　　　　　切丁 ← 脱水

菜籽油 → 预热 → 油炸

菜籽油 → 预热 → 炒制 → 调味 → 装瓶 → 排气、封瓶 → 杀菌、冷却
　　　　　　　　　↑　　　　↑　　　　　　　　　　　　　　↓
辣椒粉、花椒粉和生姜粉　　黄豆酱、陈皮粉、五香粉　　成品 ← 检验
　　　　　　　　　　　　和熟白芝麻等辅料

3.操作要点

（1）香菇丁制备　挑选形态完整、大小均匀、无霉变、无虫害的干香菇，去除杂质，洗净，用约 40℃温水将干香菇浸泡 90 min 进行复水，捞出浸泡好的香菇装在纱布网袋中，脱除多余的水分，切成约 0.5 cm 见方的香菇丁，备用。

（2）熟芝麻制备　选择白色、成熟、饱满、干燥、皮薄、油多的当年产新鲜芝麻。采用微火炒制白芝麻，待到白芝麻香气充足则停止加热。注意炒制时不宜过熟，也不要炒焦，这样才能更好地保持白芝麻特有的香气。

（3）油炸 将菜籽油倒入锅中加热，待油温升至约160℃时，将香菇丁倒入油锅中，不停翻炒香菇丁使之受热均匀，防止出现粘锅和炸焦，油炸3 min后盛出备用。

（4）炒制 将菜籽油倒入锅中加热，待油温升至约160℃时加入辣椒粉、花椒粉和生姜粉翻炒，炒出香味及油色变红后倒入油炸好的香菇丁，翻炒均匀。

（5）调味 加入黄豆酱、陈皮粉、五香粉、食用盐、味精和熟白芝麻等辅料，翻炒5 min。

（6）装瓶 将调味好的鲜辣香菇酱趁热装入干燥洁净的四旋玻璃瓶中，灌装时要注意避免将酱料散落在瓶口，否则容易导致微生物污染，装料时预留1 cm左右的顶隙。

（7）排气、封瓶 装瓶完成后立即旋盖，但要留有一定的缝隙，然后将瓶子放入自动封装机进行抽真空排气，排气完成后立即封瓶。

（8）杀菌、冷却 将封瓶后的鲜辣香菇酱产品放入立式压力蒸汽灭菌锅中进行高压杀菌，采用121℃杀菌15 min，然后冷却至室温。

（9）检验 检查瓶身是否存在裂纹，瓶盖是否封严，是否漏油等，抽取一定量样品于37℃保温一周，经检验产品合格后，将瓶擦干净，贴上产品标签，打检、装箱、入库或出厂。

4.产品主要指标

（1）感官指标 色泽：酱体呈赤褐色，富有光泽，油呈浅红色；形态：酱体分布均匀，黏稠度适中，呈半固态；风味：咸鲜适中，微酸，口感醇厚，具有香菇酱特有的浓郁风味，无异味；杂质：无肉眼可见杂质。

（2）理化指标 食盐含量≤4%。

（3）微生物指标 细菌总数≤2000 CFU/g；大肠菌群≤30 MPN/100 g；致病菌（如沙门氏菌、金黄色葡萄球菌、副溶血性弧菌、志贺氏菌等）不得检出。

（二）麻辣香菇酱

1.原料配方

干香菇柄5 kg，黄豆酱3.5 kg，调和油3.5 kg，辣椒粉600 g，白砂糖250 g，花椒粉80 g，白芝麻75 g，食盐50 g，小茴香50 g，生姜粉50 g，味精25 g，核苷酸二钠(I+G)0.5 g。

2.工艺流程

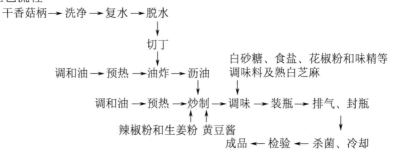

3.操作要点

（1）香菇柄丁制备　挑选干净、无霉变、无虫害的干香菇柄，用流水冲洗掉泥沙、杂质等，用约 50℃温水将干香菇柄浸泡 3～4 h 进行复水，捞出脱水沥干，切成约 0.5 cm 见方的香菇柄丁，备用。

（2）熟芝麻制备　选择白色、成熟、饱满、干燥、皮薄、油多的当年产新鲜芝麻。采用微火炒制白芝麻，待到白芝麻香气充足则停止加热。注意炒制时不宜过熟，也不要炒焦，这样才能更好地保持白芝麻特有的香气。

（3）油炸　将调和油倒入锅中加热，待油温升至约 120℃时，将香菇柄丁倒入油锅中，不停翻炒使之受热均匀，防止出现粘锅和炸焦，油炸 2～3 min 后盛出沥油，备用。

（4）炒制　将调和油倒入锅中加热，待油温升至约 130℃时加入辣椒粉和生姜粉翻炒，炒出香味及油色变红后倒入沥油后的香菇柄丁，不断翻炒，然后加入黄豆酱不断翻炒 6～8 min，待炒出酱香后，停止加热。在炒制过程中要注意控制好油温和翻炒频率，避免煳锅影响产品的感官品质。

（5）调味　加入白砂糖、食盐、花椒粉、小茴香、味精和核苷酸二钠(I+G)等调味料及熟白芝麻进行调味，翻炒均匀后出锅。

（6）装瓶　将调味好的麻辣香菇酱趁热装入干燥洁净的四旋玻璃瓶中，灌装时要注意避免将酱料散落在瓶口，否则容易导致微生物污染，装料时预留 1 cm 左右的顶隙。

（7）排气、封瓶　装瓶完成后立即旋盖，但要留有一定的缝隙，然后将瓶子放入自动封装机进行抽真空排气，排气完成后立即封瓶。

（8）杀菌、冷却　将封瓶后的麻辣香菇酱产品放入立式压力蒸汽灭菌锅中进行高压杀菌，采用 121℃杀菌 20 min，然后冷却至室温。

（9）检验　检查瓶身是否存在裂纹，瓶盖是否封严，是否漏油等，抽取一定量样品于 37℃保温一周，经检验产品合格后，将瓶擦干净，贴上产品标签，打检、装箱、入库或出厂。

4.产品主要指标

（1）感官指标　色泽：红润油亮，有光泽，香菇丁呈褐色；形态：黏稠度好，香菇丁与油料混合均匀，香菇丁大小基本均匀；风味：酱香味适宜，菇香浓郁，风味调和，麻辣爽口，甜咸适口，香菇丁韧爽，咀嚼性好，无异味；杂质：无肉眼可见杂质。

（2）理化指标　食盐含量<4%。

（3）微生物指标　细菌总数≤2000 CFU/g；大肠菌群≤30 MPN/100 g；致病菌（如沙门氏菌、金黄色葡萄球菌、副溶血性弧菌、志贺氏菌等）不得检出。

（三）香辣香菇酱

1.原料配方

干香菇柄 5 kg，黄豆酱 4.5 kg，调和油 3 kg，辣椒粉 400 g，白砂糖 400 g，白芝麻 75 g，食盐 50 g，五香粉 50 g，生姜粉 50 g，味精 25 g。

2.工艺流程

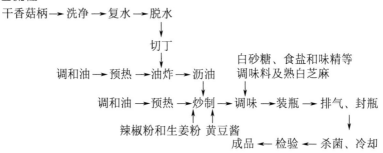

3.操作要点

（1）香菇柄丁制备　挑选干净、无霉变、无虫害的干香菇柄，用流水冲洗掉泥沙、杂质等，用约 50℃温水将干香菇柄浸泡 3~4 h 进行复水，捞出脱水沥干，切成约 0.5 cm 见方的香菇柄丁，备用。

（2）熟芝麻制备　选择白色、成熟、饱满、干燥、皮薄、油多的当年产新鲜芝麻。采用微火炒制白芝麻，待到白芝麻香气充足则停止加热。注意炒制时不宜过熟，也不要炒焦，这样才能更好地保持白芝麻特有的香气。

（3）油炸　将调和油倒入锅中加热，待油温升至约 120℃时，将香菇柄丁倒入油锅中，不停翻炒使之受热均匀，防止出现粘锅和炸焦，油炸 2~3 min 后盛出沥油，备用。

（4）炒制　将调和油倒入锅中加热，待油温升至约 130℃时加入辣椒粉和生姜粉翻炒，炒出香味及油色变红后倒入沥油后的香菇柄丁，不断翻炒，然后加入黄豆酱不断翻炒 5~6 min，待炒出酱香后，停止加热。在炒制过程中要注意控制好油温和翻炒频率，避免煳锅影响产品的感官品质。

（5）调味　加入白砂糖、食盐、五香粉和味精等调味料及熟白芝麻进行调味，翻炒均匀后出锅。

（6）装瓶　将调味好的香辣香菇酱趁热装入干燥洁净的四旋玻璃瓶中，灌装时要注意避免将酱料散落在瓶口，否则容易导致微生物污染，装料时预留 1 cm 左右的顶隙。

（7）排气、封瓶　装瓶完成后立即旋盖，但要留有一定的缝隙，然后将瓶子放入自动封装机进行抽真空排气，排气完成后立即封瓶。

（8）杀菌、冷却　将封瓶后的香辣香菇酱产品放入立式压力蒸汽灭菌锅中进行高压杀菌，采用 121℃杀菌 20 min，然后冷却至室温。

（9）检验　检查瓶身是否存在裂纹，瓶盖是否封严，是否漏油等，抽取一定量样品于37℃保温一周，经检验产品合格后，将瓶擦干净，贴上产品标签，打检、装箱、入库或出厂。

4.产品主要指标

（1）感官指标　色泽：红润油亮，有光泽，菇体颜色适中；形态：黏稠度适中，油量适中均匀，料质均匀，香菇丁大小基本均匀；风味：酱香味适宜，菇香浓郁，整体风味协调，味道鲜香微辣，甜咸鲜适中，口感醇厚，香菇丁韧爽，咀嚼性好，无异味；杂质：无肉眼可见杂质。

（2）理化指标　食盐含量≤5%。

（3）微生物指标　细菌总数≤2000 CFU/g；大肠菌群≤30 MPN/100 g；致病菌（如沙门氏菌、金黄色葡萄球菌、副溶血性弧菌、志贺氏菌等）不得检出。

（四）银条香菇酱

1.原料配方

银条（学名为草石蚕，又名地灵菜、银根菜、一串紫等）3.3 kg，香菇1650 g，黄豆酱2 kg，调和油2.5 kg，辣椒粉300 g，生姜250 g，葱250 g，白砂糖200 g，酱油100 g，蚝油100 g，食用盐50 g。

2.工艺流程

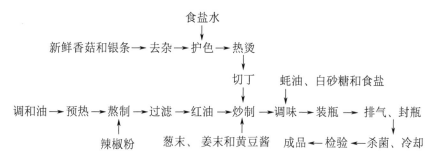

3.操作要点

（1）香菇丁制备　挑选菇形圆整、菌肉肥厚、菌褶白色整齐、菌柄短粗、菌盖下卷、大小均匀的鲜嫩香菇作为原料，除去香菇蒂，放入浓度为1%的温食盐水（不包含在原料配方中）中浸泡30 min进行护色，在90℃下热烫60 s，切成约0.5 cm见方的香菇丁，备用。

（2）银条段制备　挑选盛产于河南洛阳偃师区的符合食品安全标准的新鲜银条作为原料，清洗银条根茎，去除泥土及杂质，放入浓度为1%的食盐水（不包含在原料配方中）中浸泡30 min进行护色，在95℃下热烫90 s，切成约0.25 cm长的银条段，备用。

（3）红油制备　将调和油倒入锅中加热，待油温升至约130℃时加入辣椒粉，小火熬制红油，熬好后用双层纱布过滤制得清澈透亮的红油。

(4) 炒制　将红油倒入锅中烧开，倒入葱末和姜末，炸出葱和姜的香味后倒入黄豆酱，煸炒出黄豆酱的酱香后倒入银条段和香菇丁，不断翻炒，加入酱油，继续炒制，至香菇变软仍有韧性，银条保持清爽脆嫩的口感。在炒制过程中要注意控制好油温和翻炒频率，避免煳锅影响产品的感官品质。

(5) 调味　加入蚝油、白砂糖和食盐等调味料小火翻炒均匀进行调味，出锅。

(6) 装瓶　将调味好的银条香菇酱趁热装入干燥洁净的四旋玻璃瓶中，灌装时要注意避免将酱料散落在瓶口，否则容易导致微生物污染，装料时预留 1 cm 左右的顶隙。

(7) 排气、封瓶　装瓶完成后立即旋盖，但要留有一定的缝隙，然后将瓶子放入自动封装机进行抽真空排气，排气完成后立即封瓶。

(8) 杀菌、冷却　将封瓶后的银条香菇酱产品放入立式压力蒸汽灭菌锅中进行高压杀菌，采用 121 ℃杀菌 15 min，然后冷却至室温。

(9) 检验　检查瓶身是否存在裂纹，瓶盖是否封严，是否漏油等，抽取一定量样品于 37 ℃保温一周，经检验产品合格后，将瓶擦干净，贴上产品标签，打检、装箱、入库或出厂。

4.产品主要指标

(1) 感官指标　色泽：银条的灰白和香菇的褐色均匀相间，色泽均匀；形态：黏稠度适中，料质分布均匀，无泡沫，规则；风味：味道适口，银条清脆，香菇弹性好，咀嚼性好，滋味协调，口感较好，菇香浓郁，香气协调，无异；杂质：无肉眼可见杂质。

(2) 理化指标　食盐含量≤5%。

(3) 微生物指标　细菌总数≤2000 CFU/g；大肠菌群≤30 MPN/100 g；致病菌（如沙门氏菌、金黄色葡萄球菌、副溶血性弧菌、志贺氏菌等）不得检出。

(五) 大蒜蜂蜜香菇酱

1.原料配方

香菇 7.2 kg，大蒜 1.2 kg，蜂蜜 1.2 kg，白砂糖 300 g，食用盐 225 g，柠檬酸 120 g，生姜 75 g，羧甲基纤维素钠 30 g，水 4650 g。

2.工艺流程

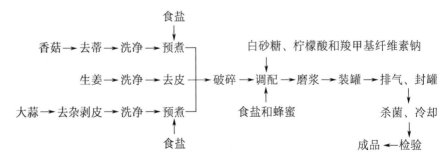

3.操作要点

(1) 香菇处理　挑选菇形圆整、菌肉肥厚、菌褶白色整齐、菌柄短粗、菌盖下卷、大小均匀的鲜嫩香菇作为原料，除去香菇蒂，洗净，放入温度为95℃、浓度为2%的食盐水（不包含在原料配方中）中预煮2~3min，捞出备用。

(2) 大蒜处理　挑选蒜瓣饱满、无霉变、无虫害的新鲜大蒜作为原料，切除根须和根蒂，剥去外皮，洗净，放入95℃以上的热水中预煮2~3min，捞出备用。

(3) 破碎　将预煮后的香菇和大蒜及洗净去皮后的生姜倒入果蔬破碎机中破碎，打成浆状，备用。

(4) 调配　按原料配方量将白砂糖、柠檬酸和羧甲基纤维素钠混匀溶解，然后加入到打好的浆中，再将溶解好的食盐和稀释的蜂蜜加入其中，其间边加边搅拌，混合均匀，备用。

(5) 胶体磨处理　将调配好的浆液倒入胶体磨中研磨3~4次，使浆液混合物的颗粒大小在10~15μm之间。

(6) 装罐　将磨浆完成的浆液混合物倒入夹层锅中加热至85℃以上，混合均匀后趁热按一定质量规格装入事先用蒸汽消毒12s以上的洁净马口铁罐，灌装时要注意避免将浆液散落在瓶口，否则容易导致微生物污染，灌装顶隙应预留(7±5)mm。

(7) 封罐　将封口机的真空度控制在0.04~0.05MPa进行封罐。

(8) 杀菌　把密封好的罐头装进钢制杀菌筐内，产品分层放置，并用垫板隔开，罐头封口后（指每锅第1罐封口后）到杀菌的时间控制在30min以内，最长不要超过1h。在121℃下杀菌15min以达到商业无菌状态。

(9) 冷却　将大蒜蜂蜜香菇酱罐头产品迅速冷却至40℃以下，杀菌冷却水中的有效氯含量为0.0005‰~0.0010‰，杀菌锅冷却排放水余氯含量需在0.0005‰及以上，必须每锅测定，并做好记录，最后用干毛巾擦干大蒜蜂蜜香菇酱罐头表面的水渍。

(10) 检验出厂　随机抽取一定数量的大蒜蜂蜜香菇酱罐头，检测埋头度、卷边厚度、卷边宽度、罐身高度、身钩、盖钩、叠接率、紧密度、接缝盖钩完整率、罐身压痕，各罐型的"三率"要求均应达50%以上。经检验产品合格后贴上产品标签，打检、装箱、入库或出厂。

4.产品主要指标

(1) 感官指标　色泽：褐色；形态：酱体细腻，呈黏稠状，分散度好，无沉淀，无分层；风味：具有香菇和大蒜特有的滋味，辣味柔和，微甜，食后无蒜臭味，无异味；杂质：无肉眼可见杂质。

(2) 理化指标　食盐含量≤4%；汞≤0.1mg/kg；砷≤0.5mg/kg；铅≤1.0mg/kg。

(3) 微生物指标　细菌总数≤2000CFU/g；大肠菌群≤30MPN/100g；致病菌（如沙门氏菌、金黄色葡萄球菌、副溶血性弧菌、志贺氏菌等）不得检出。

（六）糟辣香菇酱

1.原料配方

香菇 6 kg，海鲜菇 2 kg，菜籽油 8 kg，糟辣椒 1.2 kg，黄豆酱 1040 g，生姜 960 g，葱 960 g，紫皮蒜 720 g，豆瓣酱 640 g，洋葱 560 g。

2.工艺流程

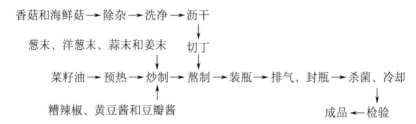

3.操作要点

（1）香菇丁和海鲜菇丁制备　挑选符合食品安全标准的鲜嫩香菇和海鲜菇作为原料，除去香菇和海鲜菇蒂，洗净，沥干，切成约 0.4 cm 见方的香菇丁和海鲜菇丁，备用。

（2）炒制　将菜籽油倒入锅中加热至泡沫完全消失，升温至约 150℃，将糟辣椒（云贵地区一种经微生物自然发酵而成的具有酸、辣、鲜、香和咸味的辣椒调味品）、黄豆酱和豆瓣酱倒入锅中炒制 1 min，倒入葱末、洋葱末、蒜末和姜末炒香。

（3）熬制　加入香菇丁和海鲜菇丁翻炒 5 min，然后小火熬制 15～20 min，收汁，出锅。

（4）装瓶　将熬制好的糟辣香菇酱趁热装入干燥洁净的四旋玻璃瓶中，灌装时要注意避免将酱料散落在瓶口，否则容易导致微生物污染，装料时预留 1 cm 左右的顶隙。

（5）排气、封瓶　装瓶完成后立即旋盖，但要留有一定的缝隙，然后将瓶子放入自动封装机进行抽真空排气，排气完成后立即封瓶。

（6）杀菌、冷却　将封瓶后的糟辣香菇酱产品于沸水浴中杀菌 30 min，然后冷却至室温。

（7）检验　检查瓶身是否存在裂纹，瓶盖是否封严，是否漏油等，抽取一定量样品于 37℃保温一周，经检验产品合格后，将瓶擦干净，贴上产品标签，打检、装箱、入库或出厂。

4.产品主要指标

（1）感官指标　色泽：油色红润有光泽；形态：黏稠度适中，香菇和海鲜菇颗粒大小均匀；风味：香气浓郁，鲜味突出，具有独特的糟辣椒风味，各种调味料口感协调，不油腻，无异味；杂质：无肉眼可见杂质。

（2）理化指标　食盐含量≤4%；亚硝酸盐≤5.0 mg/kg。

（3）微生物指标　细菌总数≤2000 CFU/g；大肠菌群≤30 MPN/100 g；致病菌（如沙门氏菌、金黄色葡萄球菌、副溶血性弧菌、志贺氏菌等）不得检出。

（七）贡椒香菇酱

1.原料配方

香菇浆 9 kg，贡椒浆 6 kg，菜籽油 6 kg，白砂糖 750 g，味精 75 g，羧甲基纤维素钠 60 g。

2.工艺流程

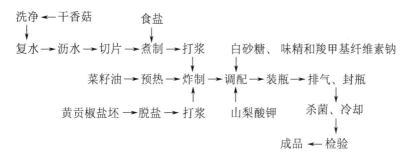

3.操作要点

（1）香菇浆制备　挑选干净、无霉变、无虫害的干香菇，用流水冲洗去除泥沙、杂质等，用约 50℃温水将干香菇浸泡 30 min 进行复水，捞出沥水，切成约 3～5 mm 厚的香菇片，加入 4 倍质量的浓度为 1% 的食盐水（不包含在原料配方中）煮制 20 min，捞出放入组织捣碎机中进行打浆，备用。

（2）贡椒浆制备　挑选已用盐腌制的黄贡椒盐坯作为原料，加入 1.3 倍质量的 30℃的温水脱盐 50 min，捞出放入组织捣碎机中进行打浆，备用。

（3）炸制　将菜籽油倒入锅中加热，待油温升至约 150℃时加入香菇浆或贡椒浆分别进行油炸，炸熟。

（4）调配　将油炸好的香菇浆和贡椒浆混合均匀，加入白砂糖、味精和羧甲基纤维素钠及 0.05% 的防腐剂山梨酸钾（不包含在原料配方中），搅拌均匀。

（5）装瓶　将调配好的贡椒香菇酱趁热装入干燥洁净的四旋玻璃瓶中，灌装时要注意避免将酱料散落在瓶口，否则容易导致微生物污染，装料时预留 0.5 cm 左右的顶隙。

（6）排气、封瓶　装瓶完成后立即旋盖，但要留有一定的缝隙，然后将瓶子放入自动封装机进行抽真空排气，排气完成后立即封瓶。

（7）杀菌、冷却　将封瓶后的贡椒香菇酱产品放入立式压力蒸汽灭菌锅中进行高压杀菌，采用 118℃杀菌 15 min，然后冷却至室温。

（8）检验　检查瓶身是否存在裂纹，瓶盖是否封严，是否漏油等，抽取一定量样品于37℃保温一周，经检验产品合格后，将瓶擦干净，贴上产品标签，打检、装箱、入库或出厂。

4.产品主要指标

(1) 感官指标　色泽：黄褐色，色泽均匀；形态：酱体细腻，无较大颗粒，黏稠度适中；风味：鲜味浓郁，辣味和甜味适中，香菇香味浓郁，辣椒气味浓郁，无异味；杂质：无肉眼可见杂质。

(2) 理化指标　食盐含量≤8%。

(3) 微生物指标　细菌总数≤2000 CFU/g；大肠菌群≤30 MPN/100 g；致病菌（如沙门氏菌、金黄色葡萄球菌、副溶血性弧菌、志贺氏菌等）不得检出。

二、海鲜菇酱

1.原料配方

海鲜菇5 kg，黄豆酱3250 g，植物油2715 g，干辣椒300 g，芝麻油250 g，生姜250 g，葱250 g，大蒜250 g，白砂糖200 g，辣椒酱200 g，十三香50 g，食盐50 g，味精25 g。

2.工艺流程

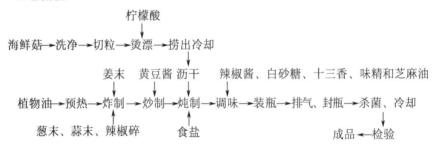

3.操作要点

(1) 海鲜菇粒制备　挑选肉质肥厚的新鲜海鲜菇，洗净，切成大小均匀的海鲜菇粒，放入含0.04%柠檬酸的沸水中烫漂2 min，捞出，冷却，沥干，备用。

(2) 炸制　将植物油倒入锅中加热，待油温升至约150℃时加入姜末快速翻炒，待有微黄香汁泌出后倒入葱末、蒜末、辣椒碎炸出香味。

(3) 炒制　倒入黄豆酱炒出酱香味，在爆炒过程中要注意控制好油温和翻炒频率，避免煳锅影响产品的感官品质。

(4) 炖制　将海鲜菇粒倒入锅中不断翻炒，加入适量食盐后改为中火慢炖半小时，其间若汤汁不足时可补加少量温水。

(5) 调味　出锅前加入辣椒酱、白砂糖、十三香、味精和芝麻油进行调味。

(6) 装瓶　将调味好的海鲜菇酱趁热装入干燥洁净的四旋玻璃瓶中，灌装时要注意避免将酱料散落在瓶口，否则容易导致微生物污染，装料时预留1 cm左右的顶隙。

（7）排气、封瓶　装瓶完成后立即旋盖，但要留有一定的缝隙，然后将瓶子放入自动封装机进行抽真空排气，排气完成后立即封瓶。

（8）杀菌、冷却　将封瓶后的海鲜菇酱产品放入立式压力蒸汽灭菌锅中进行高压杀菌，采用 121℃杀菌 20 min，然后冷却至室温。

（9）检验　检查瓶身是否存在裂纹，瓶盖是否封严，是否漏油等，抽取一定量样品于 37℃保温一周，经检验产品合格后，将瓶擦干净，贴上产品标签，打检、装箱、入库或出厂。

4.产品主要指标

（1）感官指标　色泽：酱体红润油亮，菇粒呈黄色或黄褐色；形态：**黏稠度好**，颗粒均匀；风味：海鲜味浓郁，口感醇厚，味道鲜美，无异味；杂质：无肉眼可见杂质。

（2）理化指标　食盐含量≤4%。

（3）微生物指标　细菌总数≤2000 CFU/g；大肠菌群≤30 MPN/100 g；致病菌（如沙门氏菌、金黄色葡萄球菌、副溶血性弧菌、志贺氏菌等）不得检出。

三、杏鲍菇酱

（一）发酵鲜辣杏鲍菇酱

1.原料配方

杏鲍菇 6 kg，辣椒 9 kg，食盐 450 g，蔗糖 375 g，短乳杆菌菌液 450 g，植物乳杆菌菌液 300 g，肠膜明串珠菌菌液 150 g。

2.工艺流程

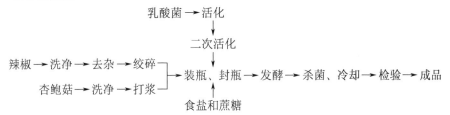

3.操作要点

（1）杏鲍菇浆制备　挑选符合食品安全标准的形态完整、表面光滑、光泽正常、无病虫害、无软烂、无黑点、硬度适中、大小均匀、气味清香的新鲜杏鲍菇，洗净，放入多功能料理机中绞打成糊状，备用。

（2）辣椒碎制备　将新鲜辣椒清洗干净，去蒂去籽，放入多功能料理机绞打成辣椒碎，备用。

（3）菌种活化　将三种乳酸菌（短乳杆菌、植物乳杆菌和肠膜明串珠菌）分别划线接种于 MRS 斜面固体培养基，在 30℃恒温培养箱中培养 36 h，然后用接种环分别挑选单菌落接种于 MRS 液体培养基进行二次活化，接种完成后放置于 30℃恒温培养箱中培养 20 h。

（4）发酵　将二次活化的短乳杆菌菌液、植物乳杆菌菌液和肠膜明串珠菌菌液按配方量加入杏鲍菇浆和辣椒碎中，加入食盐和蔗糖搅拌均匀，装瓶，封瓶后放入 31℃恒温培养箱中发酵 3 d。

（5）杀菌、冷却　将发酵好的鲜辣杏鲍菇酱产品放入立式压力蒸汽灭菌锅中进行高压杀菌，采用 115℃杀菌 5 min，然后冷却至室温。

（6）检验　检查瓶身是否存在裂纹，瓶盖是否封严等，经检验产品合格后，将瓶擦干净，贴上产品标签，打检、装箱、入库或出厂。

4.产品主要指标

（1）感官指标　色泽：棕红色或棕褐色，有光亮；形态：质地均匀，呈浓稠糊状，涂抹性好；风味：鲜辣适口，味道鲜美，有杏鲍菇发酵的浓郁鲜香味，无异味；杂质：无肉眼可见杂质。

（2）理化指标　食盐含量≤3%。

（3）微生物指标　细菌总数≤30000 CFU/g；大肠菌群≤30 MPN/100 g；霉菌计数≤50%；致病菌（如沙门氏菌、金黄色葡萄球菌、副溶血性弧菌、志贺氏菌等）不得检出。

（二）麻辣杏鲍菇酱

1.原料配方

杏鲍菇 5 kg，黄豆酱 7.5 kg，大豆油 3 kg，朝天椒 400 g，食盐 225 g，花椒 225 g，白芝麻 125 g，白砂糖 80 g，花生 60 g，核苷酸二钠（I+G）50 g，味精 40 g，山梨酸钾 5 g。

2.工艺流程

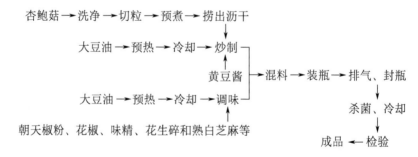

3.操作要点

（1）杏鲍菇粒制备　挑选符合食品安全标准的形态完整、表面光滑、光泽正常、无病虫害、无软烂、无黑点、硬度适中、大小均匀、气味清香的新鲜杏鲍菇，洗净，切成约 1 cm 见方的杏鲍菇粒，预煮 5 min，捞出沥干，备用。

（2）花生碎制备　将形态完整、颗粒饱满的花生米放入炒锅中焙干水分以增加花生的香气和酥脆的口感，去除红衣，压制成花生碎，备用。

（3）熟芝麻制备　选择白色、成熟、饱满、干燥、皮薄、油多的当年产新鲜芝麻。采用微火炒制白芝麻，待到白芝麻香气充足则停止加热。注意炒制时不宜过熟，也不要炒焦，这样才能更好地保持白芝麻特有的香气。

（4）炒制　将约原料配方三分之二量的大豆油倒入锅中加热至约190℃，然后冷却至约120℃，加入黄豆酱炒制，炒出酱香后加入杏鲍菇粒翻炒10 min，关火。在炒制过程中要注意控制好油温和翻炒频率，避免糊锅影响产品的感官品质。

（5）调味　将剩余的约原料配方三分之一量的大豆油倒入锅中加热至约190℃，然后冷却至约120℃，加入朝天椒粉、花椒、食盐、白砂糖、I+G、味精、花生碎、熟白芝麻和山梨酸钾等混匀。

（6）混料　将炒制好的黄豆酱和杏鲍菇粒与调味好的原辅料混合均匀。

（7）装瓶　将混料好的麻辣杏鲍菇酱趁热装入干燥洁净的四旋玻璃瓶中，灌装时要注意避免将酱料散落在瓶口，否则容易导致微生物污染，装料时预留1 cm左右的顶隙。

（8）排气、封瓶　装瓶完成后立即旋盖，但要留有一定的缝隙，然后将瓶子放入自动封装机进行抽真空排气，排气完成后立即封瓶。

（9）杀菌、冷却　将封瓶后的麻辣杏鲍菇酱产品放入立式压力蒸汽灭菌锅中进行高压杀菌，采用121℃杀菌15 min，然后冷却至室温。

（10）检验　检查瓶身是否存在裂纹，瓶盖是否封严，是否漏油等，抽取一定量样品于37℃保温一周，经检验产品合格后，将瓶擦干净，贴上产品标签，打检、装箱、入库或出厂。

4.产品主要指标

（1）感官指标　色泽：油色红亮，有光泽；形态：酱体均匀细腻，可见杏鲍菇颗粒；风味：酱香味、麻辣味、咸味和鲜味均适中，味道鲜美，无异味；杂质：无肉眼可见杂质。

（2）理化指标　食盐含量≤8%。

（3）微生物指标　细菌总数≤2000 CFU/g；大肠菌群≤30 MPN/100 g；致病菌（如沙门氏菌、金黄色葡萄球菌、副溶血性弧菌、志贺氏菌等）不得检出。

（三）香辣杏鲍菇酱

1.原料配方

杏鲍菇5 kg，甜面酱750 g，黄豆酱500 g，辣椒粉500 g，香化油380 g，香化猪油100 g，食盐75 g，生抽70 g，白砂糖50 g，花椒40 g，胡椒粉25 g，干姜粉25 g，味精4.5 g，核苷酸二钠（I+G）0.5 g。

2.工艺流程

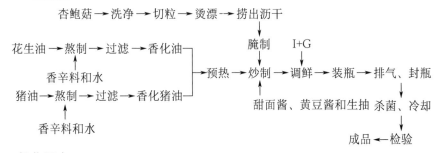

3.操作要点

(1) 杏鲍菇粒制备　挑选符合食品安全标准的形态完整、表面光滑、光泽正常、无病虫害、无软烂、无黑点、硬度适中、大小均匀、气味清香的新鲜杏鲍菇，洗净，切成约 0.5 cm 见方的杏鲍菇粒，80℃烫漂 2~3min，捞出沥干，备用。

(2) 腌制液制备　按配方量称取花椒、辣椒粉、白砂糖、食盐、胡椒粉和干姜粉等调味料置于适量水中浸泡 0.5 h 后将水烧开，保持沸腾 10 min，冷却后加入味精，备用。

(3) 香化油制备　加入姜、葱、蒜、麻椒、桂皮、草果、大料、枝子、砂仁等香辛料（不包含在原料配方中）质量 1.5 倍的花生油及 12.5%的水，小火煮沸，熬制至水分完全挥发后再保持小火 5 min，过滤制得香化油，备用。

(4) 香化猪油制备　加入姜、葱、蒜、麻椒、桂皮、草果、大料、枝子、砂仁等香辛料（不包含在原料配方中）质量 1.5 倍的猪油及 12.5%的水，小火煮沸，熬制至水分完全挥发后再保持小火 5 min，过滤制得香化猪油，备用。

(5) 炒制　将香化油和香化猪油倒入夹层锅中加热，待油温升至约 80℃后加入甜面酱、黄豆酱和生抽，翻炒出酱香味后加入在腌制液中腌制了 1.5 h 的杏鲍菇粒及部分腌制液，翻炒几分钟至收汁。

(6) 调鲜　加入 I+G 翻炒均匀，出锅。

(7) 装瓶　将调鲜后的香辣杏鲍菇酱趁热装入干燥洁净的四旋玻璃瓶中，灌装时要注意避免将酱料散落在瓶口，否则容易导致微生物污染，装料时预留 1 cm 左右的顶隙。

(8) 排气、封瓶　装瓶完成后立即旋盖，但要留有一定的缝隙，然后将瓶子放入自动封装机进行抽真空排气，排气完成后立即封瓶。

(9) 杀菌、冷却　将封瓶后的香辣杏鲍菇酱产品放入立式压力蒸汽灭菌锅中进行高压杀菌，采用 121℃杀菌 15 min，然后冷却至室温。

(10) 检验　检查瓶身是否存在裂纹，瓶盖是否封严，是否漏油等，抽取一定量样品于 37℃保温一周，经检验产品合格后，将瓶擦干净，贴上产品标签，打检、装箱、入库或出厂。

4.产品主要指标

（1）感官指标　色泽：菇体呈淡黄色且均匀，淋油红艳；形态：酱体均匀，黏稠度适中，油量适中且分布均匀；风味：酱味适中，麻辣味明显，香味突出，整体气味协调，口感脆嫩爽口，麻辣度适口，菇鲜味明显，余味浓郁，无异味；杂质：无肉眼可见杂质。

（2）理化指标　食盐含量≤4%。

（3）微生物指标　细菌总数≤2000 CFU/g；大肠菌群≤30 MPN/100 g；致病菌（如沙门氏菌、金黄色葡萄球菌、副溶血性弧菌、志贺氏菌等）不得检出。

（四）风味杏鲍菇酱

1.原料配方

杏鲍菇 5 kg，黄豆酱 500 g，植物油 400 g，干辣椒粉 300 g，无碘精制盐 200 g，白砂糖 100 g，谷氨酸钠 75 g，5′-呈味核苷酸二钠 10 g，复合香辛料 40 g，酵母抽提物 60 g，柠檬酸 5 g，异抗坏血酸钠 2.5 g。

2.工艺流程

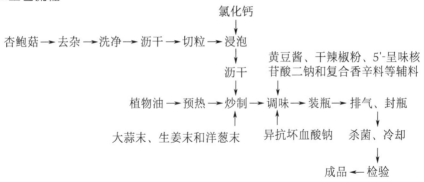

3.操作要点

（1）杏鲍菇粒制备　挑选符合食品安全标准的形态完整、表面光滑、光泽正常、无病虫害、无软烂、无黑点、硬度适中、大小均匀、气味清香的新鲜杏鲍菇，将其根部和顶部修剪干净，洗净，捞出沥干，切成约 0.5 cm 见方的杏鲍菇粒，然后用 0.6% 氯化钙溶液浸泡 0.5 h，捞出沥干，备用。

（2）大蒜末制备　挑选符合食品安全标准的形态完整、无霉烂的大蒜，剥掉外皮，洗净，在 95℃ 的热水中烫漂 3 min 以除去大蒜臭味，捞出后斩拌成碎末，备用。

（3）炒制　将植物油倒入夹层锅中加热，待油温升至 180～200℃ 时加入大蒜末、生姜末和洋葱末，翻炒出香味后加入杏鲍菇粒翻炒至熟。

（4）调味　加入黄豆酱、干辣椒粉、无碘精制盐、白砂糖、酵母抽提物、谷氨酸钠、5′-呈味核苷酸二钠和复合香辛料等辅料搅拌均匀进行调味，并加入异抗坏血酸钠防止酱料褐变。

（5）装瓶　将调味后的风味杏鲍菇酱趁热装入干燥洁净的四旋玻璃瓶中，灌装时要注意避免将酱料散落在瓶口，否则容易导致微生物污染，装料时预留 1 cm 左右的顶隙。

（6）排气、封瓶　装瓶完成后立即旋盖，但要留有一定的缝隙，然后将瓶子放入自动封装机进行抽真空排气，排气完成后立即封瓶。

（7）杀菌、冷却　将封瓶后的风味杏鲍菇酱产品放入立式压力蒸汽灭菌锅中进行高压杀菌，采用 115℃杀菌 15 min，然后冷却至室温。

（8）检验　检查瓶身是否存在裂纹，瓶盖是否封严，是否漏油等，抽取一定量样品于 37℃保温一周，经检验产品合格后，将瓶擦干净，贴上产品标签，打检、装箱、入库或出厂。

4.产品主要指标

（1）感官指标　色泽：红褐色，鲜艳有光泽，均匀一致；形态：为黏稠状半固态酱体；风味：具有杏鲍菇特有的滋味和香气，无酸、苦、焦、煳及其他异味；杂质：无肉眼可见杂质。

（2）理化指标　食盐含量≤6%；总砷≤0.5 mg/kg；铅≤1.0 mg/kg；黄曲霉毒素 B_1≤5.0 μg/kg。

（3）微生物指标　细菌总数≤5000 CFU/g；大肠菌群≤30 MPN/100 g；致病菌（如沙门氏菌、金黄色葡萄球菌、副溶血性弧菌、志贺氏菌等）不得检出。

（五）五香味杏鲍菇酱

1.原料配方

杏鲍菇 3.5 kg，豆瓣酱 800 g，五香粉 250 g，白砂糖 150 g，食用盐 150 g，生抽 75 g，植物油 50 g，蚝油 50 g，味精 4 g，苯甲酸钠 1.5 g，核苷酸二钠（I+G）0.5 g。

2.工艺流程

杏鲍菇 → 去杂 → 洗净 → 沥干 → 切粒 → 预煮　调料汁
　　　　　　　　　　　　　　　　　　　　　　↓　　　↓
　　　植物油 → 预热 → 炒制 → 调味 → 装瓶 → 排气、封瓶
　　　大蒜末、生姜末和豆瓣酱　成品 ← 检验 ← 杀菌、冷却

3.操作要点

（1）杏鲍菇粒制备　挑选符合食品安全标准的形态完整、表面光滑、光泽正常、无病虫害、无软烂、无黑点、硬度适中、大小均匀、气味清香的新鲜杏鲍菇，将其根部和顶部修剪干净，洗净，捞出沥干，切成约 1 cm 见方的杏鲍菇粒，备用。

（2）预煮　将杏鲍菇粒倒入沸水中预煮 2~3 min 使杏鲍菇粒呈现白色，然后捞出沥干，备用。

（3）调汁　按原料配方量称取食用盐、生抽、蚝油、白砂糖、五香粉、味精、

I+G 和苯甲酸钠，搅拌均匀，得到调料汁，备用。

（4）炒制　将植物油倒入夹层锅中加热，待油中有气泡冒出时加入大蒜末、生姜末和豆瓣酱，翻炒出香味后加入预煮后的杏鲍菇粒翻炒 2 min。

（5）调味　加入调制好的调料汁，继续翻炒至大部分调料汁被吸收时停止炒制。

（6）装瓶　将调味好的五香味杏鲍菇酱趁热装入干燥洁净的四旋玻璃瓶中，灌装时要注意避免将酱料散落在瓶口，否则容易导致微生物污染，装料时预留 1 cm 左右的顶隙。

（7）排气、封瓶　装瓶完成后立即旋盖，但要留有一定的缝隙，然后将瓶子放入自动封装机进行抽真空排气，排气完成后立即封瓶。

（8）杀菌、冷却　将封瓶后的五香味杏鲍菇酱产品放入立式压力蒸汽灭菌锅中进行高压杀菌，采用 115℃杀菌 15 min，然后冷却至室温。

（9）检验　检查瓶身是否存在裂纹，瓶盖是否封严，是否漏油等，抽取一定量样品于 37℃保温一周，经检验产品合格后，将瓶擦干净，贴上产品标签，打检、装箱、入库或出厂。

4.产品主要指标

（1）感官指标　色泽：褐色，有光泽，均匀一致；形态：黏稠度适中，质地均匀，杏鲍菇粒大小均匀；风味：具有强烈的酱香味，鲜嫩适口，有弹性，咀嚼性极好，具有杏鲍菇特有的滋味和香气，无酸、苦、焦、煳及其他异味；杂质：无肉眼可见杂质。

（2）理化指标　食盐含量≤6%。

（3）微生物指标　细菌总数≤5000 CFU/g；大肠菌群≤30 MPN/100 g；致病菌（如沙门氏菌、金黄色葡萄球菌、副溶血性弧菌、志贺氏菌等）不得检出。

四、羊肚菌酱

1.原料配方

羊肚菌 5 kg，大豆酱 30 kg，植物油 1.6 kg，蒜泥 1 kg，白砂糖 600 g。

2.工艺流程

```
          羊肚菌 → 洗净 → 沥干
                          ↓
                  大豆酱  切粒
                    ↓     ↓
植物油 → 预热 → 炒制 → 调味 → 装瓶 → 排气、封瓶 → 杀菌、冷却 → 检验 → 成品
          ↓
      大蒜泥和白砂糖
```

3.操作要点

（1）羊肚菌粒制备　挑选符合食品安全标准的羊肚菌，洗净，捞出沥干，切成

约 0.5 cm 见方的羊肚菌粒，备用。

（2）炒制　将植物油倒入夹层锅中加热，待油温升至约 180℃时加入大蒜泥和白砂糖，翻炒后加入大豆酱，煸炒出浓郁的酱香味。在煸炒过程中要注意控制好油温和翻炒频率，避免糊锅影响产品的感官品质。

（3）调味　加入羊肚菌粒继续翻炒至熟。

（4）装瓶　将调味好的羊肚菌酱趁热装入干燥洁净的四旋玻璃瓶中，灌装时要注意避免将酱料散落在瓶口，否则容易导致微生物污染，装料时预留 1 cm 左右的顶隙。

（5）排气、封瓶　装瓶完成后立即旋盖，但要留有一定的缝隙，然后将瓶子放入自动封装机进行抽真空排气，排气完成后立即封瓶。

（6）杀菌、冷却　将封瓶后的羊肚菌酱产品放入立式压力蒸汽灭菌锅中进行高压杀菌，采用 121℃杀菌 15 min，然后冷却至室温。

（7）检验　检查瓶身是否存在裂纹，瓶盖是否封严，是否漏油等，抽取一定量样品于 37℃保温一周，经检验产品合格后，将瓶擦干净，贴上产品标签，打检、装箱、入库或出厂。

4.产品主要指标

（1）感官指标　色泽：棕色，有光泽；形态：黏稠度适中，质地均匀，羊肚菌粒大小均匀，油量适中，表面光滑；风味：味道鲜美，咸味适中，香气浓郁，无不良气味；杂质：无肉眼可见杂质。

（2）理化指标　食盐含量≤12%。

（3）微生物指标　细菌总数≤2000 CFU/g；大肠菌群≤30 MPN/100 g；致病菌（如沙门氏菌、金黄色葡萄球菌、副溶血性弧菌、志贺氏菌等）不得检出。

五、麻辣平菇酱

1.原料配方

平菇 5 kg，黄豆酱 2 kg，植物油 1.8 kg，洋葱 2.4 kg，大蒜 1 kg，小辣椒 400 g，葱 300 g，生姜 200 g，料酒 200 g，白砂糖 200 g，食盐 175 g，味精 50 g，茴香 40 g，八角 20 g，花椒粉 20 g，香精 5.6 g。

2.工艺流程

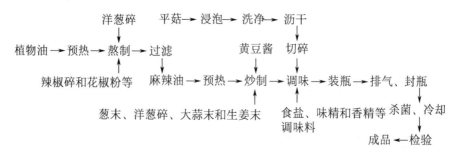

3.操作要点

（1）平菇碎制备　挑选符合食品安全标准的成色较好、无褐变的新鲜平菇，放入40℃恒温水浴中浸泡1h，再用流水冲洗1遍，捞出沥干，用斩拌机切碎，备用。

（2）大蒜末制备　挑选符合食品安全标准的形态完整、无霉烂的大蒜，剥掉外皮，洗净，在90℃的热水中烫漂3min以除去大蒜臭味，捞出后斩拌成碎末，备用。

（3）辣椒碎制备　选择形态完整、颜色鲜亮、无霉变和无虫害的小型干辣椒，洗净，剔除辣椒籽，沥干，用粉碎机将其粉碎成辣椒碎，备用。

（4）麻辣油制备　将植物油倒入夹层锅中加热，加入约配方量六分之一的洋葱碎烫熟，待颜色变为浅黄色时加入辣椒碎、茴香、八角和花椒粉，搅拌均匀，110℃熬制1h，过滤得麻辣油，备用。

（5）炒制　将麻辣油倒入夹层锅中加热至滚烫后加入葱末、剩余的洋葱碎、大蒜末和生姜末，充分翻炒后加入黄豆酱，煸炒出浓郁的酱香味。在煸炒过程中要注意控制好油温和翻炒频率，避免煳锅影响产品的感官品质。

（6）调味　加入平菇碎继续翻炒至熟，加入食盐、白砂糖、味精、料酒和香精等调味料出锅。

（7）装瓶　将调味好的麻辣平菇酱趁热装入干燥洁净的四旋玻璃瓶中，灌装时要注意避免将酱料散落在瓶口，否则容易导致微生物污染，装料时预留1cm左右的顶隙。

（8）排气、封瓶　装瓶完成后立即旋盖，但要留有一定的缝隙，然后将瓶子放入自动封装机进行抽真空排气，排气完成后立即封瓶。

（9）杀菌、冷却　将封瓶后的麻辣平菇酱产品放入沸水浴中杀菌15min，然后分段冷却至室温。

（10）检验　检查瓶身是否存在裂纹，瓶盖是否封严，是否漏油等，抽取一定量样品于37℃保温一周，经检验产品合格后，将瓶擦干净，贴上产品标签，打检、装箱、入库或出厂。

4.产品主要指标

（1）感官指标　色泽：红润油亮有光泽，菇体颜色适中；形态：黏稠度适中，质地均匀，油量适中且分布均匀；风味：味道鲜美，酱味适中，咸甜适中，麻辣味协调，香辣适口，口感甘滑醇厚，咀嚼性良好，具有平菇特有的清香，菇香清爽，整体气味协调，无不良气味；杂质：无肉眼可见杂质。

（2）理化指标　食盐含量≤3%；总砷≤0.5mg/kg；铅≤1.0mg/kg。

（3）微生物指标　细菌总数≤5000CFU/g；大肠菌群≤30MPN/100g；致病菌（如沙门氏菌、金黄色葡萄球菌、副溶血性弧菌、志贺氏菌等）不得检出。

六、木耳酱

（一）麻辣木耳酱

1.原料配方

木耳 4 kg，花生 2.4 kg，干辣椒 1.6 kg，菜籽油 240 g，花椒粉 72 g，八角粉 24 g，食盐 16 g。

2.工艺流程

木耳 → 泡发 → 洗净 → 脱水

切碎　　食盐、八角粉、花椒粉和花生碎

菜籽油 → 预热 → 炒制 → 调味 → 装瓶 → 排气、封瓶 → 杀菌、冷却

辣椒碎　　　　　　　　　　　　　成品 ← 检验

3.操作要点

（1）木耳碎制备　挑选符合食品安全标准的无病虫、无霉变的优质干木耳，放入 40℃左右的温水中浸泡 2 h 使木耳充分泡发，洗净，置于甩干桶中甩 10～15 s 以适当去除木耳中的水分，并切成约 0.5 cm 见方的木耳碎，备用。

（2）花生碎制备　将形态完整、颗粒饱满的花生米放入炒锅中焙干水分以增加花生的香气和酥脆的口感，去除红衣，压制成花生碎，备用。

（3）辣椒碎制备　选择形态完整、颜色鲜亮、无霉变和无虫害的干辣椒，洗净，切成 1～2 cm 的辣椒碎，浸泡于温水中以充分释放其香味，然后置于甩干桶中甩 10～15 s 以适当去除辣椒中的水分，备用。

（4）炒制　将菜籽油倒入夹层锅中加热至滚烫后加入木耳碎和辣椒碎，充分翻炒至熟。

（5）调味　加入食盐、八角粉、花椒粉和花生碎，翻炒均匀出锅。

（6）装瓶　将调味好的麻辣木耳酱趁热装入干燥洁净的四旋玻璃瓶中，灌装时要注意避免将酱料散落在瓶口，否则容易导致微生物污染，装料时预留 1 cm 左右的顶隙。

（7）排气、封瓶　装瓶完成后立即旋盖，但要留有一定的缝隙，然后将瓶子放入自动封装机进行抽真空排气，排气完成后立即封瓶。

（8）杀菌、冷却　将封瓶后的麻辣木耳酱产品放入沸水浴中杀菌 20 min，然后分段冷却至室温。

（9）检验　检查瓶身是否存在裂纹，瓶盖是否封严，是否漏油等，抽取一定量样品于 37℃保温一周，经检验产品合格后，将瓶擦干净，贴上产品标签，打检、装箱、入库或出厂。

4.产品主要指标

（1）感官指标　色泽：褐色，色泽饱满；形态：黏稠度适中，组织细腻，酱体

均匀；风味：咸淡适中，具有浓郁的木耳味，花生香味突出，无不良气味；杂质：无肉眼可见杂质。

（2）理化指标　食盐含量≤1%。

（3）微生物指标　细菌总数≤2000 CFU/g；大肠菌群≤30 MPN/100 g；致病菌（如沙门氏菌、金黄色葡萄球菌、副溶血性弧菌、志贺氏菌等）不得检出。

（二）香辣香菇木耳酱

1.原料配方

木耳 4 kg，鲜辣酱 2.4 kg，香菇 1.6 kg，菜籽油 240 g，花椒粉 48 g，八角粉 24 g，食盐 24 g。

2.工艺流程

```
木耳 → 泡发 → 洗净 → 脱水
                      ↓
                     切碎    食盐、八角粉和花椒粉
                      ↓              ↓
菜籽油 → 预热 → 炒制 → 调味 → 装瓶 → 排气、封瓶 → 杀菌、冷却
                      ↑
香菇 → 洗净 → 泡发 → 切丁 鲜辣酱                     成品 ← 检验
```

3.操作要点

（1）木耳碎制备　挑选符合食品安全标准的无病虫、无霉变的优质干木耳，放入 40℃左右的温水中浸泡 2 h 使木耳充分泡发，洗净，置于甩干桶中甩 10～15 s 以适当去除木耳中的水分，并切成约 0.5 cm 见方的木耳碎，备用。

（2）香菇丁制备　挑选形态完整的干香菇，洗净，用约 40℃温水将干香菇浸泡 30 min 至其完全水发，去除杂质，将菌柄与菌盖分离，并切成约 0.5 cm 见方的香菇丁，备用。

（3）炒制　将菜籽油倒入夹层锅中加热至滚烫后加入木耳碎、香菇丁和鲜辣酱，充分翻炒至熟。

（4）调味　加入食盐、八角粉和花椒粉，翻炒均匀出锅。

（5）装瓶　将调味好的香辣香菇木耳酱趁热装入干燥洁净的四旋玻璃瓶中，灌装时要注意避免将酱料散落在瓶口，否则容易导致微生物污染，装料时预留 1 cm 左右的顶隙。

（6）排气、封瓶　装瓶完成后立即旋盖，但要留有一定的缝隙，然后将瓶子放入自动封装机进行抽真空排气，排气完成后立即封瓶。

（7）杀菌、冷却　将封瓶后的香辣香菇木耳酱产品放入沸水浴中杀菌 20 min，然后分段冷却至室温。

（8）检验　检查瓶身是否存在裂纹，瓶盖是否封严，是否漏油等，抽取一定量样品于 37℃保温一周，经检验产品合格后，将瓶擦干净，贴上产品标签，打检、装

箱、入库或出厂。

4.产品主要指标

（1）感官指标　色泽：黑褐色，色泽饱满；形态：黏稠度适中，组织细腻，酱体均匀；风味：咸淡适中，具有浓郁的木耳和香菇味，无不良气味；杂质：无肉眼可见杂质。

（2）理化指标　食盐含量≤3%。

（3）微生物指标　细菌总数≤2000 CFU/g；大肠菌群≤30 MPN/100 g；致病菌（如沙门氏菌、金黄色葡萄球菌、副溶血性弧菌、志贺氏菌等）不得检出。

（三）海带黑木耳酱

1.原料配方

（1）酸甜型配方　海带浆 5 kg，黑木耳浆 5 kg，白砂糖 1 kg，食醋 1 kg，色拉油 1 kg，食盐 175 g，白芝麻 100 g，辣椒粉 25 g。

（2）麻辣型配方　海带浆 5 kg，黑木耳浆 5 kg，色拉油 1 kg，辣椒酱 1 kg，辣椒粉 150 g，白芝麻 100 g，食盐 100 g，花椒粉 37.5 g。

2.工艺流程

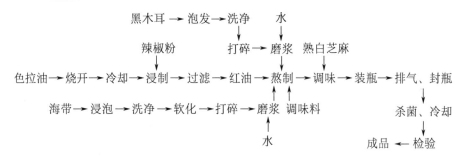

3.操作要点

（1）黑木耳浆制备　挑选符合食品安全标准的无病虫、无霉变的野生优质黑木耳干，放入 40℃左右的温水中浸泡 2 h 使木耳充分泡发，洗净，将黑木耳切成小片后用组织捣碎机打碎，加入适量的水，用胶体磨进行磨浆，备用。

（2）海带浆制备　挑选符合食品安全标准的深褐色、肥厚的优质干海带，在清水中浸泡 5 min，洗掉其表面的泥沙等杂质，同时去除其不可食用部分，蒸 40 min 使海带软化，将海带切成小片后用组织捣碎机打碎，加入适量的水，用胶体磨进行磨浆，备用。

（3）红油制备　将色拉油倒入锅中烧开，然后冷却至约五成热，按不同风味配方量加入辣椒粉搅拌数分钟后浸制 1 h，然后用 3～4 层纱布过滤除渣，得到红油，备用。

（4）熟芝麻制备　选择白色、成熟、饱满、干燥、皮薄、油多的当年产新鲜芝麻。采用微火炒制白芝麻，待到白芝麻香气充足则停止加热。注意炒制时不宜过熟，也不要炒焦，这样才能更好地保持白芝麻特有的香气。

（5）熬制　将红油烧开，加入黑木耳浆和海带浆，同时加入不同风味配方量的调味料，中火熬制片刻。

（6）调味　出锅前放入熟白芝麻翻炒均匀后即可出锅。

（7）装瓶　将调味好的海带黑木耳酱趁热装入干燥洁净的四旋玻璃瓶中，灌装时要注意避免将酱料散落在瓶口，否则容易导致微生物污染，装料时预留 1 cm 左右的顶隙。

（8）排气、封瓶　装瓶完成后立即旋盖，但要留有一定的缝隙，然后将瓶子放入自动封装机进行抽真空排气，排气完成后立即封瓶。

（9）杀菌、冷却　将封瓶后的海带黑木耳酱产品放入立式压力蒸汽灭菌锅中进行高压杀菌，采用 121 ℃杀菌 20 min，然后冷却至室温。

（10）检验　检查瓶身是否存在裂纹，瓶盖是否封严，是否漏油等，抽取一定量样品于 37 ℃保温一周，经检验产品合格后，将瓶擦干净，贴上产品标签，打检、装箱、入库或出厂。

4.产品主要指标

（1）感官指标　色泽：深褐色。形态：黏稠度适中，组织细腻，酱体均匀。酸甜型海带黑木耳酱风味：酸甜适口，香味绵长，具有黑木耳和海带特有的风味，无不良气味；麻辣型海带黑木耳酱风味：麻辣鲜香，风味浓郁，具有黑木耳和海带特有的风味，无不良气味。杂质：无肉眼可见杂质。

（2）理化指标　食盐含量≤3%。

（3）微生物指标　细菌总数≤2000 CFU/g；大肠菌群≤30 MPN/100 g；致病菌（如沙门氏菌、金黄色葡萄球菌、副溶血性弧菌、志贺氏菌等）不得检出。

（四）黑木耳沙拉酱

1.原料配方

黑木耳匀浆 5.5 kg，色拉油 19.8 kg，白砂糖 4.4 kg，蛋黄 4.4 kg，食盐 220 g，柠檬酸 176 g，黄原胶 110 g，水 12.1 kg。

2.工艺流程

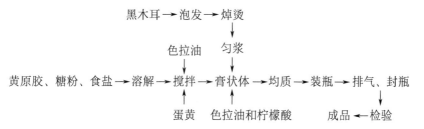

3.操作要点

（1）黑木耳匀浆制备　挑选符合食品安全标准的无病虫、无霉变的优质黑木耳干，放入40℃左右的温水中浸泡4 h使木耳充分泡发，然后将泡发的黑木耳倒入5倍黑木耳质量的沸水中，焯烫后捞出用榨汁机粉碎至细腻糊状，备用。

（2）糖粉制备　将原料配方量的白砂糖磨成尽量细的粉末备用。

（3）混料　将黄原胶、糖粉、食盐混匀后加温水分散、溶解，然后加入蛋黄低速搅拌2~5 min，其间缓慢加入原料配方量四分之一的色拉油，边加边搅拌，使蛋黄与色拉油及其他配料充分混匀并形成稳定的乳化液，然后加入黑木耳匀浆，充分搅拌均匀使形成水包油型乳化液，再将剩余的色拉油和柠檬酸缓慢加入，边加边搅拌使其混合均匀，保持中速搅拌，最后低速搅拌2~5 min使其消泡，直至形成均匀细腻而稳定的膏状体，备用。

（4）均质　用胶体磨在3600 r/min的速度下对混料好的膏状体混合物进行均质，使其更加细腻光滑且不出现分层现象。

（5）装瓶　将均质好的黑木耳沙拉酱装入干燥洁净的四旋玻璃瓶中，灌装时要注意避免将酱料散落在瓶口，否则容易导致微生物污染，装料时预留1 cm左右的顶隙。

（6）排气、封瓶　装瓶完成后立即旋盖，但要留有一定的缝隙，然后将瓶子放入自动封装机进行抽真空排气，排气完成后立即封瓶。

（7）检验　检查瓶身是否存在裂纹，瓶盖是否封严，是否漏油等，经检验产品合格后，将瓶擦干净，贴上产品标签，打检、装箱、入库或出厂。

4.产品主要指标

（1）感官指标　色泽：黄褐色，表面有光泽，无杂色；形态：组织细腻，内外均一，黏稠度适中，不流散，不分层，无裂纹；风味：酸甜可口，细腻爽滑，不油腻，具有沙拉酱香味和黑木耳风味，无异味；杂质：无肉眼可见杂质。

（2）理化指标　食盐含量≤1%。

（3）微生物指标　细菌总数≤2000 CFU/g；大肠菌群≤30 MPN/100 g；致病菌（如沙门氏菌、金黄色葡萄球菌、副溶血性弧菌、志贺氏菌等）不得检出。

七、双孢菇酱

1.原料配方

双孢菇5 kg，大豆油500 g，黄豆酱200 g，白砂糖150 g，小麦粉100 g，酵母提取物100 g，豆瓣酱50 g，辣椒50 g，花椒50 g，生姜粉25 g，十三香25 g，味精10 g。

2.工艺流程

双孢菇 → 洗净 → 切粒 → 油炸
                          ↓
                捞出沥油   黄豆酱、豆瓣酱和水
                     ↓   ↓
大豆油 → 预热 → 炒制 → 熬制 → 装瓶 → 排气、封瓶 → 杀菌、冷却
             ↑   ↑   ↓
花椒、辣椒、生姜粉和十三香 小麦粉、白砂糖、味精 成品 ← 检验
                                 和酵母提取物

3.操作要点

（1）双孢菇粒制备　挑选符合食品安全标准的无病虫、无霉变的新鲜双孢菇，洗净，切成约 1 cm 见方的双孢菇粒，倒入烧烫的适量大豆油中油炸 5 min，捞出沥油，备用。

（2）炒制　将剩余大豆油及油炸双孢菇粒沥出的大豆油倒入锅中加热，待油温升至约 160℃时加入花椒、辣椒、生姜粉和十三香，翻炒片刻，加入沥油后的双孢菇粒，翻炒 2 min。

（3）熬制　倒入黄豆酱和豆瓣酱，并添加少量的水，熬制出香味后加入小麦粉、白砂糖、味精和酵母提取物，翻炒均匀后出锅。

（4）装瓶　将熬制好的双孢菇酱趁热装入干燥洁净的四旋玻璃瓶中，灌装时要注意避免将酱料散落在瓶口，否则容易导致微生物污染，装料时预留 1 cm 左右的顶隙。

（5）排气、封瓶　装瓶完成后立即旋盖，但要留有一定的缝隙，然后将瓶子放入自动封装机进行抽真空排气，排气完成后立即封瓶。

（6）杀菌、冷却　将封瓶后的双孢菇酱产品放入立式压力蒸汽灭菌锅中进行高压杀菌，采用 121℃杀菌 15 min，然后冷却至室温。

（7）检验　检查瓶身是否存在裂纹，瓶盖是否封严，是否漏油等，抽取一定量样品于 37℃保温一周，经检验产品合格后，将瓶擦干净，贴上产品标签，打检、装箱、入库或出厂。

4.产品主要指标

（1）感官指标　色泽：红棕色；形态：酱体均匀细腻；风味：鲜甜可口，辣味适中，不油腻，酱香浓郁，菇粒咀嚼性好，无异味；杂质：无肉眼可见杂质。

（2）理化指标　食盐含量≤1%。

（3）微生物指标　细菌总数≤2000 CFU/g；大肠菌群≤30 MPN/100 g；致病菌（如沙门氏菌、金黄色葡萄球菌、副溶血性弧菌、志贺氏菌等）不得检出。

八、榆黄蘑酱

1.原料配方

榆黄蘑（又称榆黄菇、玉皇蘑、金顶侧耳）5 kg，黄豆酱 12.5 kg，植物油 500 g，

食盐 200 g，白砂糖 100 g，生姜粉 25 g，羧甲基纤维素钠 7.5 g。

2.工艺流程

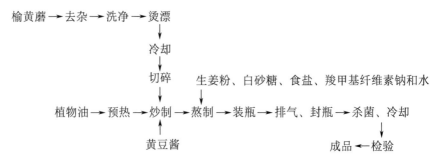

3.操作要点

（1）榆黄蘑碎制备　挑选符合食品安全标准的色泽嫩黄、外形完整、无病虫、无霉变的新鲜榆黄蘑，去除根部杂质，洗净，沸水烫漂 1～2 min 软化组织，迅速冷却，切成小碎末，备用。

（2）溶胶　将稳定剂羧甲基纤维素钠加入到 60℃左右的温水中浸泡、搅拌、分散。

（3）炒制　将植物油倒入锅中加热，待油温升至 160℃左右时加入黄豆酱煸炒至香气浓郁，再倒入榆黄蘑碎翻炒至香味溢出。在煸炒过程中要注意控制好油温和翻炒频率，避免煳锅影响产品的感官品质。

（4）熬制　加入生姜粉、白砂糖、食盐和分散好的羧甲基纤维素钠，添加少量的水进行熬制，收汁出锅。

（5）装瓶　将熬制好的榆黄蘑酱趁热装入干燥洁净的四旋玻璃瓶中，灌装时要注意避免将酱料散落在瓶口，否则容易导致微生物污染，装料时预留 1 cm 左右的顶隙。

（6）排气、封瓶　装瓶完成后立即旋盖，但要留有一定的缝隙，然后将瓶子放入自动封装机进行抽真空排气，排气完成后立即封瓶。

（7）杀菌、冷却　将封瓶后的榆黄蘑酱产品放入立式压力蒸汽灭菌锅中进行高压杀菌，采用 121℃杀菌 15 min，然后冷却至室温。

（8）检验　检查瓶身是否存在裂纹，瓶盖是否封严，是否漏油等，抽取一定量样品于 37℃保温一周，经检验产品合格后，将瓶擦干净，贴上产品标签，打检、装箱、入库或出厂。

4.产品主要指标

（1）感官指标　色泽：金黄色，有光泽，菇体颜色适中；形态：酱体均匀细腻，黏稠度适中，流散缓慢，无汁液分泌；风味：酱香浓郁，滋味鲜美，咸甜鲜适中，口感细腻，甘滑醇厚，具有榆黄蘑的特殊风味，有咀嚼感，无异味；杂质：无肉眼可见杂质。

（2）理化指标　食盐含量≤10%。

（3）微生物指标　细菌总数≤2000 CFU/g；大肠菌群≤30 MPN/100 g；致病菌（如沙门氏菌、金黄色葡萄球菌、副溶血性弧菌、志贺氏菌等）不得检出。

九、榛蘑酱

（一）原味榛蘑酱

1.原料配方

榛蘑（又名蜜环蕈）碎 5 kg，洋葱碎 350 g，食盐 300 g，绿花椒粉 30 g，变性淀粉 200 g，姜粉 20 g，白砂糖 150 g。

2.工艺流程

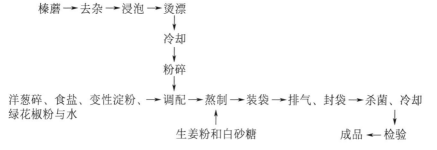

3.操作要点

（1）榛蘑碎制备　挑选符合食品安全标准的榛蘑干品，去除杂质，浸泡 2 h 使其软化，沸水烫漂 3 min，迅速冷却，用粉碎机将其粉碎成榛蘑碎，备用。

（2）调配　称取原料配方量的榛蘑碎、洋葱碎、食盐、变性淀粉、绿花椒粉，与适量的水混合，充分搅拌均匀。

（3）熬制　将调配好的原辅料倒入锅中，加入生姜粉和白砂糖进行熬制，收汁出锅。

（4）装袋　选用安全无毒耐高温且真空度高的蒸煮袋对原味榛蘑酱进行灌装，灌装时不宜太满，以便于封口。

（5）排气、封袋　灌装结束之后用真空封口机排气后将袋口封严实。

（6）杀菌、冷却　将封袋后的原味榛蘑酱进行沸水杀菌 10 min。杀菌结束后，用凉水将袋装酱快速冷却至室温。

（7）检验　检查是否存在胀袋，袋是否封严等，于常温下保存 3 d 后再次进行检验，经检验产品合格后，将袋擦干净，贴上产品标签，打检、装箱、入库或出厂。

4.产品主要指标

（1）感官指标　色泽：呈酱色，有光泽；形态：组织均匀一致，黏稠度适中，流散缓慢，无分层现象；风味：酱香浓郁，滋味鲜美，咸甜适中，口感柔和，具有榛蘑的特殊芳香味，无异味；杂质：无肉眼可见杂质。

(2) 理化指标　食盐含量≤5%；砷≤0.5 mg/kg；铅≤1.0 mg/kg。

(3) 微生物指标　细菌总数≤2000 CFU/g；大肠菌群≤30 MPN/100 g；致病菌（如沙门氏菌、金黄色葡萄球菌、副溶血性弧菌、志贺氏菌等）不得检出。

（二）蒜茸榛蘑酱

1.原料配方

榛蘑 5 kg，大蒜 2 kg，食盐 350 g，白砂糖 150 g，酱油 100 g，味精 30 g，花椒 25 g，生姜粉 25 g，羧甲基纤维素钠 15 g。

2.工艺流程

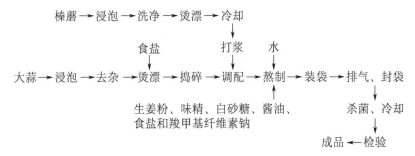

3.操作要点

(1) 榛蘑原浆制备　挑选符合食品安全标准的榛蘑干品，浸泡 1 h 使其软化，洗净表面泥沙和虫卵等污染物，沸水烫漂 2～3 min，迅速冷却，倒入打浆机中，加入 15% 的水混合打浆，备用。

(2) 蒜茸制备　挑选符合食品安全标准的形态完整、无霉烂的大蒜，用 40 ℃左右的温水浸泡约 1 h，然后切除根蒂和根须，剥掉外皮，置于 5% 沸盐水中烫漂 2～3 min，以钝化蒜酶，避免蒜臭味产生的同时又可软化组织。然后捞出捣碎，备用。

(3) 溶胶　提前 1～2 h 将稳定剂羧甲基纤维素钠加入到 60 ℃左右的温水中浸泡、搅拌、分散。

(4) 调配　将榛蘑原浆和蒜茸倒入调配桶中，不断搅拌调匀。

(5) 熬制　将调配好的原料倒入锅中，加入生姜粉、味精、白砂糖、酱油、食盐和溶胶好的稳定剂，添加适量的水进行熬制，收汁出锅。

(6) 装袋　选用安全无毒耐高温且真空度高的蒸煮袋对蒜茸榛蘑酱进行灌装，灌装时不宜太满，以便于封口。

(7) 排气、封袋　灌装结束之后用真空封口机排气后将袋口封严实。

(8) 杀菌、冷却　将封袋后的蒜茸榛蘑酱进行沸水杀菌 10 min。杀菌结束后，用凉水将袋装酱快速冷却至室温。

（9）检验　检查是否存在胀袋，袋是否封严等，于常温下保存 3 d 后再次进行检验，经检验产品合格后，将袋擦干净，贴上产品标签，打检、装箱、入库或出厂。

4.产品主要指标

（1）感官指标　色泽：呈酱色，有光泽；形态：组织均匀一致，黏稠度适中，流散缓慢，无分层现象；风味：酱香浓郁，咸味适中，口感细腻，具有浓郁的榛蘑风味，大蒜风味协调，无异味；杂质：无肉眼可见杂质。

（2）理化指标　食盐含量≤5%；砷≤0.5 mg/kg；铅≤1.0 mg/kg。

（3）微生物指标　细菌总数≤2000 CFU/g；大肠菌群≤30 MPN/100 g；致病菌（如沙门氏菌、金黄色葡萄球菌、副溶血性弧菌、志贺氏菌等）不得检出。

十、块菌酱

1.原料配方

块菌（又名猪拱菌、松露）5 kg，橄榄油 800 g，芝麻酱 300 g，白砂糖 130 g，食盐 100 g，纤维素酶 37.5 g，木瓜蛋白酶 37.5 g。

2.工艺流程

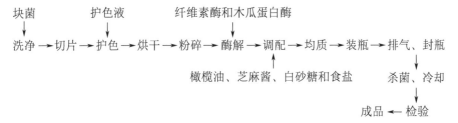

3.操作要点

（1）块菌粉制备　挑选品质优良的新鲜块菌子实体，洗净，切成厚度约 1 cm 的薄片，置于护色液（含 0.4% 的柠檬酸、0.05% 的植酸、0.15% 的 β-环糊精、0.03% 的异抗坏血酸钠，不包含在原料配方中）中浸泡 15 min，捞出沥干，在 40℃ 下烘干，然后放入粉碎机中进行粉碎，过 200 目筛，备用。

（2）酶解　加入块菌粉 10 倍体积的蒸馏水，搅拌均匀，调节 pH 值到 6，加入纤维素酶和木瓜蛋白酶，在 55℃ 水浴中酶解 300 min 即得块菌泥，备用。

（3）调配　向块菌泥中加入橄榄油、芝麻酱、白砂糖和食盐，搅拌均匀，备用。

（4）均质　将调配好的块菌酱料混合物用胶体磨和高压均质机进行均质，提高物料的分散性。

（5）装瓶　将均质好的块菌酱料混合物加热到 85℃ 以上，趁热装入干燥洁净的四旋玻璃瓶中，灌装时要注意避免将酱料散落在瓶口，否则容易导致微生物污染，装料时预留 1 cm 左右的顶隙。

（6）排气、封瓶　装瓶完成后立即旋盖，但要留有一定的缝隙，然后将瓶子放入自动封装机进行抽真空排气，排气完成后立即封瓶。

（7）杀菌、冷却　将封瓶后的块菌酱产品放入立式压力蒸汽灭菌锅中进行高压杀菌，采用121℃杀菌30 min，然后冷却至室温。

（8）检验　检查瓶身是否存在裂纹，瓶盖是否封严，是否漏油等，抽取一定量样品于37℃保温一周，经检验产品合格后，将瓶擦干净，贴上产品标签，打检、装箱、入库或出厂。

4.产品主要指标

（1）感官指标　色泽：黑褐色，油亮有光泽；形态：酱体均匀细腻，黏稠度适中；风味：酱香浓郁，咸甜适口，口感细腻，具有浓郁的块菌香气，无异味；杂质：无肉眼可见杂质。

（2）理化指标　食盐含量≤2%。

（3）微生物指标　细菌总数≤2000 CFU/g；大肠菌群≤30 MPN/100 g；致病菌（如沙门氏菌、金黄色葡萄球菌、副溶血性弧菌、志贺氏菌等）不得检出。

十一、黑蒜鸡枞菌酱

1.原料配方

黑蒜1680 g，鸡枞菌700 g，花生油2100 g，姜1098 g，葱745 g，蒜745 g，八角588 g，花椒588 g，食盐280 g，白砂糖210 g，干辣椒196 g。

2.工艺流程

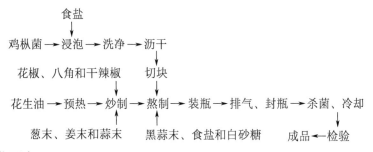

3.操作要点

（1）鸡枞菌块制备　挑选品质优良的干鸡枞菌，用1%的食盐水（不包含在原料配方中）浸泡10 min，用清水洗净，沥干，将菌伞沿菌形切成约1 cm长的条状，菌柄切成约0.5 cm见方的块状，备用。

（2）炒制　将花生油倒入锅中，加热至八成熟，加入花椒、八角和干辣椒炒香，捞出后加入葱末、姜末和蒜末炒至微香。

（3）熬制　加入鸡枞菌块和黑蒜末及适量的水，小火熬制至熟，加入食盐和白砂糖翻炒均匀出锅。

（4）装瓶　将熬制好的黑蒜鸡枞菌酱趁热装入干燥洁净的四旋玻璃瓶中，灌装时要注意避免将酱料散落在瓶口，否则容易导致微生物污染，装料时预留1 cm左右的顶隙。

（5）排气、封瓶　装瓶完成后立即旋盖，但要留有一定的缝隙，然后将瓶子放入自动封装机进行抽真空排气，排气完成后立即封瓶。

（6）杀菌、冷却　将封瓶后的黑蒜鸡枞菌酱产品放入立式压力蒸汽灭菌锅中进行高压杀菌，采用121℃杀菌15 min，然后冷却至室温。

（7）检验　检查瓶身是否存在裂纹，瓶盖是否封严，是否漏油等，抽取一定量样品于37℃保温一周，经检验产品合格后，将瓶擦干净，贴上产品标签，打检、装箱、入库或出厂。

4.产品主要指标

（1）感官指标　色泽：黑褐色，酱汁颜色鲜亮有光泽；形态：较黏稠，黑蒜粒和鸡枞菌粒清晰可见；风味：鸡枞菌鲜味醇厚，黑蒜酸甜可口，酱汁咸甜适口，酱香浓郁，有轻微香辛料味，无异味；杂质：无肉眼可见杂质。

（2）理化指标　食盐含量≤4%。

（3）微生物指标　细菌总数≤1000 CFU/g；大肠菌群≤30 MPN/100 g；致病菌（如沙门氏菌、金黄色葡萄球菌、副溶血性弧菌、志贺氏菌等）不得检出。

十二、蛹虫草菌酱

1.原料配方

蛹虫草菌3 kg，猪骨素2 kg，调和油500 g，葱末200 g，复合香辛料150 g，姜末100 g，味精50 g，食盐50 g。

2.工艺流程

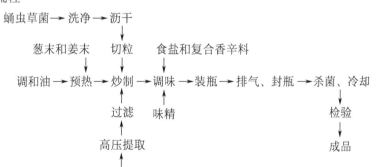

3.操作要点

（1）蛹虫草菌粒制备　挑选符合食品安全标准的新鲜蛹虫草菌，用清水洗净，沥干，将蛹虫草子实体段切约0.5 cm见方的蛹虫草菌粒，备用。

（2）猪骨素制备　挑选符合食品安全标准的新鲜猪骨，斩成5 cm左右的小段，用清水洗净，热水浸烫去油，加入 4 倍鲜猪骨质量的水，用高压锅在 135℃下提取 100 min，用 3 层纱布过滤得到猪骨素，备用。

（3）炒制　将调和油倒入锅中加热，油温升至 140～150℃时，加入葱末和姜末爆炒出香味，再倒入猪骨素和蛹虫草菌粒翻炒。在翻炒过程中要注意控制好油温和翻炒频率，既要避免急火快炒导致酱体香味不够和体感不丰满，又要避免翻炒时间过长导致酱体变焦和苦味重从而影响产品的感官品质。

（4）调味　加入食盐和复合香辛料翻炒均匀，起锅前加入味精，翻炒均匀出锅。

（5）装瓶　将调味好的蛹虫草菌酱趁热装入干燥洁净的四旋玻璃瓶中，灌装时要注意避免将酱料散落在瓶口，否则容易导致微生物污染，装料时预留 1 cm 左右的顶隙。

（6）排气、封瓶　装瓶完成后立即旋盖，但要留有一定的缝隙，然后将瓶子放入自动封装机进行抽真空排气，排气完成后立即封瓶。

（7）杀菌、冷却　将封瓶后的蛹虫草菌酱产品放入立式压力蒸汽灭菌锅中进行高压杀菌，采用 115℃杀菌 15 min，然后冷却至室温。

（8）检验　检查瓶身是否存在裂纹，瓶盖是否封严，是否漏油等，抽取一定量样品于 37℃保温一周，经检验产品合格后，将瓶擦干净，贴上产品标签，打检、装箱、入库或出厂。

4.产品主要指标

（1）感官指标　色泽：菌体色泽适中，油润有光泽；形态：黏稠度适中，菌粒均匀，菌量适中；风味：蛹虫草菌与猪骨素香气和滋味丰满，气味浓郁、协调，咸鲜适中，后味醇厚，咀嚼性好，无异味；杂质：无肉眼可见杂质。

（2）理化指标　食盐含量≤1%。

（3）微生物指标　细菌总数≤2000 CFU/g；大肠菌群≤30 MPN/100 g；致病菌（如沙门氏菌、金黄色葡萄球菌、副溶血性弧菌、志贺氏菌等）不得检出。

第二节　藻类酱

一、海带酱

（一）海鲜汤海带酱

1.原料配方

鲜海带 4 kg，海鲜汤 8 kg，白砂糖 840 g，白芝麻 600 g，食盐 600 g，花生油 400 g，

黑胡椒粉 180 g，花椒粉 120 g，孜然粉 120 g，羧甲基纤维素钠 25 g，海藻酸钠 9 g。

2.工艺流程

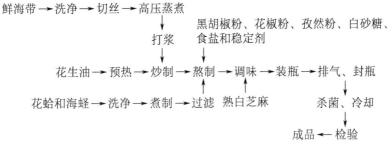

3.操作要点

（1）海带原浆制备　挑选符合食品安全标准的新鲜海带，用清水洗净，切丝，放入夹层锅中，在 115 ℃下隔水高压蒸煮 10 min 使海带软化并部分脱腥，软化后与 1.5 倍海带质量的水混合放入打浆机中打浆 2～3 min，制得海带原浆备用。

（2）海鲜汤制备　挑选符合食品安全标准的新鲜花蛤和海蛏，洗净，加入 1.5 倍体积的水，煮沸后小火煮 30 min，捞出过滤得海鲜汤备用。

（3）熟芝麻制备　选择白色、成熟、饱满、干燥、皮薄、油多的当年产新鲜芝麻。采用微火炒制白芝麻，待到白芝麻香气充足则停止加热。注意炒制时不宜过熟，也不要炒焦，这样才能更好地保持白芝麻特有的香气。

（4）稳定剂制备　将稳定剂羧甲基纤维素钠和海藻酸钠研粉后分别加入到 65 ℃左右的温水中浸泡、搅拌、分散。

（5）炒制　将花生油倒入锅中加热，油温升至 120～130 ℃时，倒入海带原浆翻炒 3 min。

（6）熬制　倒入黑胡椒粉、花椒粉、孜然粉、白砂糖、食盐、溶胀分散好的稳定剂和海鲜汤，熬制 8 min。

（7）调味　加入熟白芝麻，翻炒均匀，出锅。

（8）装瓶　将调味好的海鲜汤海带酱趁热装入干燥洁净的四旋玻璃瓶中，灌装时要注意避免将酱料散落在瓶口，否则容易导致微生物污染，装料时预留 1 cm 左右的顶隙。

（9）排气、封瓶　装瓶完成后立即旋盖，但要留有一定的缝隙，然后将瓶子放入自动封装机进行抽真空排气，排气完成后立即封瓶。

（10）杀菌、冷却　将封瓶后的海鲜汤海带酱产品放入立式压力蒸汽灭菌锅中进行高压杀菌，采用 115 ℃杀菌 20 min，然后冷却至室温。

（11）检验　检查瓶身是否存在裂纹，瓶盖是否封严，是否漏油等，抽取一定量样品于 37 ℃保温一周，经检验产品合格后，将瓶擦干净，贴上产品标签，打检、装箱、入库或出厂。

4.产品主要指标

（1）感官指标　色泽：绿褐色；形态：酱体均匀稳定，组织细腻爽滑，黏稠度适中；风味：咸鲜味突出，口味回甜，具有海带特有的风味和海鲜味，咀嚼时能感受到芝麻的醇香，无异味；杂质：无肉眼可见杂质。

（2）理化指标　食盐含量≤15%。

（3）微生物指标　细菌总数≤2000 CFU/g；大肠菌群≤30 MPN/100 g；致病菌（如沙门氏菌、金黄色葡萄球菌、副溶血性弧菌、志贺氏菌等）不得检出。

（二）风味海带酱

1.原料配方

（1）原味配方　海带原浆 5 kg，花生油 150 g，酱油 50 g，食盐 30 g，羧甲基纤维素钠 12 g，味精 10 g，料酒 10 g，绵白糖 10 g，海藻酸钠 4 g，米醋 1 g，维生素 C 0.2 g。

（2）咖喱味配方　海带原浆 5 kg，花生油 150 g，酱油 50 g，食盐 30 g，羧甲基纤维素钠 12 g，味精 10 g，料酒 10 g，绵白糖 10 g，海藻酸钠 4 g，米醋 1 g，维生素 C 0.2 g，咖喱粉 12 g。

（3）香辣味配方　海带原浆 5 kg，花生油 150 g，酱油 50 g，食盐 30 g，羧甲基纤维素钠 12 g，味精 10 g，料酒 10 g，绵白糖 10 g，海藻酸钠 4 g，米醋 1 g，维生素 C 0.2 g，辣椒 4 g，花椒 1 g。

（4）五香味配方　海带原浆 5 kg，花生油 150 g，酱油 50 g，食盐 30 g，羧甲基纤维素钠 12 g，味精 10 g，料酒 10 g，绵白糖 10 g，海藻酸钠 4 g，米醋 1 g，维生素 C 0.2 g，五香粉 8 g。

2.工艺流程

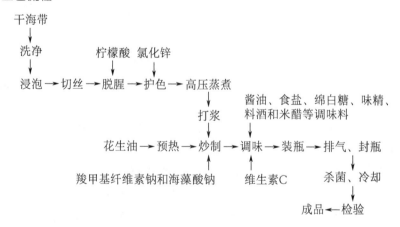

3.操作要点

（1）海带原浆制备　挑选符合食品安全标准的深褐色、肥厚、无霉烂的干海带，用清水洗净，放入清水中浸泡 3 h 使海带充分吸水膨胀，捞出切丝，放入浓度 1%的柠檬酸溶液（不包含在原料配方中）中浸泡 1 min，放入沸水中热烫 1 min 进行脱腥，再放入浓度为 250 mg/L 的氯化锌溶液中煮沸 10 min 进行护色，然后放入夹层锅中，在 115℃下隔水高压蒸煮 10 min 使海带软化并部分脱腥，软化后与 1.5 倍海带质量的水混合放入打浆机中打浆 2~3 min，制得海带原浆，备用。

（2）稳定剂制备　将稳定剂羧甲基纤维素钠和海藻酸钠研粉后分别加入到 65℃左右的温水中浸泡、搅拌、分散。

（3）炒制　将花生油倒入锅中加热，油温升至 120~130℃时，倒入海带原浆不断翻炒，然后加入溶胀分散好的稳定剂，继续翻炒至熟。

（4）调味　倒入酱油、食盐、绵白糖、味精、料酒、米醋和不同风味所特有的各种调味料，继续翻炒 1 min 左右，加入维生素 C 翻炒均匀后出锅。

（5）装瓶　将调味好的风味海带酱趁热装入干燥洁净的四旋玻璃瓶中，灌装时要注意避免将酱料散落在瓶口，否则容易导致微生物污染，装料时预留 1 cm 左右的顶隙。

（6）排气、封瓶　装瓶完成后立即旋盖，但要留有一定的缝隙，然后将瓶子放入自动封装机进行抽真空排气，排气完成后立即封瓶。

（7）杀菌、冷却　将封瓶后的风味海带酱产品放入立式压力蒸汽灭菌锅中进行高压杀菌，采用 115℃杀菌 40 min，然后冷却至室温。

（8）检验　检查瓶身是否存在裂纹，瓶盖是否封严，是否漏油等，抽取一定量样品于 37℃保温一周，经检验产品合格后，将瓶擦干净，贴上产品标签，打检、装箱、入库或出厂。

4.产品主要指标

（1）感官指标　色泽：原味海带酱棕褐色；咖喱味海带酱金黄色；麻辣味海带酱红色；五香味海带酱灰绿色。形态：酱体均匀稳定，组织细腻爽滑，黏稠度适中。风味：原味海带酱保留了海带原有的滋味和香气，具有淡淡的酱香味；咖喱味海带酱具有浓郁的咖喱味和海带特有的风味；麻辣味海带酱麻辣鲜香可口，具有海带特有的风味；五香味海带酱五香味浓郁，具有海带特有的风味。杂质：无肉眼可见杂质。

（2）理化指标　食盐含量<8%。

（3）微生物指标　细菌总数≤2000 CFU/g；大肠菌群≤30 MPN/100 g；致病菌（如沙门氏菌、金黄色葡萄球菌、副溶血性弧菌、志贺氏菌等）不得检出。

（三）花生海带酱

1.原料配方

海带原浆 6.6 kg，花生粒 1.8 kg，花生油 1.2 kg，酱油 600 g，食盐 480 g，白砂糖 360 g，

白芝麻 240 g，辣椒粉 200 g，味精 60 g，黄原胶 12 g，花椒 1.2 g，维生素 C 1.2 g。

2.工艺流程

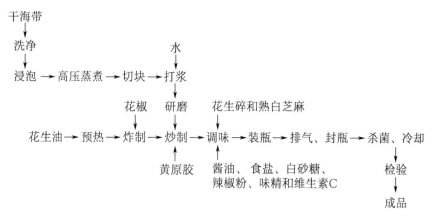

3.操作要点

（1）海带原浆制备　挑选符合食品安全标准的深褐色、肥厚、无霉烂的干海带，用清水洗净，放入清水中浸泡 3 h 使海带充分吸水膨胀，放入高压锅中在 0.15 MPa 高压下蒸煮 20 ~ 30 min 使海带充分软化，捞出切成小块，加入 2.1 倍海带质量的水后放入高速组织捣碎机中进行打浆，然后再用胶体磨进行研磨，得到粒度均匀、黏度较高的海带原浆，备用。

（2）花生碎制备　将形态完整、颗粒饱满的花生米放入炒锅中焙干水分以增加花生的香气和酥脆的口感，去除红衣，用高速万能粉碎机将其粉碎成 0.2 ~ 0.5 cm 的花生碎，备用。

（3）熟芝麻制备　选择白色、成熟、饱满、干燥、皮薄、油多的当年产新鲜芝麻。采用微火炒制白芝麻，待到白芝麻香气充足则停止加热。注意炒制时不宜过熟，也不要炒焦，这样才能更好地保持白芝麻特有的香气。

（4）稳定剂制备　加入适量的水到黄原胶中使其充分吸胀，然后置于 65 ℃水浴中加热 12 h 使其完全溶解。

（5）炸制　将花生油倒入锅中加热，待油温升至 110 ~ 120 ℃时，倒入花椒炸制，至溢出浓郁的花椒香味捞出花椒。

（6）炒制　倒入海带原浆不断翻炒，然后加入溶解好的稳定剂，继续翻炒至熟。

（7）调味　倒入花生碎和熟白芝麻，翻炒均匀后加入酱油、食盐、白砂糖、辣椒粉、味精和维生素 C，翻炒均匀后出锅。

（8）装瓶　将调味好的花生海带酱趁热装入干燥洁净的四旋玻璃瓶中，灌装时要注意避免将酱料散落在瓶口，否则容易导致微生物污染，装料时预留 1 cm 左右的顶隙。

（9）排气、封瓶　装瓶完成后立即旋盖，但要留有一定的缝隙，然后将瓶子放入自动封装机进行抽真空排气，排气完成后立即封瓶。

（10）杀菌、冷却　将封瓶后的花生海带酱产品放入立式压力蒸汽灭菌锅中进行高压杀菌，采用 121℃杀菌 30 min，然后冷却至室温。

（11）检验　检查瓶身是否存在裂纹，瓶盖是否封严，是否漏油等，抽取一定量样品于 37℃保温一周，经检验产品合格后，将瓶擦干净，贴上产品标签，打检、装箱、入库或出厂。

4.产品主要指标

（1）感官指标　色泽：褐色；形态：酱体均匀稳定，组织细腻爽滑，黏稠度适中；风味：咸鲜适口，具有海带特有的风味及花生的香气；杂质：无肉眼可见杂质。

（2）理化指标　食盐含量≤6%；无机汞≤0.05 mg/kg；无机砷≤0.05 mg/kg；无机铅≤1.0 mg/kg。

（3）微生物指标　细菌总数≤1000 CFU/g；大肠菌群≤30 MPN/100 g；致病菌（如沙门氏菌、金黄色葡萄球菌、副溶血性弧菌、志贺氏菌等）不得检出。

（四）香菇紫菜海带酱

1.原料配方

干海带 6 kg，干紫菜 2.4 kg，干香菇 1.8 kg，色拉油 300 g，酱油 300 g，白砂糖 240 g，柠檬酸 75 g，米酒 60 g，海藻酸钠 45 g，琼脂 45 g，味精 45 g，生姜 30 g。

2.工艺流程

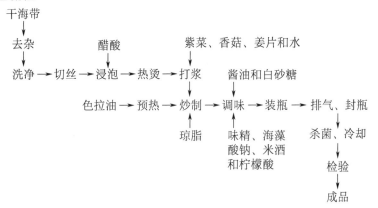

3.操作要点

（1）海带丝制备　挑选符合食品安全标准的褐色或黄褐色、肥厚、无霉烂、无黄白梢的一级干海带，去除头、尾及泥沙等杂质，用清水洗净，切丝，放入 2%的醋酸溶液中浸泡 1 min，然后再放入沸水中热烫 90 s，捞出备用。

（2）打浆　将海带丝放入打浆机中打浆 2~3 min，然后加入洗净、切丝的紫菜和香菇一起打浆 3~5 min，其间加入少量的姜片和水。

（3）稳定剂制备　将稳定剂琼脂和海藻酸钠研成粉状，然后分别加入到 65℃

左右的温水中浸胀。

(4) 炒制　将色拉油倒入锅中加热, 倒入海带、紫菜和香菇混合浆, 不断翻炒, 然后加入琼脂。

(5) 调味　待浆体将熟时, 依次加入酱油和白砂糖, 翻炒1 min, 关火, 加入味精、海藻酸钠、米酒和柠檬酸, 翻炒均匀后出锅。

(6) 装瓶　将调味好的香菇紫菜海带酱趁热装入干燥洁净的四旋玻璃瓶中, 灌装时要注意避免将酱料散落在瓶口, 否则容易导致微生物污染, 装料时预留1 cm左右的顶隙。

(7) 排气、封瓶　装瓶完成后立即旋盖, 但要留有一定的缝隙, 然后将瓶子放入自动封装机进行抽真空排气, 排气完成后立即封瓶。

(8) 杀菌、冷却　将封瓶后的香菇紫菜海带酱产品于沸水浴中杀菌30 min, 然后冷却至室温。

(9) 检验　检查瓶身是否存在裂纹, 瓶盖是否封严, 是否漏油等, 抽取一定量样品于37℃保温一周, 经检验产品合格后, 将瓶擦干净, 贴上产品标签, 打检、装箱、入库或出厂。

4.产品主要指标

(1) 感官指标　色泽: 棕褐色; 形态: 酱体均匀稳定, 黏稠度适中; 风味: 咸鲜适口, 具有海带、紫菜和香菇特有的风味, 香味整体协调, 无异味; 杂质: 无肉眼可见杂质。

(2) 理化指标　食盐含量≤6%; 砷≤0.5 mg/kg; 铅≤1.0 mg/kg。

(3) 微生物指标　细菌总数≤2000 CFU/g; 大肠菌群≤30 MPN/100 g; 致病菌(如沙门氏菌、金黄色葡萄球菌、副溶血性弧菌、志贺氏菌等)不得检出。

二、龙须菜酱

1.原料配方

(1) 草本沁凉味配方　龙须菜浆糊5 kg, 植物油150 g, 白醋100 g, 胡萝卜粉75 g, 食盐75 g, 酱油75 g, 薄荷粉75 g, 甘草粉50 g, 高固形物含量黄豆酱50 g, 味精50 g, 白砂糖50 g, 五香粉25 g, 蒜粉25 g, 姜粉25 g, 香葱粉25 g, 麻油25 g, 羧甲基纤维素钠10 g, 淀粉糊精10 g, 山梨酸钾5 g。

(2) 川式麻辣味配方　龙须菜浆糊5 kg, 植物油150 g, 白醋100 g, 胡萝卜粉75 g, 食盐75 g, 酱油75 g, 高固形物含量黄豆酱50 g, 味精50 g, 白砂糖50 g, 辣椒精油50 g, 花椒精油25 g, 五香粉25 g, 蒜粉25 g, 姜粉25 g, 香葱粉25 g, 麻油25 g, 羧甲基纤维素钠10 g, 淀粉糊精10 g, 山梨酸钾5 g。

(3) 川式香辣味配方　龙须菜浆糊5 kg, 植物油150 g, 白醋100 g, 胡萝卜粉75 g, 食盐75 g, 酱油75 g, 高固形物含量黄豆酱50 g, 味精50 g, 白砂糖50 g,

花椒精油50 g，辣椒精油25 g，五香粉25 g，蒜粉25 g，姜粉25 g，香葱粉25 g，麻油25 g，羧甲基纤维素钠10 g，淀粉糊精10 g，山梨酸钾5 g。

(4) 粤式海鲜味配方　龙须菜浆糊5 kg，植物油150 g，白醋100 g，蛤汁100 g，胡萝卜粉75 g，食盐75 g，酱油75 g，鲍鱼汁50 g，高固形物含量黄豆酱50 g，味精50 g，白砂糖50 g，五香粉25 g，蒜粉25 g，姜粉25 g，香葱粉25 g，麻油25 g，羧甲基纤维素钠10 g，淀粉糊精10 g，山梨酸钾5 g。

2.工艺流程

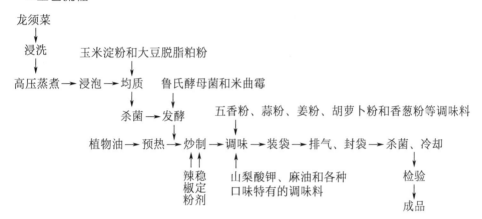

3.操作要点

(1) 龙须菜浆糊制备　挑选符合食品安全标准的龙须菜，用自来水反复浸洗直至水质清澈透亮，以去除泥沙及小贝壳或贝壳碎渣等杂质，然后将漂洗干净的龙须菜放入夹层锅中在压力0.08 MPa、温度115℃下隔水高压蒸煮10 min，使其软化和部分脱腥，然后在水中浸泡30 min，按湿龙须菜∶玉米淀粉(不包含在原料配方中)∶大豆脱脂粕粉（不包含在原料配方中)=6∶3∶1的质量比将原料投入均质机中均质搅拌成浆糊状，备用。

(2) 发酵　将均质好的龙须菜浆糊放入高压灭菌锅中，于121℃杀菌20 min。然后在无菌条件下，将经过三级培养活化好的GIM2.55鲁氏酵母菌（添加量为0.8%）和GIM3.471米曲霉（添加量为1%）菌种接种在灭菌好的龙须菜发酵粕上，在35℃下发酵5 d。

(3) 稳定剂制备　将羧甲基纤维素钠加入到65℃左右的温水中浸泡、搅拌、分散。

(4) 炒制　将植物油倒入锅中，中火加热至油温约80℃时加入辣椒粉炒香，然后立即倒入发酵好的龙须菜发酵粕和稳定剂文火翻炒。

(5) 调味　依次加入五香粉、蒜粉、姜粉、胡萝卜粉、香葱粉、酱油、白醋、味精和食盐翻炒15 min，出锅前倒入山梨酸钾、麻油和各种口味特有的调味料翻炒均匀，出锅。

（6）装袋　选用安全无毒耐高温且真空度高的蒸煮袋对龙须菜酱进行灌装，灌装时不宜太满，以便于封口。

（7）排气、封袋　灌装结束之后用真空封口机排气后将袋口封严实。

（8）杀菌、冷却　将封袋后的龙须菜酱于 75℃巴氏杀菌 5 min。杀菌结束后，用凉水将袋装酱快速冷却至室温。

（9）检验　检查是否存在胀袋，袋是否封严等，于常温下保存 3 d 后再次进行检验，经检验产品合格后，将袋擦干净，贴上产品标签，打检、装箱、入库或出厂。

4.产品主要指标

（1）感官指标　色泽：酱体呈红褐色，略微有黑色；形态：组织细腻，黏稠状，长期静置无分层，依稀有油沁出；风味：滋味适中，具有龙须菜固有的清香，具有明显的发酵后酱香味，香辛料的特征香味突出，不同风味类型各自的风味突出，无异味，口感绵嫩爽滑，不粘牙，无腐软感；杂质：无肉眼可见杂质。

（2）理化指标　食盐含量≤4%；无机砷≤1.5 mg/kg；铅≤0.5 mg/kg；镉≤1.0 mg/kg；甲基汞≤0.5 mg/kg；山梨酸钾≤1.0 g/kg。

（3）微生物指标　细菌总数≤30000 CFU/g；大肠菌群≤30 MPN/100 g；致病菌（如沙门氏菌、金黄色葡萄球菌、副溶血性弧菌、志贺氏菌等）不得检出。

三、紫菜酱

（一）发酵紫菜酱

1.原料配方

发酵紫菜浆 5 kg，食盐 150 g，羧甲基纤维素钠 20 g。

2.工艺流程

玉米淀粉和大豆脱脂粕粉
干紫菜 → 浸泡 → 沥干 → 均质　鲁氏酵母菌和米曲霉
杀菌 → 发酵
食盐和稳定剂 → 均质 → 装袋 → 排气、封袋 → 杀菌、冷却
成品 ← 检验

3.操作要点

（1）紫菜浆制备　挑选符合食品安全标准的干紫菜，用清水浸泡 1 h 使紫菜充分溶胀，捞出沥干，按湿紫菜：玉米淀粉（不包含在原料配方中）：大豆脱脂粕粉（不包含在原料配方中）=6：3：1 的质量比将原料投入均质机中均质搅拌成浆糊状，备用。

（2）发酵　将均质好的紫菜浆放入高压灭菌锅中于 121℃杀菌 10 min。然后在

无菌条件下，将经过三级培养活化好的鲁氏酵母菌（添加量为 0.6%）和米曲霉（添加量为 1%）菌种接种在灭菌好的紫菜发酵粕上，在 35℃下发酵 4 d。

（3）稳定剂制备　将羧甲基纤维素钠加入到 65℃左右的温水中浸泡、搅拌、分散。

（4）均质　将发酵好的紫菜发酵粕、食盐和稳定剂倒入均质机中，在转速 10000 r/min 的速度下均质 4 min 使酱体更加细腻。

（5）装袋　选用安全无毒耐高温且真空度高的蒸煮袋对发酵紫菜酱进行灌装，灌装时不宜太满，以便于封口。

（6）排气、封袋　灌装结束之后用真空封口机排气后将袋口封严实。

（7）杀菌、冷却　将封袋后的发酵紫菜酱在沸水浴中杀菌 10 min。杀菌结束后，用凉水将袋装酱快速冷却至室温。

（8）检验　检查是否存在胀袋，袋是否封严等，于常温下保存 3 d 后再次进行检验，经检验产品合格后，将袋擦干净，贴上产品标签，打检、装箱、入库或出厂。

4.产品主要指标

（1）感官指标　色泽：棕褐色；形态：酱体均匀细腻，黏稠度适中；风味：酱香浓郁，风味协调，具有浓郁的紫菜风味，无异味；杂质：无肉眼可见杂质。

（2）理化指标　食盐含量≤6%。

（3）微生物指标　细菌总数≤3000 CFU/g；大肠菌群≤30 MPN/100 g；致病菌（如沙门氏菌、金黄色葡萄球菌、副溶血性弧菌、志贺氏菌等）不得检出。

（二）香菇紫菜酱

1.原料配方

发酵紫菜浆 5 kg，香菇酶解液 2.5 kg，白砂糖 500 g，食盐 150 g，羧甲基纤维素钠 20 g。

2.工艺流程

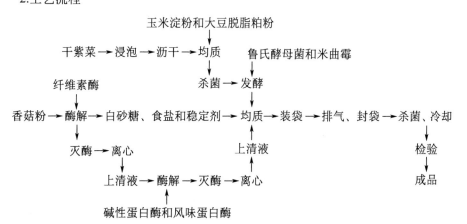

3.操作要点

（1）紫菜浆制备　挑选符合食品安全标准的干紫菜，用清水浸泡 1 h 使紫菜充分溶胀，捞出沥干，按湿紫菜：玉米淀粉（不包含在原料配方中）：大豆脱脂粕粉（不包含在原料配方中）=6：3：1 的质量比将原料投入均质机中均质搅拌成浆糊状，备用。

（2）发酵　将均质好的紫菜浆放入高压灭菌锅中于 121 ℃杀菌 10 min。然后在无菌条件下，将经过三级培养活化好的鲁氏酵母菌（添加量为 0.6%）和米曲霉（添加量为 1%）菌种接种在灭菌好的紫菜发酵粕上，在 35 ℃下发酵 4 d，备用。

（3）香菇酶解液制备　将香菇粉加入 pH 值 5.0 的柠檬酸-磷酸盐缓冲液中，搅拌均匀，添加 0.6%的纤维素酶（50000 U/g，不包含在原料配方中），在 50 ℃下酶解 2.5 h，然后沸水浴 5 min 将酶灭活，于 4000 r/min 速度下离心 10 min，收集上清液。按 12000 U/g 添加碱性蛋白酶和 6000 U/g 添加风味蛋白酶，在 55 ℃、pH 值 7.5 下酶解 2.5 h，然后沸水浴 5 min 将酶灭活，于 4000 r/min 速度下离心 10 min，收集上清液即为香菇酶解液，备用。

（4）稳定剂制备　将羧甲基纤维素钠加入到 65 ℃左右的温水中浸泡、搅拌、分散。

（5）均质　将发酵好的紫菜发酵粕、香菇酶解液、白砂糖、食盐和稳定剂倒入均质机中，在转速 10000 r/min 的速度下均质 4 min 使酱体更加细腻。

（6）装袋　选用安全无毒耐高温且真空度高的蒸煮袋对香菇紫菜酱进行灌装，灌装时不宜太满，以便于封口。

（7）排气、封袋　灌装结束之后用真空封口机排气后将袋口封严实。

（8）杀菌、冷却　将封袋后的香菇紫菜酱在沸水浴中杀菌 10 min。杀菌结束后，用凉水将袋装酱快速冷却至室温。

（9）检验　检查是否存在胀袋，袋是否封严等，于常温下保存 3 d 后再次进行检验，经检验产品合格后，将袋擦干净，贴上产品标签，打检、装箱、入库或出厂。

4.产品主要指标

（1）感官指标　色泽：棕褐色；形态：酱体均匀细腻，黏稠度适中；风味：甜咸适中，味道柔和，口感细腻，酱香浓郁，具有紫菜和香菇特有的香气，风味协调，无异味；杂质：无肉眼可见杂质。

（2）理化指标　食盐含量≤5%。

（3）微生物指标　细菌总数≤3000 CFU/g；大肠菌群≤30 MPN/100 g；致病菌（如沙门氏菌、金黄色葡萄球菌、副溶血性弧菌、志贺氏菌等）不得检出。

四、绿藻酱

1.原料配方

绿藻浆 5 kg，香菇粉 250 g，酱油 150 g，食用明胶 100 g，羧甲基纤维素钠 50 g，甜蜜素 10 g，味精 10 g。

2.工艺流程

<pre>
                食用碱   香菇粉、酱油、甜蜜素、味精和稳定剂
                 ↓   ↓
绿藻 → 去杂 → 浸泡 → 洗净 → 沥干 → 切粒 → 煮制 → 装瓶 → 排气、封瓶
                                                          ↓
                              成品 ← 检验 ← 杀菌、冷却
</pre>

3.操作要点

（1）绿藻粒制备　将绿藻中叶边发白、褐变和腐烂的部分去除，用 0.5% 的食用碱浸泡 10 min，然后洗去其表层的黏性异物，再用清水清洗干净，捞出沥干，放入快速切碎机内切成约 0.2 cm 见方的碎粒，备用。

（2）稳定剂制备　将食用明胶和羧甲基纤维素钠分别加入到 60 ℃左右的温水中浸泡、搅拌、分散、溶解。

（3）煮制　将绿藻粒置于夹层锅中煮沸，稍微冷却后加入香菇粉、酱油、甜蜜素、味精和稳定剂，搅拌均匀。

（4）装瓶　将煮制好的绿藻酱趁热装入干燥洁净的四旋玻璃瓶中，灌装时要注意避免将酱料散落在瓶口，否则容易导致微生物污染，装料时预留 1 cm 左右的顶隙。

（5）排气、封瓶　装瓶完成后立即旋盖，但要留有一定的缝隙，然后将瓶子放入自动封装机进行抽真空排气，排气完成后立即封瓶。

（6）杀菌、冷却　将封瓶后的绿藻酱产品放入立式压力蒸汽灭菌锅中进行高压杀菌，采用 110 ℃杀菌 30 min，然后分段冷却至室温。

（7）检验　检查瓶身是否存在裂纹，瓶盖是否封严等，抽取一定量样品于 37 ℃保温一周，经检验产品合格后，将瓶擦干净，贴上产品标签，打检、装箱、入库或出厂。

4.产品主要指标

（1）感官指标　色泽：深绿色或褐色；形态：酱体均匀细腻，黏稠度适中；风味：甜咸鲜适中，口感细腻，具有绿藻和香菇特有的风味，风味协调，咀嚼性好，无异味；杂质：无肉眼可见杂质。

（2）理化指标　食盐含量≤9%。

（3）微生物指标　细菌总数≤2000 CFU/g；大肠菌群≤30 MPN/100 g；致病菌（如沙门氏菌、金黄色葡萄球菌、副溶血性弧菌、志贺氏菌等）不得检出。

五、裙带菜酱

1.原料配方

裙带菜浆 5 kg，白菜 4 kg，辣椒面 500 g，鱼露 500 g，白砂糖 400 g，食盐

300 g，葱 200 g，大蒜 100 g，鲜姜 50 g。

2.工艺流程

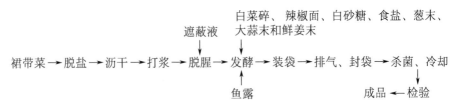

3.操作要点

（1）裙带菜浆制备　挑选符合食品安全标准的盐渍裙带菜叶，浸没在清水中 1.5 h 进行脱盐，每半小时换一次清水，捞出沥干，放入匀浆机中打浆约 3 min 使其成为均匀糊状，备用。

（2）脱腥　将甘草、八角和桂皮按 1∶0.3∶0.3 的比例进行配料，加入 10 倍质量的水熬制成遮蔽液。然后将裙带菜浆质量 2% 的遮蔽液倒入裙带菜浆中进行脱腥处理。

（3）发酵　向脱腥后的裙带菜浆中加入白菜碎、辣椒面、白砂糖、食盐、葱末、大蒜末和鲜姜末，搅拌均匀，然后加入鱼露作为发酵剂常温发酵 3 d。

（4）装袋　选用安全无毒耐高温且真空度高的蒸煮袋对裙带菜酱进行灌装，灌装时不宜太满，以便于封口。

（5）排气、封袋　灌装结束之后用真空封口机排气后将袋口封严实。

（6）杀菌、冷却　将封袋后的裙带菜酱产品在 95℃水浴中杀菌 30 min。杀菌结束后，用凉水将袋装酱快速冷却至室温。

（7）检验　检查是否存在胀袋，袋是否封严等，于常温下保存 3 d 后再次进行检验，经检验产品合格后，将袋擦干净，贴上产品标签，打检、装箱、入库或出厂。

4.产品主要指标

（1）感官指标　色泽：黄绿色，有光泽；形态：酱体均匀细腻，黏稠度适中；风味：清新爽口，具有浓郁的发酵香味，具有藻类特殊的鲜味，腥味小，无异味；杂质：无肉眼可见杂质。

（2）理化指标　食盐含量≤10%。

（3）微生物指标　细菌总数≤2000 CFU/g；大肠菌群≤30 MPN/100 g；致病菌（如沙门氏菌、金黄色葡萄球菌、副溶血性弧菌、志贺氏菌等）不得检出。

第七章
坚果类酱加工技术

一、核桃酱

（一）即食核桃酱

1.原料配方

干核桃仁 5 kg，麦芽糊精 500 g，白砂糖 150 g，食盐 60 g，单甘酯 25 g，黄原胶 20 g。

2.工艺流程

3.操作要点

（1）核桃仁浆制备　选择当年新产的干核桃仁为原料，并对果仁进行精选，剔除有质量问题的果仁，用温度为 95℃、浓度为 3% 的 NaOH 溶液浸泡 3 min；然后用高压水冲掉表面碱液，同时去除核桃衣；然后将去衣核桃仁在 100℃ 下烘烤 90 min 使其表面微黄，并散发出核桃香气；然后用砂轮磨对核桃仁进行第一次研磨（粗磨），并加入少量水（不超过核桃仁质量的 20%），使研磨更加快速，经过粗磨后的核桃仁颗粒直径约为 0.1 mm。

（2）精磨　将配方量的乳化剂（单甘酯）、稳定剂（黄原胶）、增稠剂（麦芽糊精）、白砂糖和食盐加入粗磨后的核桃仁浆中，搅拌均匀后过胶体磨精磨，使混合物中各原辅料分散更加均匀。

（3）装瓶　将精磨后的核桃酱加热到 85℃ 以上，趁热装入干燥洁净的四旋玻璃瓶中，灌装时要注意避免将酱料散落在瓶口，否则容易导致微生物污染，装料时预留 1 cm 左右的顶隙。

（4）排气、封瓶　装瓶完成后立即旋盖，但要留有一定的缝隙，然后将瓶子放入自动封装机进行抽真空排气，排气完成后立即封瓶。

（5）杀菌、冷却　将封瓶后的即食核桃酱产品放入立式压力蒸汽灭菌锅中进行高压杀菌，采用121℃杀菌25 min，然后冷却至室温。

（6）检验　检查瓶身是否存在裂纹，瓶盖是否封严等，抽取一定量样品于37℃保温一周，经检验产品合格后，将瓶擦干净，贴上产品标签，打检、装箱、入库或出厂。

4.产品主要指标

（1）感官指标　色泽：黄色；形态：酱体均匀细腻，黏稠度适中，不分层；风味：具有浓郁的核桃香味，细腻爽滑，无异味；杂质：无肉眼可见杂质。

（2）理化指标　食盐含量≤1%。

（3）微生物指标　细菌总数≤2000 CFU/g；大肠菌群≤30 MPN/100 g；致病菌（如沙门氏菌、金黄色葡萄球菌、副溶血性弧菌、志贺氏菌等）不得检出。

（二）鲜核桃酱

1.原料配方

鲜核桃仁 5 kg，白砂糖 100 g，单甘酯 60 g，蔗糖酯 40 g，黄原胶 15 g，羧甲基纤维素钠 15 g。

2.工艺流程

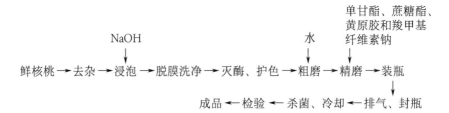

3.操作要点

（1）核桃仁浆制备　选择九成熟至全熟的青皮核桃为原料，并进行精选，剔除霉烂和腐烂果，然后用核桃专用脱皮机和脱壳机脱除鲜核桃的青果皮和壳。用温度为95℃、浓度为1%的NaOH溶液浸泡10 min对鲜核桃仁进行脱膜处理，用高压水冲掉表面碱液；然后用95℃以上的热水浸泡20 min达到灭酶和护色的双重效果，捞出沥干；按料水比为8∶2的配比将原料加入砂轮磨，对核桃仁进行第一次研磨（粗磨），经过粗磨后的核桃仁颗粒直径在0.2 mm以下。

（2）精磨　将配方量的乳化剂（单甘酯和蔗糖酯）、稳定剂（黄原胶和羧甲基纤维素钠）和白砂糖加入粗磨后的核桃仁浆中，搅拌均匀后过胶体磨精磨，使混合物中各原辅料分散更加均匀。

（3）装瓶　将精磨后的鲜核桃酱加热到85℃以上，趁热装入干燥洁净的四旋玻璃瓶中，灌装时要注意避免将酱料散落在瓶口，否则容易导致微生物污染，装料时预留 1 cm 左右的顶隙。

(4) 排气、封瓶　装瓶完成后立即旋盖，但要留有一定的缝隙，然后将瓶子放入自动封装机进行抽真空排气，排气完成后立即封瓶。

(5) 杀菌、冷却　将封瓶后的鲜核桃酱产品放入 95℃水浴中杀菌 30 min，然后冷却至室温。

(6) 检验　检查瓶身是否存在裂纹，瓶盖是否封严等，抽取一定量样品于 37℃保温一周，经检验产品合格后，将瓶擦干净，贴上产品标签，打检、装箱、入库或出厂。

4.产品主要指标

(1) 感官指标　色泽：乳黄色；形态：酱体均匀细腻，黏稠度适中，光滑，不粘壁，不分层，无沉淀；风味：具有浓郁的鲜核桃清甜味，入口细腻爽滑，无异味；杂质：无肉眼可见杂质。

(2) 理化指标　食盐含量≤1%。

(3) 微生物指标　细菌总数≤2000 CFU/g；大肠菌群≤30 MPN/100 g；致病菌（如沙门氏菌、金黄色葡萄球菌、副溶血性弧菌、志贺氏菌等）不得检出。

二、花生酱

(一) 稳定型花生酱

1.原料配方

花生仁 5 kg，花生油 1 L、白砂糖 1.5 kg，食盐 200 g，单甘酯 80 g，蔗糖脂肪酸酯 60 g，黄原胶 20 g，水 15 L。

2.工艺流程

花生仁　　　　　　　　食盐、白砂糖、单甘酯、蔗糖脂肪酸酯、黄原胶和花生油

去杂 → 淘洗 → 烘烤 → 冷却 → 脱皮 → 粗磨　精磨 → 装瓶 → 排气、封瓶

成品 ← 检验 ← 熟化 ← 杀菌、冷却

3.操作要点

(1) 粗花生酱制备　购买市售成熟、饱满的花生仁，剔除花生仁中的杂质及变色、破损、虫蛀、霉烂、瘪粒与未成熟的颗粒，淘洗 2～3 次去除 80%以上可能存在的黄曲霉毒素，然后在 130～150℃下烘烤 20～30 min。烘烤时，注意避免出现烘烤不足导致的香气淡薄或烘烤过头导致的焦煳味和苦味。烤好后用冷风机迅速降温至 45℃以下，以防止余热导致的花生后熟，出现花生焦煳现象。待花生温度降到 45℃以下时进行脱皮，同时去除烘烤过度的花生仁。尽量除尽花生皮，避免花生皮残留（残留量不得超过 5%）导致的后续酱料出现杂色斑点及产品出现苦涩味，影响口感等感官指标。将去皮花生仁与水一起进行粗磨，使花生颗粒直径达 0.2 mm 以下，即

为粗花生酱，备用。

（2）精磨　将配方量的食盐、白砂糖、蔗糖脂肪酸酯和黄原胶在水中溶解，单甘酯在花生油中溶解，然后加入粗花生酱中，搅拌均匀后过胶体磨精磨，使混合物中各原辅料分散更加均匀细腻，颗粒直径达到 7 μm 左右。采用粗磨和精磨的二次研磨方法使物料温度控制在 65℃以下、停留时间少于 3 min，从而可减少物料的热氧化和热聚合现象。

（3）装瓶　将精磨后的花生酱趁热装入干燥洁净的四旋玻璃瓶中，灌装时要注意避免将酱料散落在瓶口，否则容易导致微生物污染，装料时预留 1 cm 左右的顶隙。

（4）排气、封瓶　装瓶完成后立即旋盖，但要留有一定的缝隙，然后将瓶子放入自动封装机进行抽真空排气，排气完成后立即封瓶。

（5）杀菌、冷却　将封瓶后的花生酱产品放入沸水浴中杀菌 30 min，然后冷却至室温。

（6）熟化　将杀菌、冷却后的花生酱静置 1 d 以上，使花生酱乳化胶体中的网络状结构完全稳固定型。在熟化过程中应尽量避免频繁的振动或搬动。

（7）检验　检查瓶身是否存在裂纹，瓶盖是否封严等，抽取一定量样品于 37℃保温一周，经检验产品合格后，将瓶擦干净，贴上产品标签，打检、装箱、入库或出厂。

4.产品主要指标

（1）感官指标　色泽：淡黄褐色，色泽均匀一致；形态：为半流动性酱体；风味：香甜可口，具有烤花生特有的香气和滋味，无异味；杂质：无肉眼可见杂质，不得有红衣或其他异物。

（2）理化指标　食盐含量≤1%；黄曲霉毒素 B_1≤5.0 μg/kg。

（3）微生物指标　细菌总数≤1000 CFU/g；大肠菌群≤30 MPN/100 g；致病菌（如沙门氏菌、金黄色葡萄球菌、副溶血性弧菌、志贺氏菌等）不得检出。

（二）稳定型奶油花生酱

1.原料配方

去皮花生仁 5 kg，蔗糖 275 g，人造奶油 250 g，花生油 250 g，葡萄糖 125 g，单甘酯 90 g，精盐 90 g，抗氧化剂（BHT）0.55 g，柠檬酸 0.25 g。

2.工艺流程

人造奶油、花生油、单甘酯等辅料
↓
花生仁 → 去杂 → 淘洗 → 烘烤 → 冷却 → 脱皮 → 粗磨 → 精磨 → 冷却 → 包装

成品 ← 检验 ← 熟化

3.操作要点

(1) 花生碎制备　购买市售花生仁，剔除花生仁中的杂质及虫蛀、霉烂与未成熟的颗粒，淘洗去除80%以上可能存在的黄曲霉毒素，然后在130～150℃下烘烤20～30 min。烘烤时，避免出现烘烤不足导致的香气淡薄或烘烤过头导致的焦煳味和苦味。烤好后用冷风机迅速降温至45℃以下，以防止余热导致的花生后熟，出现花生焦煳现象。待花生温度降到45℃以下时进行脱皮，同时去除烘烤过度的花生仁。尽量除尽花生皮，避免花生皮残留（残留量不得超过5%）导致的后续酱料出现杂色斑点及产品出现苦涩味，影响口感等感官指标。用钢辊磨将去皮花生仁进行粗磨，备用。

(2) 精磨　将粗磨好的花生碎及配方量的蔗糖、人造奶油、花生油、葡萄糖、单甘酯、精盐、抗氧化剂（BHT）和柠檬酸搅拌均匀后过胶体磨精磨，使混合物中各原辅料分散更加均匀细腻，颗粒直径达到7 μm左右。采用粗磨和精磨的二次研磨方法使物料温度控制在65℃以下、停留时间少于3 min，从而可减少物料的热氧化和热聚合现象。

(3) 冷却　将精磨后的酱料置于刮板式搅拌反应锅中，不断搅拌使酱料立即冷却到35℃以下。因为刚刚精磨后形成的乳化胶体物系还不稳定，如果不迅速排出物系的热量就会因物质间的分子剧烈运动而破坏这种尚未完全稳定的、硬性的乳化网络状结构，导致重新离析出油脂来。

(4) 包装　将冷却后的奶油花生酱迅速装入干燥洁净的四旋玻璃瓶中。

(5) 熟化　将包装好的奶油花生酱静置2 d以上，使奶油花生酱乳化胶体中的网络状结构完全稳固定型。在熟化过程中应尽量避免频繁的振动或搬动。

(6) 检验　检查瓶身是否存在裂纹，瓶盖是否封严等，抽取一定量样品于37℃保温一周，经检验产品合格后，将瓶擦干净，贴上产品标签，打检、装箱、入库或出厂。

4.产品主要指标

(1) 感官指标　色泽：黄褐色或棕褐色，色泽均匀一致；形态：为浓稠的膏状酱体；风味：具有浓郁的花生酱香味，无异味；杂质：无肉眼可见杂质，不得有红衣或其他异物。

(2) 理化指标　食盐含量≤2%；黄曲霉毒素B_1≤5.0 μg/kg。

(3) 微生物指标　细菌总数≤2000 CFU/g；大肠菌群≤30 MPN/100 g；致病菌（如沙门氏菌、金黄色葡萄球菌、副溶血性弧菌、志贺氏菌等）不得检出。

（三）稳定型蛋白粉花生酱

1.原料配方

花生仁5 kg，花生蛋白粉700 g，蔗糖粉150 g，葡萄糖125 g，单甘酯75 g，精盐 50 g，TBHQ 1 g。

2.工艺流程

蔗糖粉、花生蛋白粉、葡萄糖、单甘酯、精盐和TBHQ
↓
花生仁 → 去杂 → 淘洗 → 烘烤 → 冷却 → 脱皮 → 粗磨 → 精磨 → 冷却 → 包装
成品 ← 检验 ← 熟化

3.操作要点

（1）花生碎制备　挑选籽粒饱满、仁色乳白、气味正常的花生仁作为原料，剔除花生仁中的杂质及变色、破损、虫蛀、霉烂、瘪粒及未成熟的颗粒，淘洗去除80%以上可能存在的黄曲霉毒素，然后在 150～160℃下烘烤 4～5 h，其间每半小时翻动 1 次，避免出现烘烤不足导致的香气淡薄或烘烤过头导致的焦煳味和苦味。烤好后用冷风机迅速降温至45℃以下，以防止余热导致的花生后熟，出现花生焦煳现象。待花生温度降到45℃以下时进行脱皮，同时去除烘烤过度的花生仁。尽量除尽花生皮，避免花生皮残留（残留量不得超过5%）导致的后续酱料出现杂色斑点及产品出现苦涩味，影响口感等感官指标。用钢辊磨将去皮花生仁进行粗磨，备用。

（2）精磨　将粗磨好的花生碎及配方量的蔗糖粉、花生蛋白粉、葡萄糖、单甘酯、精盐和抗氧化剂（TBHQ）搅拌均匀后过胶体磨精磨，使混合物中各原辅料分散更加均匀细腻，颗粒直径达到 7～10 μm。采用粗磨和精磨的二次研磨方法使物料温度控制在 65℃以下、停留时间少于 3 min，从而可减少物料的热氧化和热聚合现象。

（3）冷却　将精磨后的酱料用冷风机立即冷却到50℃以下。因为刚刚精磨后形成的乳化胶体物系还不稳定，如果不迅速排出物系的热量就会因物质间的分子剧烈运动而破坏这种尚未完全稳定的、硬性的乳化网络状结构，导致重新离析出油脂来。

（4）包装　将冷却后的稳定型蛋白粉花生酱迅速装入干燥洁净的四旋玻璃瓶中。

（5）熟化　将包装好的稳定型蛋白粉花生酱静置2 d以上，使稳定型蛋白粉花生酱乳化胶体中的网络状结构完全稳固定型。在熟化过程中应尽量避免频繁的振动或搬动。

（6）检验　检查瓶身是否存在裂纹，瓶盖是否封严等，抽取一定量样品于37℃保温一周，经检验产品合格后，将瓶擦干净，贴上产品标签，打检、装箱、入库或出厂。

4.产品主要指标

（1）感官指标　色泽：黄褐色，有光泽，且均匀一致；形态：均匀黏稠膏状，组织细腻、柔软，无析油、沉降现象；风味：口感细腻柔滑、不粘牙、花生香味浓郁、纯正自然，无异味；杂质：无肉眼可见杂质，不得有红衣或其他异物。

（2）理化指标　食盐含量≤1%；黄曲霉毒素 B_1≤5.0 μg/kg。

（3）微生物指标　细菌总数≤2000 CFU/g；大肠菌群≤30 MPN/100 g；致病菌（如沙门氏菌、金黄色葡萄球菌、副溶血性弧菌、志贺氏菌等）不得检出。

（四）高油酸花生酱

1.原料配方

高油酸花生（品种：鲁花 19）5 kg，白砂糖 250 g，食盐 65 g。

2.工艺流程

```
                                              白砂糖和食盐
                                                   ↓
高油酸花生 → 去杂 → 淘洗 → 烘烤 → 冷却 → 脱皮 → 粗磨 → 精磨 → 冷却 → 包装
                                                              ↓
                                        成品 ← 检验 ← 熟化
```

3.操作要点

（1）花生碎制备　挑选较普通花生具有更优良氧化稳定性和储藏稳定性的高油酸花生（品种：鲁花 19），剔除杂质及虫蛀、霉烂与未成熟的花生仁颗粒，淘洗去除 80% 以上可能存在的黄曲霉毒素，然后在 140 ℃左右烘烤 30 min。烘烤时，避免出现烘烤不足导致的香气淡薄或烘烤过头导致的焦煳味和苦味。烤好后用冷风机迅速降温至 45 ℃以下，以防止余热导致的花生后熟，出现花生焦煳现象。待花生温度降到 45 ℃以下时进行脱皮，同时去除烘烤过度的花生仁。尽量除尽花生皮，避免花生皮残留（残留量不得超过 5%）导致的后续酱料出现杂色斑点及产品出现苦涩味，影响口感等感官指标。用钢辊磨将去皮花生仁进行粗磨，备用。

（2）精磨　将粗磨好的花生碎及配方量的白砂糖和食盐搅拌均匀后过胶体磨精磨，使混合物中各原辅料分散更加均匀细腻，颗粒直径达到 7 μm 左右。采用粗磨和精磨的二次研磨方法，使物料温度控制在 65 ℃以下、停留时间少于 3 min，从而可来减少物料的热氧化和热聚合现象。

（3）冷却　将精磨后的酱料置于刮板式搅拌反应锅中，不断搅拌使酱料立即冷却到 35 ℃以下。因为刚刚精磨后形成的乳化胶体物系还不稳定，如果不迅速排出物系的热量就会因物质间的分子剧烈运动而破坏这种尚未完全稳定的、硬性的乳化网络状结构，导致重新离析出油脂来。

（4）包装　将冷却后的高油酸花生酱迅速装入干燥洁净的四旋玻璃瓶中。

（5）熟化　将包装好的高油酸花生酱静置 2 d 以上，使高油酸花生酱乳化胶体中的网络状结构完全稳固定型。在熟化过程中应尽量避免频繁的振动或搬动。

（6）检验　检查瓶身是否存在裂纹，瓶盖是否封严等，抽取一定量样品于 37 ℃保温一周，经检验产品合格后，将瓶擦干净，贴上产品标签，打检、装箱、入库或出厂。

4.产品主要指标

（1）感官指标　色泽：棕黄色，光泽度好；形态：流动性好，酱体均匀，颗粒细腻；风味：口感细腻，香气与滋味纯正和谐，有纯正的花生烘烤香气和滋味，无异味；杂质：无肉眼可见杂质，不得有红衣或其他异物。

（2）理化指标　食盐含量≤2%；黄曲霉毒素 B_1≤5.0 μg/kg。

（3）微生物指标　细菌总数≤2000 CFU/g；大肠菌群≤30 MPN/100 g；致病菌（如沙门氏菌、金黄色葡萄球菌、副溶血性弧菌、志贺氏菌等）不得检出。

（五）枸杞花生酱

1.原料配方

花生碎 11.2 kg，枸杞全浆 2.4 kg，食盐 640 g，白砂糖 400 g，单甘酯 8 g，蔗糖酯 8 g，黄原胶 8 g。

2.工艺流程

白砂糖、食盐、枸杞全浆、黄原胶、单甘酯和蔗糖酯
↓
花生仁 → 去杂 → 淘洗 → 烘烤 → 冷却 → 脱皮 → 粗磨 → 精磨 → 冷却 → 包装

成品 ← 检验 ← 熟化

3.操作要点

（1）花生碎制备　购买市售成熟、饱满的花生仁，剔除杂质及虫蛀、霉烂与未成熟的花生仁颗粒，淘洗去除80%以上可能存在的黄曲霉毒素，然后在130~140℃烘烤30 min左右。烘烤时，避免出现烘烤不足导致的香气淡薄或烘烤过头导致的焦煳味和苦味。烤好后用冷风机迅速降温至45℃以下，以防止余热导致的花生后熟，出现花生焦煳现象。待花生温度降到45℃以下时进行脱皮，同时去除烘烤过度的花生仁。尽量除尽花生皮，避免花生皮残留（残留量不得超过5%）导致的后续酱料出现杂色斑点及产品出现苦涩味，影响口感等感官指标。用干磨器将去皮花生仁粗磨成花生碎，备用。

（2）精磨　将粗磨好的花生碎及配方量的白砂糖、食盐、枸杞全浆、黄原胶及少许植物油溶解的单甘酯和蔗糖酯搅拌均匀后过胶体磨精磨，使混合物中各原辅料分散更加均匀细腻，颗粒直径达到7 μm左右。采用粗磨和精磨的二次研磨方法使物料温度控制在65℃以下、停留时间少于3 min，从而可减少物料的热氧化和热聚合现象。

（3）冷却　将精磨后的酱料用冷风机迅速冷却到35℃以下。因为刚刚精磨后形成的乳化胶体物系还不稳定，如果不迅速排出物系的热量就会因物质间的分子剧烈运动而破坏这种尚未完全稳定的、硬性的乳化网络状结构，导致重新离析出油脂来。

（4）包装　将冷却后的枸杞花生酱迅速装入干燥洁净的四旋玻璃瓶中。

（5）熟化　将包装好的枸杞花生酱静置2 d以上，使枸杞花生酱乳化胶体中的网络状结构完全稳固定型。在熟化过程中应尽量避免频繁的振动或搬动。

（6）检验　检查瓶身是否存在裂纹，瓶盖是否封严等，抽取一定量样品于37℃保温一周，经检验产品合格后，将瓶擦干净，贴上产品标签，打检、装箱、入库或出厂。

4.产品主要指标

（1）感官指标　色泽：棕红色，且均匀一致；形态：为半流固体，酱体细腻；风味：咸香适中，口感细腻，香气与滋味协调，具有花生特有的香气和滋味，具有枸杞特有的风味，无异味；杂质：无肉眼可见杂质，不得有红衣或其他异物。

（2）理化指标　食盐含量≤5%；黄曲霉毒素 B_1≤5.0 μg/kg。

（3）微生物指标　细菌总数≤2000 CFU/g；大肠菌群≤30 MPN/100 g；致病菌（如沙门氏菌、金黄色葡萄球菌、副溶血性弧菌、志贺氏菌等）不得检出。

（六）可可花生酱

1.原料配方

去皮花生仁4.3 kg，白砂糖350 g，可可脂225 g，精盐75 g，单甘酯25 g，味精25 g。

2.工艺流程

白砂糖、精盐、可可脂、单甘酯及味精
↓
花生仁 → 去杂 → 淘洗 → 烘烤 → 冷却 → 脱皮 → 粗磨 → 精磨 → 冷却 → 包装
↓
成品 ← 检验 ← 熟化

3.操作要点

（1）花生碎制备　购买市售成熟、饱满的花生仁，剔除杂质及虫蛀、霉烂与未成熟的花生仁颗粒，淘洗去除80%以上可能存在的黄曲霉毒素，然后在130～140℃烘烤30 min左右。烘烤时，避免出现烘烤不足导致的香气淡薄或烘烤过头导致的焦煳味和苦味。烤好后用冷风机迅速降温至45℃以下，以防止余热导致的花生后熟，出现花生焦煳现象。待花生温度降到45℃以下时进行脱皮，同时去除烘烤过度的花生仁。尽量除尽花生皮，避免花生皮残留（残留量不得超过5%）导致的后续酱料出现杂色斑点及产品出现苦涩味，影响口感等感官指标。用干磨器将去皮花生仁粗磨成花生碎，备用。

（2）精磨　将粗磨好的花生碎及配方量的白砂糖、精盐、可可脂、单甘酯及味精搅拌均匀后过胶体磨精磨，使混合物中各原辅料分散更加均匀细腻，颗粒直径达到7 μm左右。采用粗磨和精磨的二次研磨方法使物料温度控制在65℃以下、停留时间少于 3 min，从而可减少物料的热氧化和热聚合现象。

（3）冷却　将精磨后的酱料用冷风机迅速冷却到 35 ℃以下。因为刚刚精磨后形成的乳化胶体物系还不稳定，如果不迅速排出物系的热量就会因物质间的分子剧烈运动而破坏这种尚未完全稳定的、硬性的乳化网络状结构，导致重新离析出油脂来。

（4）包装　将冷却后的可可花生酱迅速装入干燥洁净的四旋玻璃瓶中。

（5）熟化　将包装好的可可花生酱静置 2 d 以上，使可可花生酱乳化胶体中的网络状结构完全稳固定型。在熟化过程中应尽量避免频繁的振动或搬动。

（6）检验　检查瓶身是否存在裂纹，瓶盖是否封严等，抽取一定量样品于 37 ℃保温一周，经检验产品合格后，将瓶擦干净，贴上产品标签，打检、装箱、入库或出厂。

4.产品主要指标

（1）感官指标　色泽：浅棕黄色，且均匀一致；形态：半固体，酱体均匀，颗粒细腻；风味：口感细腻，咸甜苦味适中，香气与滋味协调，具有花生特有的香气和滋味，具有可可特有的风味，无异味；杂质：无肉眼可见杂质，不得有红衣或其他异物。

（2）理化指标　食盐含量<2%；砷≤0.5 mg/kg；铅≤1.0 mg/kg；黄曲霉毒素 B_1≤5.0 μg/kg。

（3）微生物指标　细菌总数≤2000 CFU/g；大肠菌群≤30 MPN/100 g；致病菌（如沙门氏菌、金黄色葡萄球菌、副溶血性弧菌、志贺氏菌等）不得检出。

（七）胡萝卜花生酱

1.原料配方

花生仁 5 kg，胡萝卜 1 kg，白砂糖 500 g，植物油 450 g，单甘酯 100 g，食盐 100 g，柠檬酸 10 g，维生素 C 0.5 g。

2.工艺流程

　　　　　　　　　白砂糖、食盐、胡萝卜浆、单甘酯、植物油、柠檬酸和维生素C
　　　　　　　　　　　　　　　　　　　　　↓
花生仁 → 去杂 → 淘洗 → 烘烤 → 冷却 → 脱皮 → 粗磨 → 精磨 → 冷却 → 包装
　　　　　　　　　　　　　　　　　　　　　　　　　　　　　　　↓
　　　　　　　　　　　　　　　　　成品 ← 检验 ← 熟化

3.操作要点

（1）花生碎制备　购买市售成熟、饱满的花生仁，剔除杂质及虫蛀、霉烂与未成熟的花生仁颗粒，淘洗去除 80%以上可能存在的黄曲霉毒素，然后在 130～140 ℃烘烤 30 min 左右。烘烤时，避免出现烘烤不足导致的香气淡薄或烘烤过头导致的焦煳味和苦味。烤好后用冷风机迅速降温至 45 ℃以下，以防止余热导致的花生后熟，出现花生焦煳现象。待花生温度降到 45℃以下时进行脱皮，同时去除烘烤过度的花生仁。尽量除尽花生皮，避免花生皮残留（残留量不得超过 5%）导致后续酱料出现杂色斑点及产品出现苦涩味，影响口感等感官指标。用干磨器将去皮花生仁粗磨成花生碎，备用。

（2）精磨　将粗磨好的花生碎及配方量的白砂糖、食盐、胡萝卜浆、单甘酯、植物油、柠檬酸和维生素 C 搅拌均匀后过胶体磨精磨，使混合物中各原辅料分散更加均匀细腻，颗粒直径达到 7 μm 左右。采用粗磨和精磨的二次研磨方法使物料温度控制在 65℃以下、停留时间少于 3 min，从而可减少物料的热氧化和热聚合现象。

（3）冷却　将精磨后的酱料用冷风机迅速冷却到 35℃以下。因为刚刚精磨后形成的乳化胶体物系还不稳定，如果不迅速排出物系的热量就会因物质间的分子剧烈运动而破坏这种尚未完全稳定的、硬性的乳化网络状结构，导致重新离析出油脂来。

（4）包装　将冷却后的胡萝卜花生酱迅速装入干燥洁净的四旋玻璃瓶中。

（5）熟化　将包装好的胡萝卜花生酱静置 2 d 以上，使胡萝卜花生酱乳化胶体中的网络状结构完全稳固定型。在熟化过程中应尽量避免频繁的振动或搬动。

（6）检验　检查瓶身是否存在裂纹，瓶盖是否封严等，抽取一定量样品于 37℃保温一周，经检验产品合格后，将瓶擦干净，贴上产品标签，打检、装箱、入库或出厂。

4.产品主要指标

（1）感官指标　色泽：深橘色，且均匀一致；形态：浓稠状，无油析现象；风味：香甜可口，口感细腻，涂抹性及口融性好，香气与滋味协调，香味浓厚持久，具有花生特有的香气和滋味，具有胡萝卜特有的风味，无异味；杂质：无肉眼可见杂质，不得有红衣或其他异物。

（2）理化指标　食盐含量≤2%；黄曲霉毒素 B_1≤5.0 μg/kg。

（3）微生物指标　细菌总数≤2000 CFU/g；大肠菌群≤30 MPN/100 g；致病菌（如沙门氏菌、金黄色葡萄球菌、副溶血性弧菌、志贺氏菌等）不得检出。

（八）燕麦花生酱

1.原料配方

花生 3 kg，花生油 2 kg，燕麦 750 g，白砂糖 300 g，食盐 50 g。

2.工艺流程

食盐、白砂糖、花生油和燕麦
↓
花生仁 → 去杂 → 淘洗 → 烘烤 → 冷却 → 脱皮 → 粗磨 → 精磨 → 冷却 → 包装
↓
成品 ← 检验 ← 熟化

3.操作要点

（1）花生碎制备　购买市售成熟、饱满的花生仁，剔除杂质及虫蛀、霉烂与未成熟的花生仁颗粒，淘洗 3～5 次去除 80% 以上可能存在的黄曲霉毒素，然后在 150℃ 左右烘烤 50 min 左右。烘烤时，避免出现烘烤不足导致的香气淡薄或烘烤过头导致的焦煳味和苦味。烤好后用冷风机迅速降温至 45℃ 以下，以防止余热导致的花生后熟，出现花生焦煳现象。待花生温度降到 45℃ 以下时进行脱皮，同时去除烘烤过度的花生仁。尽量除尽花生皮，避免花生皮残留（残留量不得超过 5%）导致的后续酱料出现杂色斑点及产品出现苦涩味，影响口感等感官指标。用干磨器将去皮花生仁粗磨成花生碎，备用。

（2）燕麦处理　将符合食品安全标准的燕麦煮熟，沥干，备用。

（3）精磨　将粗磨好的花生碎及配方量的食盐、白砂糖、花生油和煮熟的燕麦搅拌均匀后过胶体磨精磨，使混合物中各原辅料分散更加均匀细腻，颗粒直径达到 7 μm 左右。采用粗磨和精磨的二次研磨方法使物料温度控制在 65℃ 以下、停留时间少于 3 min，从而可减少物料的热氧化和热聚合现象。

（4）冷却　将精磨后的酱料用冷风机迅速冷却到 35℃ 以下。因为刚刚精磨后形成的乳化胶体物系还不稳定，如果不迅速排出物系的热量就会因物质间的分子剧烈运动而破坏这种尚未完全稳定的、硬性的乳化网络状结构，导致重新离析出油脂来。

（5）包装　将冷却后的燕麦花生酱迅速装入干燥洁净的四旋玻璃瓶中。

（6）熟化　将包装好的燕麦花生酱静置 2 d 以上，使燕麦花生酱乳化胶体中的网络状结构完全稳固定型。在熟化过程中应尽量避免频繁的振动或搬动。

（7）检验　检查瓶身是否存在裂纹，瓶盖是否封严等，抽取一定量样品于 37℃ 保温一周，经检验产品合格后，将瓶擦干净，贴上产品标签，打检、装箱、入库或出厂。

4.产品主要指标

（1）感官指标　色泽：黄棕色，且均匀一致，油亮有光泽；形态：流动性良好，酱体均匀细腻；风味：咸甜适中，口感细腻，酱香浓郁，香气与滋味协调，具有花生特有的香气和滋味，具有燕麦特有的风味，无异味；杂质：无肉眼可见杂质，不得有红衣或其他异物。

（2）理化指标　食盐含量≤1%；黄曲霉毒素 B_1≤5.0 μg/kg。

（3）微生物指标　细菌总数≤2000 CFU/g；大肠菌群≤30 MPN/100 g；致病菌（如沙门氏菌、金黄色葡萄球菌、副溶血性弧菌、志贺氏菌等）不得检出。

（九）脱脂麦胚花生酱

1.原料配方

花生仁 9 kg，脱脂小麦胚芽 3 kg，花生油 600 g，脱脂淡奶粉 600 g，奶油 600 g，白砂糖 360 g，葡萄糖 300 g，单甘酯 180 g，食盐 120 g，没食子酸丙酯 2.4 g，乙基麦芽酚 0.3 g。

2.工艺流程

食盐、白砂糖、脱脂淡奶粉、奶油、花生油、
单甘酯、葡萄糖、没食子酸丙脂和乙基麦芽酚

花生仁 → 去杂 → 淘洗 → 烘烤 → 冷却 → 脱皮 → 粗磨 → 精磨 → 冷却 → 包装 → 熟化

小麦胚芽 → 干燥、灭酶 → 萃取 → 脱脂小麦胚芽   成品 ← 检验

小麦胚芽油（另作他用）

3.操作要点

（1）花生碎制备　购买市售成熟、饱满的花生仁，剔除杂质及虫蛀、霉烂与未成熟的花生仁颗粒，淘洗 3 ~ 5 次去除 80% 以上可能存在的黄曲霉毒素，然后在 180 ~ 200 ℃烘烤 20 min 左右。烘烤时，避免出现烘烤不足导致的香气淡薄或烘烤过头导致的焦煳味和苦味。烤好后用冷风机迅速降温至 45 ℃以下，以防止余热导致的花生后熟，出现花生焦煳现象。待花生温度降到 45 ℃以下时进行脱皮，同时去除烘烤过度的花生仁。尽量除尽花生皮，避免花生皮残留（残留量不得超过 2%）导致的后续酱料出现杂色斑点及产品出现苦涩味，影响口感等感官指标。用干磨器将去皮花生仁粗磨成花生碎，备用。

（2）脱脂小麦胚芽制备　用远红外辐射在 130 ~ 160 ℃下处理 20 ~ 25 min 对新鲜小麦胚芽进行干燥，将麦胚中的水分降到 3% 以下，同时将其中的蛋白酶、脂肪酶和淀粉酶等多种酶进行钝化，以防变质。要注意控制好烘烤温度，烘烤温度过低则麦胚生腥味不易除净，烘烤温度过高则风味等感官品质受到影响，保存性能也变劣。然后用二氧化碳超临界萃取装置在 30 MPa、50 ℃下从干燥的小麦胚芽中萃取小麦胚芽油（作为高附加值的保健食品使用），萃取后的副产物——脱脂小麦胚芽用作花生酱的辅料。

（3）精磨　将粗磨好的花生碎及配方量的食盐、白砂糖、脱脂淡奶粉、奶油、花生油、脱脂小麦胚芽、单甘酯、葡萄糖、没食子酸丙酯和乙基麦芽酚搅拌均匀后过胶体磨精磨，使混合物中各原辅料分散更加均匀细腻，颗粒直径达到 10 ~ 14 μm。采用粗磨和精磨的二次研磨方法使物料温度控制在 65 ℃以下、停留时间少于 3 min，从而可减少物料的热氧化和热聚合现象。

（4）冷却　将精磨后的酱料用冷风机迅速冷却到 35 ℃以下。因为刚刚精磨后形成的乳化胶体体系还不稳定，如果不迅速排出体系的热量就会因物质间的分子剧烈运动而破坏这种尚未完全稳定的、硬性的乳化网络状结构，导致重新离析出油脂来。

（5）包装　将冷却后的脱脂麦胚花生酱迅速装入干燥洁净的四旋玻璃瓶中。

（6）熟化　将包装好的脱脂麦胚花生酱静置 2 d 以上，使脱脂麦胚花生酱乳化胶体中的网络状结构完全稳固定型。在熟化过程中应尽量避免频繁的振动或搬动。

（7）检验　检查瓶身是否存在裂纹，瓶盖是否封严等，抽取一定量样品于 37℃ 保温一周，经检验产品合格后，将瓶擦干净，贴上产品标签，打检、装箱、入库或出厂。

4.产品主要指标

（1）感官指标　色泽：黄棕色，且均匀一致；形态：浓稠状，酱体均匀细腻，无油析、沉降、结晶现象；风味：口感细腻，香气与滋味协调，具有浓郁的花生和小麦胚芽的复合香味，无异味；杂质：无肉眼可见杂质，不得有红衣或其他异物。

（2）理化指标　食盐含量≤1%；汞≤0.5 mg/kg；砷≤0.1 mg/kg；铅≤0.5 mg/kg；黄曲霉毒素 B_1≤5.0 μg/kg。

（3）微生物指标　细菌总数≤2000 CFU/g；大肠菌群≤30 MPN/100 g；致病菌（如沙门氏菌、金黄色葡萄球菌、副溶血性弧菌、志贺氏菌等）不得检出。

（十）蓝莓花生酱

1.原料配方

花生仁饼 7.9 kg，蓝莓粉 5 kg，白砂糖 5 kg，植物油 1.8 kg，单甘酯 300 g。

2.工艺流程

蓝莓粉、白砂糖、植物油和单甘酯
↓

花生仁饼 → 粉碎 → 浸泡 → 二次粉碎 → 精磨 → 冷却 → 包装 → 熟化 → 检验 → 成品

3.操作要点

（1）花生仁粉制备　购买花生油厂加工副产物——花生仁饼，用粉碎机进行初步粉碎，加入少量的水进行浸泡，然后再次进行粉碎（粗磨），备用。

（2）精磨　将花生仁粉及配方量的蓝莓粉、白砂糖、植物油和单甘酯搅拌均匀后过胶体磨精磨，使混合物中各原辅料分散更加均匀细腻，颗粒直径达到 7 μm 左右。采用粗磨和精磨的二次研磨方法使物料温度控制在 65℃ 以下、停留时间少于 3 min，从而可减少物料的热氧化和热聚合现象。

（3）冷却　将精磨后的酱料用冷风机迅速冷却到 35℃ 以下。因为刚刚精磨后形成的乳化胶体物系还不稳定，如果不迅速排出物系的热量就会因物质间的分子剧烈运动而破坏这种尚未完全稳定的、硬性的乳化网络状结构，导致重新离析出油脂来。

（4）包装　将冷却后的蓝莓花生酱迅速装入干燥洁净的四旋玻璃瓶中。

（5）熟化　将包装好的蓝莓花生酱静置 2 d 以上，使蓝莓花生酱乳化胶体中的网络状结构完全稳固定型。在熟化过程中应尽量避免频繁的振动或搬动。

（6）检验　检查瓶身是否存在裂纹，瓶盖是否封严等，抽取一定量样品于37℃保温一周，经检验产品合格后，将瓶擦干净，贴上产品标签，打检、装箱、入库或出厂。

4.产品主要指标

（1）感官指标　色泽：深紫色，且均匀一致；形态：浓稠状，酱体均匀细腻，无油析、沉降现象；风味：口感细腻，涂抹性及口融性好，香气与滋味协调，具有浓郁持久的花生和蓝莓的复合香味，无异味；杂质：无肉眼可见杂质，不得有红衣或其他异物。

（2）理化指标　食盐含量≤0%；黄曲霉毒素 B_1≤5.0 μg/kg。

（3）微生物指标　细菌总数≤2000 CFU/g；大肠菌群≤30 MPN/100 g；致病菌（如沙门氏菌、金黄色葡萄球菌、副溶血性弧菌、志贺氏菌等）不得检出。

（十一）低脂花生酱

1.原料配方

脱脂花生粉 5 kg，花生油 500 g，白砂糖 150 g，食盐 50 g，单甘酯 50 g，天然双倍焦糖色素 0.125 g，花生香精 0.125 g，水 12.5 L。

2.工艺流程

白砂糖、食盐和天然双倍焦糖色素

脱脂花生粉 → 烘烤 → 冷却 → 调味、调色 → 调香 → 乳化 → 冷却 → 包装

花生香精和单甘酯溶解于花生油　成品 ← 检验 ← 熟化

3.操作要点

（1）脱脂花生粉处理　购买低温冷榨脱脂花生粉，在 120～130℃烘烤 20 min 左右。其间注意翻动，避免局部过热导致的焦煳味和苦味。烤好后用冷风机迅速降温至 45℃以下，以防止余热导致的后熟，出现花生粉焦煳和颜色加深现象。

（2）调味、调色　将烘烤、冷却好的脱脂花生粉倒入事先用水溶解的白砂糖、食盐和天然双倍焦糖色素中，不断搅拌使其成糊状，备用。

（3）调香　将花生香精和单甘酯溶解于花生油中，搅拌均匀，备用。

（4）乳化　将调配好的花生粉糊与花生油混合，搅拌均匀，置于 75℃水浴中保温 35 min，其间不断搅拌。

（5）冷却　水浴乳化后的酱体处于不稳定的高能量状态。一方面，酱体温度高、黏度低，分子间的剧烈运动极易破坏尚未完全稳定的乳化网状结构；另一方面，由于酱体颗粒粒径小、表面能大，颗粒相互聚集的趋势大，分子的剧烈运动以及颗粒的聚集将使油脂离析出来。因此，必须用冷风机在不断搅拌下采用强风使其快速冷却至 50℃以下。

（6）包装　将冷却后的低脂花生酱迅速装入干燥洁净的四旋玻璃瓶中。

（7）熟化　将包装好的低脂花生酱静置 2 d 以上，使低脂花生酱乳化胶体中的网络状结构完全稳固定型。在熟化过程中应尽量避免碰撞、频繁的振动或搬动。

（8）检验　检查瓶身是否存在裂纹，瓶盖是否封严等，抽取一定量样品于 37℃ 保温一周，经检验产品合格后，将瓶擦干净，贴上产品标签，打检、装箱、入库或出厂。

4.产品主要指标

（1）感官指标　色泽：呈明亮的黄棕色，且均匀一致；形态：浓稠状，酱体均匀细腻；风味：口感细腻柔滑，涂抹性好，香气与滋味协调，具有浓郁持久的花生香味，无异味；杂质：无肉眼可见杂质，不得有红衣或其他异物。

（2）理化指标　食盐含量≤1%；黄曲霉毒素 B_1≤5.0 μg/kg。

（3）微生物指标　细菌总数≤2000 CFU/g；大肠菌群≤30 MPN/100 g；致病菌（如沙门氏菌、金黄色葡萄球菌、副溶血性弧菌、志贺氏菌等）不得检出。

（十二）香蕉花生酱

1.原料配方

花生仁 5 kg，香蕉粉 600 g，白砂糖 250 g，单甘酯 100 g，食盐 40 g。

2.工艺流程

<pre>
                              白砂糖、食盐、香蕉粉和单甘酯
                                            ↓
花生仁 → 去杂 → 淘洗 → 烘烤 → 冷却 → 脱皮 → 粗磨 → 精磨 → 冷却 → 包装
                                                              ↓
                                        成品 ← 检验 ← 熟化
</pre>

3.操作要点

（1）花生碎制备　购买市售成熟、饱满的花生仁，剔除杂质及虫蛀、霉烂与未成熟的花生仁颗粒，淘洗 3～5 次去除 80% 以上可能存在的黄曲霉毒素，然后在 130～150℃烘烤 20～30 min。烘烤时，避免出现烘烤不足导致的香气淡薄或烘烤过头导致的焦煳味和苦味。烤好后用冷风机迅速降温至 45℃以下，以防止余热导致的花生后熟，出现花生焦煳现象。待花生温度降到 45℃以下时进行脱皮，用吸气机或重力分选机除去花生膜，注意调整好脱皮机磨片之间的距离，以花生仁能被挤压成两瓣而不被磨碎为宜，然后拣选去除烘烤过度的花生仁。尽量除尽花生皮，避免花生皮残留（残留量不得超过 2%）导致的后续酱料出现杂色斑点及产品出现苦涩味，影响口感等感官指标。用钢磨或石磨将去皮花生仁粗磨成花生碎，备用。

（2）精磨　将粗磨好的花生碎及配方量的白砂糖、食盐、香蕉粉和单甘酯搅拌均匀后过胶体磨精磨，使混合物中各原辅料分散更加均匀细腻，颗粒直径达到 7 μm 左右。采用粗磨和精磨的二次研磨方法使物料温度控制在 65℃以下、停留时间少于

3 min，从而可减少物料的热氧化和热聚合现象。

（3）冷却　将精磨后的酱料用冷风机迅速冷却到35℃以下。因为刚刚精磨后形成的乳化胶体物系还不稳定，如果不迅速排出物系的热量就会因物质间的分子剧烈运动而破坏这种尚未完全稳定的、硬性的乳化网络状结构，导致重新离析出油脂来。

（4）包装　将冷却后的香蕉花生酱迅速装入干燥洁净的四旋玻璃瓶中。

（5）熟化　将包装好的香蕉花生酱静置2d以上，使香蕉花生酱乳化胶体中的网络状结构完全稳固定型。在熟化过程中应尽量避免频繁的振动或搬动。

（6）检验　检查瓶身是否存在裂纹，瓶盖是否封严等，抽取一定量样品于37℃保温一周，经检验产品合格后，将瓶擦干净，贴上产品标签，打检、装箱、入库或出厂。

4.产品主要指标

（1）感官指标　色泽：黄棕色，且均匀一致；形态：浓稠状，酱体均匀细腻，无油析、沉降、结晶现象；风味：香气与滋味协调，具有浓郁持久的花生香味和香蕉的清香味，无异味；杂质：无肉眼可见杂质，不得有红衣或其他异物。

（2）理化指标　食盐含量≤1%；黄曲霉毒素 B_1≤5.0 μg/kg。

（3）微生物指标　细菌总数≤2000 CFU/g；大肠菌群≤30 MPN/100 g；致病菌（如沙门氏菌、金黄色葡萄球菌、副溶血性弧菌、志贺氏菌等）不得检出。

三、芝麻酱

（一）传统工艺芝麻酱

1.原料配方

芝麻100 kg，食盐4 kg，八角粉100 g，小茴香100 g，大茴香100 g，花椒粉50 g。

2.工艺流程

食盐、八角粉、小茴香、大茴香、花椒粉

芝麻 → 去杂 → 淘洗 → 浸泡 → 沥水 → 脱皮 → 烘炒 → 磨制 → 包装 → 检验 → 成品

3.操作要点

（1）净料　挑选成熟度好的芝麻，去掉霉烂粒，用清水淘洗，捞出漂在水面上的成熟度较差的颗粒、空皮和杂质等，浸泡10 min左右，待芝麻吸足水分后捞出沥水，备用。

（2）脱皮　将洗净的芝麻倒入锅中炒至半干，搓去表皮，注意勿将芝麻打碎，用脱皮机去皮，备用。

（3）烘炒　将食盐用适量水溶解后与八角粉、小茴香、大茴香、花椒粉和脱皮芝麻一起倒入锅内文火烘炒，不停翻炒，防止芝麻炒焦，炒到芝麻中的水分蒸干，用手指一捏就成粉末即可。

（4）磨制　用石磨将烘炒好的芝麻磨成糊状。

（5）包装　将磨制好的芝麻酱迅速装入干燥洁净的四旋玻璃瓶中，封瓶。

（6）检验　检查瓶身是否存在裂纹，瓶盖是否封严等，经检验产品合格后，将瓶擦干净，贴上产品标签，打检、装箱、入库或出厂。

4.产品主要指标

（1）感官指标　色泽：棕色，且均匀一致；形态：酱体呈浓稠状，且均匀细腻；风味：具有浓郁的芝麻香气和滋味，无异味；杂质：无肉眼可见杂质。

（2）理化指标　食盐含量≤5%。

（3）微生物指标　细菌总数≤2000 CFU/g；大肠菌群≤30 MPN/100 g；致病菌（如沙门氏菌、金黄色葡萄球菌、副溶血性弧菌、志贺氏菌等）不得检出。

（二）低脂芝麻酱

1.原料配方

芝麻 100 kg。

2.工艺流程

芝麻 → 去杂 → 淘洗 → 浸泡 → 沥水 → 干燥 → 压榨 → 炒籽 → 磨浆 → 包装

成品 ← 检验

3.操作要点

（1）净料　挑选成熟度好的芝麻，去掉霉烂粒，用清水淘洗，捞出漂在水面上的成熟度较差的颗粒、空皮和杂质等，捞出沥水，备用。

（2）干燥　将洗净的芝麻烘干，备用。

（3）压榨　将烘干的芝麻放入液压榨油机中，在 10～20 MPa 的压力下，在保持芝麻不破损的前提下进行压榨得到低脂的整籽芝麻。

（4）炒籽　将半脱脂（低脂）芝麻在 140℃左右焙炒 40 min 左右，避免焙炒温度过低、时间过长导致籽粒未熟有涩味或焙炒时间过长、温度过高导致色泽加深、产生苦味和产生多环芳烃等有毒物质。

（5）磨浆　将炒干的芝麻用冷风机散热，冷却到 25℃左右，然后用胶体磨进行磨浆。

（6）包装　将磨制好的低脂芝麻酱迅速装入干燥洁净的四旋玻璃瓶中，封瓶。

（7）检验　检查瓶身是否存在裂纹，瓶盖是否封严等，经检验产品合格后，将瓶擦干净，贴上产品标签，打检、装箱、入库或出厂。

4.产品主要指标

（1）感官指标　色泽：棕黄色，色泽好；形态：流动性好，黏稠适度，不浮油；风味：具有浓郁的芝麻炒香味，无焦煳味，无异味；杂质：无肉眼可见杂质。

（2）理化指标　食盐含量≤0%。

（3）微生物指标　细菌总数≤2000 CFU/g；大肠菌群≤30 MPN/100 g；致病菌（如沙门氏菌、金黄色葡萄球菌、副溶血性弧菌、志贺氏菌等）不得检出。

四、板栗酱

（一）原味板栗酱

1.原料配方

板栗 5 kg，白砂糖 1.2 kg，果胶 3 g，柠檬酸 2 g。

2.工艺流程

氯化钠、柠檬酸、EDTA-2Na　　　　　白砂糖、果胶和柠檬酸
　　　　　　　↓　　　　　　　　　　　　↓
板栗 → 热烫、剥壳 → 护色 → 漂洗 → 切片、打浆 → 浓缩、调配 → 装瓶

　　　　成品 ← 检验 ← 杀菌、冷却 ← 排气、封瓶

3.操作要点

（1）选料　挑选成熟度高、籽粒完整、无病虫害、无霉变的板栗。

（2）热烫、剥壳　在板栗中央切一条小口，置于 60~70℃的热水中漂烫 3~5 min，然后捞出趁热剥壳，备用。

（3）护色　把剥完壳的板栗仁投入已调配好的护色液（包含 5%氯化钠、1.4%柠檬酸、2%EDTA-2Na）中浸泡 20 min 左右。

（4）漂洗　护色完成后将板栗仁捞出，冲洗掉护色液，备用。

（5）切片、打浆　将板栗仁切成约 1 cm 厚的薄片。然后加入板栗仁 5 倍质量的水在高速组织捣碎机中进行打浆，再将板栗浆用胶体磨进一步细磨。

（6）浓缩、调配　将板栗浆加热浓缩一定时间，临近浓缩终点时加入白砂糖、果胶和柠檬酸，对口味和黏稠度进行调节。

（7）装瓶　将调配好的原味板栗酱趁热装入干燥洁净的四旋玻璃瓶中，灌装时要注意避免将酱料散落在瓶口，否则容易导致微生物污染，装料时预留 1 cm 左右的顶隙。

（8）排气、封瓶　装瓶完成后立即旋盖，但要留有一定的缝隙，然后将瓶子放入自动封装机进行抽真空排气，排气完成后立即封瓶。

（9）杀菌、冷却　将封瓶后的原味板栗酱产品放入沸水浴中杀菌 20 min，然后冷却至室温。

（10）检验　检查瓶身是否存在裂纹，瓶盖是否封严等，抽取一定量样品于 37℃保温一周，经检验产品合格后，将瓶擦干净，贴上产品标签，打检、装箱、入库或出厂。

4.产品主要指标

（1）感官指标　色泽：金黄色；形态：为流动性良好的稳定凝胶，无结块和脱水现象；风味：甜度适宜，口感细腻，具有浓郁的板栗香味，无异味；杂质：无肉眼可见杂质。

（2）理化指标　可溶性固形物含量≥70%。

（3）微生物指标　细菌总数≤2000 CFU/g；大肠菌群≤30 MPN/100 g；致病菌（如沙门氏菌、金黄色葡萄球菌、副溶血性弧菌、志贺氏菌等）不得检出。

（二）风味板栗酱

1.原料配方

（1）山楂口味　板栗 4 kg，山楂 1 kg，白砂糖 1250 g，琼脂 15 g，柠檬酸适量。

（2）无花果口味　板栗 6 kg，无花果 2 kg，白砂糖 1.6 kg，琼脂 32 g，柠檬酸适量。

（3）桂花口味　板栗 5910 g，桂花 90 g，白砂糖 1200 g，琼脂 24 g，柠檬酸适量。

（4）生姜山楂口味　板栗 3.9 kg，山楂 1.8 kg，白砂糖 1.8 kg，生姜 300 g，琼脂 12 g，柠檬酸适量。

（5）大蒜口味　板栗 4.5 kg，大蒜 500 g，白砂糖 1 kg，琼脂 20 g，柠檬酸适量。

（6）咸辣口味　板栗 9930 g，白砂糖 2 kg，食盐 60 g，琼脂 35 g，辣椒粉 10 g，柠檬酸适量。

2.工艺流程

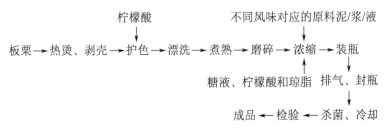

3.操作要点

（1）原辅料处理

① 板栗泥制备　挑选成熟度高、籽粒完整、无病虫害、无霉变的板栗。用热烫法脱壳去皮：在锅内水温达到 60℃时将板栗下锅，3～5 min 内升温至 90℃，捞出趁热剥壳。然后投入 0.1%的柠檬酸护色液（不包含在原料配方中）中浸泡 20 min 左右，捞出，冲洗掉护色液。再将板栗仁煮熟软化，置于不锈钢磨或石磨中磨碎成板栗泥，磨碎时添加少量的水以防止粘磨。

② 山楂浆制备　剔除市购山楂中的烂果，洗净，置于打浆机内打浆（添加少量的水），过筛得山楂浆，备用。

③ 无花果浆制备　挑选熟透的无花果，洗净，投入沸水中热烫 2 min，捞出后用冷水迅速冷却，手工剥去无花果果皮，置于打浆机内打浆（添加少量的水），过筛得无花果浆，备用。

④ 生姜泥制备　挑选鲜嫩的生姜，洗净泥沙等，用刀刮去姜皮，适当切碎，置于打浆机内打浆（添加少量的水），过筛除去粗纤维得生姜泥，备用。

⑤ 大蒜泥制备　挑选形态完整、无霉烂的大蒜，剥掉外皮，洗净，在 95℃ 的热水中烫漂 3 min 以除去大蒜臭味，捞出后置于打浆机内打浆（添加少量的水），过筛得大蒜泥，备用。

⑥ 桂花液制备　鲜桂花先用高糖腌制保存，临用时装入纱布袋，投入沸水中煮 10～15 min，过滤得桂花液。

⑦ 琼脂液制备　用温水将琼脂泡软，除去杂质，洗净后放入锅内，加入琼脂质量 15～20 倍的水，加热溶解备用。

⑧ 浓糖液制备　将白砂糖加水煮沸溶化后配成 75% 的浓糖液，过滤除杂，备用。

⑨ 柠檬酸液制备　加水将柠檬酸配成浓度 50% 的溶液。

（2）浓缩　将板栗浆及不同风味对应的原料泥/浆/液加热煮沸浓缩，分多次加入配方量的糖液，文火熬煮，边熬边搅拌，防止焦化，临近浓缩终点时加入柠檬酸调节 pH 值到 3.0，然后加入琼脂，搅拌均匀，出锅。

（3）装瓶　将浓缩好的风味板栗酱趁热装入干燥洁净的四旋玻璃瓶中，灌装时要注意避免将酱料散落在瓶口，否则容易导致微生物污染，装料时预留 1 cm 左右的顶隙。

（4）排气、封瓶　装瓶完成后立即旋盖，但要留有一定的缝隙，然后将瓶子放入自动封装机进行抽真空排气，排气完成后立即封瓶。

（5）杀菌、冷却　将封瓶后的风味板栗酱产品放入沸水浴中杀菌 10 min，然后冷却至室温。

（6）检验　检查瓶身是否存在裂纹，瓶盖是否封严等，抽取一定量样品于 37℃ 保温一周，经检验产品合格后，将瓶擦干净，贴上产品标签，打检、装箱、入库或出厂。

4.产品主要指标

（1）感官指标　色泽：根据风味不同产品色泽有浅酱色、酱色和酱红色；形态：黏稠度适宜，呈黏糊状，无大果块，无结晶、渗水现象；风味：酸甜适宜，具有浓郁的板栗等混合果香味，无焦糊味，无异味；杂质：无肉眼可见杂质。

（2）理化指标　可溶性固形物含量≥60%；总糖含量（以转化糖计）≥55%。

（3）微生物指标　细菌总数≤2000 CFU/g；大肠菌群≤30 MPN/100 g；致病菌（如沙门氏菌、金黄色葡萄球菌、副溶血性弧菌、志贺氏菌等）不得检出。

五、混合型莲子酱

1.原料配方

(1) 苹果口味　莲子 5.2 kg，苹果 2.8 kg，琼脂 24 g。

(2) 香蕉口味　莲子 5.6 kg，香蕉 2.4 kg，琼脂 24 g。

(3) 花生口味　莲子 6 kg，花生 4 kg，琼脂 35 g。

(4) 荸荠口味　莲子 4 kg，荸荠 2 kg，琼脂 17.5 g。

(5) 生姜口味　莲子 8950 g，生姜 1 kg，食盐 50 g，琼脂 20 g。

(6) 大蒜口味　莲子 8430 g，大蒜 1.5 kg，食盐 50 g，琼脂 25 g，辣椒粉 20 g。

2.工艺流程

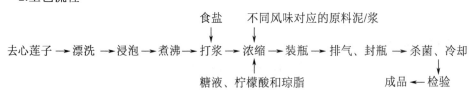

3.操作要点

(1) 原辅料处理

① 莲子泥制备　挑选外观洁白、去除莲心的莲子，漂洗干净，浸泡 10 ~ 20 h，捞出放入清水中加热至沸腾后保持 5 ~ 8 min 使其软化，置于打浆机内打浆（添加少量 1%的食盐水）得莲子泥。

② 苹果浆制备　挑选符合食品安全标准的苹果，洗净，削皮，去果心，置于打浆机内打浆（添加少量 1%的食盐水）得苹果浆，备用。

③ 香蕉浆制备　挑选符合食品安全标准的成熟香蕉，去皮，置于打浆机内打浆（添加少量 1%的食盐水）得香蕉浆，备用。

④ 花生浆制备　挑选籽粒饱满的花生仁，剔除虫蛀、霉变粒等，投入沸水中烫 5 min，再投入冷水中迅速冷却，待花生红衣在骤冷骤热中起皱缩后去红衣，清洗后置于打浆机内打浆（添加少量 1%的食盐水，减少花生中的脂肪氧化）得花生浆，备用。

⑤ 荸荠浆制备　挑选形态完整、无霉烂、无虫害的荸荠，浸泡 20 ~ 30 min 去除泥沙，漂洗干净后削掉外皮，置于打浆机内打浆（添加少量 1%的食盐水）得荸荠浆，备用。

⑥ 生姜泥制备　挑选鲜嫩的生姜，洗净泥沙等，用刀刮去姜皮，适当切碎，置于打浆机内打浆（添加少量 1%的食盐水），过筛除去粗纤维得生姜泥，备用。

⑦ 大蒜泥制备　挑选形态完整、无霉烂的大蒜，剥掉外皮，洗净，在 95℃的热水中烫漂 3 min 以除去大蒜臭味，捞出后置于打浆机内打浆（添加少量 1%的食盐水）得大蒜泥，备用。

⑧ 琼脂液制备　用温水将琼脂泡软，除去杂质，洗净后放入锅内，加入琼脂质

量 20 倍的水，加热溶解备用。

⑨ 浓糖液制备　将白砂糖加水煮沸溶化后配成 75% 的浓糖液，过滤除杂，备用。

⑩ 柠檬酸液制备　加水将柠檬酸配成浓度 40% 的溶液。

（2）浓缩　将莲子泥及不同风味对应的原料泥/浆加热煮沸浓缩，分多次加入配方量的糖液，文火熬煮，边熬边搅拌，防止焦化，临近浓缩终点时加入柠檬酸调节 pH 值到 3.0，然后加入琼脂，搅拌均匀，出锅。

（3）装瓶　将浓缩好的混合型莲子酱趁热装入干燥洁净的四旋玻璃瓶中，灌装时要注意避免将酱料散落在瓶口，否则容易导致微生物污染，装料时预留 1 cm 左右的顶隙。

（4）排气、封瓶　装瓶完成后立即旋盖，但要留有一定的缝隙，然后将瓶子放入自动封装机进行抽真空排气，排气完成后立即封瓶。

（5）杀菌、冷却　将封瓶后的混合型莲子酱产品放入沸水浴中杀菌 10 ~ 20 min，然后冷却至室温。

（6）检验　检查瓶身是否存在裂纹，瓶盖是否封严等，抽取一定量样品于 37℃ 保温一周，经检验产品合格后，将瓶擦干净，贴上产品标签，打检、装箱、入库或出厂。

4.产品主要指标

（1）感官指标　色泽：根据风味不同产品色泽有浅棕色、淡黄色和浅灰色等；形态：组织细腻，黏稠度适宜，呈黏糊状，无大果块，无结晶、渗水现象；风味：酸甜适口，具有浓郁的莲子等混合果香味，无焦煳味，无异味；杂质：无肉眼可见杂质。

（2）理化指标　可溶性固形物含量≥60%；总糖含量（以转化糖计）≥55%。

（3）微生物指标　细菌总数≤2000 CFU/g；大肠菌群≤30 MPN/100 g；致病菌（如沙门氏菌、金黄色葡萄球菌、副溶血性弧菌、志贺氏菌等）不得检出。

六、榛子酱

1.原料配方

榛子仁 5 kg，大豆 15 kg，面粉 5 kg，食盐 2.8 kg。

2.工艺流程

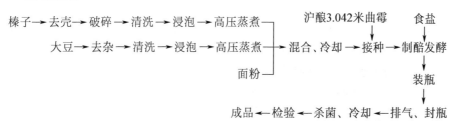

3.操作要点

(1) 榛子预处理　挑选新鲜干燥的榛子，用去壳机去壳，然后将榛子果仁稍加破碎，清洗，浸泡（夏季 4~5 h，春秋季 8~10 h，冬季 15~16 h），高压蒸煮 0.5 h 使榛子仁中的蛋白质达到适度变性，取出备用。

(2) 大豆预处理　挑选颗粒饱满、干燥的大豆，剔除干瘪、虫蛀、霉烂颗粒及杂质等，清洗，浸泡（夏季 4~5 h，春秋季 8~10 h，冬季 15~16 h），高压蒸煮 0.5 h 使大豆蛋白质达到适度变性，取出备用。

(3) 混合制曲　将蒸熟后的榛子果仁和大豆与面粉按原料配方比例混合，冷却至 40℃左右接种沪酿 3.042 米曲霉，搅拌均匀，放入恒温培养箱中温度升至 37℃时第一次翻曲，隔 4~6 h 后第二次翻曲，继续培养 22~26 h，待孢子大量繁殖，呈黄绿色，外观呈块状，内部疏松柔软，菌丝丰富，用手指轻触孢子即能飞扬，具有成曲特殊浓厚曲香，不带酸味、豆豉臭或其他异味时即可。

(4) 制醅发酵　把制得的榛子仁、大豆曲倒入发酵容器内，扒平压实，温度很快会自然升至 40℃，加入 14.5°Bé 的热盐水至表面，使其逐渐渗入曲内，面上加封一层细盐，盖好。加热盐水后曲料内温度能达到 45℃左右，以后维持此温度至发酵酱醅成熟。发酵完毕后补加 24°Bé 的盐水及所需细盐，用压缩空气或翻酱机充分搅拌，务必使所加细盐全部溶化并混合均匀，在室温下后发酵数天，整个发酵过程 30 d 内完成，得成品。

(5) 装瓶　将发酵好的榛子酱加热到 85℃以上，趁热装入干燥洁净的四旋玻璃瓶中，灌装时要注意避免将酱料散落在瓶口，否则容易导致微生物污染，装料时预留 1 cm 左右的顶隙。

(6) 排气、封瓶　装瓶完成后立即旋盖，但要留有一定的缝隙，然后将瓶子放入自动封装机进行抽真空排气，排气完成后立即封瓶。

(7) 杀菌、冷却　将封瓶后的榛子酱产品在 80~90℃下进行巴氏杀菌 5~10 min，然后冷却至室温。

(8) 检验　检查瓶身是否存在裂纹，瓶盖是否封严等，经检验产品合格后，将瓶擦干净，贴上产品标签，打检、装箱、入库或出厂。

4.产品主要指标

(1) 感官指标　色泽：红褐色或棕褐色，鲜艳有光泽；形态：稠厚适宜，无霉花，无杂质；风味：味鲜醇厚，咸淡适中，无酸、苦、涩、焦煳及其他异味，酱香浓郁，具有榛仁香、醇香和酯香，无不良风味，无异味；杂质：无肉眼可见杂质。

(2) 理化指标　食盐含量≤14%。

(3) 微生物指标　细菌总数≤50000 CFU/g；大肠菌群≤30 MPN/100 g；致病菌（如沙门氏菌、金黄色葡萄球菌、副溶血性弧菌、志贺氏菌等）不得检出。

七、亚麻仁酱

1.原料配方

亚麻仁 100 kg，单甘酯 1 g。

2.工艺流程

单甘酯

亚麻籽 → 去杂 → 淘洗 → 浸泡 → 沥水 → 烘烤 → 脱皮 → 磨浆 → 装袋 → 排气、封袋

成品 ← 检验 ← 杀菌、冷却

3.操作要点

（1）净料　挑选成熟度好的亚麻籽，去掉霉烂粒，用清水淘洗，捞出漂在水面上的成熟度较差的颗粒、空皮和杂质等，捞出沥水，备用。

（2）烘烤　将洗净的亚麻籽在 160 ℃左右烘烤 10 min，备用。

（3）脱皮　用搓擦式粉碎机进行脱皮，亚麻籽仁和皮混合物过 12 目和 20 目筛分成 3 部分进行分离，得亚麻籽仁备用。

（4）磨浆　将单甘酯和亚麻籽仁混合，搅拌均匀，用胶体磨的网纹式磨头在 1500 r/min 下进行磨浆。

（5）装袋　选用安全无毒耐高温且真空度高的蒸煮袋对亚麻仁酱进行灌装，灌装时不宜太满，以便于封口。

（6）排气、封袋　灌装结束之后用真空封口机排气后将袋口封严实。

（7）杀菌、冷却　将装袋后的亚麻仁酱产品放入立式压力蒸汽灭菌锅中进行高压杀菌，采用 121 ℃杀菌 15 min。杀菌结束后，用凉水将袋装酱快速冷却至室温。

（8）检验　检查是否存在胀袋，袋是否封严等，于常温下保存 3 d 后再次进行检验，经检验产品合格后，将袋擦干净，贴上产品标签，打检、装箱、入库或出厂。

4.产品主要指标

（1）感官指标　色泽：黄褐色至棕褐色，色泽均一；形态：为浓稠状酱体；风味：具有亚麻籽特有的香味，无异味；杂质：无肉眼可见杂质。

（2）理化指标　砷≤0.5 mg/kg；铅≤1.0 mg/kg；黄曲霉毒素 B_1≤5.0 μg/kg。

（3）微生物指标　细菌总数≤2000 CFU/g；大肠菌群≤30 MPN/100 g；致病菌（如沙门氏菌、金黄色葡萄球菌、副溶血性弧菌、志贺氏菌等）不得检出。

八、松籽仁酱

1.原料配方

松籽仁浆 5005 g，白砂糖 2268 g，炼乳 1680 g，人造奶油 840 g，羧甲基纤维素钠 81.8 g，味精 56 g，单甘酯 56 g，卵磷脂 56 g，柠檬黄 30.8 g，柠檬酸 21 g，食盐

11.2 g，抗氧化剂（BHT）2.8 g，水 1638 g。

2.工艺流程

白砂糖、炼乳、人造奶油、羧甲基纤维素钠、单甘酯、卵磷脂、食盐与水

去壳松籽仁 → 去杂 → 淘洗 → 浸泡 → 磨浆 → 浓缩 → 装袋 → 排气、封袋

味精、柠檬酸、柠檬黄和BHT　　　　　杀菌、冷却

成品 ← 检验

3.操作要点

（1）净料　挑选成熟度好的去壳松籽仁，去掉霉烂粒、杂质等，用清水淘洗，冷水浸泡 1 ~ 2 h 使蛋白质等吸水膨胀，备用。

（2）溶胶　提前 1 ~ 2 h 将稳定剂羧甲基纤维素钠加入到 60 ℃左右的温水中浸泡、搅拌、分散。

（3）磨浆　将松籽仁、白砂糖、炼乳、人造奶油、羧甲基纤维素钠、单甘酯、卵磷脂、食盐与水一起加入胶体磨中调至最细档，反复研磨 3 ~ 4 次，将物料完全磨细。

（4）浓缩　将磨浆完成后的物料文火熬煮，边熬边搅拌，防止焦化，临近浓缩终点时加入味精、柠檬酸、柠檬黄和抗氧化剂（BHT），搅拌均匀。

（5）装袋　选用安全无毒耐高温且真空度高的蒸煮袋对浓缩好的松籽仁酱趁热进行灌装，灌装时不宜太满，以便于封口。

（6）排气、封袋　灌装结束之后用真空封口机排气后将袋口封严实。

（7）杀菌、冷却　将封瓶后的松籽仁酱产品在 90 ℃下巴氏杀菌 30 min。杀菌结束后，用凉水将袋装酱快速冷却至室温。

（8）检验　检查是否存在胀袋，袋是否封严等，于常温下保存 3 d 后再次进行检验，经检验产品合格后，将袋擦干净，贴上产品标签，打检、装箱、入库或出厂。

4.产品主要指标

（1）感官指标　色泽：淡黄色，色泽均一；形态：为黏稠状酱体，无分层、析水现象；风味：具有松籽仁特有的风味，无异味；杂质：无肉眼可见杂质。

（2）理化指标　食盐含量≤1%；可溶性固形物含量≥70%。

（3）微生物指标　细菌总数≤2000 CFU/g；大肠菌群≤30 MPN/100 g；致病菌（如沙门氏菌、金黄色葡萄球菌、副溶血性弧菌、志贺氏菌等）不得检出。

参考文献

[1] 谢韩. 酱和酱油发展简史. 北京: 中国轻工业出版社, 2018.

[2] 郭朔, 杜连启. 风味酱类生产技术. 北京: 化学工业出版社, 2016.

[3] 解殿伟, 袁秋萍. 三种发酵方式制备黄豆酱的品质比较. 中国调味品, 2020, 45(06): 155-159.

[4] 张问平, 黄晓润, 郭娅, 等. 威宁豆酱中主酵菌株的分离与鉴定. 中国酿造, 2019, 38(06): 24-29.

[5] 陈浩. 豆豉发酵新技术研究及新产品开发. 杭州: 浙江大学, 2017.

[6] 张倩, 孟凡冰, 熊杨洋, 等. 川味豆豉酱的制备及保藏工艺研究. 中国调味品, 2020, 45(09): 113-118.

[7] 雷丹, 吴敏, 唐洁, 等. 不同原料预处理工艺对豆瓣酱品质的影响. 食品工业科技, 2020, 41(07): 301-308.

[8] 杨希. 盐浓度对蚕豆酱发酵过程中原核微生物多样性及理化因子的影响. 食品与发酵工业, 2022, 4:200-206.

[9] 李梦丹, 谢艳华, 陈力力, 等. 油茶籽粕豆酱的研制及成分分析. 中国调味品, 2017, 42(6):5.

[10] 严超, 牟建楼, 孙剑锋,等. 扇贝豆酱制曲工艺条件的研究. 食品工业, 2017, 6: 166-169.

[11] 周琳. 浓香型高色度甜面酱加工技术及其新产品的开发. 成都: 成都大学, 2020.

[12] 刘璐, 高冰, 丁城, 等. 蛹虫草面酱发酵工艺研究. 中国酿造, 2017, 3: 188-191.

[13] 许丹妮, 许良玲, 陆翠, 等. 枸杞面酱发酵工艺的研究. 食品研究与开发, 2020, 101-106.

[14] 张军, 王建化. 橘皮草莓复合果酱的工艺研究. 中国调味品, 2019, 44(9): 116-118.

[15] 孙娜, 朱秀娟, 王华, 等. 火龙果五叶草莓复合果酱加工工艺研究. 中国调味品, 2020, 8: 105-109.

[16] 陈诗晴, 王征征, 姚思敏薇, 等. 猕猴桃低糖复合果酱加工工艺. 安徽农业科学, 2017, 33: 96-99.

[17] 杨巍巍, 雷永伟, 陈明, 等. 山楂枸杞胡萝卜果蔬酱的研制. 中国调味品, 2021, 46(2): 105-107.

[18] 刘艳怀, 尹俊涛, 雷勇, 等. 树莓山楂复合低糖果酱的研制. 农产品加工, 2020, 11: 25-28.

[19] 迟恩忠, 王丽, 杨雨浩, 等. 蓝莓胡萝卜复合果酱的配方优化及货架期预测. 中国调味品, 2020, 45(7): 123-126.

[20] 张新, 张瑞, 李喜宏, 等. 多维低糖保健枣酱加工技术研究. 中国调味品, 2018, 5: 98-101.

[21] 张琳, 王希琰, 张仁堂. 柿子山楂复合果酱的研究及配方优化. 中国调味品, 2020, 45(2): 88-92.

[22] 陈艳, 李美凤, 饶朝龙, 等. 新型藤椒酱加工工艺的研究. 中国调味品, 2019, 44(2): 114-117.

[23] 袁乙平 何雨婕, 肖含磊, 等. 青花椒酱的开发及其货架期预测. 食品科学技术学报, 2021, 39(1): 162-170.

[24] 丁海俊, 张莉, 姜仁风, 等. 低糖冬瓜黄瓜苹果复合果酱的研发. 农产品加工, 2021, 15: 9-11.

[25] 王彦平, 刘晓丽, 钱志伟, 等. 紫山药香菇营养酱的开发研制. 中国调味品, 2017, 8:95-98.

[26] 张璐. 洋槐花酱的研究. 中国调味品, 2021, 46(2): 83-88.

[27] 王建化, 王彩慧, 郭玉峰, 等. 菊花、洛神花复合果酱的研制. 中国调味品, 2019, 44(4): 118-120.

[28] 张涵, 谭平. 玫瑰花山楂复合果酱加工工艺. 包装学报, 2021, 13(1): 86-92.

[29] 刘晓伟, 王彦花. 樱花雪梨低糖复合果酱的研制. 农产品加工, 2017, 4: 14-17.

[30] 郝涤非, 孙婷婷. 枸杞黄豆牛肉酱的加工. 中国调味品, 2019, 44(6): 140-143.

[31] 高子武, 王恒鹏, 吴鹏, 等. 模糊数学感官评价法优化茶树菇牛肉酱制作工艺. 中国调味品, 2020, 45(4): 115-119.

[32] 李增. 川味香菇鸡鲜辣酱制作工艺优化. 中国调味品, 2018, 43(9): 100-102.

[33] 吕广英, 林晓丽, 韩文凤. 香菇猪肉酱的工业化生产关键技术研究. 中国调味品, 2017, 42(9): 69-72.

[34] 孙娜, 朱秀娟, 王华, 等. 响应面法优化羊肚菌肉酱加工工艺. 宁夏师范学院学报, 2019, 40(10): 66-74.

[35] 姜英杰, 贡汉坤, 东方, 等. 新型鸭肝酱的研制. 中国调味品, 2016, 41(12): 81-83, 87.

[36] 郭宗林, 余群力, 韩玲, 等. 涂抹型牛肝酱加工工艺研究. 食品与发酵工业, 2018, 44(10): 175-182.

[37] 杨贺, 张彪, 曹志奇, 等. 麻辣金枪鱼肉酱的制作工艺研究. 中国调味品, 2021, 46(4): 90-95, 101.

[38] 黄卉, 何丹, 李来好, 等. 复合添加剂对鲟鱼籽酱(Huso dauricused × sturger schrenckii)挥发性成分的影响. 食品科学, 2015, 36(12): 97-103.

[39] 步婷婷, 徐大伦, 杨文鸽, 等. 虾籽酱发酵工艺条件的优化及其挥发性风味成分研究. 核农学报, 2016, 30(01): 110-119.

[40] 宋中辉, 刘鑫峰. 香辣虾酱配方优化及其发酵品质变化研究. 中国调味品, 2019, 44(06): 81-83, 91.

[41] 叶韬, 陈志娜, 刘瑞, 等. 蟹黄调味酱加工工艺及其微生物污染分析. 食品与发酵工业, 2020, 46(5): 152-159.

[42] 祝伦伟, 刘波, 朱文慧, 等. 基于电子鼻辅助的酸辣花蛤酱研制开发. 中国调味品, 2020, 45(05): 42-45, 62.

[43] 姚玉静, 杨昭, 黄佳佳, 等. 即食海鲜调味酱的研制. 食品研究与开发, 2020, 41(14): 146-150.

[44] 宋芳芳. 蛋黄酱加工工艺及稳定性的研究. 中国调味品, 2016, 41(03): 99-103.

[45] 刘馥源, 黄占旺, 覃财华, 等. 响应面法优化鲜辣香菇酱加工工艺. 中国调味品, 2021, 46(02): 13-18.

[46] 谢善慈. 海鲜菇酱加工工艺的研究. 中国调味品, 2019, 44(03): 131-135.

[47] 贾庆超, 梁艳美, 张宇恒. 响应面法优化黑蒜鸡枞菌酱制备工艺. 中国调味品, 2021, 46(11): 94-100.

[48] 孙连海, 郭明月, 王凯. 蛹虫草保健酱的加工工艺研究. 中国调味品, 2015, 40(11): 68-71.

[49] 邓二杨, 尹艳. 海带酱的开发研究. 中国调味品, 2019, 44(01): 93-94, 107.

[50] 王维婷, 王青, 金玉琳, 等. 即食核桃酱加工工艺研究. 食品研究与开发, 2016, 37(11): 62-65.

[51] 李霞, 刘尚军, 高畅. 高油酸花生酱的制备及其氧化稳定性研究. 中国调味品, 2020, 45(09): 43-47.

[52] 麻梦含, 刘玉兰, 舒垚, 等. 低脂芝麻酱制取工艺及品质研究. 中国油脂, 2018, 43(09): 66-70.